高职高专"十二五"规划教材

基 础 化 学

方俊天　刘　嘉　韩　漠　主编

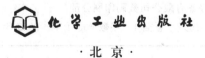

·北京·

本教材是经过长期的教学摸索，并与相关企业合作，共同制定教学模式和人才培养模式，将传统的无机化学、有机化学、分析化学及生物化学内容进行了改革和整合编写而成的。在内容的编写上，力求做到简明扼要，重点鲜明，强调理论联系实际。本书内容包括实验室基本操作、溶液理论、酸碱平衡理论、重量分析法、滴定分析法、酸碱滴定法、非水滴定法、配位滴定法、沉淀滴定法、氧化还原滴定、比色分析及分光光度法、物质结构基础、烷烃与环烷烃、烯烃与炔烃、芳香烃与卤代烃、醇、酚、醚、醛和酮、羧酸及其衍生物、含氮有机化合物、杂环化合物。

本教材通俗易懂、简明精练、强化化学基础知识，具有实用性、针对性和现代性。

本教材可应用于高职高专环境工程、化学分析、应用化工、煤化工等专业，也可应用于资源环境、生物工程、制药等专业以及在职职工的培训。

图书在版编目（CIP）数据

基础化学/方俊天，刘嘉，韩漠主编．—北京：化学工业出版社，2012.6（2023.8重印）
高职高专"十二五"规划教材
ISBN 978-7-122-14130-9

Ⅰ．基… Ⅱ．①方…②刘…③韩… Ⅲ．化学-高等职业教育-教材 Ⅳ．O6

中国版本图书馆CIP数据核字（2012）第078679号

责任编辑：张双进　　　　　　　　　　文字编辑：廉家铃
责任校对：宋　玮　　　　　　　　　　装帧设计：王晓宇

出版发行：化学工业出版社（北京市东城区青年湖南街13号　邮政编码100011）
印　　装：北京科印技术咨询服务有限公司数码印刷分部
787mm×1092mm　1/16　印张15¾　彩插1　字数405千字　2023年8月北京第1版第8次印刷

购书咨询：010-64518888　　　　　　　　售后服务：010-64518899
网　　址：http://www.cip.com.cn
凡购买本书，如有缺损质量问题，本社销售中心负责调换。

定　　价：45.00元　　　　　　　　　　　　　　　　版权所有　违者必究

编审人员名单

主　编　方俊天　刘　嘉　韩　漠

副主编　张燕青　胡长峰　李　霞

编　者　（按照姓名汉语拼音排列）

　　　　　戴莹莹　内蒙古化工职业学院
　　　　　方俊天　内蒙古化工职业学院
　　　　　胡长峰　呼和浩特职业学院
　　　　　韩　漠　呼和浩特职业学院
　　　　　李　霞　呼和浩特职业学院
　　　　　刘　嘉　内蒙古大学化学化工学院
　　　　　刘迎贵　内蒙古兽药监察所
　　　　　萨仁图娅　呼和浩特职业学院
　　　　　张立坤　内蒙古化工职业学院
　　　　　张燕青　呼和浩特职业学院

前　言

我国开展高等职业教育已有十几年的时间，经过这些年的教学和探索，高职高专教材日趋完善，种类齐全，教师依据自身的教学情况、可选择的范围越来越广、给教育教学提供了极大的帮助。由于各地经济状况、自然优势、产业特点的不同，所需高级技术操作工的知识、技能侧重点也有一些不同。内蒙古自治区部分生物工程专业与化学工程专业的教师，依据本区的经济发展特点、自然优势和产业特点，经过长期的教学摸索，并与相关企业合作，共同制定教学模式和人才培养模式，共同设置课程，共同参与教学与实践。针对生物工程及化学工程高职高专的学生学习基础化学的特点，本着"够用"的原则，编写了基础化学教材。

本教材溶液理论与氧化还原滴定部分由戴莹莹、张立坤执笔；酸碱平衡、分子结构理论由张燕青、张立坤执笔；滴定分析概述、酸碱滴定法与配位滴定法由李霞、刘迎贵执笔；实验室基本操作、重量分析法由刘嘉、张燕青执笔；非水滴定法、沉淀滴定法由刘嘉、李霞执笔；比色及分光光度法、羧酸及其衍生物由方俊天、刘迎贵执笔；烷烃与环烷烃、烯烃与炔烃由胡长峰、方俊天执笔；芳香烃与卤代烃、醇、酚、醚由韩漠执笔；醛和酮由萨仁图娅、胡长峰执笔；含氮有机化合物由韩漠、张立坤执笔；杂环化合物由刘嘉、刘迎贵执笔；教材的统稿由刘迎贵、韩漠完成。教材在编写过程中，得到了内蒙古大学、内蒙古师范大学化学专业、化学工程专业、环境工程专业的专家学者的帮助，内蒙古化工职业学院的周长俞、呼和浩特卫生学校马翼寅在编写过程中也给予了帮助，在此表示感谢。

由于编者水平有限，书中难免有不妥与遗漏之处，恳请广大读者不吝赐教。

编者
2012 年 2 月

目 录

第1章 实验室的基本操作 ································· 1

- 1.1 简单玻璃工 ································· 1
  - 1.1.1 玻璃管（棒）的清洁与切割 ··· 1
  - 1.1.2 玻璃管的弯曲 ····················· 1
  - 1.1.3 滴管、毛细管与玻璃钉的制作 ··· 1
- 1.2 常用玻璃仪器及使用 ··················· 2
  - 1.2.1 精密玻璃量器的使用 ············ 2
  - 1.2.2 一般玻璃仪器的使用 ············ 3
- 1.3 常用试液、缓冲液和指示液的配制 ··· 4
  - 1.3.1 常用酸碱溶液的配制 ············ 4
  - 1.3.2 常用缓冲溶液的配制 ············ 5
  - 1.3.3 指示剂与指示液的配制 ········· 5
- 1.4 纯水的制备及其制备原理 ············ 6
- 1.5 回流与蒸馏操作 ························· 6
  - 1.5.1 回流与回流装置 ··················· 6
  - 1.5.2 蒸馏与蒸馏装置 ··················· 7
  - 1.5.3 绝对无水苯与绝对甲醇的制备 ··· 8
- 1.6 萃取 ·· 9
  - 1.6.1 液-液萃取原理 ····················· 9
  - 1.6.2 液-液萃取操作 ····················· 9
  - 1.6.3 固-液萃取操作 ··················· 10
- 1.7 过滤、加热与干燥 ······················ 10
  - 1.7.1 过滤的分类与基本操作 ······· 10
  - 1.7.2 常压过滤及其基本操作 ······· 10
  - 1.7.3 减压过滤及其基本操作 ······· 11
  - 1.7.4 加热的种类与适用范围 ······· 12
- 思考与练习 ·· 13

第2章 溶液理论 ···································· 14

- 2.1 水——一种重要的化学物质 ········· 14
  - 2.1.1 水的性质 ····························· 14
  - 2.1.2 水在生命体及食品中的作用 ··· 14
- 2.2 溶液 ·· 15
  - 2.2.1 关于溶液的一般概念 ··········· 15
  - 2.2.2 溶解过程 ····························· 15
  - 2.2.3 溶液浓度的表示方法 ··········· 16
- 2.2.4 非电解质稀溶液的依数性 ··· 17
- 2.3 胶体溶液 ··································· 19
  - 2.3.1 分散体系 ····························· 19
  - 2.3.2 溶胶 ····································· 20
  - 2.3.3 高分子溶液 ························· 26
- 思考与练习 ·· 27

第3章 酸碱平衡理论 ······························ 28

- 3.1 酸碱理论 ··································· 28
  - 3.1.1 阿伦尼乌斯（Arrhenius）电离理论 ··· 28
  - 3.1.2 酸碱质子理论 ····················· 28
  - 3.1.3 路易斯（Lewis）电子理论 ··· 29
- 3.2 酸、碱的离解平衡 ······················ 29
  - 3.2.1 离解常数 ····························· 29
  - 3.2.2 离解度 ································· 30
  - 3.2.3 离解常数和离解度的关系 ··· 30
- 3.3 酸碱溶液中pH值的计算 ············ 30
  - 3.3.1 强酸、强碱溶液pH值的计算 ··· 31
  - 3.3.2 一元弱酸、弱碱的溶液pH值的计算 ··· 31
  - 3.3.3 其他酸碱溶液pH值的计算 ··· 32
  - 3.3.4 同离子效应 ························· 32
- 3.4 缓冲溶液 ··································· 33
  - 3.4.1 概念 ····································· 33
  - 3.4.2 缓冲原理 ····························· 33
  - 3.4.3 缓冲溶液pH值的计算 ········ 34
  - 3.4.4 缓冲溶液的配制 ················· 34
- 思考与练习 ·· 35

第4章 重量分析法 ································· 37

4.1 重量分析法对沉淀的要求和沉淀剂的
    选择 ………………………………… 37
    4.1.1 沉淀法的一般操作步骤 …………… 37
    4.1.2 气化法的一般操作步骤 …………… 40
4.2 影响沉淀溶解度的因素 ………………… 41
    4.2.1 沉淀的溶解度和溶度积 …………… 41
    4.2.2 同离子效应 ………………………… 42
    4.2.3 盐效应 ……………………………… 42
    4.2.4 酸效应 ……………………………… 43
    4.2.5 络合效应 …………………………… 43
4.3 沉淀的形成过程 ………………………… 43
    4.3.1 沉淀的分类 ………………………… 43
    4.3.2 晶体沉淀的形成过程 ……………… 43
    4.3.3 形成良好晶体沉淀的条件和
          方法 ………………………………… 44
    4.3.4 重量分析法对沉淀称量形式的
          要求 ………………………………… 44
4.4 重量分析法的结果计算 ………………… 44
    4.4.1 换算因数的计算 …………………… 44
    4.4.2 沉淀剂用量的计算 ………………… 45
    4.4.3 取样量的计算 ……………………… 46
4.5 重量分析法应用实例 …………………… 46
思考与练习 …………………………………… 46

第 5 章 滴定分析法 ……………………………………………………… 48

5.1 概述 ……………………………………… 48
    5.1.1 滴定分析法的特点 ………………… 48
    5.1.2 滴定分析法的分类和滴定分析法对
          化学反应的要求 …………………… 48
    5.1.3 滴定方式简介 ……………………… 48
5.2 标准溶液与常用的基准物质 …………… 50
    5.2.1 标准溶液浓度的表示方法 ………… 50
    5.2.2 标准溶液的配制、标定与管理 …… 50
    5.2.3 滴定分析的主要仪器和操作 ……… 52
5.3 滴定分析的基本计算 …………………… 52
    5.3.1 滴定度的计算 ……………………… 52
    5.3.2 一般溶液配制时浓度的计算 ……… 53
    5.3.3 标定标准溶液的计算 ……………… 54
思考与练习 …………………………………… 55

第 6 章 酸碱滴定法 ……………………………………………………… 57

6.1 酸碱平衡理论简介 ……………………… 57
6.2 溶剂的酸碱性 …………………………… 57
    6.2.1 根据酸碱质子理论可以把溶剂进行
          分类 ………………………………… 57
    6.2.2 水溶液中酸碱的强度 ……………… 57
6.3 酸碱指示剂 ……………………………… 58
    6.3.1 酸碱指示剂的作用原理与变色
          范围 ………………………………… 58
    6.3.2 酸碱指示剂的配制 ………………… 59
    6.3.3 常用的酸碱指示剂及其用量 ……… 59
6.4 酸碱滴定曲线及指示剂的选择 ………… 59
    6.4.1 强酸与强碱之间的滴定和指示剂的
          选择 ………………………………… 60
    6.4.2 一元弱酸的滴定 …………………… 62
    6.4.3 一元弱碱的滴定 …………………… 62
6.5 酸碱滴定标准溶液的配制与标定 ……… 63
    6.5.1 酸标准溶液的配制与标定 ………… 63
    6.5.2 碱标准溶液的配制与标定 ………… 64
6.6 酸碱滴定法应用实例 …………………… 64
    6.6.1 小苏打片中碳酸氢钠的含量
          测定 ………………………………… 64
    6.6.2 食醋中总酸度的测定 ……………… 64
    6.6.3 氮元素含量的测定 ………………… 65
思考与练习 …………………………………… 66

第 7 章 非水滴定法 ……………………………………………………… 67

7.1 非水滴定的原因 ………………………… 67
    7.1.1 非水滴定的溶剂 …………………… 67
    7.1.2 拉平效应与示差效应 ……………… 67
7.2 非水滴定条件的选择 …………………… 68
    7.2.1 溶剂的选择 ………………………… 68
    7.2.2 滴定终点的确定 …………………… 69
7.3 非水滴定标准溶液的配制与标定 ……… 70
    7.3.1 高氯酸滴定液（0.1mol/L）的
          配制与标定 ………………………… 70
    7.3.2 甲醇钠滴定液（0.1mol/L）的
          配制与标定 ………………………… 72
7.4 非水滴定法应用实例 …………………… 73
思考与练习 …………………………………… 73

第8章 配位滴定法 ·········· 74

- 8.1 概述 ·········· 74
  - 8.1.1 能够用于配位滴定的反应必须具备的条件 ·········· 74
  - 8.1.2 配位化合物的分类 ·········· 74
- 8.2 EDTA 的性质及其配位化合物 ·········· 75
- 8.3 配位化合物在水溶液中的离解平衡 ·········· 77
  - 8.3.1 配位化合物的稳定常数 ·········· 77
  - 8.3.2 影响配位平衡的主要因素 ·········· 78
- 8.4 配位滴定原理 ·········· 79
  - 8.4.1 配位滴定过程中金属离子浓度的变化规律 ·········· 79
  - 8.4.2 配位反应的完全程度 ·········· 80
  - 8.4.3 配位滴定反应进行完全所需要的 pH 值 ·········· 81
  - 8.4.4 配位滴定的指示剂 ·········· 81
- 8.5 提高配位滴定选择性的方法 ·········· 83
  - 8.5.1 控制溶液的酸度 ·········· 83
  - 8.5.2 利用掩蔽和解蔽 ·········· 83
- 8.6 配位滴定法应用实例 ·········· 84
  - 8.6.1 EDTA 标准溶液（0.05mol/L）的配制与标定 ·········· 84
  - 8.6.2 葡萄糖酸钙注射液等药品的含量测定 ·········· 84
- 8.7 配位化合物在生物、医药方面的应用 ·········· 85
- 思考与练习 ·········· 85

第9章 沉淀滴定法 ·········· 87

- 9.1 概述 ·········· 87
- 9.2 摩尔（Mohr）法 ·········· 87
  - 9.2.1 摩尔法的工作原理 ·········· 87
  - 9.2.2 铬酸钾指示液的用量 ·········· 87
  - 9.2.3 滴定条件的选择 ·········· 88
- 9.3 佛尔哈德（Volhard）法 ·········· 89
  - 9.3.1 佛尔哈德法的滴定原理 ·········· 89
  - 9.3.2 滴定条件的选择 ·········· 90
- 9.4 法杨司（Fajans）法 ·········· 90
  - 9.4.1 法杨司法的原理 ·········· 90
  - 9.4.2 滴定条件的选择 ·········· 91
- 9.5 沉淀滴定法标准溶液的配制与标定 ·········· 91
- 9.6 沉淀滴定法的计算与应用实例 ·········· 92
  - 9.6.1 沉淀溶解度和溶度积的计算 ·········· 92
  - 9.6.2 分级沉淀的计算 ·········· 92
  - 9.6.3 沉淀滴定法的计算 ·········· 93
- 思考与练习 ·········· 95

第10章 氧化还原滴定 ·········· 96

- 10.1 概述 ·········· 96
  - 10.1.1 氧化还原滴定法的分类 ·········· 96
  - 10.1.2 电极电势 ·········· 96
- 10.2 电位滴定 ·········· 100
- 10.3 氧化还原滴定法 ·········· 101
  - 10.3.1 概述 ·········· 101
  - 10.3.2 滴定过程中电势的变化及滴定曲线 ·········· 102
  - 10.3.3 氧化还原指示剂 ·········· 102
- 10.4 氧化还原滴定分析法应用实例 ·········· 103
  - 10.4.1 高锰酸钾法 ·········· 103
  - 10.4.2 重铬酸钾法 ·········· 105
  - 10.4.3 碘量法 ·········· 106
- 思考与练习 ·········· 109

第11章 比色分析及分光光度法 ·········· 110

- 11.1 基本概念与定律 ·········· 110
  - 11.1.1 基本概念 ·········· 110
  - 11.1.2 朗伯（Lambert）-比尔（Beer）定律 ·········· 110
- 11.2 目视比色法 ·········· 110
  - 11.2.1 目视比色法简介 ·········· 110
  - 11.2.2 重金属的检测（略） ·········· 111
  - 11.2.3 砷盐的检测（略） ·········· 111
- 11.3 紫外-可见分光光度法 ·········· 111
  - 11.3.1 紫外-可见吸收光谱的产生原理 ·········· 111
  - 11.3.2 紫外-可见分光光度法检验操作规程 ·········· 111
  - 11.3.3 分光光度法应用实例 ·········· 112

11.4 紫外-可见分光光度法检验操作
    规程 ……………………………… 113
  11.4.1 定义 ……………………… 113
  11.4.2 仪器 ……………………… 113
  11.4.3 样品测定操作方法 ………… 114
  11.4.4 注意事项 …………………… 114

11.4.5 结果计算 …………………… 115
11.5 TU-1901型紫外-可见分光光度计标准
    操作规程 ………………………… 115
  11.5.1 操作方法 ………………… 115
  11.5.2 注意事项 …………………… 116
思考与练习 ………………………………… 116

第12章 物质结构基础 …………………………………………………………… 118

12.1 原子结构与元素周期律 …………… 118
  12.1.1 核外电子的运动特征理论认识
    过程 ………………………… 118
  12.1.2 四个量子数 ………………… 119
  12.1.3 核外电子的排布 …………… 120
  12.1.4 元素基本性质的周期性 …… 123
12.2 化学键与分子结构 ………………… 125
  12.2.1 离子键理论 ………………… 125
  12.2.2 共价键理论 ………………… 126

12.2.3 杂化轨道理论 ……………… 126
12.2.4 杂化轨道的类型 …………… 127
12.2.5 化学键理论总结 …………… 129
12.3 分子间作用力 ……………………… 129
  12.3.1 取向力 ……………………… 129
  12.3.2 诱导力 ……………………… 129
  12.3.3 色散力 ……………………… 130
  12.3.4 氢键 ………………………… 130
思考与练习 ………………………………… 132

第13章 烷烃与环烷烃 …………………………………………………………… 134

13.1 烷烃的概念 ………………………… 134
13.2 烷烃的结构和异构现象 …………… 134
  13.2.1 烷烃的结构 ………………… 134
  13.2.2 烷烃的同系物和构造异构 … 135
13.3 烷烃的命名 ………………………… 135
  13.3.1 伯、仲、叔、季碳原子和伯、
    仲、叔氢原子 ……………… 135
  13.3.2 烷基 ………………………… 135
  13.3.3 烷烃的命名法 ……………… 136
13.4 烷烃的构象 ………………………… 137
  13.4.1 乙烷的构象 ………………… 137
  13.4.2 正丁烷的构象 ……………… 138
13.5 烷烃的物理性质 …………………… 138
  13.5.1 熔点的递变规律 …………… 139

13.5.2 沸点的递变规律 …………… 139
13.6 烷烃的化学性质 …………………… 139
  13.6.1 卤代反应 …………………… 140
  13.6.2 氧化反应 …………………… 140
  13.6.3 裂化反应 …………………… 140
  13.6.4 异构化反应 ………………… 140
  13.6.5 石油化学工业简介 ………… 140
13.7 脂环烃 ……………………………… 141
  13.7.1 脂环烃的分类和命名 ……… 141
  13.7.2 环烷烃的结构与稳定性 …… 142
  13.7.3 环烷烃的性质 ……………… 143
思考与练习 ………………………………… 144

第14章 烯烃与炔烃 ……………………………………………………………… 146

14.1 烯烃的结构和异构现象 …………… 146
  14.1.1 乙烯分子的结构 …………… 146
  14.1.2 烯烃的异构现象 …………… 147
14.2 烯烃的命名 ………………………… 148
  14.2.1 烯基 ………………………… 148
  14.2.2 烯烃的命名 ………………… 148
14.3 顺/反异构体的命名 ……………… 149
  14.3.1 顺/反异构体的命名方法 … 149
  14.3.2 Z/E构型标记法 …………… 149

14.4 烯烃的物理性质 …………………… 150
14.5 烯烃的化学性质 …………………… 151
  14.5.1 加成反应 …………………… 151
  14.5.2 氧化反应 …………………… 152
  14.5.3 聚合反应 …………………… 153
  14.5.4 α-氢的反应 ………………… 153
14.6 二烯烃 ……………………………… 154
  14.6.1 二烯烃的分类和命名 ……… 154
  14.6.2 共轭二烯烃的共轭效应 …… 154

14.6.3 共轭二烯烃的化学性质 ······ 155
14.7 炔烃 ······ 156
    14.7.1 乙炔分子的结构 ······ 156
    14.7.2 炔烃的命名 ······ 156
14.7.3 炔烃的物理性质 ······ 156
14.7.4 炔烃的化学性质 ······ 157
思考与练习 ······ 158

第15章 芳香烃与卤代烃 ······ 160

15.1 芳香烃的概念 ······ 160
    15.1.1 芳香烃的分类 ······ 160
    15.1.2 苯的组成与结构 ······ 160
    15.1.3 苯同系物的异构现象及其命名 ······ 161
    15.1.4 苯系芳香烃的物理性质 ······ 162
    15.1.5 苯系芳香烃的化学性质 ······ 162
    15.1.6 苯的亲电取代反应机理 ······ 163
    15.1.7 苯环亲电取代基的定位规律 ······ 163
15.2 卤代烃的概念 ······ 165
    15.2.1 卤代烃的分类 ······ 165
    15.2.2 卤代烃的命名 ······ 165
    15.2.3 卤代烃的性质 ······ 166
    15.2.4 一卤代烯烃和一卤代芳烃 ······ 167
    15.2.5 一卤代烃的制备 ······ 169
    15.2.6 重要的卤代烃 ······ 170
思考与练习 ······ 171

第16章 醇、酚、醚 ······ 174

16.1 醇 ······ 174
    16.1.1 醇的分类和命名 ······ 174
    16.1.2 醇的物理性质 ······ 175
    16.1.3 醇的化学性质 ······ 175
    16.1.4 重要的醇 ······ 177
16.2 酚 ······ 177
    16.2.1 酚的分类和命名 ······ 177
    16.2.2 酚的物理性质 ······ 178
    16.2.3 酚的化学性质 ······ 178
    16.2.4 重要的酚 ······ 180
16.3 醚 ······ 180
    16.3.1 醚的命名 ······ 180
    16.3.2 醚的物理性质 ······ 181
    16.3.3 醚的化学性质 ······ 181
    16.3.4 重要的醚 ······ 182
思考与练习 ······ 182
小知识 请不要酒后驾车 ······ 184

第17章 醛和酮 ······ 186

17.1 醛和酮的分类及命名 ······ 186
    17.1.1 醛和酮的分类 ······ 186
    17.1.2 醛和酮的命名 ······ 186
    17.1.3 同分异构现象 ······ 187
17.2 醛和酮的性质 ······ 188
    17.2.1 醛和酮的物理性质 ······ 188
    17.2.2 醛和酮的化学性质 ······ 189
17.3 重要的醛和酮 ······ 193
    17.3.1 重要的醛 ······ 193
    17.3.2 重要的酮 ······ 193
17.4 醛和酮的制取 ······ 194
    17.4.1 醇的氧化 ······ 194
    17.4.2 以烯烃为原料 ······ 195
    17.4.3 以炔烃为原料 ······ 195
    17.4.4 芳香烃的酰基化 ······ 195
思考与练习 ······ 195
小知识 人造香料和香精 ······ 196

第18章 羧酸及其衍生物 ······ 197

18.1 羧酸 ······ 197
    18.1.1 羧酸的命名 ······ 197
    18.1.2 羧酸的物理性质 ······ 198
    18.1.3 羧酸的化学性质 ······ 199
    18.1.4 羧酸的制备 ······ 206
18.2 羧酸的衍生物 ······ 207
    18.2.1 羧酸衍生物的分类与命名 ······ 207
    18.2.2 羧酸衍生物的物理性质 ······ 209
    18.2.3 羧酸衍生物的结构特性 ······ 209
    18.2.4 羧酸衍生物的化学反应 ······ 209

18.3 油脂 ………………………… 212　　思考与练习 ………………………… 213

第 19 章　含氮有机化合物 …………………………………………………………… 216

19.1 硝基化合物 …………………… 216
 19.1.1 硝基化合物的分类和命名 …… 216
 19.1.2 硝基的结构 …………………… 216
 19.1.3 硝基化合物的物理性质 ……… 216
 19.1.4 硝基化合物的化学性质 ……… 217
19.2 胺 ……………………………… 218
 19.2.1 胺的分类和命名 ……………… 219
 19.2.2 胺的物理性质 ………………… 220
 19.2.3 胺的结构与化学性质 ………… 220
 19.2.4 胺类化合物的制备方法 ……… 224
 19.2.5 重要的胺 ……………………… 225
19.3 重氮和偶氮化合物概述 ……… 226
 19.3.1 重氮盐的制备——重氮化反应 ………………………………… 226
 19.3.2 重氮盐的反应及其在合成中的应用 …………………………… 227
思考与练习 …………………………… 228
小知识　请您远离毒品 ……………… 229

第 20 章　杂环化合物 …………………………………………………………………… 230

20.1 分类和命名 …………………… 230
 20.1.1 杂环化合物的分类 …………… 230
 20.1.2 杂环化合物的命名 …………… 230
20.2 杂环化合物的结构 …………… 231
 20.2.1 五元杂环化合物的结构 ……… 231
 20.2.2 六元杂环化合物的结构 ……… 232
20.3 杂环化合物的性质 …………… 232
 20.3.1 杂环化合物的物理性质 ……… 232
 20.3.2 杂环化合物的化学性质 ……… 232
20.4 重要的杂环化合物 …………… 234
20.5 生物碱 ………………………… 237
 20.5.1 生物碱的分类、命名和基本结构 …………………………………… 237
 20.5.2 生物碱的分布规律和一般性质 …………………………………… 237
思考与练习 …………………………… 238
小知识　关于三聚氰胺 ……………… 239

参考文献 …………………………………………………………………………………… 240

第1章 实验室的基本操作

1.1 简单玻璃工

通过学习简单玻璃工的操作，可以学会制作玻璃弯管（棒）、玻璃钉、玻璃滴管和玻璃毛细管等实验中常用的玻璃器械。

1.1.1 玻璃管（棒）的清洁与切割

（1）玻璃管（棒）的清洁

（2）玻璃管（棒）的切割

已清洁并自然干燥的玻璃管（棒）在切割时，先将待切割的玻璃管（棒）平放在实验台面上，然后用切割砂轮或三角锉刀在需要切割的地方朝一个方向锉一道深痕，不可来回乱锉，否则，锉痕太多，使得切割后的断口不平整。

用双手握住玻璃管（棒），两个大拇指顶在锉痕背面的两边，两个拇指尖与锉痕的距离相等，伸展手臂，两手的其余手指位于锉痕的一面，其余的手指向两侧外拉，两个大拇指同时向前推，玻璃管（棒）便可以平整地断开了。为了安全起见，操作时，双手可以佩戴线手套或在锉痕的两边包上纱布后再折。

断裂的玻璃管（棒）的端口非常锋利，必须在酒精喷灯的火焰上灼烧片刻使之变得圆滑，具体操作为：将玻璃管（棒）的端口呈45°角插入酒精喷灯的氧化焰中，一边灼烧，一边转动，烧至圆滑即可。不可烧得过久，否则，会出现管口变小或管子出现弯曲的现象。

1.1.2 玻璃管的弯曲

将已清洁并自然干燥的玻璃管（棒）在酒精喷灯的鱼尾灯头上加热，没有鱼尾灯头的，也可以将玻璃管（棒）倾斜45°角插入酒精喷灯的氧化焰中，使玻璃管（棒）的受热长度达到5~8cm，一边加热，一边慢慢转动使玻璃管（棒）受热均匀。

当玻璃管（棒）软化后（烧成黄色），从火中取下玻璃管（棒），两手水平持管并向中心的软化处轻轻施力，切不可用力过大，否则，会出现玻璃管（棒）的瘪陷或纠结，影响美观和使用，另外，决不可以在火焰中弯曲玻璃管（棒）。

若一次弯曲达不到所需要的角度，则可以在刚才的加热中心的左侧或右侧进行加热，重复弯曲操作即可。如果需要弯曲的角度较小，通常需要分几次弯曲，每次弯一定的角度，用积累的方式达到所需要的角度。

加工后的玻璃管（棒）应随即做退火处理，即在弱火焰中将管子均匀加热一会儿，然后将管子慢慢移离火焰，再放到石棉网上冷却至室温。否则，玻璃管（棒）会因急速冷却，内部产生很大的应力，即使不会立即开裂，在今后的使用过程中，也有随时破裂的可能。

1.1.3 滴管、毛细管与玻璃钉的制作

（1）滴管的制作

将已清洁并自然干燥的合适口径的玻璃管在酒精喷灯的鱼尾灯头上加热，没有鱼尾灯头的，也可以将玻璃管倾斜45°角插入酒精喷灯的氧化焰中加热，一边加热，一边慢慢转动使玻璃管受热均匀，当烧至黄色且变软时，从火中取出，此时两手同时握玻璃管并做同方向的转动，并立即水平地向两边拉开，拉出的细管部分长度在12cm左右，将其放在石棉网上自

然冷却。

用砂轮轻划细管的中间部位后,再将其折断,即得到两根滴管;再将做好滴管的粗口端放入火焰烧至略软,取下后在石棉网上垂直下压,使滴管的粗口端形成一个小卷边,冷却后,将橡胶头戴到小卷边上即可。

(2) 毛细管的制作

加热方法与滴管制作时的操作完全相同,所不同的是加热到玻璃管呈现红黄色时便可取出,稍微用力向两边水平拉出,然后将其放在石棉网上自然冷却,从中间截断即可得到两根用于减压蒸馏的毛细管,同法也可以拉制用于熔点测定的毛细管,拉好后截成需要的长度,将一端在火焰上熔封即可。

(3) 玻璃钉的制作

将玻璃棒的一端在火焰上烧黄后取下,在石棉网上垂直下压,使之形成一个钉头,将其放在石棉网上自然冷却,即可。若烧软一端后的玻璃棒,用钳子将烧软的部分按45°角的方向夹扁,冷却后,就可以做成玻璃铲。

1.2 常用玻璃仪器及使用

1.2.1 精密玻璃量器的使用

(1) 精密玻璃量器的种类

精密玻璃量器包括滴定管、容量瓶、单标线移液管、微量注射器、温度计等等,此类精密玻璃量器通常用于滴定分析中测量标准溶液消耗的体积、溶液体积的定容、溶液的移取或者转移、仪器的进样和温度的测定或控制。

(2) 精密玻璃量器的校验与安装

新购置的精密玻璃量器在洗净并自然晾干后,要经过标准计量部门的校验,合格后方可投入使用;也可以由本单位具有计量资质的检验人员进行自校验,并做好自校记录。凡是配套的精密玻璃量器如滴定管、容量瓶等应采取适当的措施防止活塞或瓶塞的混淆,如利用塑料细绳将活塞或瓶塞拴好、固定。酸式滴定管的活塞在涂抹凡士林时应该避开活塞孔的部位,涂抹量不宜过多,以防堵塞活塞孔;若已经安装好的酸式滴定管的尖嘴处被少许凡士林堵塞,可将温水灌入滴定管内,将活塞处于最大开放位置(直立),用洗耳球在滴定管顶端向下用力吹气,堵塞的凡士林就可以被冲走。碱式滴定管下端乳胶管内的玻璃珠的直径应比乳胶管的内径略大。

(3) 精密玻璃量器的使用

① 酸式滴定管的使用:将滴定液倾入小烧杯中,然后将其少量缓缓倾入已经关闭活塞的洁净的滴定管中,用其将滴定管涮三遍,从活塞口弃去涮洗液;再将滴定液倾入滴定管中,右手持管的中下部,打开活塞,左手自下而上轻拍右手手腕,赶出管口的气泡后,立即将活塞关闭;再次加滴定液超过"0"刻度,右手提握滴定管顶部使滴定管自然下垂(与地面垂直),左手空握住活塞并使活塞的细端对着手心,拇指、无名指和小指在滴定管的前面,中指和食指在后面,由拇指、中指和食指控制着活塞的旋转,缓缓滴放液体,使凹液面最低处、"0"刻度线、视线在同一水平线时,关闭活塞;将盛装好液体的滴定管固定在铁架台上的滴定管架上,通过控制活塞开启缝隙的大小,应该掌握成股的、成串的、成滴的、半滴的滴放滴定液。

② 碱式滴定管的使用:操作基本上与酸式滴定管相同,不同的是,赶出管口的空气时,应将尖嘴管的尖端斜向上,左手用拇指和食指通过对滴定管下端乳胶管内玻璃珠的挤压,而

使滴定液从乳胶管和玻璃珠的缝隙中流出，赶出空气后，再将尖嘴管自然下垂；滴放滴定液体时，手指挤压的位置一定是玻璃珠的中上部，否则，手指松开挤压后，下端尖嘴管口处会倒吸入一小部分空气，影响最终读数的准确度，造成不应有的误差。最终读数时，一定要保持凹液面最低处、读数刻度线、视线在同一水平线上。

无论是何种滴定管，当滴定液对光不稳定或光照会加速其挥发时，如硝酸银、碘标准溶液等，应使用棕色滴定管。

③ 容量瓶的使用：用于配制溶液或做分析实验中稀释对照溶液和待测溶液。先用倾析法加入较多的稀释液，加入最后的稀释液体时，一定要用胶头滴管缓慢滴加至刻度，最终读数时，一定要保持凹液面最低处、读数刻度线、视线在同一水平线上。摇动时，用手抓住瓶颈，拇指按紧瓶塞，反复做倒立、正立的动作，使瓶内的溶液反复做上下流动，约 20 次左右，就可以摇匀了。当配制或稀释对光不稳定的溶液时，应使用棕色容量瓶。

④ 单标线移液管的使用：左手提握移液管的上端，拇指、无名指、小指在前，中指和食指在后，将其插入待移取的溶液中；右手挤扁洗耳球后，并将其尖嘴对准移液管顶口，不得漏气，缓缓放松右手，利用负压就可以将液体吸入移液管中，移液管的内壁用待移取的少量液体涮洗三遍后，弃去涮洗液；同方法用洗耳球将待移取的溶液吸入移液管，并且使液面超过刻度线一定高度，放下洗耳球，用左手的食指迅速压紧移液管上端的顶口，左手将移液管垂直提高并使刻度线与视线保持在同一水平线上，左手的食指轻轻地松动，将多余的溶液缓缓放出，待凹液面最低处、读数刻度线、视线在同一水平线时，左手的食指继续迅速压紧，此时的移液管中就取好了所需要体积的溶液。放出移液管中所取好的溶液时，应将移液管下端的尖嘴贴靠在接液容器的内壁上，让溶液自行流下，溶液流完后，静置片刻，若移液管中部有"吹"字，则应该将其尖嘴上的最后一滴溶液用洗耳球从其顶端吹入接液容器，若移液管中部无"吹"字，则移液管尖嘴上的最后一滴溶液不计算在所取溶液的总体积之内，此时，不必将其吹入接液容器。

精密玻璃量器一般规定在 20℃下使用比较准确，否则，应该对溶液的体积进行必要的温度校正。

1.2.2 一般玻璃仪器的使用

实验室用到的玻璃仪器很多，检测各种不同的兽药用到的玻璃仪器也不尽相同，常用玻璃仪器的名称、主要用途和使用注意事项见表 1-1。

表1-1　常用玻璃仪器的名称、主要用途和使用注意事项

名称	主 要 用 途	使用注意事项
锥形瓶	滴定分析使用的反应容器，用于加热处理样品	在电热套中可直接加热，在电炉上应该垫上石棉网，使其受热均匀，不可烧干
烧杯	配制溶液、溶解样品、溶液周转等	在电热套中可直接加热，在电炉上应该垫上石棉网，使其受热均匀，不可烧干
圆底烧瓶	加热或者蒸馏液体	在电热套中可直接加热，在电炉上应该垫上石棉网，使其受热均匀，不可烧干
凯氏烧瓶	消解有机化合物	在通风橱内用电热套可直接加热，在电炉上应垫上石棉网加热，瓶口对着无人的方向
量筒、量杯	粗略地量取一定体积的液体	不可加热，不可烘烤，不可用于配制溶液
刻度吸量管	非精密地、准确取一定体积的液体	不可加热，上端和尖端不可磕破
称量瓶	矮型：在烘箱中烘烤基准物质，测定干燥失重 高型：盛放标准缓冲液	烘烤时，磨口塞子不可盖严，磨口塞子要原配

续表

名称	主要用途	使用注意事项
细口瓶	盛放配制好的试液,其中对光不稳定的试液盛放在棕色细口瓶中	不可加热,不可用于配制溶液,磨口塞子要原配
塑料瓶	用于盛装碱性水溶液	不可盛装有机溶剂
漏斗	过滤分离沉淀	不可加热
分液漏斗	分开两种互不混溶的液体;萃取操作,以锥形分液漏斗操作最为方便	磨口塞子要原配,不可加热,漏水的分液漏斗不能使用
试管	离子或官能团的鉴别	可以直火加热,不可骤冷,加热时管口对着无人的方向
比色管	半定量比色分析	磨口塞子要原配,不可加热,保持管壁透明
直形冷凝管	冷却蒸馏出沸点140℃以下的液体	不可骤冷,冷却水从下口进、上口出
空气冷凝管	冷却蒸馏出沸点140℃以上的液体	不可骤冷
球形冷凝管	回流操作	不可骤冷,冷却水从下口进、上口出
吸滤瓶	抽滤时接收滤液	厚壁容器,耐负压,不可加热
研钵	将块状固体试剂或样品研磨成细小颗粒	不可撞击,不可烘烤,不可研磨与玻璃能发生化学反应的物质
干燥器	在冷却过程中保持干燥或灼烧过的物质的干燥;也可以干燥少量制备的样品	底部放变色硅胶或其他干燥剂,盖子的磨口处应涂抹适量的凡士林;不可将红热的样品放入!放入较热的样品后,应时时将盖子开启一个小缝隙,以免盖子跳起
砂芯玻璃漏斗	过滤滤纸无法过滤的腐蚀性液体等	必须抽滤,不可骤冷或骤热,不可过滤与玻璃能发生化学反应的物质
砂芯玻璃坩埚	重量分析法中,过滤和烘干需要称量的有机物沉淀	必须抽滤,不可骤冷或骤热,不可过滤与玻璃能发生化学反应的物质
标准磨口组合式玻璃仪器	有机化学合成反应、蒸馏、回流等操作	除减压蒸馏外,安装时磨口处无需涂抹润滑剂,仪器部件之间应按其本身的角度进行安装,不可存在应力

1.3 常用试液、缓冲液和指示液的配制

实验室中一般使用的试液浓度都不是十分精确。在配制时,固体溶质用台秤称量;液体试剂或溶剂用量筒量取;溶液的体积用量筒或量杯来估算。

1.3.1 常用酸碱溶液的配制

(1) 酸溶液的配制

先在烧杯中加入适量的水,然后量取一定体积的浓酸,边搅拌边慢慢地倒入水中,待冷却后转移至贴好标签的细口瓶中。配制硫酸溶液时,一定要将浓硫酸缓缓地倒入水中,绝不允许将水倒入浓硫酸中!

(2) 碱溶液的配制

用烧杯在台秤上称量出所需要的固体碱,溶解于适量的水中,冷却后再稀释到所需的体积,然后再转移至贴好标签的细口瓶中。NaOH 和 KOH 易吸收空气中的水分和 CO_2,称量时要迅速;NaOH 和 KOH 在溶解时要发热,待配制完的热溶液自然冷却后,再转移至塑料瓶中。

配制氨水溶液时,用量筒量取所需要的浓氨水,在搅拌下,用水稀释到所需要的体积,然后再转移至贴好标签的塑料瓶中。

(3) 盐溶液的配制

在配制大多数的盐溶液时,通常用台秤称量一定量的固体试剂,然后将其溶解于适量的

水中，再用水稀释到所需要的体积，然后再转移至贴好标签的细口瓶中。配制易水解的盐溶液时，需在所配制的盐溶液中加入少量与盐的酸根离子一样的酸，如配制 $FeCl_3$ 溶液时，应加入少量盐酸；配制 $Fe(NO_3)_3$ 溶液时，应加入少量硝酸。易被氧化或还原的、不稳定的盐溶液，通常是在临用前现配。

1.3.2 常用缓冲溶液的配制

缓冲溶液是一种能够对溶液酸碱度起缓冲作用的溶液，即在溶液中加入少量强酸、强碱或稍加稀释时，溶液的 pH 值基本上保持不变或改变很小。在分析检验中也常用缓冲溶液来控制溶液的 pH 值，使得化学反应在一定的 pH 值范围内进行。

(1) 对缓冲溶液的要求

① 缓冲溶液的 pH 值应在化学分析要求的酸度范围内基本稳定，即组成缓冲溶液酸的 pK_a 值应等于或接近所要求的 pH 值；组成缓冲溶液碱的 pK_b 值应等于或接近所要求的 pOH 值。

② 缓冲溶液要有足够大的缓冲容量，通常缓冲溶液的浓度越大缓冲容量也越大；另外缓冲溶液一般是由浓度较大的弱酸及其共轭碱或弱碱及其共轭酸所组成的，当缓冲溶液中缓冲组分的比值是 1:1 时，缓冲容量最大。

③ 缓冲溶液对样品的化学分析过程没有干扰。

(2) 缓冲溶液的种类

① 一般缓冲溶液：大多数是由一定浓度的共轭酸碱对组成，例如 HAc-NaAc 缓冲体系、NH_3-NH_4Cl 缓冲体系等。如果需要一个缓冲体系能够在较广泛的 pH 值范围内起缓冲作用，可用多元酸或多元碱组成的缓冲体系，如柠檬酸（三级离解的 pK_a 值分别为 $pK_{a1}=3.15$、$pK_{a2}=4.77$、$pK_{a3}=6.39$）和磷酸氢二钠（磷酸三级离解的 pK_a 值分别为 $pK_{a1}=2.12$、$pK_{a2}=7.21$、$pK_{a3}=12.36$）两种溶液按照不同的比例混合就可以得到 pH 值为 2.2、2.4、……8.0 的一系列缓冲溶液。各种缓冲溶液的配制方法请参见 3.4.5 节。

② 标准缓冲溶液：在化学分析中常用酸度计对溶液进行 pH 值的测量，此时，就需要用已知准确 pH 值的缓冲溶液对酸度计进行校正，此类缓冲溶液的 pH 值是准确地经过实验确定的，目前已被国际上规定作为测量溶液 pH 值的标准参考溶液，即标准缓冲溶液，如表 1-2 所示。标准缓冲溶液有袋装的市售成品，购买后，按照规定用蒸馏水准确稀释至一定的体积，摇匀即可，其保存期为 3 个月。在使用中若发现其出现浑浊、发霉、沉淀时，则不可再用。

表 1-2 标准缓冲溶液

pH 值标准缓冲溶液	pH 标准值
0.05mol/L 邻苯二甲酸氢钾	4.01
0.025mol/L 磷酸二氢钾-0.025mol/L 磷酸氢二钠	6.86
0.01mol/L 硼砂	9.18

1.3.3 指示剂与指示液的配制

在滴定分析法中，常用指示剂或指示液来判断滴定终点。按照滴定分析方法的分类，指示剂可以划分为：酸碱指示剂、金属指示剂、氧化还原指示剂和吸附指示剂等。人们习惯上把固体状态的称为指示剂；液体状态的称为指示液。其配制方法如下。

① 化学性质稳定而且易溶解于水的指示液，如甲基橙、中性红等，用蒸馏水作溶剂进行配制即可。

② 化学性质稳定而难溶解于水的指示液，如酚酞百里酚蓝等不溶于水的指示液，可以

用有机溶剂如乙醇进行溶解和配制。

③ 特殊性质的指示剂与指示液，如淀粉指示液极易变质，通常为临用时现配；铬黑T在固体状态很稳定，而其水溶液只能稳定数日，通常将铬黑T烘干，与研细的氯化钠研磨混合成均匀的固体混合物，就可以进行长时间的保存了。

④ 混合指示液：在酸碱滴定中，有时需要将滴定的终点限制在很小的pH值范围内，一种指示液往往无法满足需要，此时多采用混合指示液来解决这个问题。例如：甲基红-溴甲酚绿混合指示液，由于共同作用的结果，使溶液在酸性条件下显橙红色（红＋黄），在碱性条件下显绿色（黄＋蓝），而在pH值为5.1时，溴甲酚绿的碱性成分较多，呈绿色，甲基红的酸性成分较多，呈橙红色，这两种颜色互补，产生灰紫色，因而，此时发生的滴定终点颜色的突变会非常敏锐。

在实际检验工作中，指示剂或指示液的用量不宜过多，否则，色调的变化并不明显，而且指示剂或指示液本身也要消耗少量的滴定液，势必带来误差。

瓶签样本（可根据细口瓶的大小进行瓶签大小的调节）如图1-1所示。

图1-1 瓶签样本

1.4 纯水的制备及其制备原理

在分析检验工作中水是必不可少的溶剂，它用于玻璃仪器的清洗、溶液的配制以及冷却用水等。但是饮用水中通常存在很多的杂质，不适宜用作分析检验工作，因此，必须要把饮用水进行提纯。经过提纯的水叫做纯水。纯水根据其纯度和用途的不同又可以划分为去离子水、蒸馏水和高纯水等，蒸馏水用于配制溶液、滴定分析、玻璃仪器的精洗和制备高纯水，高纯水用于液相色谱分析。

实验室常用纯水器来制备纯水，纯水器一般由三个部分组成，膜过滤部分、离子交换树脂柱部分和多效蒸馏器部分。通过膜过滤包可以对饮用水进行初步净化；初步净化后的饮用水在泵的作用下依次通过强酸性阳离子交换树脂柱、强碱性阴离子交换树脂柱和混合离子交换树脂柱，此时流出来的水已经成为了去离子水；去离子水进入多效蒸馏器进行蒸馏后就可以制备出蒸馏水和高纯水。

1.5 回流与蒸馏操作

1.5.1 回流与回流装置

在化学实验中，有些有机化学反应、有机化合物的重结晶以及一些中草药的提取等，它们中某些成分的溶解往往需要煮沸一段时间。为了不使反应物或溶剂的蒸气逸出，常把反应物或提取物及溶剂装入具有标准磨口（例如φ24mm）的圆底烧瓶中，在烧瓶口垂直安装一支具有标准磨口（例如φ24mm）的球形冷凝管，球形冷凝管的夹层中自下而上通入冷却水，并将两者用万能夹固定在铁架台上，在圆底烧瓶的下方可以根据需要用水浴或带有调压器的电热套进行加热。这个装置就是回流装置，反应物或溶剂被加热后产生的蒸气上升到球形冷凝管中，遇冷后变成的液体又重新流回到圆底烧瓶中，这个过程叫做回流。

如果回流或反应体系对水分敏感，需要防潮时，则可以在球形冷凝管的顶端加装一个盛有无水氯化钙的磨口（例如φ24mm）干燥管；加热回流时，加热的速度应控制在蒸气上升不超过第二个球为宜。如果回流过程中需要添加反应物或溶剂时，则应在安装球形冷凝管之前先在圆底烧瓶口上加装一个（三个口均为φ24mm）Y形管，在Y形管直管部分的上口处再安装球形冷凝管，从Y形管侧管处迅速添加反应物或溶剂，添加完毕后，将侧管口迅速用φ24mm的磨口玻璃塞盖好。

1.5.2 蒸馏与蒸馏装置

（1）蒸馏的基本原理

液体物质经过加热沸腾，使液体变为蒸气，然后使蒸气冷却再凝结为液体的操作过程称为蒸馏。由此可见，利用蒸馏可以将挥发性物质和不挥发性物质分离开来，也可以将沸点不同的液体混合组分分离开来，所以，蒸馏是分离两种或两种以上沸点相差较大（30℃以上）的液体成分和除去体系中有机溶剂的常用方法。

（2）蒸馏装置

普通的蒸馏装置如图1-2(a)所示，在单口（磨口φ24mm）圆底烧瓶1中装入要蒸馏的液体物质并加入少量沸石，在瓶口插上蒸馏头2（下口与侧管口均为φ24mm，顶口为φ19mm），在蒸馏头顶端用标准磨口（φ19mm）玻璃套管与乳胶管固定温度计4，蒸馏头的侧管口与直形冷凝管（磨口φ24mm）相连，直形冷凝管夹层中自下而上通入冷却水，直形冷凝管末端与真空接液管（磨口φ24mm）相连，接液管下方与接收瓶连接。有许多有机物的沸点较高，而且在沸腾时会发生分解，因此在蒸馏此类有机化合物时，要采用减压蒸馏的方法，在减压条件下，沸点要比在大气压下降低很多，这样就可以确保这些有机物在蒸馏时不发生分解。减压蒸馏装置如图1-2(b)所示，将普通蒸馏头换成克氏蒸馏头，并在其直管部分的顶口处用标准磨口（φ19mm）玻璃套管与乳胶管固定一根毛细管，温度计固定在弯管的顶口处，整个体系必须保持密封状态，将接液管的侧管与真空泵连接即可。

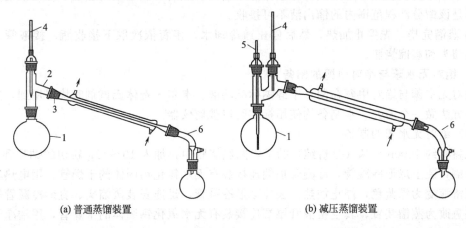

(a) 普通蒸馏装置　　　　　　　　(b) 减压蒸馏装置

图1-2　蒸馏装置

1—圆底烧瓶；2—蒸馏头；3—直形冷凝管；4—温度计；5—毛细管；6—真空接液管

(3) 蒸馏注意事项

① 通常被蒸馏的液体体积不得超过圆底烧瓶容积的 2/3，也不少于 1/3，且蒸馏时不得蒸干。

② 如果被蒸馏的液体中几乎不存在空气，烧瓶内壁又非常洁净与光滑，在加热时，液体内部很难形成气泡，这样就会出现液体的温度上升到超过沸点很多而不沸腾的"过热"现象，一旦有一个气泡形成，由于在此温度时液体的蒸气压已远远超过大气压和液柱的压力之和，因此，上升的气泡增大非常快，甚至将液体冲出瓶外，这种不正常的沸腾被称为"暴沸"。为防止这种现象发生，在加热前要在烧瓶中加入少量吸附有空气的素瓷片或沸石以引导沸腾。

③ 如果在加热前忘了加入沸石，补加时必须先移去热源，待加热的液体冷却到沸点以下，方可加入，切忌将沸石加到已受热接近沸腾的液体中，否则，会引起突然暴沸而造成大部分液体从瓶口喷出并发生危险。如果沸腾中途停止过，则在重新加热前，应加入新的助沸物，因为起先加入的沸石在加热时已经逐出了它原来吸附的空气，在冷却时又吸附了液体，因而已经失去了助沸功能。

④ 在减压蒸馏的装置中，毛细管越细，减压效果越好，毛细管应插到接近蒸馏瓶的瓶底，由于有毛细管引导沸腾，所以，减压蒸馏时，不用加沸石；在安装减压蒸馏装置时，为了保证密封性，可以在各个磨口处涂抹一些凡士林或真空脂；减压蒸馏装置的真空泵前要安装如图 1-6 所示的真空泵保护装置。

⑤ 蒸馏装置的安装应从左到右进行，拆除时按相反顺序进行。

⑥ 温度计的安装高度应保持水银球的上限与蒸馏头侧管的下限在同一水平线上。

⑦ 蒸馏瓶的加热以可调式水浴或电热套作为热源较好，加热的速度以每秒钟蒸出 1～2 滴为宜，特别是加热低沸点的有机溶剂时，严禁使用明火并注意排风。

⑧ 直形冷凝管适用于蒸馏沸点在 140℃ 以下的液体。蒸馏沸点在 140℃ 以上的液体时，应使用空气冷凝管。倘若蒸馏沸点在 140℃ 以上的液体时，如果仍使用直形冷凝管，则过热的蒸汽在冷凝管中与较冷的夹层冷却水相遇进行热交换时，玻璃质地的冷凝管承受不了巨大的温差变化，而会发生炸裂。

⑨ 进行蒸馏前，至少要准备两个接收瓶，因为在达到所需要物质的沸点之前，常有低沸点的杂质（前馏分）先被蒸出，当蒸馏温度趋于稳定后，蒸出的才是较纯的物质，这时应更换一个干净的接收瓶，记录这部分液体开始馏出和最后一滴馏出的温度，即是该馏分的沸程，不是该馏分沸程范围内的馏出液不可接收。

⑩ 蒸馏完毕，先停止加热，然后停止通冷却水，接着依次取下接收瓶、接液管、冷凝管、蒸馏头和蒸馏烧瓶。

1.5.3 绝对无水苯与绝对甲醇的制备

绝对无水苯与绝对甲醇在制备甲醇钠标准溶液、卡尔·费休氏试剂时均要用到，这里就其制备方法做一个简介，本制备均使用标准磨口玻璃仪器。

(1) 绝对无水苯的制备

在盛有约 1000mL 苯（分析纯）的干燥圆底烧瓶中，加入 10～12g 新切的钠片和 2～3g 二苯甲酮，装上球形冷凝管，冷凝管顶端连接装有无水氯化钙固体的干燥管，用电热套加热回流至溶液变为深蓝色，停止加热。去掉球形冷凝管，迅速安装蒸馏头、直形冷凝管等，将回流装置改为蒸馏装置，真空接液管尾端连接装有无水氯化钙固体的干燥管，用洁净干燥的锥形瓶（标准磨口）作接收器，收集 80～81℃ 馏出的苯。

(2) 绝对无水甲醇的制备

量取甲醇约 200mL 置于干燥的圆底烧瓶中，加光洁的镁条 15g 及碘 0.5g，装上球形冷凝管，冷凝管顶端连接装有无水氯化钙固体的干燥管，用电热套加热回流至金属镁开始转变为白色絮状时，再加入甲醇约 800mL，继续回流至镁条全部溶解。停止加热，去掉球形冷凝管，迅速安装蒸馏头、直形冷凝管等，将回流装置改为蒸馏装置，真空接液管尾端连接装有无水氯化钙固体的干燥管，用洁净干燥的锥形瓶（标准磨口）作接收器，收集 64~65℃ 馏出的甲醇。

注：本实验所列沸程为 760mmHg（1mmHg＝133.322Pa）柱时的数值，各地应根据当地海拔的不同将沸程做出相应的调整，一般而言，压强每高出 2.7mmHg 柱时，应将沸程温度增加 0.1℃；每低出 2.7mmHg 柱时，应将沸程温度减小 0.1℃。

1.6 萃取

萃取是化学实验中用来提取或纯化化合物的常用手段之一，通过萃取能从固体或液体混合物中提取出所需要的物质，也可以用于化合物中少量的杂质。萃取可分为液-液萃取和液-固萃取。

1.6.1 液-液萃取原理

萃取是利用物质在两种不互溶（或微溶）的溶剂中溶解度或分配比例的不同，使物质从一种溶剂内转移到另一种溶剂中，从而达到分离、提取或纯化目的的一种操作。若用与水不互溶（或微溶）的有机溶剂从水溶液中萃取有机化合物时，可将含有有机化合物的水溶液用有机溶剂进行萃取，有机化合物就在两个液相之间进行分配，在一定的温度下，此有机化合物在有机相中和在水相中的浓度之比是一个常数，这就是"分配定律"即：

$$K = C_有 / C_水$$

K 被称为分配系数，它可以近似地看做是此有机化合物在有机相中和在水相中的溶解度之比。有机化合物在有机溶剂中的溶解度一般比在水中的溶解度大，所以可将它从水溶液中萃取出来。在实际操作中，除非分配系数非常大（10 以上），否则一次萃取是不可能将水中全部的有机化合物转移到有机溶剂中的，通常可以采用有机溶剂的少量多次萃取。

1.6.2 液-液萃取操作

该操作所需要的器具为分液漏斗，以锥形分液漏斗作萃取操作最为方便，操作方法见图 1-3。

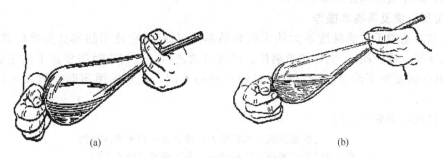

图 1-3 分液漏斗的振摇

取洁净的分液漏斗置于漏斗架上，将活塞取下并在其两端处涂抹薄薄的一层凡士林或真空脂，活塞的小孔附近不可涂抹，塞好后并把活塞旋转数圈，使润滑剂均匀分布且不堵塞活塞小孔，将活塞打至关闭位置。将待萃取液加到分液漏斗中，再加入萃取溶剂，盖好漏斗顶端的玻璃塞子，取下分液漏斗（见图 1-3），开始振摇，每摇动一小会儿后，就要将漏斗尾

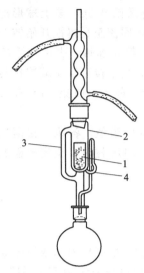

图1-4 索氏提取器

部斜向上抬起,旋转打开活塞,放掉逸出的过量萃取溶剂蒸气;关闭活塞,继续振摇,如此反复几次,待只有很少的气体逸出时,剧烈振摇2~3min,将分液漏斗放回漏斗架子上,静置使其分层;旋转漏斗顶端的玻璃塞子,使其处于漏气状态,缓慢旋转开启活塞,分出需要的液层置于洁净的250mL烧杯中即可。如有必要,可重复萃取操作直至满足要求。

注意:振摇分液漏斗时,其顶端的玻璃塞子必须旋至关闭状态,防止漏出液体;振摇初期必须及时旋开活塞"放气",否则,随着漏斗内部压力的不断增大,塞子就会被蒸气顶开,液体也会冲出漏斗。

1.6.3 固-液萃取操作

在提取中草药的有效成分时,经常会用到浸渍、压榨、渗漉、煎煮等不同的方法,用索氏提取器代替煎煮是一种非常好的方法。索氏提取器的构造如图1-4所示。

例如,利用索氏提取器提取黄连中的盐酸小檗碱时,可以将已经粉碎的黄连粉末(0.8~0.9g)包裹在一只封闭好的滤纸套1内,置于提取器2中,滤纸套上方用玻璃珠或玻璃塞压住,提取器的下端通过磨口塞和盛有提取溶剂的烧瓶连接(烧瓶内加入少量沸石),上端接球形冷凝管。当提取溶剂(盐酸-甲醇,1∶100)沸腾时,蒸气通过玻璃管3上升,被冷凝管冷凝成液体时,又滴入提取器中,当液面超过虹吸管4的最高处时,提取液通过虹吸现象又流回到烧瓶中,如此反复,就可以将黄连中的盐酸小檗碱等物质富集到烧瓶中。通过柱层析和蒸馏等手段就可以得到盐酸小檗碱。

1.7 过滤、加热与干燥

1.7.1 过滤的分类与基本操作

过滤是最常用的分离方法之一,当溶液和结晶(沉淀)的混合物通过过滤器时,结晶(沉淀)就留在了过滤器上,溶液则通过过滤器而漏入容器中,这个过程就叫做过滤,过滤所得的溶液为滤液。按照过滤的溶液混合物及其所要过滤物质的不同,过滤通常可以划分为常压过滤、减压过滤和热过滤三种。

1.7.2 常压过滤及其基本操作

常压过滤适用于过滤黏度不大的无机物结晶(沉淀),它使用的器具为普通玻璃漏斗、滤纸、漏斗架(或铁圈)、烧杯和玻璃棒。经过过滤之后,我们有时需要留下的是结晶(沉淀),也有时需要留下的是滤液,根据过滤目的的不同,经常选用不同性质和不同规格的滤纸。

(1) 滤纸的划分与选用

定性滤纸 { 快速滤纸,孔径较大,适合过滤粗大的沉淀物
中速滤纸,孔径适中,介于快速和慢速之间
慢速滤纸,孔径较小,适合过滤细小的沉淀物

定量滤纸 { 快速滤纸,孔径较大,适合过滤粗大的沉淀物
中速滤纸,孔径适中,介于快速和慢速之间
慢速滤纸,孔径较小,适合过滤细小的沉淀物

定性滤纸经过高温灼烧后,其灰分质量超过万分之一,所以定性滤纸不可用于重量分析

法中，定量滤纸高温灼烧后，其灰分质量仅为 0.000013g，可以忽略不计，因此，定量滤纸又被称为无灰滤纸，在重量分析法中是以沉淀的质量来计算含量的，所以，在过滤时应该使用慢速滤纸以保证细小的沉淀物也不会被漏掉，以免影响测量结果的准确性。

(2) 常压过滤的基本操作

将漏斗放在漏斗架子上，选择合适的滤纸进行折叠，如图 1-5 所示，先将圆形滤纸对折成扇形，然后再进行对折，展开后即可使用；若使用的漏斗规格不标准（其夹角非 60°），则漏斗和滤纸将不密合，此时需要重新折叠滤纸，即滤纸折成扇形后不再完全对折，而要错开一个合适的角度，展开大的一侧可以得到大于 60° 的锥形，展开小的一侧可以得到小于 60° 的锥形，从而使滤纸和漏斗密合。滤纸边应低于漏斗边 0.5~1cm，用水湿润滤纸使其贴紧漏斗内壁，赶走滤纸和漏斗内壁之间的气泡，这样可使漏斗颈内充满液体，溶液本身的重量会拽引漏斗内的液体下降，使过滤加速；否则，气泡将阻缓液体在漏斗颈内的流动而延缓过滤速度。

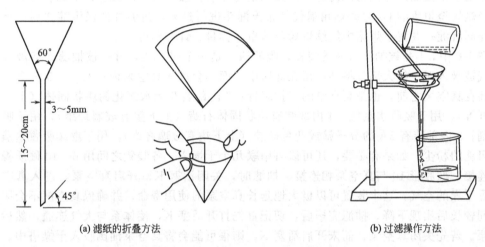

(a) 滤纸的折叠方法　　　　　　　(b) 过滤操作方法

图 1-5　滤纸的折叠方法和过滤操作方法

漏斗颈要紧靠在接收容器的内壁上，将玻璃棒斜对着滤纸三层的部分，溶液沿着玻璃棒缓慢倾入，先转移溶液、后转移沉淀；每次转移时不许超过滤纸容量的 2/3，以免溶液溢过滤纸而从滤纸和漏斗内壁的缝隙流下，而达不到过滤的目的。

用水将盛装溶液的烧杯冲洗数次，以保证沉淀完全转移，洗涤液也要缓缓倾入漏斗中。若沉淀需要洗涤时，即除去沉淀表面吸附的杂质和残留的母液，可用盛有水的洗瓶对沉淀进行洗涤，方法是从滤纸多层的边缘开始，使水流呈螺旋状往下移动，最后到多层部分停止。洗涤时应该贯彻"少量多次"的原则，最后把洗净的沉淀集中到滤纸底部。通过检查滤液中的杂质，可以判断沉淀是否已经洗净。

1.7.3　减压过滤及其基本操作

减压过滤（抽滤）适用于过滤黏度稍大的无机物或有机物结晶（沉淀），也可以过滤不适合用滤纸过滤的腐蚀性溶液。它使用的器具为坩埚式过滤、砂芯漏斗或布氏漏斗、吸滤瓶、真空泵、烧杯等。减压过滤虽然可以加速过滤，并把沉淀吸得很干爽，但减压过滤不适合过滤胶状沉淀和颗粒很细的沉淀。

对于有机合成反应产生的与反应母液共生的固体产物，或者是重结晶操作后结晶与母液的分离，通常使用布氏漏斗并用水泵或真空油泵进行减压过滤，如图 1-6 所示。

抽滤用的滤纸应该比布氏漏斗的内径略小，但又能把瓷孔完全盖没。将滤纸放入并湿润

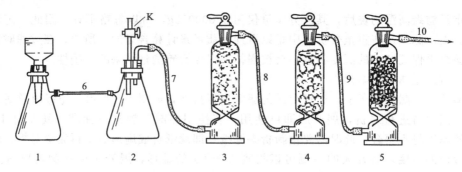

图 1-6 减压过滤及真空泵的保护装置

后,抽气使之贴紧,之后再转移溶液,其余操作与常压过滤相似。当过滤腐蚀性溶液(如碘标准溶液)时,可以用砂芯漏斗来替代布氏漏斗进行抽滤。

当用重量法测定有机物沉淀时,例如测定药品氯化胺甲酰甲胆碱注射液的含量时,可以用已经烘烤至恒重的 G_4 号垂熔坩埚代替布氏漏斗进行过滤,过滤并洗涤沉淀之后,将垂熔坩埚连同沉淀一并置于烘箱中继续烘烤至恒重,称量、计算即可。

图 1-6 中,1 是被抽滤溶液的装置;吸滤瓶 2 是一个缓冲瓶,万一被抽滤的溶液或产生的蒸气被吸入时,绝大部分将会停留在此瓶中,而不会进入真空泵内;3、4、5 三个干燥塔均安装在真空泵之前,也是真空泵的保护装置;3 内部装有无水氯化钙块状固体(上下垫有玻璃纤维),用于吸收水蒸气;4 内部装有块状固体石蜡(上下垫有玻璃纤维),用于吸收有机溶剂;5 内部装有 5A 的分子筛或变色硅胶(上下垫有玻璃纤维),用于继续吸收水蒸气及滤除可能的粉尘;如果有必要,还可以再串联几个干燥塔;各装置之间用 6~10 硬质橡胶管密封连接,橡胶管 10 与真空泵相连接。抽滤时,关闭活塞 K、开启真空泵,进入真空泵内的将是干燥的空气,这个装置可以极大地延长真空泵的使用寿命,并确保真空度不会因为使用时间较长后出现下降。抽滤完毕后,切记首先打开活塞 K,使体系与大气连通,然后关闭真空泵。若先关闭真空泵,而未开启活塞 K,则很可能会将真空泵油倒吸入干燥塔中。

1.7.4 加热的种类与适用范围

在实验室进行的兽药检验工作中,经常会遇到需要加热处理样品或对照品等情况,常用的热源及其使用范围等见表 1-3。

表 1-3 常用热源的使用

热源名称	使 用 范 围	注 意 事 项
酒精灯	加热温度在 400~450℃,适合加热试管、小的烧杯或烧瓶	酒精量不超过其容积的 2/3,也不少于 1/4;被加热的器皿不可对着人,而且要用其外焰加热,不可触及灯芯;要用火柴点燃,不可互相对点;使用完毕,用灯帽盖灭火焰,禁止嘴吹;室内有可燃性气体时禁止使用
酒精喷灯	加热温度在 700~800℃,适合加热玻璃管(棒)等,作玻璃管(棒)的弯曲、拉伸等玻璃工的热源	酒精量不超过其容积的 2/3,也不少于 1/4;被加热的器皿要用其外焰;要用火柴点燃,不可互相对点;使用完毕,用旋钮将火熄灭,室内有可燃性气体时禁止使用;使用喷灯时,周围不得有易燃易爆物品
电热恒温水浴锅	加热温度在室温~100℃,适合不太高温度的加热及产生可燃性气体反应的加热	不可干烧
电炉	加热温度在 400~500℃,垫上石棉网后可加热烧杯、烧瓶、锥形瓶、坩埚等	加热产生挥发性气体的样品时,要在通风橱内进行;注意用电安全;室内有可燃性气体时,禁止使用;不可将水、溶液、试剂等洒在电炉上

续表

热源名称	使用范围	注意事项
电热套	加热温度在400~500℃,可加热烧杯、锥形瓶或烧瓶等	加热产生挥发性气体的样品时,要在通风橱内进行;注意用电安全;不可将水、溶液、试剂等洒在电热套里
电热恒温干燥箱	加热温度在300℃以内,适合烘烤样品、对照品、基准品、变色硅胶和快速干燥普通的玻璃器皿等	不可加热产生有毒、有害及可燃性气体的物质;不可加热塑料制品;做干燥失重时,称量瓶的磨口盖要打开
马弗炉	加热温度在100~1100℃,适合需要200℃以上的烘烤操作;如产生无机物沉淀的重量法或炽灼残渣的测定	安装在坚固、平稳的台面上;注意用电安全;不可加热产生有毒、有害及可燃性气体的物质;不可加热塑料制品
减压恒温干燥箱	加热温度在260℃以内,适合烘烤样品、对照品和基准品	除了与电热恒温干燥箱具有相同的内容外,本设备所用的真空泵前面也要安装如图1-6所示的真空泵的保护装置,即6#管与减压干燥箱连接,并在6#管中间安装一个玻璃活塞P,当干燥箱内的负压达到要求时,关闭活塞P;开启活塞K,关闭真空泵,此时,减压干燥箱内的负压会由于活塞P的关闭而继续保持稳定

思考与练习

1. 当切割玻璃管(棒)时,锉刀只准在玻璃管(棒)上面锉一下,为什么?
2. 当玻璃管(棒)需要弯曲的角度较小时,通常分几次累积弯曲成功,为什么?
3. 制备去离子水时,饮用水必须首先通过阳离子树脂交换柱,然后才能进入阴离子树脂交换柱,为什么?
4. 为什么说最快捷、方便地控制纯水质量的方法是测定其电阻率?
5. 做常压蒸馏时,蒸馏前要在蒸馏瓶中加入少量沸石,为什么?如果蒸馏前忘了加沸石,能否将沸石加到快要沸腾的液体中?用过的沸石还可以再用吗?
6. 做蒸馏时,为什么要控制馏出液的速度是1~2滴/s?
7. 做液-液萃取操作时,振摇一小会儿,就必须将分液漏斗颈斜向上抬起,开启活塞"放气",这是为什么?
8. 普通玻璃仪器清洗的程序是_____、_____、_____;精密玻璃量器清洗的程序是_____、_____、_____;玻璃仪器洗净的标志是_____、_____、_____。
9. 单标线精密玻璃量器在最终读数时,要保持_____、_____和_____在同一水平线上。
10. 在配制稀硫酸时,一定要将_____缓缓倾入_____中。
11. 回流操作要用_____冷凝管;蒸馏沸点是140℃以下的液体时要用_____冷凝管;蒸馏沸点是140℃以上的液体时要用_____冷凝管。

第2章 溶液理论

2.1 水——一种重要的化学物质

水对生命起着重要的作用，它是生命的源泉，是人类赖以生存和发展不可缺少的最重要的物质资源之一。

对于生物而言，其生理功能是多方面的，而生物体内发生的一切化学反应都是在介质水中进行的。没有水，养料不能被吸收；氧气不能运到所需部位；养料和激素也不能到达它的作用部位；废物不能排除，新陈代谢将停止，生物将死亡。因此，水对生命是最重要的物质。

在现代工业中，水也起着重要的作用。没有一个工业部门可以不用水，也没有一项工业不和水直接或间接地发生关系。更多的工业是利用水来冷却设备或产品，例如钢铁厂等。水还常常用来作为洗涤剂，如漂洗原料或产品，清洗设备或地面，每个工厂都要利用水的各种作用来维护正常生产，几乎每一个生产环节都有水的参与。

所以，水作为大自然赋予人类的宝贵财富，早就被人们关注。

2.1.1 水的性质

水的分子式为 H_2O，相对分子质量 18.016。在自然界中以固态、液态、气态三种状态存在。纯净的水是无色、无味的透明液体。在 101.325kPa 下，沸点为 100℃，蒸发热为 40.6kJ/mol；凝固点为 0℃，水的凝固热为 5.99kJ/mol。水在 3.98℃时体积最小，密度最大，$\rho=1$g/mL。

水能在一定条件下发生水解、电解、光解、氧化等反应。由于水分子 H_2O 中 O—H 键是高度极化的，所以水分子是极性分子，化学反应活性较差。水在动物营养生理过程中表现出的很多性质和作用都与此密切相关。

2.1.2 水在生命体及食品中的作用

水的营养生理作用很复杂，生物生命活动过程中许多特殊生理功能都有赖于水的存在，水是生物机体的主要组成成分，也是生物机体细胞的一种主要结构物质。

(1) 水在生命体中的作用

① 直接构成生物体的重要组成部分，如细胞壁。水有较高的表面张力。水与生物体蛋白质的活性基或碳水化合物的活性基以氢键相结合，形成胶体。胶体具有一定的稳定性，使组织细胞具有一定的形态、硬度和弹性。

② 水是细胞内的良好溶剂：生物体内的大部分无机物质及一些有机物都能溶解于水。水是物质扩散的介质，也是酶活动的介质。细胞内的各种代谢过程，如营养物质的吸收、代谢废物的排出以及一切生物化学反应等，都必须在水溶液中才能进行。

③ 由于水分子的极性强，能使溶解于其中的许多种物质解离成离子，这样也就有利于生物体内化学反应的进行。

④ 水的比热容大。水的比热容高于其他固体和液体的比热容，如 1g 水从 14.5℃上升到 15.5℃需要 4.184kJ 的热，而玻璃比热容仅为 0.5J/(g·℃)，铁比热容为 0.46J/(g·℃)。正是由于这个特点，生物体蒸发少量的汗就能散发大量的热。再加上水的流动性大，热量能

随血液循环迅速分布全身,因此水的这一特性对生物调节体内热平衡起着十分重要的作用。

⑤ 润滑作用:动物体关节囊内、体腔内和各器官间的组织液中的水,可以减少关节和器官间的摩擦力,起到润滑作用。

⑥ 对植物来说,水能保持植物的固有姿态。由于植物的液泡里含有大量的水分,因而可以维持细胞的形态而使植物枝叶挺立,便于接受阳光和交换气体,保证正常的生长发育。

(2) 水在食品中的作用

① 水是食品的重要组成成分和食品生产的原料,水分含量的高低,直接影响到食品的感官性状、质地、风味、新鲜程度等。各种食品中水的含量不同,几种主要食品中水的含量见表 2-1。

表 2-1　几种主要食品中水的含量

食品名	水分/%	食品名	水分/%	食品名	水分/%
番茄	95	牛奶	87	果酱	28
莴苣	95	马铃薯	78	蜂蜜	20
卷心菜	92	香蕉	75	奶油	16
啤酒	90	鸡	70	稻米面粉	12
柑橘	87	肉	65	奶粉	4
苹果汁	87	面包	35	酥油	0

② 水是引起食品化学变化及微生物作用的重要原因,直接关系到食品的储藏和安全特性。

③ 水分在食品中的存在状态可以分为两类:游离水和结合水。

游离水又称为自由水,共分为三类:滞化水、毛细管水和自由流动水,是指组织、细胞中容易结冰、也能溶解溶质的这一部分水。食品中只有游离水分才能被细菌、酶和化学反应所触及。由于这一部分水的作用力是毛细管力,其结合松散,所以很容易用干燥的方法从食品中分离出去。

结合水又称束缚水,是与食品的有机成分以氢键相结合的水分。如葡萄糖、乳糖、柠檬酸等晶体中的结晶水或明胶、果胶所形成冻胶中的结合水。结合水不易结冰(冰点 $-40℃$)、不能作为溶剂,也不能被微生物所利用,但结合水对食品的风味起着重要作用。

例如:新鲜的水果蔬菜中,含有大量的游离水,储存不当,很容易腐败、变质;而几乎不含游离水的植物种子和微生物孢子却能长时间地保持生命力。

2.2　溶液

2.2.1　关于溶液的一般概念

由两种或两种以上不同物质混合所形成的均匀、稳定的体系称为溶液。溶液可以是固态溶液(如合金)、气态溶液(如空气)和液态溶液(如糖水)。在形成溶液时,往往把其中含量最多的一种组分称为溶剂,其他组分称为溶质。通常所说的溶液指液体溶液,溶液中最常见的溶剂是水,一般不指明溶剂的溶液即是水溶液。

2.2.2　溶解过程

"分散"和"溶解"不是一个概念,溶质是分散到溶剂中去的,溶质和溶剂不发生反应,否则就不能得到该物质的溶液,而溶解往往伴随有物理化学变化和吸热放热现象。如 CaO 溶于水,得到的并不是 CaO 溶液,因 CaO 能与水反应生成 $Ca(OH)_2$,所以得到的是 $Ca(OH)_2$ 溶液。可见"分散"与"溶解"并不是一回事。

当一种物质溶解在溶剂中时，需吸收能量以克服溶质分子（或原子、离子）之间的作用力，从而使溶质扩散到溶剂中去，这是一个物理过程，这个过程是吸热的。而伴随着发生的溶质与溶剂之间的溶剂化作用（水合作用）则是一个化学变化，溶质分子（或原子、离子）与水分子或其电离出的少量氢离子和氢氧根离子发生了化合作用，这个过程是放热的。

溶剂是有限度的。物质溶解与否、溶解能力的大小，一方面决定于溶剂和溶质的本性；另一方面也与外界条件如温度、压强、溶剂种类等有关。在相同条件下，有些物质易以溶解，而有些物质则难以溶解，即不同物质在同一溶剂里溶解能力不同。通常把某一物质溶解在另一物质里的能力称为溶解性。例如，糖易溶于水，而油脂不溶于水，就是它们在水中的溶解性不同。溶解度是溶解性的定量表示。只有在溶剂中溶解的物质才能叫溶质，未溶解的物质不能叫溶质。例如，20℃时将 20g NaCl 溶解在 50g 水中，充分搅拌后还剩 2g 未溶解，显然只有溶解的 18g NaCl 才是溶液的组成部分（叫溶质），而未溶解的 2g NaCl 则不是溶液的组成部分。

2.2.3 溶液浓度的表示方法

溶液组成的表示方法有多种，常用的有以下四种。

（1）摩尔分数

溶液中某种组分 B 的物质的量与溶液中总物质的量之比，称为组分 B 的摩尔分数。用公式表示如下：

$$x_B = \frac{n_B}{\sum n} \tag{2-1}$$

式中　x_B——组分 B 的摩尔分数，无量纲。

（2）质量分数

溶液中某组分 B 的质量占溶液总质量的百分数，称为组分 B 的质量分数。用公式表示为：

$$w_B = \frac{W_B}{\sum W} \times 100\% \tag{2-2}$$

式中　w_B——组分 B 的质量分数，无量纲。

（3）质量摩尔浓度

1kg 溶剂中含有某溶质 B 的物质的量，称为溶质 B 的质量摩尔浓度。用公式表示如下：

$$m_B = \frac{n_B}{W_A} \tag{2-3}$$

式中　m_B——溶质 B 的质量摩尔浓度，mol/kg。

（4）物质的量浓度

单位体积溶液中含有溶质 B 的物质的量，称为溶质 B 的物质的量浓度。用公式表示如下：

$$c_B = \frac{n_B}{V} \tag{2-4}$$

式中　c_B——溶质 B 的物质的量浓度，mol/L 或 mol/m³。

上述各种浓度的表示方法可以相互换算，换算过程中会涉及密度。值得一提的是，密度为溶液单位体积内含有某物质的质量，也可以代表溶液的浓度。密度的国际单位为 kg/m³，常用单位为 g/mL。

【例题 2-1】　每升水溶液中含有 192.6g KNO_3，密度为 1.1432kg/dm³。试用①摩尔分数；②质量分数；③质量摩尔浓度；④物质的量浓度分别来表示该溶液的组成。

解：①摩尔分数

$$x_{KNO_3} = \frac{n_{KNO_3}}{n_{KNO_3} + n_{水}} = \frac{\frac{192.6}{101}}{\frac{192.6}{101} + \frac{1143.2 - 192.6}{18}} = 0.0348$$

② 质量分数

$$w_{KNO_3} = \frac{W_{KNO_3}}{W_{KNO_3} + W_{水}} \times 100\% = \frac{192.6}{1143.2} \times 100\% = 16.85\%$$

③ 质量摩尔浓度

$$m_{KNO_3} = \frac{n_{KNO_3}}{W_{水}} = \frac{192.6/101}{1.1432 - 192.6 \times 10^{-3}} = 2.006 \text{ (mol/kg)}$$

④ 物质的量浓度

$$c_{乙醇} = \frac{n_{KNO_3}}{V} = \frac{n_{KNO_3}}{(W_{KNO_3} + W_{水})/\rho} = \frac{192.6/101}{1 \times 10^{-3}} = 1.907 \times 10^3 \text{ (mol/m}^3\text{)}$$

2.2.4 非电解质稀溶液的依数性

在某一温度下,液体与其自身蒸气达到平衡状态时,平衡蒸气的压力称为这种液体在该温度下的饱和蒸气压,简称蒸气压。

饱和蒸气压是液体物质的一种重要属性,可以用来量度液体分子的逸出能力,即液体的蒸发能力。温度升高,分子热运动加剧,单位时间内能够摆脱分子间引力而逸出进入气相的分子数增加,饱和蒸气压增大。

在一定温度下,纯溶剂(A)的蒸气压为定值,当非挥发性的溶质(B)溶入溶剂(A)后,部分液面被 B 分子占据,单位时间内逸出液面的溶剂分子数比纯溶剂减少,导致溶液的饱和蒸气压比纯溶剂饱和蒸气压相对下降,从而又导致沸点升高、凝固点降低并呈现渗透压力等特性。稀溶液的这四种性质都与所溶入的溶质的性质没有关系,而与溶质浓度成正比,故简称为依数性(colligative properties)。

(1) 蒸气压降低

$$\Delta p_A = p_A^* - p_A = p_A^* x_B \tag{2-5}$$

式中 x_B——溶质 B 在液相的摩尔分数;

p_A^*——纯溶剂 A 的饱和蒸气压;

Δp_A——形成稀溶液后,溶剂的蒸气压降低值。

可见,蒸气压降低的数值与溶质 B 在液相的摩尔分数成正比,由于比例系数是纯 A 的饱和蒸气压,所以蒸气压降低值与溶质的本质无关。或者说溶剂蒸气压的降低值与纯溶剂蒸气压之比等于溶质的摩尔分数——拉乌尔定律(Raoult's Law)。

【例题 2-2】 298K 时 CCl_4 中溶有摩尔分数为 2% 的甘油,此温度时纯 CCl_4 的饱和蒸气压为 11.4kPa,溶液蒸气压比纯 CCl_4 蒸气压下降多少?

解:甘油是非挥发性溶质,此溶液较稀,可以用拉乌尔定律计算:

$$\Delta p = p_{CCl_4}^* - p_{溶液} = 11.4 \times 0.02 = 0.228 \text{ (kPa)}$$

正因为溶剂的饱和蒸气压降低,所以会引起溶液的沸点升高、凝固点降低以及产生渗透压等现象。

(2) 沸点升高

沸点是指液体的蒸气压等于外压时的温度,根据拉乌尔定律,在一定温度时,当溶液中含有非挥发性溶质时,溶液的蒸气压总是比纯溶剂低。在达到原来的沸点温度时蒸气压小于外压,因此必须升高温度,蒸气压才能等于外压,溶液方可沸腾,所以沸点会有所升高。

实验证明，含有非挥发性溶质的稀溶液，其沸点升高值与溶液中溶质 B 的质量摩尔浓度成正比：

$$\Delta T_b = T_b - T_b^* = k_b m_B \tag{2-6}$$

式中 m_B——溶质 B 在液相的质量摩尔浓度；

ΔT_b——沸点升高值；

k_b——沸点升高常数，它只与溶剂的性质有关。

表 2-2 给出了几种常见溶剂的沸点升高常数的数值。

表 2-2　几种常见溶剂的沸点升高常数

溶剂	水	甲醇	乙醇	丙酮	氯仿	苯	四氯化碳
纯溶剂沸点/℃	100.00	64.51	78.33	56.15	61.20	80.10	76.72
k_b/(K·kg/mol)	0.52	0.83	1.19	1.73	3.85	2.60	5.02

【例题 2-3】 将 2.18×10^{-3} kg 的某不挥发未知物溶于 23×10^{-3} kg 水中，测得该溶液的沸点为 373.62K，试计算该物质的摩尔质量。（已知水的沸点升高常数 $k_b = 0.52$ K·kg/mol）

解： 根据题意，沸点升高值为：

$$\Delta T_b = 373.62 - 373.15 = 0.47 \text{ (K)}$$

由式(2-6) 得 $m_B = \Delta T_b / k_b = 0.47/0.52 = 0.90$ (mol/kg)

由于 $m_B = \dfrac{W_B/M_B}{W_{水}}$ 即 $0.9 = \dfrac{2.18 \times 10^{-3}/M_B}{23 \times 10^{-3}}$

所以 $M_B = 0.105$ kg/mol

(3) 凝固点降低

在不析出固溶体时，溶液的凝固点是在一定外压下使该物质处于固-液两相平衡时的温度，此时，固体纯溶剂的蒸气压与溶液中溶剂的蒸气压相等。由于非挥发性溶质溶于溶剂形成稀溶液后蒸气压降低，所以纯溶剂固相蒸气压大于稀溶液的蒸气压，只有降低稀溶液温度至两者的蒸气压相等时方可达到平衡才开始析出溶剂固体。所以稀溶液的凝固点低于纯溶剂的凝固点。与沸点升高一样，凝固点降低值与溶液中溶质的质量摩尔浓度成正比，用数学公式表示为：

$$\Delta T_f = T_f - T_f^* = k_f m_B \tag{2-7}$$

式中 m_B——溶质 B 的质量摩尔浓度；

ΔT_f——凝固点降低值；

k_f——凝固点降低常数，只与溶剂的性质有关。

此式适用于稀溶液且凝固时析出的为纯 A(s)，即无固溶体生成。

【例题 2-4】 冬季为防止某仪器上的水结冰，在水中加入甘油，如果要使凝固点下降到 265K，则 1.00kg 水中应加多少甘油？（已知水的 k_f 为 1.86K·kg/mol；甘油的摩尔质量为 0.092kg/mol）

解：

$$\Delta T_f = k_f m_B$$

$$273 - 265 = 1.86 \times \frac{W_B/0.092}{1}$$

$$W_B = 0.396 \text{kg}$$

(4) 渗透压

在等温等压条件下，用一个只允许溶剂分子通过而不允许溶质分子通过的半透膜将纯溶剂与溶液隔开，经过一定时间，发现溶液端的液面会上升至某一高度，如图 2-1 所示。

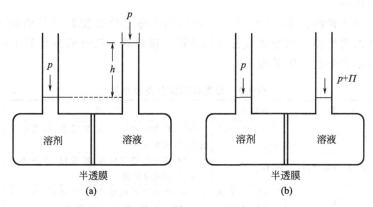

图 2-1　渗透压示意图

如果溶液浓度改变，液面上升的高度也随之改变。这种溶剂通过半透膜渗透到溶液一边，使溶液端的液面升高的现象称为渗透现象。如果想使两侧液面高度相同，则需要在溶液端施加额外压力。这个压力就称为渗透压，用 Π 表示。任何溶液都有渗透压，只有当合适的半透膜存在时，才能显示出来。

大量实验结果表明，稀溶液的渗透压数值与溶液中所含溶质的数量成正比。

$$\Pi = c_B RT \tag{2-8}$$

渗透压的大小只与溶质的浓度有关，与溶质的种类无关，所以渗透压也是稀溶液的一种依数性。

【例题 2-5】 人的血液可视为水溶液，在 101325Pa 下于 272.44K 凝固。水的 k_f 为 1.86K·kg/mol，求人体血液在 310K 时的渗透压。

解： 由凝固点降低公式　$\Delta T_f = k_f m_B = 273.00\text{K} - 272.44\text{K} = 0.56\text{ K}$

得

$$m_B = \frac{\Delta T_f}{k_f} = \frac{0.56}{1.86} = 0.301 \text{ (mol/kg)}$$

$$\Pi = c_B RT = \frac{n_B}{V} RT = \frac{0.301}{1 \times 10^{-3}} \times 8.314 \times 310 = 775779.34 \text{ (Pa)}$$

计算结果表明，稀溶液依数性中渗透压比较显著。

2.3　胶体溶液

2.3.1　分散体系

把一种或几种物质分散在另一种物质中就构成了分散体系。在分散体系中被分散的物质称为分散相，另一物质则称为分散介质。

按照分散相被分散的程度，即分散粒子的大小，分散体系大致可分为三类。

(1) 分子分散体系

分散相粒子的半径小于 10^{-9}m，相当于单个分子或离子的大小。此时，分散相与分散介质形成均匀的一相，属单相体系。

(2) 胶体分散体系

分散相粒子的半径在 $10^{-9} \sim 10^{-7}$m 范围内，是大分子或众多小分子或离子的集合体。这种体系是透明的，用眼睛或普通显微镜观察时，与真溶液差不多，但实际上分散相与分散介质已不是一相,存在相界面。

(3) 粗分散体系

分散相粒子的半径约在 $10^{-7} \sim 10^{-5}$ m 范围内,每个分散相粒子是由成千上万个分子、原子或离子组成的集合体,用眼睛或普通显微镜直接观察已能分辨出是多相体系。

三类分散体系的分类性质见表2-3。

表 2-3　分散体系的分类及性质

微粒直径	类　型	分散相	性　质	实　例
$<10^{-9}$ m	分子分散体系	原子、离子或小分子	均相,热力学稳定体系,扩散快,能透过半透膜,形成真溶液	蔗糖水溶液、氯化钠水溶液等
$10^{-9} \sim 10^{-7}$ m	高分子化合物溶液	大分子	均相,热力学稳定体系,扩散慢,不能透过半透膜,形成真溶液	聚乙烯醇水溶液等
	溶胶	胶粒(原子或分子的聚集体)	多相,热力学不稳定体系,扩散慢,不能透过半透膜,能透过滤纸,形成胶体	金溶胶、氢氧化铁溶胶等
$>10^{-7}$ m	粗分散体系	粗颗粒	多相,热力学不稳定体系,扩散慢,不能透过半透膜及滤纸,形成悬浮体或乳状液	浑浊泥水、牛奶、豆浆等

对于多相分散体系,人们还常按照分散相和分散介质的聚集状态分为八类,如表2-4所示,其中最重要的是第一、二两类。

表 2-4　多相分散体系的八种类型

分散相	分散介质	名　称	实　例
固体	液体	溶胶、悬浮液	$Fe(OH)_3$ 溶胶、泥浆
液体	液体	乳状液	牛奶
气体	液体	泡沫	肥皂水泡沫
固体	固体	固溶胶	有色玻璃
液体	固体	凝胶	珍珠
气体	固体	固体泡沫	馒头、泡沫塑料
固体	气体	气溶胶	烟、尘
液体	气体	气溶胶	雾、云

胶体分散体系在生物界和非生物界都普遍存在,在实际生活和生产中占有重要地位。如在石油、冶金、造纸、橡胶、塑料、纤维、肥皂等工业部门,以及其他学科如生物学、土壤学、医学、气象、地质学等中都广泛地接触到与胶体分散体系有关的问题。

2.3.2　溶胶

2.3.2.1　溶胶的制备

在上述讨论中表明,要形成溶胶必须使分散相粒子的大小落在胶体分散系统的范围之内,同时系统中应有适当的稳定剂存在才能使其具有足够的稳定性。制备溶胶的方法大致可以分为两类:即分散法和凝聚法,前者是使固体的粒子变小,后者是使分子或离子聚结成胶粒。

(1) 分散法

用适当的方法将大块物质在有稳定剂存在的情况下分散成胶体粒子的大小。常用的方法如下。

① 研磨法:这种方法适用于脆而易碎的物质,对于柔韧性的物质必须先硬化后再粉碎。例如,将废轮胎粉碎,先用液氮处理,硬化后再研磨。

胶体磨的形式很多,其分散能力因构造和转速的不同而不同。

② 胶溶法:也称解胶法。它不是使粗粒分散成溶胶,而只是使暂时凝集起来的分散相

又重新分散。许多新的沉淀经洗涤除去过多的电解质，再加入少量的稳定剂后，则又可以制成溶胶。而沉淀放置时间较长后，即沉淀老化，就得不到溶胶。

③ 超声波分散法：用超声波所产生的能量来进行分散作用。一般超声波的频率要大于 16000 Hz。

(2) 凝聚法

凝聚法是将分子、离子等凝聚而形成溶胶粒子的方法。

其中最常用到的是借化学反应来实现凝聚。溶液中进行的氧化还原、水解、复分解等反应，只要有一种产物是溶解度很小的，就可控制反应条件使析出的产物分子凝聚而形成溶胶粒子。例如，将含 $AuCl_3$ 的质量比值约为 1.0×10^{-4} 的稀溶液加热至沸腾，慢慢加入甲醛或单宁之类有机还原剂，即可得到红色的金溶胶。反应过程中，开始所得产物为分子状态，随着反应的进行，逐渐形成过饱和溶液便开始聚集。为使聚集粒子的大小恰好在胶体范围内，不致过大而发生聚沉，必须控制好反应条件。反应物的浓度、介质的 pH 值、操作的程序以及温度、搅拌等都对溶胶的形成有很大影响。一般说来，反应物浓度较稀，两种反应物中有一种稍有过量，反应物的混合比较缓慢等均有利于制成溶胶。用化学反应法制备溶胶是一项技术性较强的工作，只有通过实践方能逐渐掌握。

2.3.2.2 溶胶的净化

新制备的溶胶往往含有过多的电解质或其他杂质，不利于溶胶的稳定存在，需要将其除去或部分除去，称为"溶胶的净化"。目前净化溶胶的方法都利用了溶胶粒子不能透过半透膜而一般低分子杂质及电解质能透过半透膜的性质。最经典的是格雷姆（Graham）提出的"渗析法"，方法是将待净化的溶胶与溶剂用半透膜隔开，溶胶一侧的杂质就穿过半透膜进入溶剂一侧，不断更换新鲜溶剂，即可达到净化的目的。常用的半透膜有牛膀胱等动物膜、羊皮纸及低氮硝化纤维薄膜等。渗析法虽然简单，但费时太长，往往需要数十小时甚至数十天。为了加快渗析速度，可在半透膜两侧施加电场，促使电解质迁移加快，这就是"电渗析法"，比普通渗析法可加速几十倍或更多，其装置如图 2-2 所示。应注意的是，采用渗析法净化溶胶时不宜持续过久，否则电解质除去过多反而影响溶胶的稳定性。

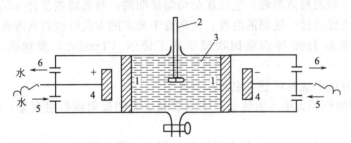

图 2-2 电渗析示意图
1—半透膜；2—搅拌器；3—溶胶；4—铂电极；5—进水管；6—出水管

2.3.2.3 溶胶的性质

胶体系统是介于真溶液和粗分散系统之间的一种特殊分散系统。由于胶体系统中粒子分散程度很高，具有很大的比表面积，表现出显著的表面特性，如胶体具有特殊的力学性质、光学性质和电学性质。

(1) 溶胶的力学性质

1827 年，英国植物学家布朗（Brown）在显微镜下观察悬浮在液体中的花粉颗粒时，发现这些粒子永不停息地做无规则运动。后来还发现所有足够小的颗粒，如煤、化石、矿石、金属等无机物粉粒，也有同样的现象。这种现象是布朗发现的，故称布朗运动，但在很长一段时间中，这种现象的本质没有得到阐明。

1903年，齐格蒙德（Zsigmondy）发明了超显微镜，用超显微镜观察溶胶可以发现溶胶粒子在介质中不停地做无规则的运动。对于一个粒子，每隔一定时间记录其位置，可得到类似如图2-3所示的完全不规则的运动轨迹，这种运动称为溶胶粒子的布朗运动。

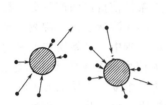 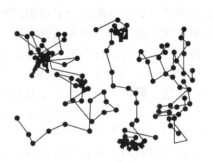

(a) 溶胶粒子受介质分子冲撞示意图　　　　(b) 溶胶粒子的布朗运动

图 2-3　布朗运动示意图

粒子做布朗运动无需消耗能量，而是系统中分子固有的热运动的体现。固体颗粒处于液体分子包围之中，而液体分子一直处于不停的、无序的热运动状态，撞击着固体粒子。如果浮于液体介质中的固体远较溶胶粒子大（直径约大于 $5\mu m$），一方面由于不同方向的撞击力大体已互相抵消，另一方面由于粒子质量大，其运动极不显著或根本不动。但对于胶体分散程度的粒子（直径小于 $5\mu m$）来说，每一时刻受到周围分子的撞击次数要少得多，那么在某一瞬间粒子各方向所受力不能相互抵消，就会向某一方向运动，在另一瞬间又向另一方向运动，因此形成了不停的无规则运动。布朗运动的速度取决于粒子的大小、温度及介质的黏度等，粒子越小、温度越高、黏度越小则运动速度越快。

（2）溶胶的光学性质

用肉眼观察一般的胶体溶液，它往往是均匀透明的，与真溶液没什么区别。但是如果在暗室中，让一束光线透过一透明的溶胶，从垂直于光束的方向可以看到溶胶中显出一浑浊发亮的光柱，此现象是1869年由英国物理学家丁铎尔（Tyndall）发现的，故称为丁铎尔效应。

当光线射入分散系统时可能发生两种情况：

① 若分散相的粒子大于入射波长，则主要发生光的反射或折射现象，粗分散系统属于这种情况。

② 若是分散相的粒子小于入射光的波长，则主要发生散射。此时光波绕过粒子而向各个方向散射出去（波长不发生变化），散射出来的光称为乳光或散射光。可见光的波长一般在400～700nm之间，真溶液和溶胶的分散相粒子直径都比可见光的波长小，所以都可以对光产生散射作用。但是对于真溶液来说，由于溶质粒子太小，半径小于1nm，又有较厚的溶剂化层，使分散相和分散介质的折射率变得差别不大，所以散射光相当微弱，很难观察到。对于溶胶，分散粒子的半径一般在1～100nm之间，分散相和分散介质的折射率有较大的差别，因此有较强的光散射作用，产生丁铎尔效应。

（3）溶胶的电学性质

在外加直流电场或外力作用下，分散相与分散介质发生相对运动的现象，称为溶胶的电动现象。电动现象主要有电泳、电渗两种。

① 电泳：在电场作用下，固体的分散相粒子在液体介质中做定向移动，称为电泳。可以通过如图 2-4 所示的实验观察电泳现象。在 U 形管中先装入红褐色的 Fe(OH)$_3$ 溶胶，然后小心加入 NaCl 溶液，使两者有清晰的界面。然后把电极放入 NaCl 溶液中通电，一段时间后可以看到负极的红褐色液面上升，正极红褐色液面下降，可以观察到 Fe(OH)$_3$ 溶胶的移动情况。通过电泳实验可以说明胶体粒子是带电荷的，上述实验表明 Fe(OH)$_3$ 溶胶粒子带正电荷。

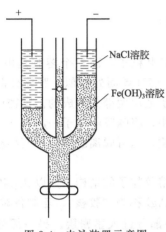

图 2-4　电泳装置示意图

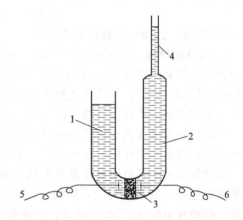

图 2-5　电渗装置示意图
1,2—溶胶；3—多孔膜；4—毛细管；5,6—电极

溶胶粒子的电泳速率与粒子所带电荷量及外加电势梯度成正比，而与介质黏度及粒子的大小成反比。溶胶粒子比离子大得多，但实验表明溶胶电泳速率与离子电迁移率数量级大体相当，由此可见溶胶粒子所带电荷的数量是相当大的。

电泳现象在生产和科研实验中有很多应用。例如，根据蛋白质分子、核酸分子电泳速率的不同来对它们进行分离，是生物化学中一项重要的实验技术。又如，利用电泳的方法使橡胶的乳状液凝结而浓缩；利用电泳使橡胶电镀在金属模具上，可得到易于硫化、弹性及拉力均好的产品，医用橡胶手套就是这样制成的。还可以利用电泳的方法对工件进行涂漆，将工件作为一个电极浸在水溶性涂料中并通以电流，带电胶粒便会沉积在工件表面，该工艺称为电泳涂漆。

② 电渗：与电泳现象相反，使固体胶粒不动而液体介质在电场中发生定向移动的现象称为电渗。

电渗现象可以通过如图 2-5 所示的装置观察，图中 3 为多孔膜，1、2 中盛溶胶，胶体粒子被多孔膜吸附而固定。当在电极 5、6 上施以适当的外加电压时，从刻度毛细管 4 中弯月面可以直接观察到液体的移动。如果胶体粒子带正电，则液体带负电而向正极一侧移动；反之亦然。

电渗现象在工业上也有应用。例如，在电沉积法涂漆操作中，使漆膜内所含水分排到膜外以形成致密的漆膜，工业及工程中泥土或泥炭脱水、水的净化等都可借助电渗法来实现。

(4) 胶体粒子的带电性

① 胶体粒子带电的原因。胶粒上电荷的来源可以看做胶粒表面吸附了很多相同电荷的离子，也可以是胶粒表面上分子解离而引起的。

胶体分散系有巨大的比表面和表面能，所以胶体粒子有吸附其他物质以降低表面能的趋势。如果溶液中有少量的电解质，胶体粒子就会有选择地吸附某种离子而带电。吸附正离子时，胶体粒子带正电，形成正溶胶；吸附负离子时，胶体粒子带负电，形成负溶胶。胶体粒子究竟吸附哪一类离子，取决于胶体粒子的表面结构和被吸附离子的本性。在一般情况下，胶体粒子总是吸附那些与它组成相同或类似的离子。以 AgI 溶胶为例，当用 $AgNO_3$ 和 KI 溶液制备 AgI 溶胶时，若 KI 过量，则 AgI 会优先吸附 I^-，因而带负电；若 $AgNO_3$ 过量，AgI 粒子则优先吸附 Ag^+，因而带正电。

除了表面吸附之外，胶粒所带电荷也可以由表面的解离所引起。例如，常见的硅酸胶粒带电，就是由于其表面分子发生了解离：

$$H_2SiO_3 \Longrightarrow SiO_3^{2-} + 2H^+$$

H^+ 进入溶液，因而使硅酸胶粒带负电。

② 胶体的结构。由于吸附或电离，胶体粒子成为带电粒子，而整个溶胶是电中性的，因而分散介质必然带有等量的相反电荷的离子。与电极-溶液界面处相似，胶体分散相粒子周围也会形成双电层，其反电荷离子层也是由紧密层和扩散层两部分构成的。紧密层中反电荷离子被牢固地束缚在胶体粒子的周围，若处于电场之中，将随胶体粒子一起向某一电极移动；扩散层中反电荷离子虽受到胶体粒子静电引力的影响，但可脱离胶体粒子而移动，若处于电场中，则会与胶体粒子反向朝另一电极移动。

依据胶团粒子带电原因及其双电层知识，可以推断溶胶粒子的结构。如以 $AgNO_3$ 和 KI 溶液混合制备 AgI 溶胶为例，如图 2-6 所示。固体粒子 AgI 称为"胶核"。若制备时 $AgNO_3$ 过量，则胶核吸附 Ag^+ 而带正电，反电荷离子 NO_3^- 一部分进入紧密层，另一部分在分散层；若制备时 KI 过量，则胶核吸附 I^- 而带负电，反电荷离子 K^+ 一部分进入紧密层，另一部分在分散层。胶核、被吸附的离子以及在电场中能被带着一起移动的紧密层共同组成"胶粒"，而胶粒与分散层一起组成"胶团"，整个胶团保持电中性。胶团的结构也可以用结构式的形式表示。

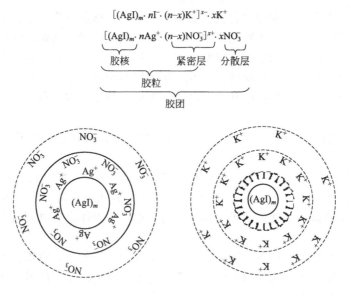

图 2-6　AgI 溶胶粒子结构示意图

m 为胶核中 AgI 的分子数，此值一般很大（约在 10^3 左右），n 为胶核所吸附的粒子数，n 的数值比 m 小得多，$(n-x)$ 是包含在紧密层中的反电荷离子的数目，x 为扩散层中反电荷离子的数目。对于同一胶体中的不同胶团，其 m、n、x 的数值是不同的，即胶团没有固定的直径、形状和质量。由于粒子溶剂化，因此胶粒和胶团也是溶剂化的。

2.3.2.4 溶胶的稳定性和聚沉

胶体系统中粒子分散程度很高，具有很大的比表面积，表面吉布斯函数高，胶粒有自动发生聚集变大而下沉的趋势，处于热力学不稳定状态。而胶体的稳定性和聚沉在实际应用中起着重要作用。例如：生产中若进行固-液分离，形成溶胶是非常不利的，必须破坏溶胶使之聚沉；但制备涂料时往往又需要形成溶胶，使颜料能均匀地分散在溶液中。因此，要分析溶胶稳定存在的原因，以便选择合适的条件，维持或破坏溶胶的稳定。

(1) 溶胶的稳定性

溶胶的稳定和聚沉的实质是胶粒间斥力和引力的相互转化。促使粒子相互聚结的是粒子间的相互吸引的能力，而阻碍其聚结的则是相互排斥的能力。溶胶在热力学上是不稳定的，然而经过净化后的溶胶，在一定条件下却能在相当长的时间内稳定存在。

使溶胶稳定存在的原因如下。

① 胶粒的布朗运动在一定条件下能够克服因重力而引起的下沉作用，因此从动力学角度讲，溶胶具有动力学稳定性。

② 胶团粒子带有相同的电荷，相互排斥，不易聚结，这是使溶胶稳定存在的重要因素。

③ 物质与溶剂之间所引起的化合作用称为溶剂化。在胶团的双电层中的反离子都是溶剂化的，在胶粒的外面有一层溶剂化膜，以此阻碍胶团粒子相互碰撞，促进了溶胶的稳定性。

总之，分散相粒子的布朗运动、带电、溶剂化作用是溶胶三个最主要的稳定因素。如果上述稳定因素受到破坏，溶胶将会发生聚沉。

(2) 溶胶的聚沉

影响溶胶稳定性的因素是多方面的，例如电解质的作用、胶体系统的相互作用、溶胶的浓度、温度等。其中溶胶浓度和温度的增加均将使粒子的互相碰撞更加频繁，从而降低其稳定性。在这些影响因素中，以电解质的作用研究得最多，本节中只扼要讨论电解质对于溶胶聚沉作用的影响、胶体系统间的相互作用及高分子化合物的聚沉作用。

在制备溶胶时，少量电解质的存在能帮助胶团双电层的形成，电解质能起到稳定溶胶的作用。若在已制备好的溶胶中再加入电解质，溶胶将聚结而沉降，使一定量的胶体在一定时间内完全聚沉所需电解质的最小浓度称为电解质的聚沉值。电解质对溶胶聚沉作用的影响，通过许多实验结果归纳，得到如下一些规律：

① 电解质中起聚沉作用的主要是与胶粒带相反电荷的离子，称为反离子。反离子的价数愈高，聚沉能力愈强。这一规则称为舒尔策-哈迪（Schulze-Hardy）价数规则。一般来说，一价反离子的聚沉值约为 25~150mmol/L，二价反离子的聚沉值约为 0.5~2mmol/L，三价反离子的聚沉值约为 0.01~0.1mmol/L，此三类离子的聚沉值的比例大致符合 $1:(1/2)^6:(1/3)^6$，即聚沉值与反离子价数的六次方成反比。

② 与胶粒带有相同电荷的同离子对溶胶的聚沉也略有影响。当反离子相同时，同离子的价数越高，聚沉能力越弱。例如对于亚铁氰化铜负溶胶，不同价数负离子所成钾盐的聚沉能力次序有：

$$KNO_3 > K_2SO_4 > K_4[Fe(CN)_6]$$

③ 同价离子的聚沉能力虽然相近，但也略有不同。对于负溶胶，一价金属离子的聚沉能力可排成下列顺序：

$$Cs^+ > Rb^+ > K^+ > Na^+ > Li^+$$

对于正溶胶，一价负离子的聚沉能力可排成下列顺序：

$$F^->Cl^->Br^->NO_3^->I^->CNS^->OH^-$$

溶胶的相互聚沉作用：将两种电性相反的溶胶混合，能发生相互聚沉的作用。与电解质的聚沉作用不同的是两种溶胶用量应恰好能使其所带的总电荷量相等时，才会完全聚沉，否则可能不完全聚沉，甚至不聚沉。

日常生活中用明矾净化饮用水就是正负溶胶相互聚沉的实际例子。天然水中含有许多负电性的污物胶粒，加入明矾[$KAl(SO_4)_2 \cdot 12H_2O$]后，明矾在水中水解生成$Al(OH)_3$正溶胶，两者相互聚沉使水得到净化。

【例题 2-6】 在 pH<7 的 $Al(OH)_3$ 溶胶中，试分析下列电解质对 $Al(OH)_3$ 溶胶的聚沉能力顺序。

(1) $MgCl_2$ (2) $NaCl$ (3) Na_2SO_4 (4) $K_3Fe(CN)_6$

解：由于溶胶 pH<7，故形成的 $Al(OH)_3$ 的胶粒带正电荷为正溶胶，能引起它聚成的反离子为负离子。反离子价数越高，聚沉能力越强。所以 $K_3Fe(CN)_6$ 的聚沉能力最大，其次是 Na_2SO_4、$MgCl_2$ 和 $NaCl$ 反离子相同，由于和溶胶具有相同电荷的离子价数越高，电解质的聚沉能力越弱，故 $NaCl$ 的聚沉能力大于 $MgCl_2$。综上所述，聚沉能力顺序为：

$$K_3Fe(CN)_6>Na_2SO_4>NaCl>MgCl_2$$

2.3.3 高分子溶液

高分子化合物是相对分子质量大于 10000 的化合物。这类化合物可以是天然存在的，如蛋白质、多糖、核酸等，也可以是人工合成的，如聚乙烯、聚苯乙烯等。大多数高分子化合物是由一种或几种重复的结构单元连接而成的，所以也称为高聚物。

高分子化合物与适当的溶剂接触时，吸附溶剂，本身体积膨胀，最后在溶剂中形成均相体系，即为高分子溶液。如表 2-5 所示，高分子溶液分散相粒子的大小与胶体粒子大小相近，某些性质与溶胶类似，如扩散速率慢、不能透过半透膜等，但其本质是溶液，是均相的热力学体系，因此与溶胶的性质又有不同。

表 2-5 高分子溶液和溶胶的性质比较

性质	高分子溶液	溶胶
分散相粒子特征	粒径 1～100nm 数量级，单个水合分子均匀分散	粒径 1～100nm 数量级，胶团由胶核与吸附层、扩散层组成
均一性	单相系统	多相系统
稳定性	稳定系统	亚稳定系统
通透性	不能透过半透膜	不能透过半透膜
扩散速率	慢	较慢
黏度	大	小
加入电解质的影响	不敏感，但加入电解质会脱水合膜而造成盐析	敏感，加入少量电解质，反离子会抵消胶粒电荷而聚沉

高分子化合物对溶胶的保护与聚沉作用：明胶、蛋白质等大分子化合物具有亲水性质，在溶胶中加入一定量的高分子溶液，由于高分子化合物吸附在胶粒的表面上，提高了胶粒对水的亲和力，可以显著提高溶胶的稳定性。例如在工业上一些贵金属催化剂，如 Pt 溶胶、Cd 溶胶等，加入高分子溶液进行保护以后，可以烘干以便于运输，使用时加入溶剂，就可又恢复为溶胶。医药上的蛋白银滴眼液就是蛋白质保护的银溶胶。血液中所含难溶盐如碳酸钙、磷酸钙等就是靠蛋白质保护而存在的。

如果加入极少量的高分子化合物，可使溶胶迅速絮凝呈疏松的棉絮状，这类高分子化合物称为絮凝剂。由于长链的高分子化合物可以吸附许多个胶粒，以搭桥方式把它们拉到一起，导致絮凝。另外，离子型高分子化合物可以中和胶粒表面的电荷，使胶粒间斥力减小，也可能导致胶粒聚沉。絮凝剂广泛应用于各种工业部门的污水处理和净化、化工操作中的分离和沉淀、选矿以及土壤改良等。常用的絮凝剂是聚丙烯酰胺及其衍生物。

思考与练习

1. 食品中水分存在的形式？
2. 常用的表示溶液组成的方式有哪些？
3. 稀溶液依数性有哪些？依数性存在的前提条件是什么？
4. 什么是分散体系？根据分散相粒子的大小，溶液分散体系可分为哪几种？
5. 胶体系统的基本特征是什么？
6. 溶胶具有稳定性的原因有哪些？破坏其稳定性的方法有哪些？
7. 胶体粒子带点的主要原因是什么？什么是胶体表面的双电层结构？
8. 不同电解质对溶胶的聚沉作用有何规律？
9. 每升溶液中有 192.6g KNO_3 溶液，密度为 1.1432kg/L。试计算以下浓度：
   (1) 摩尔分数；(2) 质量分数；(3) 质量摩尔浓度；(4) 物质的量浓度。
10. 25℃时纯水的饱和蒸汽压为 3159.7Pa，若有一含甘油摩尔分数 25% 的水溶液，求该溶液的饱和蒸气压为多少？
11. 10.0g 葡萄糖（$C_6H_{12}O_6$）溶于 400g 乙醇中，溶液的沸点较纯乙醇的沸点上升 0.1428K，另外有 2.00g 有机物溶于 100g 乙醇中，此溶液的沸点则上升 0.125K，求此有机物质的摩尔质量。
12. 在 22.5g 苯中溶入 0.238g 某未知化合物，测得苯的凝固点下降 0.430K，苯的凝固点降低常数 k_f = 5.10K·kg/mol。求此化合物的摩尔质量。
13. 将摩尔质量为 58.1g/mol 的某物质 0.127g，溶于 25g 醋酸中，该溶液在纯醋酸凝固点以下 0.34℃凝固，计算醋酸的凝固点下降常数。
14. 已知 20℃时，纯水的饱和蒸汽压为 2.339kPa，在 293K 下将 63.4g 蔗糖（$C_{12}H_{22}O_{11}$）溶于 1.00L 的水中，求此溶液的渗透压？
15. 由 $FeCl_3$ 水解制备 $Fe(OH)_3$ 溶胶，若稳定剂为 $FeCl_3$，写出胶团的结构。
16. $Fe(OH)_3$ 正溶胶在电解质 KCl、Na_2SO_4、$Mg(NO_3)_2$ 中，聚沉能力最强的是哪一种？
17. 将 2 滴 $K_4[Fe(CN)_6]$ 水溶液滴入过量的 $CuCl_2$ 水溶液中形成亚铁氰化铜正溶胶，KBr、K_2SO_4、$K_4[Fe(CN)_6]$ 三种电解质聚沉值的大小顺序是怎样的？
18. $AgNO_3$ 溶液滴加到 KI 溶液中及 KI 溶液滴加到 $AgNO_3$ 溶液中均形成 AgI 溶胶，试问两者形成的胶粒所带电荷的正、负号一样吗？何者为正溶胶？何者为负溶胶？并写出溶胶的胶团结构示意图。
19. 将 0.010mL 浓度为 0.02mol/mL 的 $AgNO_3$ 溶液，缓慢地滴加在 0.100mL 浓度为 0.005mol/mL 的 KCl 溶液中，可制得 AgCl 溶胶。试写出其胶团结构的表达式，并指出胶体粒子电泳的方向。
20. 有一 $Al(OH)_3$ 溶胶，在加入 KCl 使其浓度为 80mmol/mL 时恰能聚沉，加入 $K_2C_2O_4$ 浓度为 1.25mmol/mL 时恰能聚沉。(1) $Al(OH)_3$ 溶胶的电荷是正还是负？(2) 为使该溶胶聚沉，大约需要 $CaCl_2$ 的浓度是多少？

第3章 酸碱平衡理论

3.1 酸碱理论

人们对酸碱概念的讨论经过了二百多年的发展历程，在这个历程中，提出了许多的酸碱理论，较重要的有：阿伦尼乌斯（S. A. Arrhenius）的电离理论；富兰克林（E. C. Franklin）的溶剂理论；布朗斯特（J. N. Brösted）和劳莱（T. M. Lowry）的质子理论；路易斯（G. N. Lewis）的酸碱电子理论；皮尔逊（R. G. Pearson）的软硬酸碱理论等。

3.1.1 阿伦尼乌斯（Arrhenius）电离理论

在电离时所产生的阳离子全部是 H^+ 的化合物叫做酸；在电离时所产生的阴离子全部是 OH^- 的化合物叫做碱。

3.1.2 酸碱质子理论

酸碱质子理论是在 1923 年由布朗斯特和劳莱提出来的。酸碱质子理论认为：凡是能够释放质子（H^+）的物质（包括分子和离子）都是酸；凡是能与质子结合的物质（分子和离子）都是碱。例如，HCl、HAc、NH_4^+、HSO_3^- 等都能给出质子，它们都是质子酸，而 NH_3、OH^-、Ac^-、HSO_4^-、$[Cu(H_2O)_3(OH)]^+$ 等都能与质子结合，它们都是质子碱。质子理论中，酸和碱不局限于分子，还可以是阴阳离子。

$$HCl \rightleftharpoons H^+ + Cl^- \text{；} \quad H_2O + H^+ \rightleftharpoons H_3O^+\text{；}$$

$$HAc \rightleftharpoons H^+ + Ac^-\text{；} \quad NH_3 + H^+ \rightleftharpoons NH_4^+\text{；}$$

$$NH_4^+ \rightleftharpoons H^+ + NH_3\text{；} \quad HSO_3^- + H^+ \rightleftharpoons H_2SO_3\text{；}$$

$$HSO_3^- \rightleftharpoons H^+ + SO_3^{2-}\text{；} \quad [Cu(H_2O)_3(OH)]^+ + H^+ \rightleftharpoons [Cu(H_2O)_4]^{2+}$$

根据酸碱质子理论，酸和碱不是孤立的。质子酸给出质子后，余下的部分必有接受质子的能力，即质子酸给出质子生成质子碱；反之质子碱接受质子后生成质子酸。用化学反应方程式表示为

$$\text{质子酸} \rightleftharpoons H^+ + \text{质子碱}$$

这种对应关系被称之为质子酸、碱的共轭关系。在上述反应式中，左边的酸是右边碱的共轭酸，而右边的碱则是左边酸的共轭碱；相应的一对酸碱，称为共轭酸碱对。酸越强，它的共轭碱越弱；酸越弱，它的共轭碱越强。

由于水分子的两性作用，一个水分子可以从另一个水分子夺取质子而形成 H_3O^+ 和 OH^-，即：

$$H_2O + H_2O \rightleftharpoons H_3O^+ + OH^-$$

水分子之间存在着质子的传递作用，称为水的质子自递作用。这个反应的平衡常数称为水的质子自递常数，又称为水的离子积常数，以 K_w 表示，即

$$K_w = [H_3O^+][OH^-]$$

通常简写为 $\quad K_w = [H^+][OH^-]$

25℃时， $\quad K_w = [H^+][OH^-] = 10^{-14}$

K_w 是一个重要的常数,它反映了水溶液中 H^+ 浓度和 OH^- 浓度的相互制约性。一般情况下 (25℃):

酸性溶液 $[H^+] > [OH^-]$　$[H^+] > 10^{-7}, [OH^-] < 10^{-7}$
中性溶液 $[H^+] = [OH^-] = 10^{-7}$
碱性溶液 $[H^+] < [OH^-]$　$[H^+] < 10^{-7}, [OH^-] > 10^{-7}$

在水溶液中,$[H^+]$ 或 $[OH^-]$ 的大小反映了溶液的酸碱性强弱。人们习惯用其负对数来表明溶液的酸碱性。通常规定:

$$pH = -\lg[H^+]$$

与 pH 值对应的还有 pOH 值,即

$$pOH = -\lg[OH^-]$$

$$K_w = [H^+][OH^-] \quad \lg K_w = \lg[H^+] + \lg[OH^-]$$
$$-\lg K_w = -\lg[H^+] + (-\lg[OH^-]) = pH + pOH$$

25℃时,$K_w = [H^+][OH^-] = 10^{-14}$,$-\lg K_w = 14$,所以 pH + pOH = 14
25℃时,酸性溶液　pH < 7 或 pOH > 7
　　　　中性溶液　pH = pOH = 7
　　　　碱性溶液　pH > 7 或 pOH < 7

$[H^+]$ 越大,$[OH^-]$ 越小,pH 值越小,pOH 值越大,溶液的酸性越强,碱性越弱;相反,$[H^+]$ 越小,$[OH^-]$ 越大,pH 值越大,pOH 值越小,溶液的碱性越强,酸性越弱。

溶液 pH 值的测定方法有很多,使用各种型号的酸度计可以准确地测出溶液的 pH 值,如果只需要知道溶液大概的 pH 值,使用酸碱指示剂或 pH 试纸则比较方便。

3.1.3 路易斯(Lewis)电子理论

凡是能够接受电子对的物质都是酸,凡是能够给出电子对的都是碱。

例如:
$$H^+ + OH^- \rightleftharpoons H:OH$$

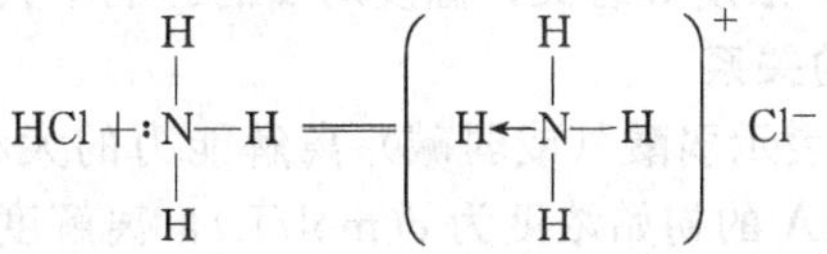

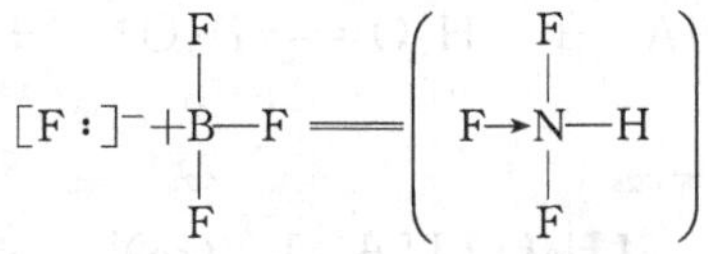

$$HCl + :NH_3 \rightleftharpoons [H_3N \rightarrow H]^+ Cl^-$$

$$[F:]^- + BF_3 \rightleftharpoons [F_3B \leftarrow F]^-$$

$$Ag^+ + 2NH_3 \rightleftharpoons [Ag(NH_3)_2]^+ \text{(即 } H_3N \rightarrow Ag \leftarrow NH_3\text{)}$$

则 H^+、HCl、Ag^+ 都是路易斯酸;OH^-、NH_3 都是路易斯碱。

路易斯(Lewis)的酸碱电子理论将阿伦尼乌斯的电离理论、布朗斯特-劳莱的酸碱质子理论又做了很大的扩展,把酸碱做了较为广义的定义,扩大了酸碱反应的范畴。

3.2 酸、碱的离解平衡

3.2.1 离解常数

根据酸碱质子理论,酸碱的强弱取决于物质给出质子或接受质子能力的强弱。给出质子的能力越强,酸性就越强;反之就越弱。同样,接受质子的能力越强,碱性就越强;反之就越弱。

例如，在某一元弱酸 HA 的溶液中，存在下列质子转移反应
$$HA + H_2O \rightleftharpoons H_3O^+ + A^-$$
$$K_a = \frac{[H_3O^+][A^-]}{[HA]}$$

K_a 为 HA 的离解常数。

HA 的共轭碱的离解常数 K_b 为：
$$A^- + H_2O \rightleftharpoons HA + OH^-$$
$$K_b = \frac{[HA][OH^-]}{[A^-]}$$

显然，共轭酸碱对的 K_a、K_b 有下列关系：
$$K_a K_b = \frac{[H_3O^+][A^-]}{[HA]} \cdot \frac{[HA][OH^-]}{[A^-]} = [H_3O^+][OH^-] = K_W = 10^{-14}\ (25℃)$$

K_a 和 K_b 不受浓度的影响，只与溶液的本性和温度有关。同温时，同类型（如同为 HA 或 BOH 型）弱酸或弱碱的 K_a 和 K_b，可以定量地说明它们的强弱程度。

又如：在稀盐酸溶液中，氯化氢将它的质子完全转移给水分子
$$HCl + H_2O \longrightarrow H_3O^+ + Cl^-$$

它的共轭碱 Cl^- 几乎没有从 H_2O 中取得质子而转化为 HCl 的能力，Cl^- 是一种极弱的碱，它的 K_b 小到测定不出来。

3.2.2 离解度

在实际工作中，为了定量地描述弱电解质在水溶液中离解的程度，也常引入离解度的概念。

离解度是指弱电解质离解达到平衡时，已离解的分子数占原有分子总数的百分数，用 α 表示。若用 c_0 表示弱电解质的原始浓度，c 表示已离解的弱电解质的浓度，则
$$\alpha = \frac{已离解的分子数}{弱电解质的总分子数} \times 100\% = \frac{c}{c_0} \times 100\%$$

α 值与弱电解质的本性、浓度等有关，温度对 α 的影响不大。

3.2.3 离解常数和离解度的关系

离解常数和离解度都能表示弱酸（或弱碱）离解能力的大小，它们之间有一定的关系，以弱酸 HA 为例讨论。设 HA 的初始浓度为 c(mol/L)，离解度为 α。

	HA	+	H_2O	$\rightleftharpoons$	H_3O^+	+	A^-
起始浓度/(mol/L)	c				0		0
平衡浓度/(mol/L)	$c-c\alpha$				$c\alpha$		$c\alpha$

$$K_a = \frac{[H_3O^+][A^-]}{[HA]} = \frac{(c\alpha)^2}{c-c\alpha} = \frac{c\alpha^2}{1-\alpha}$$

当 $c/K_a > 500$，$\alpha < 5\%$，此时 $1-\alpha \approx 1$，则上式近似为
$$K_a = c\alpha^2 \quad 或 \quad \alpha = \sqrt{\frac{K_a}{c}}$$

上式叫做奥斯特瓦尔特（Ostwald）稀释定律，其意义是：同一弱电解质的离解度与其浓度的平方根成反比，即浓度越稀，离解度越大；同一浓度的不同弱电解质的离解度与其离解常数的平方根成正比，即离解常数的大小反映了不同弱电解质离解度的大小。

3.3 酸碱溶液中 pH 值的计算

pH 值的计算是一项重要的工作，因为许许多多的反应需要控制一定的 pH 值才能进行。

3.3.1 强酸、强碱溶液 pH 值的计算

根据近代物质结构理论,强电解质在溶液中是全部电离的,强酸、强碱属于强电解质,在水溶液中几乎完全电离,因此强酸、强碱溶液中 H^+(或 OH^-)的浓度就是加入的强酸(或强碱)的浓度。在一元强酸 HCl 的溶液中,存在下列质子转移反应:

$$HCl + H_2O \longrightarrow H_3O^+ + Cl^-$$

强酸给出质子的能力很强,其共轭碱极弱,几乎不能结合质子,因此,反应几乎完全进行。溶液中

$$[H^+] = c(HCl)$$

【例题 3-1】 计算 0.10mol/L HCl 溶液的 pH 值和 pOH 值。

解:在水溶液中 HCl 是强酸,完全离解给出 H_3O^+。

$$HCl + H_2O \longrightarrow H_3O^+ + Cl^-$$

因为 $c(HCl) = 0.10$mol/L,所以溶液中 $[H_3O^+] = 0.10$mol/L

$$pH = -\lg[H_3O^+] = -\lg 0.10 = 1.00$$
$$pOH = 14.00 - pH = 14.00 - 1.00 = 13.00$$

3.3.2 一元弱酸、弱碱的溶液 pH 值的计算

对于一元弱酸 HA 的水溶液中,实际上同时存在有弱酸和水的两种离解平衡:

$$HA + H_2O \rightleftharpoons H_3O^+ + A^-$$
$$H_2O + H_2O \rightleftharpoons H_3O^+ + OH^-$$

上式说明一元弱酸中 H_3O^+ 来自两部分,即弱酸的离解和水的质子自递反应。通常情况下,如果弱酸的 K_a 不是非常小,可以推断,由酸离解提供的 $[H_3O^+]$ 将高于水离解所提供的 $[H_3O^+]$,所得的结果将在 5% 的误差范围之内。即溶液中 $[H_3O^+] \approx [A^-]$。设弱酸 HA 的初始浓度为 $c_{酸}$,$[H_3O^+] = x$。

$$HA + H_2O \rightleftharpoons H_3O^+ + A^-$$

平衡浓度 $c_{酸} - x$ x x

$$K_a = \frac{x^2}{c_{酸} - x}$$

如果 $\alpha \leqslant 5\%$,即 $c_{酸}/K_a > 500$,$c_{酸} \approx [酸]$,即 $0.10 - x \approx 0.10$。这时,上式可作近似计算

$$K_a = \frac{x^2}{c_{酸}}$$

$$x = \sqrt{K_a c_{酸}}$$

即浓度为 $c_{酸}$ 的一元弱酸溶液中:

$$[H_3O^+] = \sqrt{K_a c_{酸}}$$

同理,对于浓度为 $c_{碱}$ 的一元弱碱溶液中:

$$[OH^-] = \sqrt{K_b c_{碱}}$$

必须注意:上述近似公式只有当弱电解质的解离度 $\alpha \leqslant 5\%$ 时,即 $c_{酸}/K_a > 500$,才能使用,否则将造成较大的误差,甚至会得到荒谬的结论。当 $\alpha > 5\%$ 时,必须通过解一元二次方程求 $[H_3O^+]$。

【例题 3-2】 求 0.100mol/L HAc 溶液中 $c(H^+)$ 和 HAc 的解离度。[25℃时,$K_a(HAc) = 1.8 \times 10^{-5}$]

解:设 $c(H_3O^+) = x$

$$HAc + H_2O \rightleftharpoons H_3O^+ + Ac^-$$

起始浓度   0.100   0   0

平衡浓度　　　　　　　　　$0.100-x$　　　　　x　　　x

$$K_a(HAc)=\frac{[H_3O^+][Ac^-]}{[HAc]}=\frac{x^2}{0.100-x}$$

$c_{酸}/K_a>500$，$c_{酸}\gg x$，所以 $0.10-x\approx 0.10$

$$x=\sqrt{0.100K_a}=\sqrt{0.100\times 1.8\times 10^{-5}}=1.3\times 10^{-3}(mol/L)$$

所以　　$[H_3O^+]=1.3\times 10^{-3}$　　　$pH=-\lg[H_3O^+]=-\lg(1.3\times 10^{-3})=2.89$

$$\alpha=\frac{c}{c_0}\times 100\%=\frac{1.3\times 10^{-3}}{0.100}\times 100\%=1.3\%$$

3.3.3　其他酸碱溶液 pH 值的计算

一元强酸、弱酸溶液的 pH 值的计算经常用到，因而本节做了较为详细的讨论，但应注意，所用到的计算途径和思路对于多元强酸（碱）溶液、多元弱酸（碱）溶液和两性物质溶液的 pH 值的计算也同样适用，此处不再推导。现将各种酸溶液 pH 值计算的公式（包括 a. 精确式；b. 近似计算式和 c. 最简式）以及在允许有 5% 误差范围内的使用条件列于表 3-1 中。

表 3-1　各类物质酸度的计算公式

物质	计　算　公　式	使用条件（允许误差 5%）
一元弱酸	a. $[H^+]=\sqrt{K_a[HA]+K_W}$ b. $[H^+]=\sqrt{cK_a+K_W}$ 　$[H^+]=\frac{1}{2}(-K_a+\sqrt{K_a^2+4cK_a})$ c. $[H^+]=\sqrt{cK_a}$	$c/K_a\geq 10^5$ $cK_a\geq 10K_W$ $c/K_a\geq 10^5,cK_a\geq 10K_W$
两性物质	a. $[H^+]=\sqrt{\frac{K_{a1}(K_{a2}[HA^-]+K_W)}{K_{a1}+[HA^-]}}$ b. $[H^+]=\sqrt{\frac{K_{a1}K_{a2}c}{K_{a1}+c}}$ c. $[H^+]=\sqrt{K_{a1}K_{a2}}$	 $cK_{a2}\geq 20K_W,c<20K_{a1}$ $cK_{a2}\geq 20K_W,c\geq 20K_{a1}$
强酸	a. $[H^+]=\frac{1}{2}(c+\sqrt{c^2+4K_W})$ b. $[H^+]=c$ 　$[H^+]=\sqrt{K_W}$	 $c\geq 4.7\times 10^{-7}mol/L$ $c\leq 1.0\times 10^{-8}mol/L$
二元弱酸	a. $[H^+]=\sqrt{K_{a1}[H_2A]}$ b. $[H^+]=\sqrt{cK_{a1}}$	$cK_{a1}\geq 10K_W,2K_{a2}/[H^+]\ll 1$ $cK_{a1}\geq 10K_W,c/K_{a1}\geq 10^5$, $2K_{a2}/[H^+]\ll 1$
缓冲溶液	a. $[H^+]=\frac{c_a-[H^+]+[OH^-]}{c_b+[H^+]-[OH^-]}K_a$ ① b. $[H^+]=\frac{K_a(c_a-[H^+])}{c_b+[H^+]}$ c. $[H^+]=\frac{K_ac_a}{c_b}$	 $[H^+]\gg[OH^-]$ $c_a\gg[OH^-]-[H^+],c_b\gg[H^+]-[OH^-]$

① c_a 及 c_b 分别为 HA 及共轭碱 A^- 的总浓度。

3.3.4　同离子效应

在醋酸溶液中加入少量 NaAc，由于 NaAc 是强电解质，在水中全部电离成 Na^+ 和 Ac^-，溶液中 Ac^- 的浓度增大，大量的 Ac^- 同 H^+ 结合成醋酸分子，使醋酸的电离平衡向左移动。因此，醋酸的电离度减小，溶液中 H^+ 的浓度降低。在弱碱溶液中加入弱碱盐，例如，在氨水中加入 NH_4Cl，氨水的电离度减小，溶液中 OH^- 的浓度降低。

$$\underset{\text{平衡向左移动}}{\xleftarrow{\hspace{2cm}}}$$

$$HAc \rightleftharpoons H^+ + \boxed{Ac^-}$$
$$NaAc \longrightarrow Na^+ + \boxed{Ac^-}$$

在弱电解质溶液中，加入与弱电解质具有相同离子的另一强电解质，使解离平衡向左移动，从而降低了弱电解质的解离度，这种作用称为同离子效应。

【例题 3-3】 在 0.100mol/L HAc 溶液中，加入固体 NaAc 使其浓度为 0.100mol/L，求此混合溶液中 $c(H^+)$ 和 HAc 的解离度，并与 0.100mol/L 溶液中的 $c(H^+)$ 和 HAc 的解离度加以比较。[25℃时，$K_a(HAc)=1.8\times10^{-5}$]

解：设 $c(H_3O^+)=x$

$$\begin{array}{cccc} & HAc & + H_2O \rightleftharpoons & H_3O^+ + Ac^- \\ \text{起始浓度} & 0.100 & & & 0.100 \\ \text{平衡浓度} & 0.100-x & & x & 0.100+x \end{array}$$

$$K_a(HAc)=\frac{[H_3O^+][Ac^-]}{[HAc]}=\frac{x(0.100+x)}{(0.100-x)^2}$$

$$0.100\pm x \approx 0.100, \quad x=K_a(HAc)=1.8\times10^{-5}$$

所以 $[H_3O^+]=1.8\times10^{-5}$

$$\alpha=\frac{c}{c_0}\times100\%=\frac{1.8\times10^{-5}}{0.100}\times100\%=0.18\%$$

在例题 3-2 中 0.100mol/L 的 HAc 溶液的离解度 $\alpha=1.3\%$，加入固体 NaAc 后由于同离子效应，离解度降低到 0.18%。

3.4 缓冲溶液

3.4.1 概念

缓冲溶液：凡向溶液中加入少量强酸或强碱以及加水适当稀释时，pH 值能保持基本不变的溶液称为缓冲溶液。其组成：共轭酸碱对。如：弱酸及其盐（HAc-NaAc）；多元弱酸酸式盐及其次级盐（NaH_2PO_4-Na_2HPO_4、$NaHCO_3$-Na_2CO_3）；弱碱及其盐（$NH_3 \cdot H_2O$-NH_4Cl）。

3.4.2 缓冲原理

现以 HAc-NaAc 缓冲体系为例进行讨论。

在含 HAc-NaAc 溶液的缓冲体系中，NaAc 完全电离，由于同离子效应，降低了 HAc 的电离度，体系中 [HAc] 和 [Ac^-] 都较大，而且溶液中存在 HAc 的离解平衡。

$$\underset{\text{外加少量的强碱}}{\overset{\text{外加少量的强酸}}{\xleftrightarrow{\hspace{2cm}}}}$$

$$HAc \rightleftharpoons H^+ + Ac^-$$

在此缓冲溶液的体系中加入少量强酸时，H^+ 便和溶液中的 Ac^- 结合生成 HAc，平衡向左移动。达到平衡时，H^+ 浓度不会显著增加。如果在此体系中加入少量的强碱，增加的 OH^- 与溶液中的 H^+ 结合为水，这时 HAc 的电离平衡向右移动，以补充 H^+ 的减少。新平衡建立时，溶液中的 H^+ 浓度也几乎保持不变。

显然，当体系中加入大量酸或碱，溶液中的 HAc 或 Ac^- 消耗将尽时，就不再具有缓冲能力了。所以缓冲溶液的缓冲能力是有限的。

3.4.3 缓冲溶液 pH 值的计算

我们以弱酸及其盐（HA-A$^-$）组成的缓冲体系为例讨论缓冲溶液 pH 值的计算。以 $c(HA)$ 表示弱酸的浓度，以 $c(A^-)$ 表示其盐的浓度，以 $c(H^+)$ 表示平衡时溶液中 H$^+$ 的浓度，则该缓冲体系中存在下列平衡：

$$HA \rightleftharpoons H^+ + A^-$$

平衡浓度 $\quad c(HA)-c(H^+) \quad c(H^+) \quad c(A^-)+c(H^+)$

$$K_a = \frac{[H^+][A^-]}{[HA]} = \frac{c(H^+)[c(A^-)+c(H^+)]}{c(HA)-c(H^+)}$$

由于 $K_a(HA)$ 较小，同时存在同离子效应，所以可以近似认为 $c(HA)-c(H^+) \approx c(HA)$，$c(A^-)+c(H^+) \approx c(A^-)$，则

$$K_a(HA) = \frac{[H^+][A^-]}{[HA]} = \frac{c(H^+)c(A^-)}{c(HA)}$$

$$c(H^+) = K_a(HA)\frac{c(HA)}{c(A^-)} = K_a(HA)\frac{c(酸)}{c(盐)}$$

$$pH = pK_a - \lg\frac{c(酸)}{c(盐)}$$

同理，对于碱性缓冲溶液有如下计算公式：

$$pOH = pK_b - \lg\frac{c(碱)}{c(盐)}$$

【例题 3-4】 某溶液中，$c(HAc) = c(NaAc) = 1.0 \text{mol/L}$，求：在溶液中加入固体 NaOH，使其在溶液中的 $c(NaOH) = 0.010 \text{mol/L}$，求：反应前后溶液的 pH 值各为多少？$\Delta pH = ?$（假设加入 NaOH 后体积没有变化）

解：$c(HAc) = c(NaAc) = 1.0 \text{mol/L}$，查表可知 $K_a(HAc) = 1.8 \times 10^{-5}$，$pK_a(HAc) = 4.76$

根据缓冲溶液 pH 值计算公式可知：

$$pH = pK_a - \lg\frac{c(酸)}{c(盐)} = 4.76 - \lg\frac{1.0}{1.0} = 4.76$$

加入固体 NaOH 后，加入的 OH$^-$ 与 HAc 分子离解出的 H$^+$ 反应生成 H$_2$O，使 HAc 的离解度增大

$$HAc \rightleftharpoons H^+ + Ac^-$$

初始浓度 $\quad\quad\quad 1.0-0.01 \quad\quad 0.01 \quad\quad 1.0+0.01$
平衡浓度 $\quad\quad\quad 1.0-0.01-y \quad 0.01+y \quad 1.0+0.01+y$

因为　有同离子效应
所以　y 很小

$$pH = pK_a - \lg\frac{c(酸)}{c(盐)} = 4.76 - \lg\frac{1.0-0.01}{1.0+0.01} = 4.75$$

$$\Delta pH = pH_2 - pH_1 = 4.75 - 4.74 = 0.01$$

由此可见加入 NaOH 后溶液的 pH 值基本不变。

3.4.4 缓冲溶液的配制

缓冲溶液的应用极其广泛，在实际工作中经常会遇到缓冲溶液的选择和配制的问题，选择缓冲溶液，应使其中弱酸的 pK_a 与所要求的 pH 值相等或相近，且尽量保持共轭酸碱对的浓度相等或相近，从而保证缓冲溶液具有较大的缓冲能力。现将几种常用缓冲溶液的配方列于表 3-2 中。

表 3-2 各类缓冲溶液的配制方法

pH 值	配 制 方 法
4.6	取醋酸钠 5.4g,加水 50mL 使其溶解,用冰醋酸调节 pH 值至 4.6,再加水稀释至 100mL,即得
6.0	取醋酸钠 54.6g,加 1mol/L 醋酸溶液 20mL 溶解后,加水稀释至 500mL,即得
4.5	取醋酸铵 7.7g,加水 50mL 溶解后,加冰醋酸 6mL 与适量的水使成 100mL,即得
6.0	取醋酸铵 100g,加水 300mL 使其溶解,加冰醋酸 7mL,摇匀,即得
2.0	甲液:取磷酸 16.6mL,加水至 1000mL,摇匀。乙液:取磷酸氢二钠 71.63g,加水使溶解成 1000mL。取上述甲液 72.5mL 与乙液 27.5mL 混合,摇匀,即得
2.5	取磷酸二氢钾 100g,加水 800mL,用盐酸调节 pH 值至 2.5,用水稀释至 1000mL
5.0	取 0.2mol/L 磷酸二氢钠溶液一定量,用氢氧化钠试液调节 pH 值至 5.0,即得
5.8	取磷酸二氢钾 8.34g 与磷酸氢二钾 0.87g,加水使其溶解成 1000mL,即得
6.5	取磷酸二氢钾 0.68g,加 0.1mol/L 氢氧化钠溶液 15.2mL,用水稀释至 100mL,即得
6.6	取磷酸二氢钠 1.74g、磷酸氢二钠 2.7g 与氯化钠 1.7g,加水使溶解成 400mL,即得
7.8~8.0	取磷酸氢二钠 5.59g 与磷酸二氢钾 0.41g,加水使溶解成 1000mL,即得
8.0	氯化铵 50g 溶于适量水中,加 15mol/L 氨水 3.5mL,稀释至 500mL
9.0	氯化铵 35g 溶于适量水中,加 15mol/L 氨水 24mL,稀释至 500mL
10.0	氯化铵 27g 溶于适量水中,加 15mol/L 氨水 197mL,稀释至 500mL
11.0	氯化铵 3g 溶于适量水中,加 15mol/L 氨水 207mL,稀释至 500mL

思考与练习

一、选择题

1. 按质子理论,下列物质中何者不具有两性(   )。
   A. HCO_3^- B. CO_3^{2-} C. H_2O D. HS^-

2. 下列各组混合液中,可作为缓冲溶液使用的是(   )。
   A. 0.1mol/L HCl 与 0.1mol/L NaOH 等体积混合
   B. 0.1mol/L HAc 与 0.1mol/L NaAc 等体积混合
   C. 0.1mol/L $NaHCO_3$ 与 0.1mol/L NaOH 等体积混合
   D. 0.1mol/L $NH_3 \cdot H_2O$ 1mL 与 0.1mol/L NH_4Cl 1mL 及 1L 的水相混合

3. 将 pH=1.0 与 pH=3.0 的两种溶液以等体积混合后,溶液的 pH 值为(   )。
   A. 0.3   B. 1.3   C. 1.5   D. 2.0

4. 某弱酸 HA 的 $K_a^{\ominus}=1 \times 10^{-5}$,则其 0.1mol/L 溶液的 pH 值为(   )。
   A. 1.0   B. 5.0   C. 3.0   D. 3.5

5. 有下列水溶液:(1) 0.01mol/L CH_3COOH;(2) 0.01mol/L CH_3COOH 溶液和等体积的 0.01mol/L HCl 溶液混合;(3) 0.01mol/L CH_3COOH 溶液和等体积的 0.01mol/L NaOH 溶液混合;(4) 0.01mol/L CH_3COOH 溶液和等体积的 0.01mol/L NaAc 溶液混合。则它们的 pH 值由大到小的正确顺序是(   )。
   A. (1)>(2)>(3)>(4)   B. (1)>(3)>(2)>(4)
   C. (4)>(3)>(2)>(1)   D. (3)>(4)>(1)>(2)

6. 质子理论认为,下列物质中全部是碱的是(   )。
   A. HAc、H_3PO_4、H_2O B. Ac^-、PO_4^{3-}、H_2O
   C. HAc、$H_2PO_4^-$、OH^- D. Ac^-、PO_4^{3-}、NH_4^+

7. 欲配制 pH=9 的缓冲溶液,应选用下列何种弱酸或弱碱和它们的盐来配制(   )。

A. HNO_2 ($K_a^\ominus = 5 \times 10^{-4}$) B. $NH_3 \cdot H_2O$ ($K_b^\ominus = 1 \times 10^{-5}$)
C. HAc ($K_a^\ominus = 1 \times 10^{-5}$) D. $HCOOH$ ($K_a^\ominus = 1 \times 10^{-4}$)

8. 物质的量浓度相同的下列物质的水溶液，其pH值最大的是（　　）。
A. NH_4Cl B. Na_2CO_3 C. $NaAc$ D. $NaCl$

二、是非题

1. 稀释可以使醋酸的电离度增大，因而可使其酸性增强。（　）
2. 缓冲溶液的缓冲能力一般认为在 $pH = pK_a^\ominus \pm 1$ 范围内。（　）
3. 根据酸碱质子理论，强酸反应后变成弱酸。（　）
4. 酸性水溶液中不含 OH^-，碱性水溶液中不含 H^+。（　）
5. 溶液的酸度越高，其pH值就越大。（　）
6. 将氨水的浓度稀释一倍，溶液中 OH^- 浓度就减小到原来的一半。（　）
7. 在浓度均为 0.01mol/L 的 HCl、H_2SO_4、$NaOH$ 和 NH_4Ac 四种水溶液中，H^+ 和 OH^- 浓度的乘积均相等。（　）
8. 0.2mol/L HAc 和 0.1mol/L NaOH 等体积混合，可以组成缓冲溶液。（　）
9. 某些盐类的水溶液常呈现酸碱性，可以用来代替酸碱使用。（　）

三、填空题

1. 在 0.06mol/L HAc 溶液中，加入 NaAc，并使 $c(NaAc) = 0.2mol/L$。（已知 $K_a^\ominus = 1.8 \times 10^{-5}$），混合液的 $c(H^+)$ 接近于____。
2. ____能抵抗少量强酸、强碱的影响而保持溶液的pH基本不变，例如体系____。
3. 将 2.500g 纯一元弱酸 HA 溶于水并稀释至 500.0mL。已知该溶液的pH值为3.15，则弱酸 HA 的离解常数 $K_a^\ominus$ 为____。[$M(HA) = 50.0g/mol$]
4. 已知吡啶的 $K_b^\ominus = 1.7 \times 10^{-9}$，其共轭酸的 $K_a^\ominus = $ _____。
5. 在 0.10mol/L $NH_3 \cdot H_2O$ 溶液中，加入少量 $NH_4Cl(s)$ 后，$NH_3 \cdot H_2O$ 的解离度将_____，溶液的pH值将____，H^+ 的浓度将_____。
6. 下列分子或离子：HS^-、CO_3^{2-}、$H_2PO_4^-$、NH_3、H_2S、NO_2^-、HCl、Ac^-、H_2O，根据酸碱质子理论，属于酸的是_____，属于碱的是_____，既是酸又是碱的有_____。
7. 由质子理论对酸碱的定义可知，HCO_3^- 的共轭酸、碱分别是____。
8. 在氨水溶液中加入 NaOH 溶液，则溶液的 OH^- 浓度为_____，NH_4^+ 浓度为_____，pH 值为_____，$NH_3 \cdot H_2O$ 的解离度为____。

四、计算题

1. 计算说明如何用 1.0mol/L NaAc 和 6.0mol/L HAc 溶液来配制 250mL 的 pH = 5.00 的缓冲溶液。[已知 $K_a^\ominus(HAc) = 1.8 \times 10^{-5}$]
2. 欲配制 pH = 5.50 的缓冲溶液，需向 500mL、0.25mol/mL 的 HAc 溶液中加入多少克 NaAc？[已知：$K_a^\ominus(HAc) = 1.8 \times 10^{-5}$，$M(NaAc) = 82.0g/mol$]
3. 欲用浓氨水（15mol/mL）和固体 NH_4Cl 配制 pH = 9.20 的缓冲溶液 0.250mL，其中氨水的浓度为 1.0mol/mL，计算需浓氨水的体积及 NH_4Cl 的质量。[$K_b^\ominus(NH_3) = 1.8 \times 10^{-5}$，$M(NH_4Cl) = 53.49g/mol$]
4. 将 0.10mol/L 盐酸溶液 100mL 与 400mL、0.10mol/L 氨水相混合，求混合溶液的pH值。（已知 $NH_3 \cdot H_2O$ 的 $pK_b^\ominus = 4.75$）
5. 将 0.20mol/L HAc 溶液和 0.10mol/L KOH 溶液以等体积混合，计算该溶液的pH值。[$K_a^\ominus(HAc) = 1.76 \times 10^{-5}$]
6. 计算 0.20mol/L HCl 溶液与 0.20mol/L 氨水混合溶液的pH值？[已知 $K_b^\ominus(NH_3) = 1.8 \times 10^{-5}$]
(1) 两种溶液等体积混合？(2) 两种溶液按 1∶2 的体积混合？

第4章 重量分析法

重量分析法是定量分析的方法之一，它是根据生成物的重量来确定被测物质组分含量的方法。重量分析法一般是将被测组分与试样中的其他组分分离后，转化为一定的称量形式，然后用称量的方法来测定该组分的含量。根据被测组分与试样中其他组分分离途径的不同，可以把重量分析法划分为三种。

（1）沉淀法

利用沉淀反应使被测组分生成溶解度很小的沉淀，将沉淀过滤、洗涤、烘干或灼烧成为组成一定的物质，然后称量，再计算出被测组分的含量。例如测定芒硝矿中的硫酸钠含量时，可以在制备好的水溶液中加入过量的氯化钡试液，使生成硫酸钡沉淀，沉淀经过滤、洗涤、烘干并灼烧后，最后根据称量得出的沉淀的重量，就可以求出试样中硫酸钠的含量。

（2）气化法

用加热或其他方法使试样中的被测组分气化逸出，然后根据气体逸出前后试样的重量之差来计算被测组分的含量。例如用烘烤气化的方法可以测定试样的干燥失重或结晶水的含量。也可以将加热后产生的水蒸气吸收在干燥剂里，干燥剂增加的重量就是所含有水分的重量。根据称量结果，就可以求得试样中吸湿水或结晶水的含量。部分分散剂与预混剂的干燥失重的测定就是利用了气化法。

（3）电解法

利用电解的原理，使金属离子从电极上溶解或在电极上析出，然后称量，从而求得其含量。

4.1 重量分析法对沉淀的要求和沉淀剂的选择

4.1.1 沉淀法的一般操作步骤

取样→研细→称样→溶解→加入过量的沉淀剂→生成沉淀→沉淀的陈化→沉淀的过滤→沉淀的洗涤→沉淀的干燥→沉淀烘烤或灼烧至恒重→干燥沉淀的称量→结果计算。

4.1.1.1 采样与研细

取样应该具有代表性，即所采集的样品必须能够代表被检物品的全体，并具有该物品的平均组成。因为，实际投入到实验室中进行检验的样品，是从大量物品中抽取的其中很少的一部分进行检验的，如果所取的样品没有代表性，则检测结果就没有意义了。对于各种不同的药品，不同的品种和剂型，取样方法也各不相同。一般是从同一批次产品的各个不同的部位（如：上、中、下；X形采样；T形采样等）各抽取一部分样品，然后将其混合均匀，对于固体颗粒的样品，还应该将其研细成粉末，以利于下一步的称量和溶解，在研细的过程中也是将样品进一步混合而使其均匀。

如果含量测定最终是按照干燥品计算时，在做含量测定的同时，应该进行水分或干燥失重的测定。

4.1.1.2 样品的称量与溶解

（1）样品的称量

样品的称量就是要称取一定量的用于检验的检品，称取检品的量要适宜，不可过大，也不可过小。如果过大，则操作不便，生成的沉淀也太多，造成过滤和洗涤都很困难；如果太小，则称量误差和各个操作步骤中所产生的误差会在检测结果中占有较大的比例，使分析结果的准确度降低。在分析天平上，所称取检品的质量应不低于0.1g，同时，还要根据最终产生沉淀的量（一般要求最终产生的沉淀称量形式质量为0.1～0.5g），来确定检品取样量的多少。

(2) 样品的溶解

样品称好后，要根据检品和被测成分的性质选择适当的溶剂进行溶解。通常凡是能够溶于水的样品都用水来溶解；不溶于水的检品，可以选择酸、碱、氧化性溶剂或有机溶剂等进行溶解。

取一只洁净的烧杯，杯底和内壁不应有划痕；一根长度高出烧杯5～7cm的洁净玻璃搅拌棒；一个直径大于烧杯口的表面皿。将称取好适量的检品放入到烧杯中，量取一定量的溶剂，沿着烧杯内壁或者沿着下端紧靠烧杯内壁的搅拌棒缓缓加入到烧杯中，边加边搅拌直至样品全部溶解，盖好表面皿。样品溶解若有气体产生时，应先在样品上加入少量的水使之成为糊状，盖好表面皿，然后由烧杯嘴和表面皿的缝隙处滴加溶剂，待作用完毕后，用洗瓶冲洗表面皿凸面并使冲洗液流入烧杯中。当溶解样品需要加热时，应盖好表面皿，加热温度不可太高，以防止样品溶液溅失，加热完毕后，用洗瓶对表面皿进行同样的操作。若样品在溶解后需要蒸发时，可在烧杯沿上挂好三个玻璃钩，再放上表面皿，然后再进行蒸发操作。

4.1.1.3 沉淀

(1) 重量分析法对沉淀形式的要求

① 沉淀的溶解度必须很小，这样才能保证被测组分沉淀完全。通常要求沉淀的溶解损失不超过分析天平的称量误差，即0.2mg。

② 沉淀必须纯净，不应该混杂有沉淀剂或其他杂质，否则，便不能够获得准确的检测结果。

③ 沉淀应该易于过滤和洗涤。为此，在进行沉淀操作时，尽量保证充足的陈化时间，通过沉淀平衡反应可以获得较大的晶型沉淀，这样不仅易于过滤和洗涤，同时也是保证沉淀纯度的一个重要方面。如果只能生成无定形沉淀时，也要控制好沉淀的条件，以便得到易于过滤和洗涤的沉淀。

④ 沉淀的化学组成要一定，要易于转化为称量形式。

(2) 重量分析法对沉淀剂的要求

① 沉淀剂应具有特效性，若沉淀剂只能够和被测组分起反应而生成沉淀，且不和其他共存物质发生反应，这样的沉淀剂是最理想的，可以省去不少的分离手续。

② 为了使被测组分能够更完全地被沉淀掉，根据同离子效应的原理，必须加入适当过量的沉淀剂；根据盐效应、酸效应和络合效应等原理，加入的沉淀剂又不可以过量太多。

③ 沉淀完全性的检测，在沉淀作用完毕后，应该用沉淀剂滴在上清液中，检查沉淀是否完全；如果发生浑浊，则说明沉淀不完全，需要补加沉淀剂，直到沉淀完全为止。

(3) 沉淀的具体操作

要按照沉淀的不同类型选择不同的沉淀条件，如沉淀时溶液的体积、温度、加入的沉淀剂的浓度、数量、加入的速度、搅拌的速度以及放置陈化的时间等。

对于晶型沉淀，通常要控制在"稀、热、慢、搅、陈"的条件下操作。即：沉淀的溶液要稀一些，沉淀时要将溶液进行水浴加热，沉淀的速度要慢一些，同时还要进行搅拌。操作时，左手拿滴管逐滴加入沉淀剂，右手持玻璃棒不断搅拌。滴管口应该接近液面，避免溶液溅出。搅拌棒不能碰撞烧杯壁和烧杯底。沉淀后要检查沉淀是否完全。方法是：待沉淀沉降后，在上层清液中滴加少量沉淀剂，观察有无浑浊现象出现。如果出现浑浊，则需要补加沉淀剂，直至再次加入沉淀剂检查时不出现浑浊为止。盖上表面皿，放置过夜或在水浴上加热1h左右，使沉淀陈化。

对于非晶型沉淀，通常要用较浓一些的沉淀剂溶液，加入沉淀剂和搅拌的速度可以快一些，沉淀完全后，用蒸馏水稀释，不必要放置陈化，静置数分钟后，让沉淀完全下沉后，就可以进行过滤。

(4) 沉淀的过滤、转移与洗涤

① 使用普通漏斗过滤时沉淀的过滤与洗涤操作。滤纸的折叠与溶液的过滤，请参见第1章的图1-5；沉淀的转移与洗涤参见图4-1，过滤后滤纸的折卷请参见图4-2。

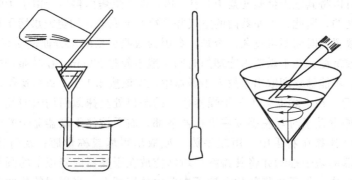

图 4-1 沉淀的过滤、转移与洗涤

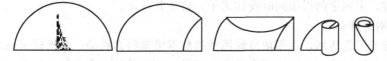

图 4-2 过滤后滤纸的折卷

② 使用微孔玻璃漏斗（坩埚式过滤器）时沉淀的过滤与洗涤操作。坩埚式过滤器的滤板是用玻璃粉末在高温熔结而制成的。按照微孔的孔径大小将它们分成六级（见表4-1）。

表 4-1 坩埚式过滤器的规格与用途

滤板编号	孔径/μm	用 途
G_1	80~120	收集扩散气体用或滤除颗粒比较大的沉淀物及胶状沉淀物
G_2	40~80	滤除颗粒比较大的沉淀物及气体的洗涤
G_3	15~40	滤除一般化学溶液中的杂质等
G_4	5~15	滤除液体中的细小沉淀物
G_5	2~5	滤除溶液中极细的沉淀物或较大的细菌
G_6	2 以下	滤除病菌

当用重量法测定有机物沉淀时，沉淀的过滤、洗涤、干燥和称量都要用到 G_4~G_5 坩埚式过滤器（相当于慢速滤纸），G_3 坩埚式过滤器用于过滤粗晶型的沉淀（相当于中速滤纸）。坩埚式过滤器不可过滤强碱性溶液，因为强碱可以损坏漏斗的微孔。坩埚式过滤器在使用前要经过盐酸或硝酸处理，然后用水洗净。将坩埚式过滤器装入吸滤瓶的橡皮垫圈中，吸滤瓶用硬橡皮管与抽水泵连接。用盐酸洗涤时，先注入酸液，然后抽滤；抽滤结束时，要先拔开抽滤瓶上的橡皮管，再关上抽水泵。

当用重量法测定有机物沉淀时，先将洁净的 G_4 坩埚式过滤器置于小烧杯中，于烘箱内干燥至恒重，精密称量后，装入吸滤瓶的橡皮垫圈中，在抽滤条件下，用倾泻法过滤试样的溶液，然后再经过沉淀的洗涤，并烘烤至恒重后，进行精密称量，带有沉淀的坩埚式过滤器的重量减去空坩埚式过滤器的重量，就是所要求得的有机物沉淀。

4.1.1.4　干燥器的使用

将干燥器及其多孔瓷板清洁干燥后，再将固体颗粒干燥剂通过一纸筒装入干燥器底部，避免干燥剂沾污内壁的上部，干燥剂也不可放得太多，以免沾污坩埚底部；粉末状固体干燥剂，应将其盛放在培养皿中，然后再放入干燥器底部；对于液体干燥剂（如浓硫酸），应将其盛放在小烧杯内，然后再放入干燥器底部。放置好干燥剂，再盖好瓷板。常用的干燥剂有变色硅胶、无水氯化钙、浓硫酸和五氧化二磷等，干燥剂一旦失效后，应及时进行更换。另外，变色硅胶失效后，可以将其置于金属托盘中并在140℃以下烘烤而再生。由于干燥剂吸收水分的能力是有一定限度的，因此，干燥器内的空气并非绝对干燥的，灼烧或烘烤干燥后的坩埚和沉淀，在干燥器内放置的时间不可过久，否则，会因为吸收少量的水分而使质量增加。在150℃以下烘烤的物品或沉淀，在干燥器内冷却的时间一般不超过20min；在马弗炉内经过高温烘烤过的坩埚及沉淀，不能够立即取出来放入干燥器中，应该按4.1.1.7进行操作，即可。

装好干燥剂后，在干燥器盖子与干燥器接触的磨口处涂抹薄而均匀的凡士林，盖上干燥器盖子。开启干燥器盖子时，左手按住干燥器下部，右手按住干燥器盖子的圆顶，并向前推开干燥器盖子并将其拿在右手中，用左手放入或取出坩埚或称量瓶；及时盖好干燥器的盖子，要抓住干燥器的盖子推动并将其盖好。坩埚应放在干燥器内瓷板上的圆孔内；称量瓶应放在干净的培养皿中，然后再将其放入到干燥器内的瓷板上。当坩埚等热的容器放入干燥器中时，片刻后应连续推开干燥器盖子1~2次放空，以防干燥器内部的空气受热后崩开盖子。搬动干燥器时，用两手的拇指同时按住盖子，防止其滑落。

4.1.1.5　坩埚的准备

灼烧沉淀常用瓷坩埚，使用前应该用稀盐酸等溶剂将其洗净、自然晾干或烘干后，用火柴棍蘸取三氯化铁试液，在瓷坩埚和盖子上编号，晾干后放入高温炉中烘烤，编好的号码将永远也洗不掉了。

4.1.1.6　沉淀的烘干及滤纸的灰化

从漏斗中取出沉淀和滤纸时，用扁头玻璃棒将滤纸一边挑起，向中间折叠，将沉淀包住，再用玻璃棒轻轻转动滤纸包，擦净漏斗内壁可能沾有的沉淀。将滤纸包转移至已经干燥至恒重并精密称量后的坩埚中，将坩埚放在泥三角上，滤纸的三层部分应向上，文火将滤纸包缓缓烤干，然后稍稍加大火焰，使滤纸炭化。但是温度不可以上升得太快，以免滤纸化成整块的炭，这需要较长的时间才能烧完。如果滤纸着火，切不可用嘴吹灭，可以用坩埚盖盖灭，火熄灭后，继续加热至完全炭化，在此过程中，应随时用坩埚钳夹住坩埚不断转动，直至完全灰化。但是应该注意：切不可使坩埚中的沉淀翻动，以免沉淀飞扬而造成测量误差。

4.1.1.7　沉淀的灼烧

灰化后的沉淀移入高温炉中，盖上坩埚盖，稍留缝隙，在与空坩埚相同的条件下灼烧至恒重。灼烧后应关闭电源开关，将高温炉门开启一条缝隙，使炉内的温度尽快下降，坩埚自然冷却到300℃以下，然后再把它放入到干燥器中，等待坩埚的温度与天平室的温度相同时（约30~40min），再进行称量；然后，再次灼烧、冷却、称量，直至恒重（两次称量的结果相差不超过0.3mg）为止。

4.1.2　气化法的一般操作步骤

气化法也叫挥发法，是将样品加热，使待测组分生成挥发性物质而逸出，然后根据样品重量的减少来计算该组分的含量。例如在测量干燥失重时，将试样放在电热干燥箱中，调节适当的温度,加热烘干一定的时间,取出后放入到干燥器中,冷却至室温后称量,试样减轻的重量就是所含有水分的重量。

4.2 影响沉淀溶解度的因素

利用沉淀反应进行重量分析时,总是希望被测组分的沉淀反应进行得越完全越好。但是,也知道绝对不溶的物质是没有的,所以在重量分析法中要求沉淀的溶解损失不超过称量误差(0.2g),即可以认为沉淀已经完全了。通常情况下,看待一个沉淀反应是否进行得完全,可以根据沉淀反应达到平衡后,溶液中未被沉淀的被测组分的量来衡量,也就是说可以根据沉淀溶解度的大小来进行判断。沉淀的溶解度越小,沉淀越完全;沉淀的溶解度越大,沉淀越不完全。

4.2.1 沉淀的溶解度和溶度积

当水中存在微溶的化合物 MA 时,它有一部分溶解并达到饱和状态后,则有下列平衡关系存在:

$$MA_{固} \rightleftharpoons MA_{水} \rightleftharpoons M^+ + A^-$$

上式表明:固体 MA 的溶解部分,分别以 M^+ 和 A^- 的离子状态与 MA 的分子状态存在。例如当 AgCl 溶于水时,则有下列平衡关系存在:

$$AgCl_{固} \rightleftharpoons AgCl_{水} \rightleftharpoons Ag^+ + Cl^-$$

则 $AgCl_{固}$ 的溶解度应该为 S:

$$S = [AgCl_{水}] + [Ag^+] = [AgCl_{水}] + [Cl^-]$$

对于 AgCl 而言,有:$[AgCl_{水}] = (1.0 \sim 6.2) \times 10^{-7}$ mol/L

则上述沉淀平衡关系的平衡常数为:

$$K = \frac{[Ag^+][Cl^-]}{[AgCl_{水}]}$$

将此式变形为:$K[AgCl_{水}] = [Ag^+][Cl^-]$

设:$K[AgCl_{水}] = K_{sp}$

因为在特定的温度下,$[AgCl_{水}]$ 是一个常数;所以 K_{sp} 在某一特定的温度下也必然是一个常数,称之为溶度积常数。将其书写成通式,即对于平衡反应:

$$MA_{固} \rightleftharpoons MA_{水} \rightleftharpoons M^+ + A^-$$

$$K_{sp} = [M^+][A^-]$$

对于分子式为 M_mA_n 型的沉淀化合物,其溶度积常数为:

$$K_{sp} = [M^{n+}]^m[A^{m-}]^n$$

溶度积常数的大小随着溶液中离子强度而变化,当溶液中电解质(不与沉淀发生反应也不与沉淀有共同离子)的浓度增大时,溶度积增大,因此沉淀的溶解度也会增大。沉淀的溶解度等于:

$$S = [M^+] = [A^-] = \sqrt{K_{sp}}$$

对于分子式为 M_mA_n 型的沉淀化合物,其溶解度为:

$$S = \frac{[M^{n+}]}{m} = \frac{[A^{m-}]}{n} = \sqrt[m+n]{K_{sp}/m^m n^n}$$

【例题 4-1】 某温度下 AgCl 的溶度积为 1.8×10^{-10},Ag_2CrO_4 的溶度积为 2.0×10^{-12},问哪一个的溶解度大?

解:设氯化银的溶解度为 S_1,铬酸银的溶解度为 S_2,根据沉淀平衡:

$$AgCl \rightleftharpoons Ag^+ + Cl^-$$
$$S_1 S_1$$
$$Ag_2CrO_4 \rightleftharpoons 2Ag^+ + CrO_4^{2-}$$
$$2S_2 S_2$$

故： $S_1 = \sqrt{K_{sp}(\text{氯化银})} = \sqrt{1.8 \times 10^{-10}} = 1.4 \times 10^{-5}$ （mol/L）

$S_2 = \sqrt[3]{K_{sp}(\text{铬酸银})/4} = \sqrt[3]{2.0 \times 10^{-12}/4} = 7.9 \times 10^{-5}$ （mol/L）

则 $S_2 > S_1$，所以铬酸银的溶解度比氯化银大。

【例题 4-2】 将 0.02mol/L 的氯化钡溶液与 0.02mol/L 的硫酸溶液等体积混合，问有无硫酸钡沉淀析出？

解： 已知 $BaSO_4$ 的 $K_{sp} = 1.1 \times 10^{-10}$，两溶液等体积混合后，浓度减半，则有：

$$[Ba^{2+}][SO_4^{2-}] = 0.01 \times 0.01 = 1 \times 10^{-4} > K_{sp}$$

所以，此时可以析出硫酸钡沉淀。

在例题 4-2 中，若 $[Ba^{2+}][SO_4^{2-}] < K_{sp}$，则不会产生沉淀。所以，利用溶度积常数可以作为判断是否产生沉淀的依据。

表 4-2 几种难溶性钡盐的溶度积（25℃）

难溶性钡盐	BaC_2O_4	$BaCO_3$	$BaCrO_4$	$BaSO_4$
K_{sp}	2.3×10^{-8}	5.1×10^{-9}	1.2×10^{-10}	1.1×10^{-10}

从表 4-2 可以看出：如果用重量法测定钡离子时，使用硫酸盐作沉淀剂时，K_{sp} 的值最小，也就是钡离子沉淀得最完全。因此，使用重量分析法时，一定要选择合适的沉淀剂，沉淀剂的特效性（选择性）越强越好。

4.2.2 同离子效应

组成晶体沉淀的离子被称为构晶离子，当沉淀反应达到平衡后，如果向溶液中加入含有某一构晶离子的试剂或溶液，则沉淀平衡向着生成沉淀的方向移动，即沉淀的溶解度会减小，这一现象被称为同离子效应。

例如在 25℃ 时，硫酸钡在水中的溶解度为：

$$S = [Ba^{2+}] = [SO_4^{2-}] = \sqrt{K_{sp}} = \sqrt{1.1 \times 10^{-10}} = 1.05 \times 10^{-5} \text{（mol/L）}$$

如果使溶液中的 $[SO_4^{2-}]$ 增加至 0.10mol/L，则此时硫酸钡在水中的溶解度为：

$$S = [Ba^{2+}] = \frac{K_{sp}}{[SO_4^{2-}]} = \frac{1.1 \times 10^{-10}}{0.10} = 1.1 \times 10^{-9} \text{（mol/L）}$$

即 $BaSO_4$ 的溶解度由原来的 1.05×10^{-5} mol/L 降低至 1.1×10^{-9} mol/L，减少了大约一万倍。在实际工作中，通常可以利用同离子效应，即适当加大沉淀剂的用量，使被测组分沉淀完全。因此，在重量分析法中沉淀剂的用量一般都是过量的。但是也不能片面地理解为沉淀剂加得越多越好，当沉淀剂加得太多时，同样也可以引起盐效应、酸效应与络合效应等副反应，反而使沉淀的溶解度增大。在通常的情况下，沉淀剂过量 20%～50% 较为合适。对于灼烧时不易挥发除去的沉淀剂，过量应该更少一点，以过量 20%～30% 较为合适，以免增加沉淀洗涤的难度和影响沉淀的纯度。

4.2.3 盐效应

在沉淀平衡体系中加入强电解质时，溶液体系中将增加带有电荷的阴阳离子，在强电解质阴阳离子与沉淀化合物阴阳离子之间静电荷的相互作用下，将引起溶液离子强度的增加和沉淀溶解度增大的现象被称为盐效应。例如，在用重量法测定 Pb^{2+} 时，采用 Na_2SO_4 为沉淀剂，生成的 $PbSO_4$ 沉淀在不同浓度的 Na_2SO_4 溶液中的溶解度变化情况如表 4-3 所示。

表 4-3　$PbSO_4$ 沉淀在不同浓度的 Na_2SO_4 溶液中的溶解度

Na_2SO_4 溶液的浓度/(mol/L)	0	0.001	0.01	0.02	0.04	0.100	0.200
$PbSO_4$ 的溶解度/(mol/L)	0.15	0.024	0.016	0.014	0.013	0.016	0.023

实际检测证明：$PbSO_4$ 沉淀的溶解度并不是随着硫酸钠浓度的增大而继续降低的，而是降低到一定程度之后，溶解度反而增大了。一般而言，当强电解质的浓度大于 $0.05mol/L$ 时，盐效应就比较显著了。$PbSO_4$ 沉淀在小于 $0.04mol/L$ 浓度的 Na_2SO_4 溶液中，同离子效应占优势，当 Na_2SO_4 溶液的浓度大于 $0.04mol/L$ 时，盐效应的影响超过了同离子效应的影响，而且组成沉淀离子的电荷越高，盐效应的影响也越大。

4.2.4　酸效应

溶液的酸度也会给沉淀的溶解度带来影响，被称为酸效应。当酸度增大时，组成沉淀的阴离子如 CO_3^{2-}、$C_2O_4^{2-}$、PO_4^{3-}、SiO_3^{2-}、OH^- 等与 H^+ 结合，从而降低了阴离子的浓度，使沉淀的溶解度增大。当酸度降低时，则组成沉淀的金属离子可能发生水解，形成带有电荷的氢氧络合物，如 $FeOH^{2+}$、$Al(OH)_2^+$，或它们的聚合物如 $Fe_2(OH)_2^{4+}$、$Al_6(OH)_{15}^{3+}$ 等，于是降低了阳离子的浓度，从而增大了沉淀的溶解度。

4.2.5　络合效应

倘若用重量法来测定 Ag^+ 的含量时，可以加入氯化物作为沉淀剂以得到氯化银沉淀：

$$Ag^+ + Cl^- \rightleftharpoons AgCl\downarrow$$

若继续加入过量的 Cl^- 时，将引起下列副反应：

$$AgCl + Cl^- \rightleftharpoons AgCl_2^-$$
$$AgCl_2^- + Cl^- \rightleftharpoons AgCl_3^{2-}$$

显而易见，由于络合物的形成，必然会增大沉淀的溶解度，这种现象被称为络合效应。

4.3　沉淀的形成过程

4.3.1　沉淀的分类

按照沉淀物理性质的不同，可以粗略地把沉淀分成三大类，其一是晶体沉淀，其二是无定形沉淀，其三为胶状沉淀。它们最大的差别是沉淀颗粒的大小不同，颗粒最大的是晶体沉淀，其颗粒直径约为 $0.1 \sim 1\mu m$，如 $BaSO_4$ 沉淀。无定形沉淀的颗粒很小，颗粒直径一般小于 $0.02\mu m$，如 $Fe_2O_3 \cdot nH_2O$ 是典型的无定形沉淀；凝乳状沉淀的颗粒最小，介于两者之间，如氯化银沉淀。

4.3.2　晶体沉淀的形成过程

$$\text{构晶离子} \xrightarrow{\text{成核作用}} \text{晶核} \xrightarrow{\text{成长}} \text{沉淀微粒} \xrightarrow{\text{定向排列}} \text{晶体沉淀}$$
$$\text{沉淀微粒} \xrightarrow{\text{聚集}} \text{无定形沉淀}$$

(1) 晶核的形成

晶核的形成有两种情况，一种是均相成核作用，即构晶离子在过饱和溶液中，通过离子的缔合作用自发地形成晶核；另一种是异相成核作用，即溶液中混有固体微粒，在沉淀过程中，这些微粒起着晶种的作用，诱导沉淀的形成。

(2) 晶体沉淀的形成

通常，溶液的过饱和度越大，则生成的晶核越多，生成沉淀的速度也越快，沉淀的颗粒也越小；相反，溶液的过饱和度越小，则生成的晶核越少，生成沉淀的速度也越慢，沉淀的颗粒也越大，沉淀的晶型也越好。所以，在实际操作中，为了获得较大的晶体沉淀颗粒，除了尽可能采用稀的溶液外，还要设法适当地增大沉淀的溶解度，以降低沉淀的过饱和度。例如在沉淀 $BaSO_4$ 时，常在较稀的溶液中，且在酸性介质中进行反应，目的就是使 $BaSO_4$ 的溶解度适当地增大，从而达到获得大颗粒晶体 $BaSO_4$ 沉淀的目的。

（3）沉淀剂的加入速度

有些溶液虽然已经达到了过饱和状态，但并不一定有沉淀生成，只有当过饱和达到一定程度后才能产生沉淀，此时的过饱和溶液的浓度与未产生沉淀之前的过饱和溶液浓度之间的区域被称为亚稳定区域。当在不断搅拌情况下，缓慢地加入沉淀剂时，随着沉淀剂浓度的逐渐增大，直至达到亚稳定区域，沉淀也不会析出，一旦超过了此区域，便立即产生晶核。这时如果停止加入沉淀剂，则已经形成的晶核将在过饱和溶液中继续成长，溶液的浓度将随着晶体沉淀的形成而逐渐下降，一直下降到形成饱和溶液为止。如果再继续加入沉淀剂，并控制加入的速度使溶液的过饱和度很小，则溶液中不会产生新的晶核，仅能够使已有的晶核颗粒继续长大，在这种情况下，就可以获得粗大的晶体沉淀。所以，在进行沉淀操作时，应该在不断搅拌下，缓慢地加入沉淀剂。

4.3.3 形成良好晶体沉淀的条件和方法

① 沉淀作用应该在适当稀的溶液中进行，并加入适当稀的沉淀剂溶液，使溶液的过饱和度不大，生成的晶核不太多，容易形成颗粒较大的晶体沉淀。但是，溶液的浓度也不能太稀，否则，沉淀溶解太多，会造成溶解损失。

② 应该在不断搅拌下，逐滴加入沉淀剂，尤其是在沉淀开始时，要防止沉淀剂在溶液出现局部过浓的现象，而导致生成过多的晶核。

③ 沉淀作用应该在热溶液中进行，使沉淀的溶解度略有增加，这样可以降低溶液的过饱和度，有利于生成大颗粒的晶体沉淀，同时，还可以减少杂质的吸附和共沉淀现象的发生。沉淀作用完毕后，将溶液放置冷却至室温后，再进行过滤。

④ 过滤前要进行"陈化"处理，适当地加热和搅拌可以促进陈化的进程。在热陈化时，由于沉淀动态平衡中离子的热运动，可以使生长不完整的晶体转变成完整的晶体结构；使亚稳态的晶型转变成稳定的晶型。在这些转化过程中，沉淀的组成将重新排列，因而有些杂质可以被逐出；沉淀颗粒增大后，沉淀的总表面积减小，吸附杂质的量也会相应减小，从而使沉淀的纯度显著提高。

4.3.4 重量分析法对沉淀称量形式的要求

用重量分析法得到的沉淀经过灼烧或烘干后转化为沉淀的称量形式，例如：

$$Fe^{3+} \longrightarrow Fe(OH)_3（沉淀形式）\longrightarrow Fe_2O_3（称量形式）$$

$$Ba^{2+} \longrightarrow BaSO_4（沉淀形式）\longrightarrow BaSO_4（称量形式）$$

重量分析法对沉淀称量形式的要求如下：

① 称量形式必须有固定的组成，即必须有固定的分子式（或化学式）；

② 称量形式要有足够的化学稳定性，对热、水、空气稳定；

③ 称量形式要有尽可能大的相对分子质量，以降低称量的相对误差。

4.4 重量分析法的结果计算

4.4.1 换算因数的计算

换算因数 f 的计算按照此公式进行：

$$f = \frac{\text{被测组分的相对分子质量}}{\text{称量形式的相对分子质量}}$$

计算时必须根据沉淀反应的方程式,将被测组分的相对分子质量和称量形式的相对分子质量乘以适当的系数,使分子、分母中被测组分的原子数目相等。

【例题 4-3】 测定 $KHC_2O_4 \cdot H_2C_2O_4$ 时,可以用 Ca^{2+} 将它转化为 CaC_2O_4 沉淀,最后灼烧为 CaO 后称量。若精密称量 0.5000g 的纯 $KHC_2O_4 \cdot H_2C_2O_4$ 样品时,可以得到氧化钙多少克?

解:整个反应过程的简略反应式为:

$$KHC_2O_4 \cdot H_2C_2O_4 + 2Ca^{2+} \longrightarrow 2CaC_2O_4 \longrightarrow 2CaO$$

即:1mol 的 $KHC_2O_4 \cdot H_2C_2O_4$ 可以转化为 2mol 的 CaO,则换算因数 f 为:

$$f = \frac{KHC_2O_4 \cdot H_2C_2O_4}{2CaO} = \frac{218.2}{2 \times 56.08} = 1.945$$

氧化钙的质量:$W_{CaO} = \dfrac{W}{f} = \dfrac{0.5000}{1.945} = 0.2570$ (g)

若是所用的 $KHC_2O_4 \cdot H_2C_2O_4$ 样品不是纯品,而是含有一定量的杂质,现在要计算样品中含有 $KHC_2O_4 \cdot H_2C_2O_4$ 的含量时,则可以按照下式进行计算:

$$\text{被测物质的含量}/\% = \frac{\text{称量形式质量} \times \text{换算因数}}{\text{试样质量}} \times 100\%$$

4.4.2 沉淀剂用量的计算

根据取样量和被测组分的大致含量,根据化学反应方程式可以计算出完全反应时沉淀剂所需要的理论加入量。但在实际操作中,根据同离子效应,为了使被测组分尽可能沉淀完全,沉淀剂通常是过量加入的,沉淀剂的实际用量可以通过计算获得。

【例题 4-4】 称取氯化钡试样 0.5000g,用 1mol/L 的硫酸溶液作为沉淀剂,使其中的 Ba^{2+} 以硫酸钡的形式析出,要使 500mL 溶液中 Ba^{2+} 的损失不超过 0.5mg,请计算 1mol/L 的硫酸溶液应该过量加入多少毫升?

解:设完全反应时需要加入纯硫酸 X(g),由反应方程式可知:

$$\begin{array}{cc} BaCl_2 \cdot 2H_2O + H_2SO_4 == BaSO_4 \downarrow + 2HCl + 2H_2O \\ 244.3 \quad\quad\quad 98.08 \\ 0.5000 \quad\quad\quad X \end{array}$$

$$X = \frac{0.5000 \times 98.08}{244.3} = 0.2007 \text{ (g)}$$

0.2007g 纯硫酸相当于 1mol/L 硫酸溶液的体积为:

$$\frac{0.2007 \div 98.08}{1} L = 2.046 \times 10^{-3} L = 2.046 mL$$

0.5mg Ba^{2+} 在 500mL 的溶液中的浓度为:

$$[Ba^{2+}] = \frac{0.0005 \times 1000}{137.33 \times 500} = 7.3 \times 10^{-6} \text{ (mol/L)}$$

应该过量的硫酸溶液的浓度可以由硫酸钡的溶度积求得:

$$[SO_4^{2-}] = \frac{K_{sp}(\text{硫酸钡})}{[Ba^{2+}]} = \frac{1.1 \times 10^{-10}}{7.3 \times 10^{-6}} = 1.5 \times 10^{-5} \text{ (mol/L)}$$

设 1mol/L 的硫酸溶液应该过量加入的 Y(mL):

$$Y = \frac{500mL \times 1.5 \times 10^{-5} mol/L}{1mol/L} = 0.01mL$$

即加入 1mol/L 的硫酸溶液 2.046mL 后,再过量加入 0.01mL 该溶液即可。

此题中，如果近似地认为加入 1mol/L 硫酸溶液的理论总量为 2.1mL，若是加入的 1mol/L 的硫酸溶液过量 20% 时，则应该加入的体积为：

$$2.1\text{mL} + 2.1\text{mL} \times 20\% = 2.5\text{mL}$$

倘若加入了 2.5mL 的 1mol/L 硫酸溶液，除了其中的 2.1mL 与 Ba^{2+} 形成沉淀外，还多余 0.4mL。则在 502.5mL 的总溶液中，剩余的 $[SO_4^{2-}]$ 为：

$$[SO_4^{2-}] = \frac{0.4 \times 1 \times 1000}{502.5 \times 1000} = 8.0 \times 10^{-4} \ (\text{mol/L})$$

此时，在溶液中：

$$[Ba^{2+}] = \frac{K_{sp}(\text{硫酸钡})}{[SO_4^{2-}]} = \frac{1.1 \times 10^{-10}}{8.0 \times 10^{-4}} = 1.4 \times 10^{-7} \ (\text{mol/L})$$

在 500mL 溶液中，$BaSO_4$ 沉淀的溶解损失实际为：

$$1.4 \times 10^{-7} \times 233.4 \times \frac{500}{1000} = 1.6 \times 10^{-5} \ (\text{mg})$$

此数值远远小于重量分析法所允许的误差，所以加入 2.5mL 的 1mol/L 硫酸溶液可使沉淀达到完全。

4.4.3　取样量的计算

取样量的多少，通常要考虑两个因素：其一，进行沉淀操作时，溶液的体积不宜过大，沉淀的量不宜过多，沉淀应易于过滤、洗涤、烘干等；其二，为了减少检测过程中可能的相对误差，沉淀的称量形式不宜过少，一般为 0.3～0.5g。根据沉淀称量形式的重量范围和沉淀反应的化学方程式，就可以很容易地计算出试样的取用量，这里不再举例。

4.5　重量分析法应用实例

【例题 4-5】 芒硝矿中硫酸钠含量测定的方法是：取本品约 0.4g，精密称量，加水 200mL 溶解后，加盐酸 1mL，煮沸，不断搅拌，立即缓缓加入热氯化钡试液 20mL，置水浴上加热 30min，静置 1h，用无灰滤纸过滤，用温水洗涤，至洗液不再显氯化物反应，置已炽灼至恒重的坩埚中，干燥并炽灼至恒重，精密称量，所得沉淀的质量与 0.6086 相乘，即得供试品中含有 Na_2SO_4 的质量（按干燥品计算含量）。

精密称取三份平行试样进行含量测定，与此同时，精密称取两份平行试样，在 105℃ 进行干燥失重的测定，因为，最终的结果计算要按干燥品计算，所以必须要有干燥失重的检测数据。

含量测定取样 W：1# 0.4103g　　2# 0.4015g　　3# 0.4090g
依照法定质量标准进行操作，测得的沉淀的质量 M 分别为
M：1# 0.3200g　　2# 0.3122g　　3# 0.3193g
同时测得干燥失重的平均值为 52.3%，则：

$$Na_2SO_4 \text{ 的含量}/\% = \frac{0.6086 \times M}{W \times (1 - 52.3\%)} \times 100\%$$

将数据分别代入上式进行计算，求得样品中 Na_2SO_4 的含量分别为：
1# 99.51%　　2# 99.21%　　3# 99.61%
检测平均值：99.4%　　相对平均偏差为：0.17%

思考与练习

1. 简要回答下列问题

第4章 重量分析法

(1) 重量分析法对沉淀的要求是什么？
(2) 重量分析法对沉淀剂的要求是什么？
(3) 影响沉淀溶解度的因素主要是什么？
(4) 举例说明共沉淀和后沉淀现象。
(5) 沉淀形式和称量形式什么情况下相同？什么情况下又不同？
(6) 形成晶体沉淀和无定形沉淀的条件有什么不同？
(7) 在获得晶体沉淀的操作时，要进行"陈化"，这是为什么？
(8) 为什么在重量分析法中，加入的沉淀剂总是过量的？沉淀剂过量的越多越好吗？
(9) 请计算 Ag_2CrO_4 在 0.001mol/L 硝酸银溶液中的溶解度，已知铬酸银的 $K_{sp}=2.0\times10^{-12}$。

2. 请计算 CaC_2O_4 分别在纯水中和在 0.01mol/L 草酸钠溶液中的溶解度。（已知 CaC_2O_4 的 $K_{sp}=2.0\times10^{-9}$）

3. 请计算 $BaSO_4$ 分别在纯水中、在 0.01mol/L 的 NaCl 溶液中和在 0.01mol/L 的氯化钡溶液中的溶解度。（已知 $BaSO_4$ 的 $K_{sp}=1.1\times10^{-10}$）

4. 精密称取 0.3730g 的 $CaCO_3$，经过适当的前处理后，欲使其中的钙离子以 CaC_2O_4 的形式沉淀下来，需要取用 2.5% 的 $(NH_4)_2C_2O_4$ 溶液多少毫升作为沉淀剂？为了使钙离子在 300mL 溶液中的溶解损失不超过 0.1mg，沉淀剂应该过量多少？（已知草酸钙的 $K_{sp}=1.3\times10^{-9}$）

5. 将 0.001mol/L 的硝酸银溶液与 0.001mol/L $BaCl_2$ 溶液等体积混合后，有无沉淀产生？（已知氯化银的 $K_{sp}=1.8\times10^{-10}$）

6. 将 0.2713g 硫代硫酸钠的样品氧化后使之转化成 Na_2SO_4，然后在此溶液体系中加入过量的 $BaCl_2$ 试液，经过滤、洗涤、烘干后得到沉淀 0.4715g，求样品中 $Na_2S_2O_3\cdot5H_2O$ 的含量。

第5章 滴定分析法

5.1 概述

5.1.1 滴定分析法的特点

滴定分析法又称为容量分析法,这种方法系指将一种已知准确浓度的标准溶液滴加到被测物质的溶液中,直到所加的试剂与被测物质按化学计量定量反应为止,然后,根据标准溶液的浓度和用量计算出被测物质的含量。

这种已知准确浓度的标准溶液又叫做"滴定剂",将滴定剂从滴定管滴加到被测物质溶液中的过程叫做"滴定"。当加入的标准溶液恰好与被测物质完全定量反应时,即反应到达了"等量点",等量点通常是依靠指示剂的变色来进行确定的。在滴定过程中,指示剂刚好发生颜色变化的转变点叫做"滴定终点",在实际检验工作中,滴定终点与等量点不一定恰好完全重合,由此而造成的分析误差叫做"终点误差"。

滴定分析法通常被应用于测定常量组分,即被测组分的含量一般在1%以上。滴定分析法操作简单、快捷,在常量分析中具有足够的准确度,在一般情况下,检测的相对误差为0.2%左右。因此,滴定分析法在兽药检测中也占有重要的地位。检验人员一定要熟练掌握滴定分析法,它是定量分析的基础。

当然,滴定分析法也有其缺点,那就是分辨真假的能力不强,例如,用凯氏定氮法测定牛奶中的蛋白质时,若牛奶中掺有无机氮或其他有机氮时,该方法是无法区别所测出的氮元素是来自于蛋白质的氮元素还是非蛋白质的氮元素。

5.1.2 滴定分析法的分类和滴定分析法对化学反应的要求

(1) 滴定分析法的分类

在滴定分析法中,根据滴定化学反应类型的不同,可以把滴定分析法划分为:酸碱滴定法、配位滴定法、氧化还原滴定法、沉淀滴定法、重氮化滴定法和电位滴定法等。

(2) 滴定分析法对化学反应的要求

① 反应必须定量完成(按一定的方程式进行),没有副反应,而且反应进行完全。
② 反应能够迅速完成(或加热、加催化剂时可迅速完成)。
③ 有简便可靠的确定滴定终点的方法。

5.1.3 滴定方式简介

(1) 直接滴定法

对于能满足滴定分析要求的反应,可用标准溶液直接滴定被测物质,例如用 NaOH 标准溶液可直接滴定 HCl、HAc 等;用 $KMnO_4$ 标准溶液可直接滴定 $C_2O_4^{2-}$ 等;用 EDTA 标准溶液可直接滴定 Ca^{2+}、Mg^{2+}、Zn^{2+} 等;用 $AgNO_3$ 标准溶液可直接滴定 Cl^- 等。直接滴定法是最常用和最基本的滴定方式,其操作简便、快速,引入的误差较少。例如,用盐酸标准溶液测定小苏打的含量:

$$HCl + NaHCO_3 \rightleftharpoons NaCl + H_2O + CO_2 \uparrow$$

(2) 返滴定法

当反应进行得较慢或反应物是固体时,加入等物质的量的滴定剂时,反应不能立即完成。此时，可以先加入过量的滴定剂，待反应完成后，再用另一种标准溶液去滴定剩余的滴定剂。例如：测定固体碳酸钙含量时，先加入定量过量的盐酸，然后，用氢氧化钠标准溶液返滴定过量的盐酸，从盐酸的总物质的量中减去氢氧化钠的物质的量即为碳酸钙物质的量。

$$2HCl + CaCO_3 = CaCl_2 + H_2O + CO_2 \uparrow$$

$$HCl + NaOH = NaCl + H_2O$$

返滴定法也可以用于某些反应没有合适的指示剂，例如，测定敌百虫粉的含量时，首先在碱性条件下将敌百虫定量地分解成敌敌畏，并定量地产生氯离子，然后用硝酸溶液将溶液体系调整为酸性，再向其中加入定量过量的硝酸银标准溶液。

$$Ag^+ + Cl^- = AgCl \downarrow$$

反应结束后，用硫氰酸铵标准溶液去返滴定剩余的硝酸银，用硫酸铁铵指示液指示滴定终点，并用空白试验对滴定结果进行校正，即可。

$$SCN^- + Ag^+ = AgSCN \downarrow$$

到达滴定终点时，少许过量的 SCN^- 遇到硫酸铁铵指示液中的 Fe^{3+} 后，即形成红色的 $[Fe(SCN)_n]^{3-n}$ 络合物。

(3) 置换滴定法

当有些物质不能直接去滴定时，可以通过此物质和另一种化合物定量起反应，反应置换产生出来定量的一种产物可以被适当的滴定剂进行滴定，这种滴定方式被称为置换滴定法。例如：在含氯石灰（漂白粉）的含量测定中，具体操作为：取本品 2g，精密称量；置研钵中，分次加水 25mL，研匀，移至 500mL 量瓶中，研钵用水洗净，洗涤液并入量瓶中，用水稀释至刻度，密塞，静置 10min，摇匀；精密量取上述混悬液 100mL 置于碘瓶中，加碘化钾 1.0g 溶解后，加醋酸 5mL，摇匀，密塞，在暗处放置 5min，用硫代硫酸钠滴定液（0.1mol/L）滴定，至接近终点时，加 2mL 淀粉指示液，继续滴定至蓝色消失，并将滴定结果用空白试验校正。每 1mL 的硫代硫酸钠滴定液（0.1mol/L）相当于 3.545mg 的 Cl。

从以上操作可以看出：先用水将漂白粉的主要成分次氯酸钙研磨溶解，然后在酸性条件下与过量的碘化钾反应，定量置换产生出单质碘；然后，再用硫代硫酸钠滴定液进行滴定操作，并且用空白试验对滴定结果进行校正，即可。其反应原理如下：

$$2ClO^- + 2I^- + 4H^+ = I_2 + 2H_2O + 2Cl^-$$

$$I_2 + 2S_2O_3^{2-} = 2I^- + S_4O_6^{2-}$$

在实际检测工作中，类似的用置换滴定法测定含量的应用实例也常遇到。

(4) 间接滴定法

不能与滴定剂直接起反应的物质，有时也可以通过另外的化学反应，以间接的方式进行滴定。例如，当测定某溶液中的 Ca^{2+} 时，如果用 EDTA 络合滴定存在干扰离子，而且又不易消除此干扰时，可以先将其转化为 CaC_2O_4 沉淀，经过滤、沉淀洗涤，然后用硫酸将 CaC_2O_4 沉淀溶解，再用 $KMnO_4$ 标准溶液滴定原来与 Ca^{2+} 定量结合的 $C_2O_4^{2-}$，根据消耗 $KMnO_4$ 标准溶液的体积及其浓度，从而就能够间接地测定 Ca^{2+} 的含量。反应原理为：

$$Ca^{2+} + C_2O_4^{2-} = CaC_2O_4 \downarrow$$

$$CaC_2O_4 + H_2SO_4 = CaSO_4 + H_2C_2O_4$$

$$2MnO_4^- + 5C_2O_4^{2-} + 16H^+ = 2Mn^{2+} + 10CO_2 \uparrow + 8H_2O$$

5.2 标准溶液与常用的基准物质

5.2.1 标准溶液浓度的表示方法

标准溶液就是已知准确浓度的溶液。在滴定分析法中，无论采取何种滴定方式，都离不开标准溶液，否则，就无法进行滴定结果的计算。标准溶液的浓度用两种方法来表达。

(1) 物质的量浓度

物质的量浓度是指每1L溶液里所含溶质的物质的量。以 C 表示，单位：mol/L（摩尔/升）。物质的质量与其物质的量的关系为：

$$物质的量(n) = \frac{物质的质量}{1mol\ 该物质的质量} = \frac{物质的质量}{物质的摩尔质量（相对分子质量）}$$

在国家标准中所谈到的标准溶液的浓度是一个理论浓度，在实际的检验工作中往往很难配制或没有必要配制成和理论值完全一样浓度的标准溶液，这样一来，配制并标定的标准溶液的实际浓度就与理论浓度不完全一样。而在实际的结果运算中，需要的是准确标定出来的实际浓度，所以，把理论浓度转化为实际浓度就势必需要产生一个浓度校正系数 F，F 值的含义是：

$$F = \frac{实际物质的量浓度}{理论物质的量浓度}$$

例如，理论上要求配制并标定出 0.1mol/L 的 $Na_2S_2O_3$ 标准溶液，若实际配制并标定出 $Na_2S_2O_3$ 标准溶液的准确物质的量浓度为 0.1037mol/L，则浓度校正系数 F 值就应该是：

$$F_{硫代硫酸钠} = \frac{0.1037mol/L}{0.1mol/L} = 1.037$$

(2) 滴定度

在实际检测工作中，为了方便地运算检验结果，经常采用"滴定度"来表示标准溶液的浓度。滴定度系指 1mL 标准溶液中所含溶质的质量，符号用 T_S 表示。例如，$[I_{碘}] = 0.01468g/mL$，表示每 1mL 碘标准溶液中含有 0.01468g 的碘；滴定度也可以用消耗的每 1mL 标准溶液相当于被测物质的质量来表示，通常用符号 $T_{被测物/滴定剂}$ 表示，单位是 mg/mL 或 g/mL；例如，在 (3) 置换滴定法中测定漂白粉有效氯的含量时，在其含量测定项下的最后一句话提到"每 1mL 的硫代硫酸钠滴定液（0.1mol/L）相当于 3.545mg 的 Cl"就是指的滴定度。即此时的 $T_{有效氯/硫代硫酸钠} = 3.545mg/mL$。

若在这次漂白粉有效氯的含量测定时，取样量为 2.0496g，消耗的 0.1mol/L 硫代硫酸钠滴定液（$F_{硫代硫酸钠} = 1.037$）的体积为 29.33mL，那么，测得碘瓶中 100mL 混悬液中的有效氯就是：$1.037 \times 29.33mL \times 3.545mg/mL = 107.8mg$。

而样品最初是定容在 500mL 的容量瓶中的，也就是说，所称取的 2.0496g 样品中的有效氯全部都在 500mL 的容量瓶中，所测得碘瓶中的 100mL 的混悬液中只是含有其中一部分有效氯。因此，样品中有效氯的含量应该计算如下：

$$Cl\ 的含量\% = \frac{107.8mg \times 500mL}{2.0496g \times 100mL} \times 100\% = \frac{107.8 \times 10^{-3}g \times 500mL}{2.0496g \times 100mL} \times 100\% = 26.3\%$$

标准规定：含有效氯不得低于 25.0%，因此，该产品含量测定项符合规定，同理，做平行样的测定，并做好检验原始记录。

5.2.2 标准溶液的配制、标定与管理

(1) 直接配制法

直接准确称量一定质量的基准物质，溶解于所要求的适量的溶剂中（在小烧杯内操作），

并将其转移至容量瓶中，用所要求的溶剂冲洗小烧杯数次，洗涤液并入容量瓶中，用所要求的溶剂稀释至刻度，摇匀，然后根据所称取基准物质的质量和所用容量瓶的体积，即可计算出该标准溶液的准确浓度。例如，在配制重铬酸钾标准溶液（0.01667mol/L）时，具体操作为：精密称取在120℃干燥至恒重的基准物重铬酸钾4.903g，置于1000.0mL容量瓶中，加水适量使其溶解并用水稀释至刻度，摇匀，即得。

直接配制法对基准物质的要求：

① 基准物质要有稳定的化学性质。如不被空气氧化，加热干燥时不分解，称量时不吸湿。

② 基准物质要有较高的纯度（一般要求纯度在99.9%以上），杂质含量可以少到忽略不计（杂质含量为0.01%～0.02%）。

③ 有固定的化学组成并且与其化学式完全相符，分子中若含有结晶水时，结晶水的数量也必须与其化学式完全相符。

④ 基准物质的相对分子质量尽可能得大一些，取样量多时，相对误差就小。

凡符合上述条件的物质，在化学分析当中被称为"基准物质"或"基准试剂"。凡是基准试剂，理论上都可以用来直接配制标准溶液。常用基准物质及其干燥条件如表5-1所示。

表5-1 常用基准物质及其干燥条件

基准物质	化学式	干燥条件	标定对象
氧化锌	ZnO	800℃灼烧至恒重	EDTA标准溶液
对氨基苯磺酸	$p\text{-}H_2NC_6H_4SO_3H$	120℃干燥至恒重	亚硝酸钠标准溶液
邻苯二甲酸氢钾	$o\text{-}HOOCC_6H_4COOK$	105℃干燥至恒重	高氯酸或氢氧化钠标准溶液
无水碳酸钠	Na_2CO_3	270～300℃干燥至恒重	盐酸标准溶液
氯化钠	NaCl	110℃干燥至恒重	硝酸银标准溶液
重铬酸钾	$K_2Cr_2O_7$	120℃干燥至恒重	硫代硫酸钠标准溶液
三氧化二砷	As_2O_3	105℃干燥至恒重	碘标准溶液

(2) 间接配制法

在实际工作中用来配制标准溶液的物质大多不能满足上述条件，如酸碱滴定法中所用的盐酸，除了恒沸点的盐酸外，一般市售盐酸中的浓盐酸浓度有一定的波动，而且浓盐酸易挥发；又如NaOH极易吸收空气中的CO_2和水，称得的质量不能代表纯NaOH的质量。因此，对这一类物质不能用直接法配制标准溶液，而需用间接法配制。

① 用基准物质标定：平行地精密称取若干份在规定的温度下已经干燥至恒重的基准试剂，经溶解后，用待标定的标准溶液进行滴定，然后根据所称量基准物质的质量和消耗标准溶液的体积，可以计算出标准溶液的准确浓度。

② 用已知准确浓度的标准溶液标定未知浓度的标准溶液：平行地准确吸取一定量的待标定的标准溶液若干份，用已知准确浓度的标准溶液进行滴定，或进行相反的操作。根据两种溶液所用的体积（毫升数）和已知标准溶液的准确浓度值，可以计算出待标定标准溶液的准确浓度。例如硫氰酸铵标准溶液就是用硝酸银标准溶液来进行标定的。

将所测得的平行样品的数据取平均值，并计算出F值和进行相对平均偏差的计算。一般要求，相对平均偏差不得超过0.1%，否则，重新进行标定。标准溶液要求有两人同时参与标定，初标者和复标者都应进行同样的操作，而且两人之间的相对误差也应该在允许的范围之内。

5.2.3 滴定分析的主要仪器和操作

（1）滴定管的种类与规格

滴定管 { 碱式滴定管：下端为乳胶管连有尖嘴管，乳胶管内有一个玻璃珠
酸式滴定管：下端为磨口玻璃活塞 }

滴定管 { 常量滴定管：50mL，25mL
半微量滴定管：10mL
微量滴定管：1～5mL }

滴定管的操作请参见第 1.2.1 节。

（2）滴定反应的容器与操作

滴定反应通常在锥形瓶中进行，在进行滴定操作时，由左手的手指控制着滴定液的流出速度和流出数量，右手的食指和中指在锥形瓶的瓶颈前，拇指、无名指和小指在锥形瓶的瓶颈后握住锥形瓶并在滴定过程中不断地进行摇动，摇动时切记右手的手腕动，手臂不要动；眼睛盯着锥形瓶中溶液颜色的变化情况，并且根据其变化情况及时调整滴定液的流出速度由快至慢，接近滴定终点时，必须每滴下一滴，观察；再滴下一滴（或半滴），再观察；直至达到滴定终点为止（见图 5-1）。

在两种情况下滴定反应的容器应该使用 150～250mL 的烧杯，其一，当用自动永停滴定仪进行磺胺类药物的测定或对某些物质进行电位滴定时，由于在滴定反应过程中不用指示液来确定滴定终点，而是用电位的变化来确定滴定终点。因此，滴定反应溶液中始终要插有用来指示滴定终点的指示电极和参比电极或者是复合电极；同时，还要向此反应体系中不断地加入滴定液。因为锥形瓶的瓶口太小，无法进行操作，所以，此时

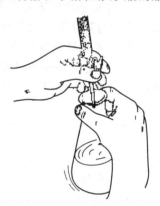

图 5-1 滴定操作示意图

用烧杯较好。滴定反应过程的搅拌工作可以利用电磁搅拌器来完成。其二，当被滴定的组分需要经过有机溶剂的萃取，水浴蒸干有机溶剂后，才能够进行滴定操作。此时，盛装萃取溶液的容器如果是锥形瓶，则由于其瓶口太小，蒸干的操作不易进行；而使用烧杯时，使得蒸干操作更为方便。

在这里应该指出的是：当行非水滴定操作时，如利用高氯酸标准溶液测定某些药物的含量；或者是利用卡尔·费休氏标准溶液测定某种物质中水分时，滴定用的反应容器必须是经过干燥的。进行操作的实验室要有温湿度控制装置，而且地面也必须保持干燥，操作前禁止用拖布擦地。

5.3 滴定分析的基本计算

5.3.1 滴定度的计算

① 根据化学反应方程式中反应物之间的计量关系，把每 1mL 滴定剂相当于待测物质的质量 W_B 换算成滴定剂的质量 W_A，然后，如果滴定剂所用的是固体试剂，则按下式进行运算。

$$m_A = (W_A/W_B) \times T_{B/A}; \quad m_1 = m_A \times V$$

如果滴定剂所用的是液体试剂（如浓硫酸、盐酸等），则按下式进行运算：

$$V_1 = \frac{m_A \times V}{\rho_1 \times X_1\%}$$

式中　m_A——$T_{B/A}$ 与相当的 1mL 滴定溶液中含滴定试剂 A 的质量，g/mL；

W_A——根据化学反应方程式确定的滴定试剂 A 的质量，g；
W_B——根据化学反应方程式确定的被测物质 B 的质量，g；
$T_{B/A}$——欲配制标准溶液的滴定度，g/mL；
m_1——应该准确称取固体滴定试剂 A 的质量，g；
V——欲配制标准溶液的体积，mL；
V_1——应该准确量取液体滴定试剂 A 的体积，mL；
ρ_1——液体滴定试剂 A 的密度，g/mL；
X_1——液体滴定试剂 A 的质量分数，%。

【例题 5-1】 如何配制 $T_{Fe^{2+}/K_2Cr_2O_7}=0.002000 \text{g/mL}$ 的 $K_2Cr_2O_7$ 标准溶液？

解：根据反应式：
$$Cr_2O_7^{2-}+6Fe^{2+}+14H^+ =\!=\!= 2Cr^{3+}+6Fe^{3+}+7H_2O$$

可知：参与反应的 1mol $K_2Cr_2O_7$ 的质量 W_A 应该等于其相对分子质量 294.19；需要 6mol 的 Fe^{2+} 与其进行反应，则 W_B 应该等于铁相对分子质量 55.85 的 6 倍。

那么，每 1mL $K_2Cr_2O_7$ 标准溶液中所含重铬酸钾固体的质量为：

$$m_A=\frac{W_A}{W_B}\times T_{B/A}=\frac{294.19\text{g}}{55.85\text{g}\times 6}\times 0.002000\text{g/mL}=0.001756\text{g/mL}$$

则 500mL 的 $K_2Cr_2O_7$ 标准溶液中所需要的重铬酸钾固体的质量为：

$$m_1=0.001756\text{g/mL}\times 500\text{mL}=0.8779\text{g}$$

则精密称取在 120℃干燥至恒重的基准重铬酸钾固体，溶解于适量的蒸馏水中，并用蒸馏水将其完全转移至 500.0mL 的容量瓶中，振摇使其溶解，并用蒸馏水稀释至刻度，摇匀即可。

请读者自己计算：用密度 ρ_1 为 1.84g/mL 的液体滴定试剂浓硫酸配制成 $T_{NaOH/H_2SO_4}=0.01000\text{g/mL}$ 的标准溶液 1000.0mL，如何操作？

② 将物质的量浓度换算成滴定度：因为滴定度是指 1mL 标准溶液中所含溶质的质量 T_S 或相当于被测组分的质量 $T_{B/A}$，所以，$T_S\times 1000$ 为 1L 标准溶液中所含溶质 S 的质量；$T_{B/A}\times 1000$ 为与 1L 标准溶液相当的被测组分的质量。用此数值除以溶质或被测组分的摩尔质量 M，就可以得到所求的物质的量浓度 c，其通用计算公式为：

$$c=\frac{T\times 1000}{M}$$

【例题 5-2】 盐酸标准溶液的浓度为 $c_{HCl}=0.2053\text{mol/L}$，请计算该标准溶液的滴定度 $T_{HCl}=?$

解：已知 $c_{HCl}=0.2053\text{mol/L}$，而盐酸的摩尔质量 $M_{HCl}=36.46\text{g/mol}$

将上述公式变形得：

$$T_{HCl}=\frac{c_{HCl}\times M_{HCl}}{1000}=\frac{0.2053\times 36.46\text{g}}{1000}=0.007485 \text{（g/mL）}$$

则该盐酸的滴定度 T_{HCl} 为 0.007485g/mL。

请读者自己练习将滴定度为 $T_{Cl^-/AgNO_3}=0.004000\text{g/mL}$ 的硝酸银标准溶液换算成摩尔浓度的标准溶液。

5.3.2 一般溶液配制时浓度的计算

(1) 溶液的稀释

当利用向浓溶液中添加溶剂而使溶液浓度变小时，虽然溶液的体积增大了，但是溶液在稀释前和稀释后溶质的质量始终保持不变。故而，溶液的稀释计算公式为：

$$c_{浓}\times V_{浓}=c_{稀}\times V_{稀} \quad \text{（式中 } c \text{ 为浓度；} V \text{ 代表体积）}$$

【例题 5-3】 如何用 95%（体积分数）的酒精配制 500mL 的 75%（体积分数）的消毒酒精？

解：依据公式得： $95\% \times V = 75\% \times 500$

则： $V = 394.7\text{mL}$

即量取 394.7mL 的 95%（体积分数）的酒精置于 500mL 容量瓶中，加蒸馏水稀释至刻度，摇匀即可。

（2）溶液的混合

同一种溶质的两种不同浓度的溶液混合后，所得溶液中溶质的总质量应等于混合前两溶液中溶质的质量之和。

【例题 5-4】 如何用 73% 的硫酸溶液（$\rho_1 = 1.65\text{g/mL}$）和 26% 的硫酸溶液（$\rho_2 = 1.19\text{g/mL}$）混合成 55% 的硫酸溶液（$\rho = 1.45\text{g/mL}$）1000mL？

解：设用 73% 的硫酸溶液的体积为 V_1(mL)；用 26% 的硫酸溶液的体积为 V_2(mL)，将其混匀即可。

则有：
$$\begin{cases} 73\% \times \rho_1 V_1 + 26\% \times \rho_2 V_2 = 55\% \times \rho(V_1 + V_2) & (5\text{-}1) \\ V_1 + V_2 = 1000 & (5\text{-}2) \end{cases}$$

将式(5-2)代入式(5-1)得：

$$73\% \times 1.65 V_1 + 26\% \times 1.19(1000 - V_1) = 55\% \times 1.45 \times 1000$$

$$V_1 = 545\text{mL}$$

则： $V_2 = 1000\text{mL} - V_1 = 455\text{mL}$

即量取 73% 的硫酸溶液 545mL 与 26% 的硫酸溶液 455mL 混匀即可。

5.3.3 标定标准溶液的计算

以氢氧化钠标准溶液的配制和标定为例，对标准溶液的标定及其浓度校正系数的计算进行简要说明。

（1）氢氧化钠标准溶液的配制

氢氧化钠固体易吸潮，也易吸收空气中的二氧化碳，以致于含有碳酸钠，影响氢氧化钠的含量。为了配制不含碳酸钠的氢氧化钠标准溶液，一般采用浓碱配制法，即先将氢氧化钠配制成饱和溶液，在此溶液中碳酸钠的溶解度很小，经过放置待不溶性的碳酸钠沉淀后，根据所要配制的氢氧化钠标准溶液浓度的不同，吸取不同量的上清液，加水稀释至所需要的浓度，然后再进行标定。

（2）氢氧化钠标准溶液浓度校正系数 F 值的计算

以 0.1mol/L 氢氧化钠标准溶液为例进行推导，根据 $T_{邻苯二甲酸氢钾/氢氧化钠} = 20.42 \times 10^{-3}$ g/mL，则有：

$$0.1\text{mol/L} \times 1\text{mL} \sim 20.42 \times 10^{-3}\text{g}$$

$$0.1\text{mol/L} \times F_{\text{NaOH}} V \sim W_{基准品}$$

$W_{基准品}$ 为 105℃ 干燥至恒重后的基准邻苯二甲酸氢钾的取样量（g），V 为标定时消耗氢氧化钠标准溶液的体积（mL），由此可以推导出：

$$F_{\text{NaOH}} = \frac{W_{基准品}}{V \times 20.42 \times 10^{-3}}$$

做不少于 5 个平行样，进行运算，结果应满足相关的滴定液的配制与标定规程。

各类标准溶液的使用期限如表 5-2 所示。

标准溶液过期后，一定要重新进行标定；另外，即使没有过期的标准溶液，若标定时的室温与使用时的室温相差超过 5℃ 时，要么进行溶液体积的温度校正，要么重新进行标定。

表 5-2　标准溶液的有效使用期限

溶液名称	浓度	有效期	溶液名称	浓度	有效期
各种酸溶液	各种浓度	3个月	氢氧化钠溶液	各种浓度	1个月
硫代硫酸钠溶液	0.1mol/L	2个月	亚硝酸钠溶液	0.1mol/L	2个月
碘溶液	0.1mol/L	1个月	硝酸银溶液	0.1mol/L	3个月
重铬酸钾溶液	0.1mol/L	3个月	EDTA溶液	0.1mol/L	3个月
高锰酸钾溶液	0.1mol/L	3个月	硫氰酸铵溶液	0.1mol/L	3个月

思考与练习

1. 什么是滴定分析法？它的主要滴定方式有哪些？
2. 作为基准物质应该具备的条件是什么？
3. 现在有一浓度为 0.1286mol/L 的盐酸溶液，问需要加入多少毫升蒸馏水，才能够使其浓度变为 0.1000mol/L？
4. 为了使标定 0.1mol/L 氢氧化钠标准溶液时消耗的体积控制在 30~35mL，则应该称取干燥至恒重的基准邻苯二甲酸氢钾的质量范围是什么？
5. 现有 0.4820mol/L 的硫氰酸铵溶液 1000mL，问再向其中加入多少毫升浓度为 2.012mol/L 的硫氰酸铵溶液，就可以将其浓度调整到 1.035mol/L？（混合时溶液体积发生的膨胀或收缩忽略不计）
6. 如何配制浓度为 $1mgCr^{6+}/mL$ 的重铬酸钾对照溶液？
7. 称取 0.2500g 碳酸钙样品（不含干扰物质），将其溶解于 25.00mL 的 0.2630mol/L 的盐酸溶液中，反应结束后，过量的盐酸用 0.2450mol/L 的氢氧化钠标准溶液 6.60mL 恰好完全中和，求原来碳酸钙样品的纯度。
8. 计算下列溶液的物质的量浓度：
   (1) 将 0.315g $H_2C_2O_4 \cdot 2H_2O$ 溶解并制成 50.0mL 的水溶液；
   (2) 将 31.00g 氧化钠溶解并制成 1000.0mL 的水溶液；
   (3) 将 68.00g 的 NH_3 溶解并制成 0.500L 的水溶液；
   (4) 将 4.00g 的碘溶解在酒精中并制成 0.500L 的酒精溶液。
9. 计算 0.1000mol/L 的高锰酸钾标准溶液对 FeO 的滴定度 $T_{FeO/KMnO_4}$。
10. 若某 1.000mL 的硝酸银标准溶液相当于 2mg 的 Cl^-，请计算此硝酸银标准溶液的物质的量浓度。
11. 将 40.0mL 的 0.150mol/L 的盐酸溶液和 60.0mL 的 0.200mol/L 的氢氧化钠溶液混合后，请计算过量反应物的物质的量浓度。
12. 如何配制滴定度 $T_{Fe^{2+}/K_2Cr_2O_7}$ 为 0.005000g/mL 的 $K_2Cr_2O_7$ 标准溶液 1000.0mL？
13. 需要多少毫升 0.2000mol/L 的氯化钡溶液才能将 0.3000g 的硫酸钠和 0.2000 的碳酸钠恰好完全反应而形成沉淀？
14. 为了测定浓度约为 30% 的过氧化氢溶液的准确含量，先将此溶液稀释，然后再精密量取 25.00mL，以 0.1000mol/L 的高锰酸钾标准溶液滴定，并控制此高锰酸钾标准溶液消耗的体积为 30mL 左右，问应该如何稀释该 30% 的过氧化氢溶液？
15. 某生产企业中心化验室人员配制并标定氢氧化钠滴定液（0.1mol/L）时，将锥形瓶放用万分之一电子天平的秤盘上，然后按动"Tare"键，扣除锥形瓶的质量。直接称量在 105℃ 干燥至恒重的基准邻苯二甲酸氢钾的数据分别为：
    1# 0.6013g；2# 0.6104g；3# 0.5987g；4# 0.6018g；5# 0.6009g
    标定时，消耗的氢氧化钠滴定液（0.1mol/L）的体积分别为：
    1# 28.70mL；2# 29.08mL；3# 28.55mL；4# 28.72mL；5# 28.59mL
    复标者直接称量在 105℃ 干燥至恒重的基准邻苯二甲酸氢钾的数据分别为：
    1# 0.6027g；2# 0.6131g；3# 0.6040g；4# 0.5939g；5# 0.6053g
    复标定时，消耗的氢氧化钠滴定液（0.1mol/L）的体积分别为：

1# 28.71mL；2# 29.26mL；3# 28.80mL；4# 28.26mL；5# 28.81mL

该反应原理为：

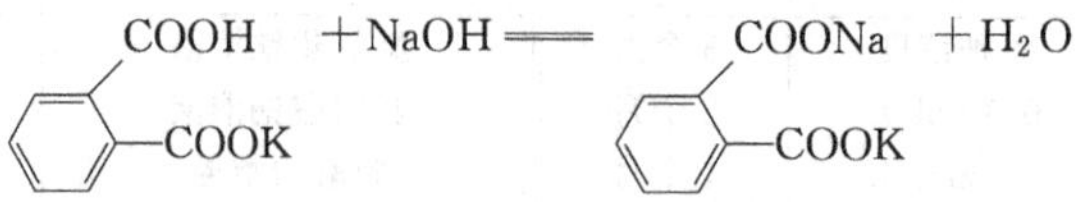

邻苯二甲酸氢钾(COOH/COOK) + NaOH === 邻苯二甲酸钾钠(COONa/COOK) + H_2O

氢氧化钠滴定液浓度校正系数 F 的计算：$F = \dfrac{W}{V \times 滴定度}$

请读者根据以上所提供的数据，编写氢氧化钠滴定液滴定记录及其复标定记录和标准溶液标签。

0.1mol/L 氢氧化钠标准溶液

浓度校正系数：	$F=$		
配制人：	配制日期： 年 月 日		
标定人：	标定日期： 年 月 日，	标定温度：	℃
复标人：	复标日期： 年 月 日，	复标温度：	℃
有效期： 年 月 日 至 年 月 日			

第6章 酸碱滴定法

酸碱滴定法是以质子传递反应为基础的滴定分析方法。它也是滴定分析中最广泛应用的基本方法之一，它所依据的化学反应是：

$$H_3O^+ + OH^- \rightleftharpoons 2H_2O$$
$$H_3O^+ + A^- \rightleftharpoons HA + H_2O$$

一般的酸、碱以及能与酸、碱直接或间接发生质子传递反应的物质，几乎都可以利用酸碱滴定法进行测定。这个方法的关键问题是滴定终点的确定，要解决这个问题，必须了解酸碱理论、酸碱溶液平衡的基本原理、滴定过程中 pH 值的变化情况和变化规律、了解酸碱指示剂的变色原理和变色范围以及掌握指示剂的选择原则等。

6.1 酸碱平衡理论简介

参见第 3 章。

6.2 溶剂的酸碱性

6.2.1 根据酸碱质子理论可以把溶剂进行分类

① 酸性溶剂：给出质子能力较强的溶剂被称为酸性溶剂，又叫做疏质子溶剂，如甲酸、冰醋酸等。

② 碱性溶剂：接受质子能力较强的溶剂被称为碱性溶剂，又叫做亲质子溶剂，如乙二胺、液态氨等。

③ 两性溶剂：既能够给出质子，又能够接受质子的溶剂被称为两性溶剂，如水、甲醇、乙醇等。

④ 惰性溶剂：既不给出质子，又不接受质子的溶剂被称为惰性溶剂，如苯、氯仿、乙腈等。

6.2.2 水溶液中酸碱的强度

按照酸碱质子理论，在水溶液中，酸的强度取决于它将质子给予水分子的能力；碱的强度取决于它从水分子中夺取质子的能力。具体反映在酸碱反应的平衡常数上，平衡常数愈大，酸或碱的强度也愈大。对于酸，平衡常数用 K_a 表示；对于碱，平衡常数用 K_b 表示。K_a 和 K_b 通常又叫做酸或碱的离解常数。

在水溶液中，H_3O^+ 是实际上能够存在的最强酸的形式，任何一种酸如果比它还强而且浓度又不是很大的话，必将定量地与 H_2O 起反应，完全转化为 H_3O^+，例如将 HCl 溶解于水中时：

$$HCl + H_2O \rightleftharpoons H_3O^+ + Cl^- \qquad \text{其 } K_a \gg 1$$

由于 HCl 的 K_a 太大了，以至于其共轭碱 Cl^- 是一个很弱的碱。也就是说：因为上述反应进行得如此完全，使得 Cl^- 几乎没有从 H_3O^+ 中夺取质子而转化为 HCl 的能力。或者说 Cl^- 这个很弱碱的 K_b 小的几乎测不出来。

同理，在水溶液中，OH^- 是实际上能够存在的最强的碱的形式，任何一种碱如果比它还强而且浓度又不是很大的话，必将定量地与 H_2O 起反应，完全转化为 OH^-，例如将 Na_2O 溶解于水中时：

$$O^{2-} + H_2O \rightleftharpoons OH^- + OH^- \quad \text{其} K_b \gg 1$$

至于弱酸和弱碱，可以根据它们离解常数的大小，清楚地判断和区别其强弱的顺序。例如：

$$HAc + H_2O \rightleftharpoons H_3O^+ + Ac^- \quad K_a = 1.8 \times 10^{-5}$$
$$H_2S + H_2O \rightleftharpoons H_3O^+ + HS^- \quad K_a = 5.7 \times 10^{-8}$$
$$NH_4^+ + H_2O \rightleftharpoons H_3O^+ + NH_3 \quad K_a = 5.6 \times 10^{-10}$$

这三种酸的强弱顺序为 $HAc > H_2S > NH_4^+$。

对于任何一种酸，若它本身的酸性越强，则其 K_a 值越大；而它的共轭碱的碱性便越弱，即其 K_b 值越小。上述三种酸的共轭碱的强弱顺序正好相反，$NH_3 > HS^- > Ac^-$

$$Ac^- + H_2O \rightleftharpoons HAc + OH^- \quad K_b = 5.6 \times 10^{-10}$$
$$HS^- + H_2O \rightleftharpoons H_2S + OH^- \quad K_b = 1.8 \times 10^{-7}$$
$$NH_3 + H_2O \rightleftharpoons NH_4^+ + OH^- \quad K_b = 1.8 \times 10^{-5}$$

既然共轭酸碱对之间的关系是共轭的，那么，K_a 和 K_b 之间一定存在有确定的关系，下面以醋酸为例，推导如下：

$$HAc + H_2O \rightleftharpoons H_3O^+ + Ac^- \quad K_a = \frac{[H_3O^+][Ac^-]}{[HAc]} \tag{6-1}$$

$$Ac^- + H_2O \rightleftharpoons HAc + OH^- \quad K_b = \frac{[HAc][OH^-]}{[Ac^-]} \tag{6-2}$$

$$K_a K_b = \frac{[H_3O^+][Ac^-]}{[HAc]} \cdot \frac{[HAc][OH^-]}{[Ac^-]} = [H_3O^+][OH^-]$$

故：
$$K_a K_b = [H_3O^+][OH^-] = K_W = 1.0 \times 10^{-14}$$
$$pK_a + pK_b = pK_W = 14.00 \text{（25℃）}$$

因此，只要知道酸或碱的离解常数，它的共轭酸或碱的离解常数也就很容易求得了。

6.3 酸碱指示剂

6.3.1 酸碱指示剂的作用原理与变色范围

在酸碱滴定中外加的、能随溶液 pH 值的变化而改变颜色，从而指示滴定终点的试剂被称为酸碱指示剂（acid-base indicator）。酸碱指示剂一般是弱的有机酸或有机碱。其中有机酸（或有机碱）与其共轭碱（或共轭酸）具有不同的颜色。当溶液的 pH 值增大时，指示剂失去质子由酸式结构变为碱式结构，颜色随之也发生转变；反之，当溶液的 pH 值减小时，指示剂得到质子由碱式结构变为酸式结构，又恢复原来的颜色。例如甲基橙：

红色（醌式） $\quad pK_a = 3.4 \quad$ 黄色（偶氮式）

由此酸碱平衡关系可以看出，溶液的酸度增大（pH 值减小）时，甲基橙主要以红色的双极离子形式存在，所以溶液显红色；当降低溶液的酸度（pH 值增大）时，甲基橙主要以偶氮式的黄色离子形式存在，此刻，溶液显黄色，用通式来表示指示液的酸式 HIn 和碱式 In^- 在溶液中达到的平衡，即：

$$HIn \rightleftharpoons H^+ + In^-$$

第 6 章 酸碱滴定法

$$K_a = \frac{[H^+][In^-]}{[HIn]} \quad 即：\frac{[In^-]}{[HIn]} = \frac{K_a}{[H^+]}$$

因此，$\frac{[In^-]}{[HIn]}$的值是H^+浓度的函数。一般而言，如果$\frac{[In^-]}{[HIn]} \geqslant 10$，则看到的是$In^-$的颜色；$\frac{[In^-]}{[HIn]} \leqslant 0.1$，则看到的是$HIn$的颜色；$10 > \frac{[In^-]}{[HIn]} > 0.1$，看到的是它们的混合色；$\frac{[In^-]}{[HIn]} = 1$时，两者浓度相等，此时有：$pH = pK_a$，这便是指示液的理论变色点。

$\frac{[In^-]}{[HIn]} \geqslant 10$ 时，$[H^+] \leqslant \frac{K_a}{10}$，$pH \geqslant pK_a + 1$；

$\frac{[In^-]}{[HIn]} \leqslant 0.1$ 时，$[H^+] \geqslant 10K_a$，$pH \leqslant pK_a - 1$。

因此，当溶液的pH值由$pK_a - 1$变化到$pK_a + 1$时，就能够明显地看到指示液由酸式色变为碱式色，所以$pH = pK_a \pm 1$就是指示液的变色范围。但是在实际工作中，指示液的变色范围并不是根据pK_a计算出来的，而是依靠人的眼睛观察出来的。由于人的眼睛对各种颜色观察的敏感程度不同，加上两种颜色之间的互相掩盖，故而，实际上观察的结果与理论上的计算结果之间是有一些差异的。

6.3.2 酸碱指示剂的配制

参见 1.3.3。

6.3.3 常用的酸碱指示剂及其用量

常用的酸碱指示剂如表 6-1 所示。

表 6-1 常用的酸碱指示剂

指示剂	变色范围 pH 值	颜色变化	pK_{HIn}	浓度	用量/(滴/10mL 试液)
甲基橙	3.1~4.4	红色~黄色	3.4	0.05%水溶液	1
甲基红	4.4~6.2	红色~黄色	5.0	0.1%的60%的乙醇溶液	1
酚酞	8.0~10.0	无色~红色	9.1	0.1%的90%的乙醇溶液	1~2
溴甲酚绿	4.0~5.6	黄色~蓝色	5.0	0.1%的20%的乙醇溶液	1~3

对于双色指示液，例如甲基橙、溴酚蓝等，从指示剂本身的电离平衡可以看出，指示剂（液）用多或用少一点，不会影响指示剂的变色范围。但是指示剂用得太多了，色调的变化会变得不明显，而且指示剂本身也要消耗一定的滴定剂（尽管很少），会带来不必要的误差。

6.4 酸碱滴定曲线及指示剂的选择

酸碱滴定法又叫中和法，它是以酸碱反应为基础的滴定分析方法。在酸碱滴定中，选择恰当的指示剂可使滴定终点与化学计量点尽量吻合，以减少滴定误差。所以，应该了解滴定过程中溶液pH值的变化情况，特别是在化学计量点附近滴加少许酸或碱标准溶液后所引起的溶液pH值的变化情况。为此，常用一条曲线来反映这种变化。以滴定过程中所加入的酸或碱标准溶液的体积为横坐标，以溶液pH值为纵坐标，所绘制的关系曲线被称为酸碱滴定曲线（acid-base titration curve）。

一般在化学计量点附近加入 1 滴标准溶液就可以使溶液的pH值发生显著的变化。在滴定过程中，溶液pH值的急剧变化被称为滴定突跃（titration jump）。滴定突跃所在的pH

值范围被称为滴定突跃范围。根据突跃范围，就可以确定化学计量点，并选择在此范围内有颜色变化的指示剂来指示滴定终点。

酸碱滴定曲线可通过实验求得，即在滴定过程中的每一个阶段，用pH计测定被滴定溶液的pH值，然后以加入的标准溶液的体积对被滴定溶液的pH值作图。通常酸碱滴定曲线亦可通过计算求得，即在滴定过程中的每一个阶段，用近似公式计算出溶液的pH值，然后再绘制pH-V图。

6.4.1 强酸与强碱之间的滴定和指示剂的选择

强酸与强碱在水溶液中是全部电离的，酸以H^+的形式存在；碱以OH^-的形式存在。所以，在水溶液中酸碱滴定的基本化学反应式为：

$$H^+ + OH^- \rightleftharpoons H_2O$$

现在以0.1000mol/L氢氧化钠滴定20.00mL的0.1000mol/L盐酸为例，讨论强碱滴定强酸时溶液pH值随滴定剂体积的增加而发生变化的情况、滴定曲线的情况和指示液的选择情况。

① 滴定前，溶液的酸度等于盐酸的初始浓度，即：

$$[H^+] = 0.1000 \text{mol/L}, \text{pH} = 1.00$$

② 滴定开始至滴定终点前，溶液的酸度取决于剩余盐酸的浓度，即：

$$[H^+] = \frac{\text{盐酸的浓度} \times \text{剩余盐酸的体积}}{\text{溶液的总体积}}$$

例如：当滴入氢氧化钠溶液的体积为18.00mL（剩余盐酸的体积为2.00mL）时：

$$[H^+] = \frac{0.1000 \times 2.00}{20.00 + 18.00} = 5.26 \times 10^{-3} \text{ (mol/L)}, \text{pH} = 2.28$$

同理，再计算出氢氧化钠溶液的体积为19.80mL、19.96mL、19.98mL时溶液的pH值，并将计算结果列于表6-2中。

表6-2 用0.1mol/L氢氧化钠溶液滴定20.00mL的0.1mol/L盐酸溶液

滴入NaOH的体积/mL	中和百分数	剩余HCl的体积/mL	过量NaOH的体积/mL	H^+	pH值
0.00	0.00	20.00		1.00×10^{-1}	1.00
18.00	90.00	2.00		5.26×10^{-3}	2.28
19.80	99.00	0.20		5.02×10^{-4}	3.30
19.96	99.80	0.04		1.00×10^{-4}	4.00
19.98	99.90	0.02		5.00×10^{-5}	4.31
20.00	100.0	0.00		1.00×10^{-7}	7.00 ⎫
20.02	100.1		0.02	2.00×10^{-10}	9.70 ⎬ 突
20.04	100.2		0.04	1.00×10^{-10}	10.00 ⎭ 跃
20.20	101.0		0.20	2.00×10^{-11}	10.70
22.00	110.0		2.00	2.10×10^{-12}	11.70
40.00	200.0		20.00	3.00×10^{-13}	12.50

③ 到达滴定终点时，已经滴入了0.1mol/L的氢氧化钠溶液20.00mL，溶液呈中性。

$$[H^+] = [OH^-] = 1.00 \times 10^{-7} \text{mol/L}, \text{pH} = 7.00$$

④ 滴定终点之后，溶液的碱度取决于过量的氢氧化钠的浓度，即：

$$[OH^-] = \frac{\text{氢氧化钠溶液的浓度} \times \text{过量氢氧化钠溶液的体积}}{\text{溶液的总体积}}$$

当滴入了20.02mL（过量氢氧化钠的体积为0.02mL）时：

$$[OH^-] = \frac{0.1000 \times 0.02}{20.00 + 20.02} = 5.00 \times 10^{-5} \text{ (mol/L)}, \text{pOH} = 4.30,$$

$$pH = 14.00 - pOH = 14.00 - 4.30 = 9.70$$

同理，逐一进行计算，并将计算结果列于表 6-2 中，然后以氢氧化钠的加入量（或中和百分数）为横坐标，以 pH 值的变化为纵坐标作图，就可以得到酸碱滴定曲线（见图 6-1）。

从表 6-2 和图 6-1 可以看出，从滴定开始到加入 19.80mL 氢氧化钠溶液，溶液的 pH 值只改变了 2.3 个单位。再滴入 0.18mL（共滴入 19.98mL）氢氧化钠溶液，pH 值就改变了一个单位，显然，变化速度加快了。再滴入 0.02mL（约半滴，共滴入 20.00mL），正好是滴定终点，此时的 pH 值迅速达到 7.00。再滴入 0.02mL（共滴入 20.02mL），pH 值迅速达到 9.7，此后过量的氢氧化钠溶液所引起的 pH 值的变化又越来越小。

由此可见，在滴定终点前后，从剩余 0.02mL 盐酸到过量 0.02mL 氢氧化钠，即氢氧化钠从不足 0.02mL 到过量 0.02mL，总共不过是 0.04mL（约 1 滴）。但是这一滴氢氧化钠溶液所引起的 pH 值的变化却从 4.31 增加至 9.70，变化了接近 5.4 个单位，

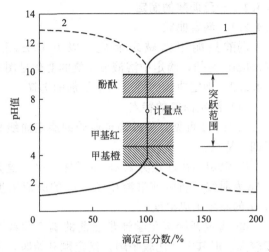

图 6-1　0.10mol/L 氢氧化钠滴定 0.10mol/L 盐酸
1—0.10mol/L 氢氧化钠滴定 0.10mol/L 盐酸；
2—0.10mol/L 盐酸滴定 0.10mol/L 氢氧化钠

由此而形成了滴定曲线中的突跃部分。选择指示剂正是以此来作为依据的，显然，最理想的指示剂应该恰好在滴定终点时变色。实际上，凡 pH 值为 4.31～9.70 以内变色的指示剂，都可以保证测定有足够的准确度。

因此，甲基红（pH 值为 4.4～6.2）和酚酞（pH 值为 8.0～10.0）都可以满足要求。

如果反过来改用 0.1000mol/L 的盐酸滴定 0.1000mol/L 的氢氧化钠溶液，则滴定曲线的形状与图 6-1 相同，但位置正好相反（虚线部分）。另外，还要指出，滴定突跃的大小还与滴定剂和被测物质的浓度有关，通常浓度越大，突跃范围也越大。

滴定突跃范围的大小与待测溶液和滴定剂的组成标度有关。例如，用 1.000mol/L、0.1000mol/L、0.01000mol/L 的 NaOH 溶液分别滴定 1.000mol/L、0.1000mol/L、0.01000mol/L 的 HCl 溶液，其突跃范围分别为 pH 值 3.3～10.7、pH 值 4.3～9.7、pH 值 5.3～8.7，如图 6-2 所示。

当酸碱组成浓度降低至原来的 1/10 时，滴定突跃范围将缩小 2 个 pH 值单位，因此在选择指示剂时也应考虑酸碱组成浓度对突跃范围的影响。如上述酸碱的三种不同组成浓度的滴定，前两种组成浓度的滴定可选用甲基橙作指示剂，而第三种组成浓度的滴定却不能选用甲基橙。

由实验和计算可知，酸碱的物质的量浓度低于 10^{-4} mol/L 时，滴定突跃已不明显，无法

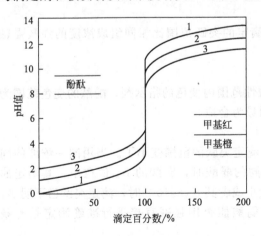

图 6-2　不同浓度的氢氧化钠溶液滴定不同浓度的盐酸溶液
1—1.000mol/L 的 NaOH 溶液；2—0.1000mol/L 的 NaOH 溶液；3—0.01000mol/L 的 NaOH 溶液滴定不同浓度的盐酸溶液

用普通指示剂指示滴定终点，因此不能准确滴定。酸碱组成浓度越大，则越有利于指示剂的选择。但在化学计量点附近因多加或少加半滴标准溶液都会引起较大的误差，所以在分析工作中，一般采用 0.1～0.5mol/L 的酸碱标准溶液。

6.4.2 一元弱酸的滴定

6.4.2.1 滴定曲线

弱酸只能用强碱来滴定。以 0.100mol/L NaOH 溶液滴定 0.100mol/LHAc 溶液 20.00mL 为例，滴定中溶液 pH 值的变化见图 6-3。

6.4.2.2 滴定曲线的特点和指示剂的选择

（1）滴定曲线的特点

由图 6-3 可见，强碱滴定弱酸的滴定曲线具有如下四个特点：

① 滴定曲线起点为 2.88 而不是 1.00。这是由于 HAc 为弱酸，滴定前溶液中 H_3O^+ 的组成浓度小于 HAc 的原始组成浓度。

② 滴定开始至化学计量点前的滴定曲线两端坡度较大，但其中部比较平坦。滴定刚开始时，由于生成的 Ac^- 的同离子效应，抑制了 HAc 的解离，溶液中 [H_3O^+] 降低较快，于是出现坡度较大的曲线部

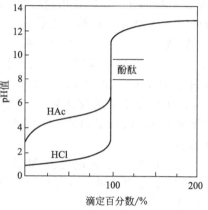

图 6-3 强碱滴定弱酸的滴定曲线

分；随着滴定的进行，形成了缓冲溶液，且溶液中 [Ac^-] 与 [HAc] 的比值愈来愈接近于 1，缓冲能力逐渐增强，溶液的 pH 值变化缓慢，因而出现较平坦的曲线部分；继续滴定时，溶液中 [Ac^-] 与 [HAc] 的比值经过等于 1 后又逐渐远离 1，缓冲能力逐渐减弱，溶液 pH 值的变化幅度增大，所以又出现坡度较大的曲线部分。

③ 当滴定接近化学计量点时，溶液中的 [HAc] 已经很小。这时，因一滴 NaOH 标准溶液的加入会导致溶液 pH 值的较大改变，即已临近滴定突跃。化学计量点时的 pH 值为 8.73，而不在 7.00。这是因为反应达计量点时 HAc 与 NaOH 恰好完全作用生成 NaAc（而 Ac^- 是弱碱），所以溶液呈弱碱性而不是中性。

④ 滴定突跃范围 pH 值为 7.8～9.7。这类滴定的突跃范围比相同组成浓度的强酸强碱滴定小得多，并且处于弱碱性范围之内。

（2）指示剂的选择

根据滴定突跃范围，这类滴定应选用在弱碱性范围内变色的指示剂。酚酞的变色范围为 pH 值 8.0～9.6，故用其作为这类滴定的指示剂最为合适。

6.4.2.3 突跃范围与酸碱强度的关系

从图 6-3 可知，在强碱滴定弱酸的过程中，滴定突跃的范围变小了。当用同一浓度的同一种强碱滴定各种浓度相同而强度（K_a 值）不同的弱酸时，弱酸的 K_a 值愈小，其滴定曲线的突跃范围愈窄。当弱酸的物质的量浓度 c 太小或者其 $K_a \leqslant 10^{-7}$ 时，滴定突跃已不明显，再用一般的指示剂就无法确定终点了。因此，弱酸能否用强碱直接进行准确滴定是有条件的。

实验表明，当弱酸的 $cK_a \geqslant 10^{-8}$ 时，才能用强碱准确滴定。

6.4.3 一元弱碱的滴定

强酸滴定一元弱碱与强碱滴定一元弱酸的情况基本相似，只是滴定曲线的形状与强碱滴定一元弱酸的形状相反；滴定突跃范围为 pH 值处于弱酸性范围之内；因此，这类滴定应选

择诸如甲基橙、甲基红等在酸性范围内变色的指示剂指示终点。

与强碱滴定弱酸相似，强酸滴定弱碱的滴定突跃范围的大小除了与酸碱的组成浓度有关外，还与弱碱的强度密切相关。弱碱能否用强酸直接进行准确滴定也是有条件的，一般认为，只有当弱碱的 $cK_b \geqslant 10^{-8}$ 时，才能用强酸准确滴定。

6.5 酸碱滴定标准溶液的配制与标定

6.5.1 酸标准溶液的配制与标定

作为最常用的酸标准溶液，通常是盐酸，有时也用硫酸。因为盐酸标准溶液的稳定性好，据报道，0.1mol/L 的盐酸溶液煮沸回流 1h，没有发现明显的变化；甚至 0.5mol/L 的盐酸溶液煮沸回流 10min，损失也不显著。硫酸的稳定性也好，但是它也有缺点，硫酸首先是一个二元酸，而且它的第二步电离平衡常数不够大（$pK_a \approx 2$），所以，第二个滴定突跃相应得较小；另外，有些金属离子的硫酸盐难溶于水，从而限制了它的应用范围。硝酸的稳定性差，不太适合用作标准溶液。

在实际工作中，盐酸的标准溶液的浓度为 0.1~1.0mol/L 范围之内。浓度过高时，为了减小相对误差，消耗的滴定剂的体积就不能太小（通常 15~20mL），这就势必要增加试样的取用量，这样会带来操作上的不便，而且消耗大量的试剂会造成浪费；浓度过低时，滴定突跃就小了，指示液变色不明显，会造成检测误差的增大。

① 盐酸标准溶液通常不是直接配制的，而是根据检验所需要的浓度，按照规定的配制方法，先用刻度吸管移取一定量的浓盐酸，并将其放入适量的水中，然后用水稀释到大致的体积，摇匀后，放置在标准溶液标化室，用空调调节室温在 20℃ 左右，待标准溶液的温度与标化室的温度均达到 20℃ 左右时，精密称取在 270~300℃ 已经干燥至恒重的基准无水碳酸钠平行样 5 份，然后用已经经过计量部门校验并且合格的 50.00mL 的酸式滴定管进行标定操作。

② 基准无水碳酸钠的恒重。无水碳酸钠作为基准物质的优点是纯度高、价格低廉；缺点是相对分子质量较小。无水碳酸钠具有强烈的吸湿性，所以在使用前应将其先放在称量瓶中，在瓶盖不得盖严的情况下，必须在 270~300℃ 的电阻炉内进行干燥 4h 以上，取出后迅速放在干燥器内冷却（约 25min）至室温，符合恒重要求后，再进行精密称量操作。

基准无水碳酸钠在空气中吸收了二氧化碳和水蒸气后可以产生少量的碳酸氢钠，当其在 270~300℃ 干燥时，可以除去吸收的水分和其中少量的碳酸氢钠：

$$2NaHCO_3 = Na_2CO_3 + H_2O\uparrow + CO_2\uparrow$$

加热温度应该严格控制，温度过低，上述反应不能进行；温度过高（超过 300℃），则部分碳酸钠将发生分解并产生氧化钠和二氧化碳。

$$Na_2CO_3 = Na_2O + CO_2\uparrow$$

这就是无水碳酸钠在 270~300℃ 的电阻炉内干燥至恒重的原因。

③ 盐酸标准溶液的配制与标定。以盐酸滴定溶液（0.1mol/L）为例，取在 270~300℃ 干燥至恒重的基准无水碳酸钠约 0.15g，精密称量，加水 50mL，振摇，使其溶解；加甲基红-溴甲酚绿混合指示液 10 滴；用本液滴定至溶液由绿色转变为紫红色时，煮沸 2min，冷却至室温，继续滴定至溶液由绿色转变为暗紫色。每 1mL 的盐酸滴定溶液（1mol/L）相当于 5.300mg 的无水碳酸钠。根据本溶液的消耗量与无水碳酸钠的取用量，算出本溶液的浓度，即得。

6.5.2 碱标准溶液的配制与标定

请参考第 5 章 5.3.3 的有关内容。

6.6 酸碱滴定法应用实例

6.6.1 小苏打片中碳酸氢钠的含量测定

小苏打片由碳酸氢钠加淀粉等辅料压制而成。测定碳酸氢钠含量时，可用 HCl 标准溶液滴定，其滴定反应如下：

$$NaHCO_3 + HCl = NaCl + H_2O + CO_2\uparrow$$

化学计量点的 pH 值为 3.87，可选用甲基橙作指示剂，溶液的颜色由黄色变为橙色即达滴定终点。

测定步骤：在分析天平上准确称取已研碎的小苏打片约 2.5g，置于烧杯中，用少量蒸馏水溶解后定量转移至 250.0mL 容量瓶中，用蒸馏水稀释至刻度，摇匀。用移液管吸取上述溶液 25.00mL，置于锥形瓶中，加入 2 滴甲基橙，此时溶液显黄色。用 HCl 标准溶液滴定至溶液由黄色变为橙色，即达终点。做平行测定 3 次。按下式计算小苏打片中 $NaHCO_3$ 的质量分数：

$$w(NaHCO_3)/\% = \frac{c_{HCl}V_{HCl} \times \dfrac{M_{NaHCO_3}}{1000}}{m_{小苏打} \times \dfrac{25.00}{250.0}} \times 100\%$$

式中，$m_{小苏打}$ 为称量小苏打片的质量，g；M_{NaHCO_3} 为 $NaHCO_3$ 的摩尔质量，g/mol；c_{HCl} 为 HCl 溶液的物质的量浓度，mol/L；V_{HCl} 为滴定所消耗的 HCl 标准溶液的体积，mL。

也可以在测定体系中加入定量过量的 HCl 标准溶液，待反应完成后，则可用 NaOH 标准溶液返滴定剩余的盐酸。此时，将强酸滴定弱碱转化为强碱滴定强酸，更易获得准确结果。实验装置图见图 6-4。

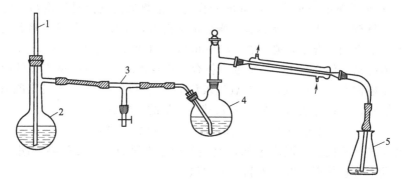

图 6-4 水蒸气蒸馏法测定苏打片含量的蒸馏装置图

1—蒸馏烧瓶；2 的安全管，插到瓶底；2—用于产生水蒸气的蒸馏烧瓶；3—起缓冲作用的玻璃三通管，蒸馏时下端关闭；4—两口烧瓶，用于放置样品；5—接收瓶，导气管应插到瓶底；2 和 4 分别用电热套控温加热

6.6.2 食醋中总酸度的测定

食醋的总酸度（total acidity）是食醋质量的一项重要指标。食醋中含醋酸 3%～5%，此外还含有少量的乳酸等其他有机酸。食醋总酸度的测定结果一般用其中含量最多的醋酸来表示。

食醋经稀释后，常用 NaOH 标准溶液滴定。其滴定反应如下：
$$HAc + NaOH = NaAc + H_2O$$

化学计量点为 pH 值 8.73，滴定突跃范围为 pH 值 7.75～9.70，但是由于食醋具有比较深的颜色，在该颜色影响下不易观察到指示剂在滴定终点的颜色变化，故采用氢电极为指示电极，甘汞电极为参比电极，同时插入被测溶液中，将酸度计测定范围调至毫伏档，制作滴定过程中电位和滴定剂用量的变化曲线，通过曲线的突跃范围就可以准确地找到滴定终点所对应消耗的氢氧化钠标准溶液的体积。

测定步骤：用移液管准确吸取食醋 50.00mL，置于 250.0mL 容量瓶中，用新近煮沸并已冷却的蒸馏水稀释至刻度，混匀。用移液管准确吸取 25.00mL 食醋稀释液置于 150mL 烧杯中，插入 2 个电极并调整好酸度计，用 NaOH 标准溶液滴定，直到溶液的电压（mV）值不再发生较大变化为止，做平行测定 3 次，通过电位-体积曲线的突跃范围找到 V_{NaOH}，根据下式计算食醋中醋酸的含量（m/V）。

$$HAc \text{ 的含量}/\% = \frac{c_{NaOH} V_{NaOH} \times \frac{M_{HAc}}{100.0}}{50.00 \times \frac{25.00}{250.0}} \times 100\%$$

式中，M_{HAc} 为 HAc 的摩尔质量，g/mol；V_{NaOH} 为滴定所消耗的 NaOH 溶液的体积，mL；c_{NaOH} 为 NaOH 溶液的物质的量浓度，mol/L。

6.6.3 氮元素含量的测定

在 $(NH_4)_2SO_4$、NH_4Cl 的水溶液中均含有 NH_4^+，但由于 NH_4^+ 的酸性太弱，不能用 NaOH 标准溶液直接滴定，所以常采用水蒸气蒸馏法测定其氮元素的含量。先在样品中加入过量的浓 NaOH，再加热，使 NH_4^+ 与 OH^- 反应，蒸馏释放出来的 NH_3 随即被稀硼酸（H_3BO_3）溶液吸收，然后用 HCl 标准溶液滴定。相关化学反应式为：

$$NH_4^+ + OH^- \xrightarrow{\triangle} NH_3 + H_2O$$
$$NH_3 + H_3BO_3 = NH_4BO_2 + H_2O$$
$$NH_4BO_2 + H_2O + HCl = NH_4Cl + H_3BO_3$$

H_3BO_3 的酸性极弱，即使过量存在亦不影响滴定，它只起吸收 NH_3 的作用，因此 H_3BO_3 的量不需定量。

化学计量点的 pH 值约为 5，选用甲基红或甲基红与溴甲酚绿混合指示剂指示终点。

由反应关系可知，1mol HCl 相当于 1mol 的 N，因此样品中 N 的质量分数按下式计算：

$$w(N)/\% = \frac{c_{HCl} V_{HCl} \times \frac{M_N}{1000}}{m_{样品}} \times 100\%$$

式中，$m_{样品}$ 为样品的质量，g；M_N 为 N 的摩尔质量，g/mol；c_{HCl} 为 HCl 溶液的物质的量浓度，mol/L；V_{HCl} 为滴定所消耗的 HCl 溶液的体积，mL。

该法较为费时，蒸馏前需要对整个蒸馏系统进行气密性检查，体系必须密闭，否则，蒸气泄漏会造成测量结果偏低；其次，蒸馏速度不可太快，否则，馏出的蒸气来不及被接收瓶吸收，便逸失在空气中，会使检验结果偏低。

如欲测定某饲料中蛋白质等有机含氮化合物的含氮总量，则应先在样品中加浓 H_2SO_4 和催化剂 $CuSO_4$，并加热消化分解，使有机含氮化合物中的 N 原子转化成为 NH_4^+。然后再加入 NaOH 把 NH_3 蒸馏出来，以测定含氮量。这一方法便是在生物化学和食品分析中使用了 30 多年的 Kjeldahl 定氮法。

【例题 6-1】 某试样质量为 0.4682g，用浓 H_2SO_4 和催化剂消化使之变成铵盐。加过量的 NaOH，将蒸馏出的 NH_3 吸收于 25.00mL HCl 中，剩余的 HCl 用 0.07912mol/L NaOH 标准溶液滴定，消耗 NaOH 标准溶液 13.25mL。若 25.00mL HCl 溶液恰好与 15.85mL NaOH 标准溶液反应，试计算样品中含氮的质量分数。

解：测定过程中的主要反应为：

$$样品 \xrightarrow{浓硫酸,催化剂} (NH_4)_2SO_4$$

$$(NH_4)_2SO_4 + 2NaOH == 2NH_3\uparrow + Na_2SO_4 + 2H_2O$$

$$NH_3 + HCl == NH_4Cl$$

$$HCl(剩余) + NaOH == NaCl + H_2O$$

由反应方程式可知

$$n_{NH_3} = n_{HCl} - n_{NaOH}$$

$$n_{NH_3} = 0.07912 \times 15.85 - 0.07912 \times 13.25 = 0.07912 \times (15.85 - 13.25)$$

样品中的质量分数为：

$$w(N)/\% = \frac{0.07912 \times (15.85 - 13.25) \times \frac{14.01}{1000}}{0.468} \times 100\% = 0.6156\%$$

由于该方法在样品前处理中使用了浓硫酸作为消化剂，不论是有机氮还是无机氮统统转化为氨。所以该方法无法区别所测定的氮元素含量是来源于蛋白质的氮，还是非蛋白质的氮！2008 年出现的无法测定出牛奶中掺入三聚氰胺的氮元素来源就是这个原因，而国际标准化组织早在 2001 年就颁布了 ISO 8968-4—2011 牛奶 氮含量的测定 第四部分：无蛋白质含量的测定（Milk determination of nitrogen content-Part 4：Determination of non-protein-nitrogen content），中国的检测标准急需同国际接轨。

思考与练习

1. 将下列 H^+ 的浓度换算成 pH 值：
   (1) 0.0050 (2) 0.10 (3) 1.0 (4) 4.0×10^{-8} (5) 3.3×10^{-10} (6) 6.0×10^{-14} (7) 2.7×10^{-1}

2. 将下列 OH^- 的浓度换算成 pH 值：
   (1) 3.0×10^{-8} (2) 1.0 (3) 2.73×10^{-3} (4) 8.0×10^{-14} (5) 1.21×10^{-2} (6) 0.0090

3. 将下列的 pOH 值换算成 $[H^+]$：
   (1) 5.72 (2) 2.60 (3) -0.60 (4) 11.35 (5) 1.20 (6) 3.90

4. 在 150mL 0.10mol/L 的 NH_3 溶液中，加入 50mL 0.10mol/L 的盐酸后，其 pH 值是如何改变的？

5. 在 75mL 0.10mol/L 的弱酸（HA）溶液中，加入 0.05mol/L 的 NaOH 溶液 25mL，所得的溶液的 pH 值为 4.0，求此弱酸的电离平衡常数 K_a。

6. 欲配制 pH=3.5 的缓冲溶液 500mL，已经取了 6.0mol/L 的醋酸 50mL，需要再加入 $CH_3COONa \cdot H_2O$ 多少克？

7. 用 0.1000mol/L 的氢氧化钠溶液滴定一种浓度为 0.1000mol/L 的一元弱碱（$K_b = 1.0 \times 10^{-10}$）的溶液时，滴定终点的 pH 值是多少？

8. 为了检测一个不纯的碳酸钠和碳酸氢钠混合物，现在精密称量样品 1.0000g 置于锥形瓶中，加 50mL 水溶解后，滴加一滴酚酞指示液，然后用 0.2500mol/L 的盐酸标准溶液滴定至红色刚好消失，消耗该盐酸 20.50mL；在溶液中滴加甲基橙指示液后，再用上述盐酸溶液滴定至终点，总共消耗该盐酸 49.10mL，请计算碳酸钠和碳酸氢钠的含量。

第 7 章　非水滴定法

7.1　非水滴定的原因

酸碱滴定一般是在以水为介质的溶液中进行的，但是，在水溶液中经常会遇到两个不易解决的困难：首先，电离（离解）平衡常数 $K<10^{-7}$ 的弱酸或弱碱，由于它们在水溶液中滴定终点的突跃范围太小，通常无法进行准确滴定，例如：部分有机羧酸、醇、酚、胺、生物碱等；其次，许多有机化合物在水中的溶解度太小，无法形成水溶液，更不可能在水溶液中进行滴定，例如：一些药物阿苯达唑、咖啡因、地西泮、盐酸氯苯胍等。这些困难的存在，使得在水溶液中进行的酸碱滴定受到一定的限制。如果采用各种非水溶剂作为滴定的介质，常常可以克服这种困难，从而扩大酸碱滴定的范畴，因此非水滴定（titration in non-aqueous solution）法在有机分析检测中得到了广泛应用。

7.1.1　非水滴定的溶剂

在非水滴定中，常用的溶剂有冰醋酸、醋酸酐、甲醇、乙醇、二甲基甲酰胺等。在这些溶剂中，有的极难电离（离解）或完全不电离（离解）；有的却和水一样，在溶剂的分子之间有质子的转移，即质子的自递作用使溶剂本身产生离解。如甲醇和冰醋酸在溶剂中有与水相似的离解平衡，生成溶剂化质子：

$$H_2O + H_2O \rightleftharpoons H_3O^+ + OH^- \qquad K_S = K_W = 1.00 \times 10^{-14}$$
水合质子

$$CH_3COOH + CH_3COOH \rightleftharpoons CH_3COOH_2^+ + CH_3COO^- \qquad K_S = 3.50 \times 10^{-15}$$
醋酸合质子

$$CH_3OH + CH_3OH \rightleftharpoons CH_3OH_2^+ + CH_3O^- \qquad K_S = 2.00 \times 10^{-17}$$
甲醇合质子

K_S 被称为溶剂的质子自递常数，或称为溶剂的离子积。CH_3COO^- 和 CH_3O^- 是溶剂阴离子。一些溶剂的 pK_S 值列于表 7-1 中。

表 7-1　一些溶剂的 pK_S 值

溶剂	水	甲醇	乙醇	醋酸	醋酸酐
pK_S	14.00	16.7	19.1	14.45	14.5

可以用水和乙醇的比较来说明 pK_S 值的意义，在水中，1mol/L 的强酸溶液的 pH 值为 0；1mol/L 的强碱溶液的 pOH 值为 0，即 pH=14，它们相差 14 个单位。但在乙醇中，从 pH=0 变化到 $pOC_2H_5=0$，它们相差 19.1 个单位，变化范围较大。对于某些在水中由于突跃范围不明显，而不能进行滴定的酸碱物质，在乙醇介质中，滴定的突跃范围会比较大，滴定终点也比较明显，酸碱滴定也就会成为可能。

常用非水滴定溶剂的种类请参见第 6 章 6.2.1。

7.1.2　拉平效应与示差效应

一些酸或碱在某种溶剂中表现出强酸性或强碱性之间的差异，而在另一种溶剂中却表现不出酸碱性的明显差异。

【例题 7-1】 在水溶液中：
$$HCl + H_2O \rightleftharpoons H_3O^+ + Cl^-$$ 平衡常数为 K_{HCl}
$$HAc + H_2O \rightleftharpoons H_3O^+ + Ac^-$$ 平衡常数为 K_{HAc}

而 $K_{HCl} \gg K_{HAc}$，酸性：$HCl > HAc$
但是在液态氨中：
$$HCl + NH_3 \rightleftharpoons NH_4^+ + Cl^-$$ 平衡常数为 K'_{HCl}
$$HAc + NH_3 \rightleftharpoons NH_4^+ + Ac^-$$ 平衡常数为 K'_{HAc}

$K'_{HCl} = K'_{HAc}$，此时酸性：$HCl = HAc$

【例题 7-2】 在水溶液中：
$$HClO_4 + H_2O \rightleftharpoons H_3O^+ + ClO_4^-$$
$$H_2SO_4 + H_2O \rightleftharpoons H_3O^+ + HSO_4^-$$
$$HCl + H_2O \rightleftharpoons H_3O^+ + Cl^-$$
$$HNO_3 + H_2O \rightleftharpoons H_3O^+ + NO_3^-$$

在水溶液中这四种酸的 K 值相同，$[H_3O^+]$ 浓度基本上相等，酸性的强度也基本相同。例题 7-1 中的液态氨可以将盐酸和醋酸的强度拉平到溶剂化质子（NH_4^+）的水平，使两种酸的强度相同；例题 7-2 中的水也可以将高氯酸、硫酸、盐酸、硝酸的强度拉平到溶剂化质子（H_3O^+）的水平，使四种酸的强度相同。这种将不同强度的酸拉平到溶剂化质子水平，使之强度变为相同的效应被称为拉平效应，具有拉平作用的溶剂被称为拉平溶剂。

【例题 7-3】 在冰醋酸中：
$$HClO_4 + CH_3COOH \rightleftharpoons CH_3COOH_2^+ + ClO_4^-$$ 平衡常数为 $K_{高氯酸}$
$$H_2SO_4 + CH_3COOH \rightleftharpoons CH_3COOH_2^+ + SO_4^{2-}$$ 平衡常数为 $K_{硫酸}$
$$HCl + CH_3COOH \rightleftharpoons CH_3COOH_2^+ + Cl^-$$ 平衡常数为 $K_{盐酸}$
$$HNO_3 + CH_3COOH \rightleftharpoons CH_3COOH_2^+ + NO_3^-$$ 平衡常数为 $K_{硝酸}$

实验证明：在冰醋酸中，这四种酸的强度是有明显差别的，其强弱顺序是：$HClO_4 > H_2SO_4 > HCl > HNO_3$，这种能够区分酸（或碱）的强度的作用被称为区分效应（或示差效应），具有区分效应（或示差效应）的溶剂被称为区分溶剂（或示差溶剂）。在这里，冰醋酸是这四种酸的区分溶剂（或示差溶剂）；在例题 7-1 中，水是醋酸和盐酸的示差溶剂。

冰醋酸是上述这四种酸的区分溶剂（或示差溶剂），当将强度不同的碱放入冰醋酸中时，这些碱都能够显示出较强的碱性，因此，冰醋酸又是碱性物质的拉平溶剂；正好像例题 7-1 中的液氨是盐酸和醋酸的拉平溶剂一样。

所以，可以在冰醋酸中，利用示差效应将高氯酸变为最强的酸；也可以利用拉平效应将 pK_b 小于 9 的有机弱碱变为较强的碱，使得原来在水溶液中无法实现的酸碱滴定的兽药，在冰醋酸中可以用高氯酸进行顺利的滴定。

同样，碱性较强的溶剂对弱酸也有拉平效应，在液氨中醋酸、盐酸、硝酸均可以显示出相同的强度的强酸性，即：液氨是盐酸、硝酸和醋酸的拉平溶剂。

一般而言，惰性溶剂没有明显的酸性和碱性，因此，惰性溶剂没有拉平效应。这样就使得惰性溶剂成为一种很好的示差溶剂。

7.2 非水滴定条件的选择

7.2.1 溶剂的选择

在非水滴定中，溶剂的酸碱性是非水滴定能否顺利进行的重要条件之一，它直接影响着非水滴定反应进行的完全程度。例如,当滴定一种弱酸（HA）时,通常用溶剂化的滴定剂阴离子（B⁻）进行滴定,其反应方程式为:

$$HA + B^- \rightleftharpoons HB + A^-$$

滴定反应的完全程度,可以由滴定反应的平衡常数（K_T）来看出:

$$K_T = \frac{[HB][A^-]}{[HA][B^-]} = \frac{[H^+][A^-]}{[HA]} \times \frac{[HB]}{[H^+][B^-]} = \frac{K_a(HA)}{K_a(HB)}$$

由此可见,HA 的固有酸度越大,溶剂 HB 的固有酸度越小,则滴定反应越完全。从另一个方面也可以理解这个问题,如果溶剂的酸性太大,这时的 A⁻ 也可能夺取溶剂中的质子,而形成 HA 和 B⁻,使滴定反应不能完全进行。因此对于酸的滴定,溶剂的酸性越弱越好,通常可以采用碱性溶剂或惰性溶剂来达到此目的。

对于弱碱的滴定而言,同理可以得出:选择的溶剂碱性越弱越好,通常可以采用酸性溶剂或惰性溶剂来达到此目的。所以,在非水滴定法中所选择的溶剂应该满足如下要求:
① 溶剂的酸碱性应当有利于滴定反应进行完全。
② 溶剂能够溶解试样和滴定反应的产物,当一种溶剂不能溶解时,可以采用混合溶剂。
③ 溶剂应有一定的纯度,黏度小,挥发性低,易于回收,价格低廉而且安全。

7.2.2 滴定终点的确定

确定非水滴定终点的方法基本上有两种,即:电位法和指示剂法。

(1) 电位法确定滴定终点

电位法一般是以玻璃电极为指示电极,饱和甘汞电极为参比电极,使用酸度计的电位挡来指示滴定过程中溶液的电位（mV）随着滴加滴定剂体积（mL）的增加而发生变化的情况,滴定过程中记录一系列的消耗滴定剂的体积和对应的电位值,然后以消耗滴定剂的体积为横坐标,以对应的电位值为纵坐标绘制滴定曲线,从滴定曲线上找到突跃范围的中点所对应的体积,就是滴定终点所消耗的滴定剂的体积。

(2) 指示剂法确定滴定终点

用指示剂来确定滴定终点的关键是选用合适的指示剂,而指示剂的选择通常是采用经验的方法来确定的。即在电位滴定的同时,在溶液中加入指示剂,滴定过程中不断地观察电位值和指示剂颜色的变化情况,从而可以确定何种指示剂与电位滴定所确定的滴定终点相符合。

在非水滴定中,通常用于弱酸滴定的指示剂有:百里酚蓝、偶氮紫等;在冰醋酸中滴定弱碱的指示剂有:结晶紫和甲基紫。

【例题 7-4】 利用电位法确定盐酸左旋咪唑含量测定的滴定终点,精密称取本品 $W = 0.1923g$,加冰醋酸溶解后,加醋酸汞试液 5mL,结晶紫指示液 1 滴,以玻璃电极为指示电极,饱和甘汞电极为参比电极,使用酸度计的电位挡,在电磁搅拌情况下,用高氯酸（0.1mol/L）滴定溶液进行电位滴定。数据记录如表 7-2 所示。

表 7-2 利用电位法确定盐酸左旋咪唑含量测定的滴定终点

消耗体积/mL	2.00	4.00	7.10	7.40	7.50	7.52	7.55	7.57	7.60	8.10
电位值/mV	290	293	362	399	440	500	540	565	602	663
溶液颜色	紫	紫	紫	紫	紫	蓝	纯蓝	蓝绿	黄绿	黄

通过做电位（φ）-体积（V）滴定曲线,或者通过计算 $\Delta\varphi/\Delta V$ 的最高值,就可以很容易地找到滴定终点。滴定至消耗高氯酸滴定液体积为 7.50~7.52mL 时,$\Delta\varphi/\Delta V$ 为最高值,因此滴定终点在 7.50~7.52mL 之间,经过测算滴定终点为 7.51mL。

若 0.1mol/L 高氯酸滴定液的 $F=1.049$，已知 0.1mol/L 高氯酸滴定液对盐酸左旋咪唑的滴定度 T 为 24.08mg/mL，则盐酸左旋咪唑的含量为：

$$S\% = \frac{FVT}{W} \times 100\% = \frac{1.049 \times 7.51 \times 0.02408}{0.1923} = 98.7\%$$

滴定终点的颜色确定后，就可以直接进行非水滴定操作了。对于带有颜色的样品溶液体系，当其颜色影响滴定终点的观察时，可以不加指示液，直接用电位滴定法进行滴定终点的确定。

在例题 7-4 的溶液体系中，加入了 5mL 醋酸汞试液，原因是左旋咪唑是以盐酸盐的形式存在，当用高氯酸滴定有机弱碱或生物碱的氢卤酸盐时，随着滴定反应的进行，在冰醋酸溶剂中会产生酸性相当强的氢卤酸，它对滴定反应和滴定终点都将构成干扰。一般的处理方法是：在溶液体系中加入一定量的醋酸汞的冰醋酸溶液，使其生成在醋酸中难以解离的卤化汞，以消除其干扰：

$$2[B] \cdot HX + Hg(Ac)_2 \Longrightarrow 2[B] \cdot HAc + HgX_2$$

若醋酸汞的量不足时，可以影响滴定终点而使测定结果偏低，过量的醋酸汞（1～3 倍）并不影响测定结果。

在测定生物碱硫酸盐（如硫酸奎宁）的含量时，为了消除硫酸对测定的影响，可以向滴定溶液体系中加入一定量的醋酸钡试液，使生成硫酸钡，而使生物碱得以游离。在测定生物碱硝酸盐的含量时，滴定反应产生的硝酸不仅干扰反应，而且硝酸还可以氧化破坏指示剂，为了消除硝酸对测定的影响，此时，可以按照电位滴定法指示终点或将生物碱硝酸盐的醋酸溶液加热至沸，加入一定量的抗坏血酸，用空气流将亚硝酸气体除去，放冷后，加醋酸酐，再按照常规方法进行滴定，即可避免硝酸的干扰。

7.3 非水滴定标准溶液的配制与标定

7.3.1 高氯酸滴定液（0.1mol/L）的配制与标定

（1）配制 0.1mol/L 的高氯酸滴定液时高氯酸取用量的确定

$HClO_4$ 的摩尔质量为 100.5g/mol，则配制 1000mL 的 0.1mol/L 高氯酸滴定液需要纯高氯酸 10.05g。从试剂瓶签或化学手册可以得知，商品分析纯高氯酸的浓度为 72%，密度为 1.69g/mL。根据含量和密度可以计算出每毫升分析纯高氯酸试剂中含纯品高氯酸的质量，即：

$$1 \times 1.69 \times 72\% = 1.22 \text{g/mL}$$

所以，配制 1000mL 的 0.1mol/L 高氯酸滴定液需要分析纯高氯酸试剂的体积为 $\frac{10.05}{1.22}$ mL=8.24mL。

因为所用的分析纯高氯酸试剂的浓度为 70%～72%，为了保证所配制的标准溶液浓度不要太低，通常取用分析纯高氯酸试剂的体积为 8.5mL 比较合适。操作时在通风橱内进行，用干燥洁净的刻度吸管插入试剂瓶中，用洗耳球吸取所需要体积的高氯酸试剂进行配制，即可。

（2）配制 0.1mol/L 的高氯酸滴定液时加入醋酸酐量的控制

在配制 0.1mol/L 高氯酸标准溶液中所取用的 8.5mL 分析纯高氯酸试剂中，大约含有 30% 的水分，加入醋酐的目的就是要除去这些水分。根据分析纯高氯酸试剂中的含水量，可以计算出醋酐的加入量。

在本次标定中,若 8.5mL 分析纯高氯酸试剂按浓度是 70% 计算,则其密度为 1.66g/mL,含水量为 30%,应加入醋酐(密度 1.087g/mL)的质量为 X:

$$(CH_3CO)_2O + H_2O \Longrightarrow 2CH_3COOH$$

$$102.09 \quad : \quad 18.02$$
$$X \quad : \quad 8.5 \times 1.66 \times 30\%$$

$$X = \frac{102.09 \times 8.5 \times 1.66 \times 30\%}{18.02} g = 23.98g$$

换算成体积为: $23.98g \div 1.087g/mL = 22.06mL$

为了除掉上述的水分,通常采用加入 23mL 的醋酐来解决这个问题。另外,市售的分析纯的冰醋酸中也含有约 1% 的水分,可以根据所取用分析纯的冰醋酸试剂体积的多少,计算出其中含有水分的质量,然后按照每克水加入 5.22mL 醋酐的方法,消除冰醋酸中的水分,从而制得无水冰醋酸。

(3) 高氯酸滴定液(0.1mol/L)的标定与储存

① 高氯酸滴定液(0.1mol/L):取在 105℃ 干燥至恒重的基准邻苯二甲酸氢钾约 0.16g,精密称量,加无水冰醋酸 20mL 使其溶解;加结晶紫指示液 1 滴;用本液缓缓滴定至蓝色,并将滴定结果用空白试验校正。每 1mL 的高氯酸滴定液(0.1mol/L)相当于 20.42mg 的邻苯二甲酸氢钾。根据本液的消耗量与邻苯二甲酸氢钾的取用量,算出本液的浓度,即得。

② 如需用高氯酸滴定液(0.05mol/L 或 0.02mol/L)时,可取高氯酸滴定液(0.1mol/L)加无水冰醋酸稀释制成,并标定浓度。

③ 储藏:置棕色细口瓶中,遮光、密封保存。

④ 高氯酸滴定液浓度校正系数 F 的计算:

$$F = \frac{W}{(V - V_0) \times 滴定度}$$

式中,W 为基准邻苯二甲酸氢钾的取样量,mg;V 为滴定时样品消耗本液的体积,mL;V_0 为滴定时空白消耗本液的体积,mL。滴定度:高氯酸滴定液(0.1mol/L)时:20.42mg/mL。

⑤ 使用期限:临用现标。

(4) 使用高氯酸进行非水滴定时的注意事项

① 为了节省溶剂,目前采用半微量滴定法。即取样量一般在 0.1~0.2g,加冰醋酸为 10~20mL,消耗的高氯酸的体积在 10mL 以下,用 10mL 棕色的酸式滴定管进行滴定操作,即可。

② 进行非水滴定的实验室应有控温、控湿装置,所用的玻璃仪器必须干燥无水,进行非水滴定时,禁止用拖布擦地;阴雨天不宜进行非水滴定的操作。

③ 滴定的速度不要太快,因为冰醋酸比较黏稠,若滴定速度太快了,则黏附在滴定管内壁上的滴定剂还未完全流下,会造成在滴定终点时的读数误差。

④ 通常滴定操作应该在常温下进行,样品的冰醋酸溶液在加热时,有可能会引起样品的挥发或微量的分解损失;另外,指示液在常温下和在高温时变色的范围有些不一样。如果样品在加入冰醋酸后不能够很快溶解,可以用玻璃棒将其捣碎以促进其尽快地溶解。

⑤ 冰醋酸的凝固点为 18℃,在冬季操作时要设法使室内温度保持在(20±1)℃,所用的标准溶液和溶剂都要放在操作室内,待室内温度恒定并保持 0.5h 后,才能开始操作。

⑥ 高氯酸标准溶液应密闭在棕色的细口瓶中于避光处保存,若发现标准溶液变黄,则表明高氯酸已经发生部分分解,不可再用。

⑦ 检验结束后剩余的冰醋酸废溶液要经过中和及无害化处理后，方可进行排放。

⑧ 高氯酸有腐蚀性，配制时要注意防护，并应将高氯酸先用冰醋酸稀释，在搅拌下缓缓加入醋酐。若不慎将高氯酸或冰醋酸流到手上，应立即用大量水洗手，以防发生化学烧伤。

⑨ 滴定样品与标定高氯酸滴定液的温度差别超过 10℃ 时，应重新标定；未超过 10℃ 时，高氯酸浓度可按下式校正：

$$N_1 = \frac{N_0}{1+0.0011(t_1-t_0)}$$

式中，0.0011 为冰醋酸的膨胀系数；t_0 为标定高氯酸滴定液时的温度；t_1 为滴定样品时的温度；N_0 为 t_0 时高氯酸滴定液的浓度；N_1 为 t_1 时高氯酸滴定液的浓度。

7.3.2 甲醇钠滴定液（0.1mol/L）的配制与标定

(1) 绝对无水甲醇与绝对无水苯的制备

按照第 1 章 1.5.3 的相关操作进行制备，即可。

(2) 甲醇钠滴定液（0.1mol/L）的配制方法

取 150mL 的绝对无水甲醇置于冰水冷却的 2000mL 洁净干燥（带有磨口）的两口烧瓶中，上口安装洁净干燥的球形冷凝管，管顶端加装带有无水氯化钙干燥剂的干燥管，密塞两口烧瓶的另一个侧口。用镊子取出金属钠，用滤纸吸干其表面的煤油，用小刀迅速将金属钠表面粘有煤油的棕黄色表层切掉，称量出约 2.5g 纯白色的金属钠，将切成片状的金属钠，分次从两口烧瓶的侧口处投入烧瓶中，并密塞烧瓶的侧口。待金属钠完全溶解后，其反应所产生的氢气也从球形冷凝管逸出。

$$2Na + 2CH_3OH \Longrightarrow 2CH_3ONa + H_2\uparrow$$

然后，从烧瓶的侧口加入无水苯适量，使体积达 1000mL，摇匀后迅速转移至塑料容器中，密塞保存。

(3) 甲醇钠滴定液配制时的注意事项

① 配制所用的溶剂必须经过无水处理。

② 配制和标定所用到的玻璃仪器必须洁净并经过干燥处理。

③ 配制的整个过程以及保存过程中，一定要有防止与空气中的二氧化碳及潮气接触的措施。

④ 金属钠与甲醇反应时要产生氢气，因此，配制溶液所用的容器一定不能是封闭体系，要留有氢气逸出的通道。否则，会发生冲料或配制容器爆裂的事故。

⑤ 用甲醇钠标准溶液滴定时，操作和计算与使用高氯酸时类似，不同点在于要使用碱式滴定管，被测供试品常为有机弱酸。

⑥ 甲醇钠溶液有强腐蚀性，配制时要注意防护。若不慎将甲醇钠溶液流到手上，应立即用大量水洗手，以防发生化学烧伤。另外，用过的滴定管应立即清洗干净，尽量避免或减少甲醇钠溶液对滴定管玻璃内壁的腐蚀作用。

⑦ 甲醇钠标准溶液应置于密闭的塑料容器内保存。

(4) 甲醇钠滴定液的标定

取在五氧化二磷干燥器中减压干燥至恒重的基准苯甲酸约 0.4g，精密称定，加无水甲醇 15mL 使其溶解，加无水苯 5mL 与 1% 麝香草酚蓝的无水甲醇溶液 1 滴，用本液滴定至蓝色，并将滴定的结果用空白试验来校正。每 1mL 的甲醇钠滴定液（0.1mol/L）相当于 12.21mg 的苯甲酸。根据本液的消耗量与基准苯甲酸的取用量，算出本液的浓度，即得。

7.4 非水滴定法应用实例

下面以原料药盐酸氯苯胍的含量测定为例，来说明非水滴定的应用。国家标准中，盐酸氯苯胍含量测定的方法为：取本品约 0.3g，精密称定，加冰醋酸 40mL，温热使溶解，冷却后，加醋酸汞试液 5mL，醋酐 3mL 与结晶紫指示液 1 滴，用高氯酸滴定液（0.1mol/L）滴定至溶液显蓝色，并将滴定结果用空白试验校正，每 1mL 高氯酸滴定液（0.1mol/L）相当于 37.07mg 的 $C_{15}H_{13}Cl_2N_5 \cdot HCl$（盐酸氯苯胍）。

若取样量 W 为 0.3017g，所使用的高氯酸滴定液（0.1mol/L）的 F 值为 1.031，消耗的滴定液体积为 7.78mL，空白试验消耗的滴定液为 0.02mL，则盐酸氯苯胍的含量为：

$$S\% = \frac{F \times (V-V_0) \times T}{W} = \frac{1.031 \times (7.78-0.02) \times 37.07 \times 10^{-3}}{0.3017} \times 100\% = 98.3\%$$

盐酸氯苯胍的含量是符合规定的（标准规定为：不得少于 98.0%）。

在实际进行的检验操作中，至少要做三份平行试样，并且要做好每一次检验的原始记录。

思考与练习

1. 非水滴定下列物质，哪些适宜用酸性溶剂？哪些适宜用碱性溶剂？为什么？
   醋酸钠、盐酸麻黄碱、水杨酸、苯甲酸、哌嗪、苯酚、二乙胺
2. 为什么在甲基异丁酮作溶剂的情况下，可以用甲醇钠标准溶液将高氯酸、盐酸、水杨酸、醋酸和苯酚分别滴定出来？
3. 在国家标准中，阿苯达唑含量测定的方法为：取本品约 0.2g，精密称定，加冰醋酸 20mL 溶解后，加结晶紫指示液 1 滴，用高氯酸滴定液（0.1mol/L）滴定至溶液显绿色，并将滴定结果用空白试验校正，每 1mL 高氯酸滴定液（0.1mol/L）相当于 26.53mg 的 $C_{12}H_{15}N_3O_2S$（阿苯达唑）。若取样量 W 分别为 1# 0.2025g，2# 0.1987g，3# 0.2103g；所使用的高氯酸滴定液（0.1mol/L）的 F 值为 1.030，消耗的滴定液体积为 1# 7.33mL，2# 7.18mL，3# 7.64mL；空白试验消耗的滴定液为 0.02mL，请计算阿苯达唑的含量并求出计算结果的相对平均偏差。
4. 在国家标准中，阿苯达唑、肾上腺素、咖啡因等原料药的含量测定方法是用高氯酸在冰醋酸中进行的非水滴定法。盐酸氯苯胍、氢溴酸东莨菪碱、盐酸利多卡因等原料药的含量测定方法也是用高氯酸在冰醋酸中进行的非水滴定法。但是在滴定前者时，溶液体系中不加醋酸汞试液；而在滴定后者时，溶液体系中需要加入 5mL 的醋酸汞试液，这是为什么？若是在滴定盐酸氯苯胍等原料药时，溶液体系中不加醋酸汞试液，对检测结果会带来什么影响？

第8章 配位滴定法

8.1 概述

利用生成配位化合物（coordination compound）的反应进行滴定的分析方法，被称为配位滴定法（也称之为络合滴定法）。例如，用硝酸银标准溶液滴定氰化物时，可以发生如下的配合反应（也称为络合反应）：

$$Ag^+ + 2CN^- \rightleftharpoons [Ag(CN)_2]^-$$

当滴定到达终点时，稍过量的 Ag^+ 就可以与 $[Ag(CN)_2]^-$ 结合成 AgCN 沉淀，使溶液变浑浊，而指示出滴定终点：

$$Ag^+ + [Ag(CN)_2]^- \rightleftharpoons 2AgCN\downarrow \quad （白色）$$

8.1.1 能够用于配位滴定的反应必须具备的条件

① 形成的配合物要相当稳定，否则，不易得到明显的滴定终点。
② 在一定的反应条件下，必须有固定的配位数（即只生成一种配位数的配合物）。
③ 形成配合物的化学反应速率要快。
④ 有适当的确定滴定终点的方法。

能够形成无机配位化合物的反应很多，但是能够用于配位滴定的反应并不多，这是由于大多数的无机配位化合物的稳定性不高，而且还存在着分步配位的缺点。例如，Cd^{2+} 与 CN^- 的配位反应：

$$Cd^{2+} + CN^- \rightleftharpoons Cd(CN)^+ \quad K_1 = 3.5 \times 10^5$$
$$Cd(CN)^+ + CN^- \rightleftharpoons Cd(CN)_2^+ \quad K_2 = 1.0 \times 10^5$$
$$Cd(CN)_2^+ + CN^- \rightleftharpoons Cd(CN)_3^+ \quad K_3 = 5.0 \times 10^4$$
$$Cd(CN)_3^+ + CN^- \rightleftharpoons Cd(CN)_4^+ \quad K_4 = 3.5 \times 10^3$$

各级配位反应的平衡常数被称之为配位化合物的稳定常数（stability constant）。在上述的配位反应中，各级稳定常数之间相差非常小，配位反应条件难以控制，滴加配位剂时，容易形成配位数不同的配位化合物，判断滴定终点也比较困难，所以，不能用于配位滴定。

8.1.2 配位化合物的分类

(1) 单齿配位化合物

若配位体（L）只含有一个可以提供电子对的配位原子，如：F^-、:NH_3 和 :CN^- 等，当与金属离子配位时，只有一个结合点。若金属离子的外层价电子有 n 个空轨道，即该金属离子的配位数为 n 时，将会形成 ML_n 型的配位化合物。与形成多元酸类似，单齿配位体与金属离子形成的配位化合物是逐级形成的，一般而言，相邻两级的稳定常数比较接近，此类配位化合物多数不够稳定，大多数不能用于滴定反应。单齿配位化合物在配位滴定中主要是作为掩蔽剂（masking agent），用于防止其他金属离子对被测离子滴定的干扰。

(2) 螯合物（chelate compound）

若一个配位体中含有两个或者两个以上（具有孤对电子）的配位原子，如乙二胺：$NH_2CH_2CH_2H_2N$:、三亚乙基四胺:$NH_2CH_2CH_2$:$NHCH_2CH_2$:$NHCH_2CH_2H_2N$:和氨基乙酸:NH_2CH_2COO:$^-$ 等，当它们与金属离子配位时，将形成两个以上的结合点

（配位键），这样就形成了环状结构。配位体就好像螯钳一样抓住了金属离子，因此人们把这种环状结构的配位化合物形象地称为螯合物，能够形成这样配位化合物的配位体被称为多齿配位体。螯合物要比同种配位原子形成的非螯合配位化合物稳定得多，这种因为成环而使稳定性增高的现象被称为螯合效应。比较以下铜离子与三种不同的配位体形成的配位化合物的情况，就可一目了然。

$$Cu^{2+} + 4NH_3 \rightleftharpoons [Cu(NH_3)_4]^{2+}$$

$$Cu^{2+} + 2 \begin{array}{c} CH_2-NH_2 \\ | \\ CH_2-NH_2 \end{array} \rightleftharpoons \left[\begin{array}{c} H_2 \quad H_2 \\ H_2C-N \quad N-CH_2 \\ | \quad Cu \quad | \\ H_2C-N \quad N-CH_2 \\ H_2 \quad H_2 \end{array} \right]^{2+}$$

$$Cu^{2+} + \begin{array}{c} NH-CH_2CH_2NH_2 \\ | \\ CH_2 \\ | \\ CH_2 \\ | \\ NH-CH_2CH_2NH_2 \end{array} \rightleftharpoons \left[\begin{array}{c} H_2C-CH_2 \\ H \\ N \quad NH_2 \\ H_2C \quad Cu \\ H_2C \quad NH \quad NH_2 \\ H_2C-CH_2 \end{array} \right]^{2+}$$

螯合物的稳定性与成环数目有关，一般而言五元环和六元环最为稳定，因为金属离子价电子外层空轨道的方向适合于形成五元环和六元环；当形成三元环或四元环时，形成的配位键存在着较大的张力，会造成配位化合物分子稳定性的下降。

若一个配位体能够提供多个孤对电子与金属离子结合形成配位键，则一个金属离子就可以和较少的配位体结合，乃至只与一个配位体结合，这样就可以避免了分级形成配位化合物的现象，所以螯合剂使得配位滴定成为可能。

8.2 EDTA 的性质及其配位化合物

（1）乙二胺四乙酸及其二钠盐

乙二胺四乙酸（ethylene diamine tetraacetic acid，简称 EDTA）是含有羧基和氨基的螯合剂，它能够与许多金属离子形成稳定的螯合物。在兽药分析中它可以用于配位滴定，例如可以测定含有钙或锌的制剂；在生产最终灭菌的小容量注射剂时，若所用到的原料药易被空气氧化，如氨基吡啉、维生素C、安乃近等，而且在溶液中即使有极微量的金属离子（可能来自于不锈钢配液罐），也会加速其氧化进程，此时，在投料前除了在溶液体系中加入抗氧化剂以外，还要加入约 0.01% 的乙二胺四乙酸二钠作为金属离子掩蔽剂，以消除它对氧化过程的催化作用。

乙二胺四乙酸的结构式为：

$$\begin{array}{c} ^-OOC-CH_2 \quad\quad\quad CH_2-COO^- \\ \diagdown \quad\quad\quad\quad\quad\quad\quad \diagup \\ N^+-CH_2-CH_2-N^+ \\ \diagup \quad H \quad\quad H \quad \diagdown \\ HOOC-CH_2 \quad\quad\quad CH_2-COOH \end{array}$$

分子中两个羧基上的 H^+ 转移到了 N 原子上，形成了双极离子。乙二胺四乙酸常用 H_4Y 表示，在 20℃ 时，每 100mL 水中能溶解 0.02g，难溶于酸和一般的有机溶剂，易溶于氨水和氢氧化钠溶液中，生成相应的盐溶液。当 H_4Y 溶解于酸度较高的溶液中时，它的两个羧基可以接受 H^+ 而形成 H_6Y^{2+}，这样一来 EDTA 就相当于六元酸，有 6 个电离平衡常数：

$$H_6Y^{2+} \rightleftharpoons H^+ + H_5Y^+ \quad\quad K_{a1} = 1.26 \times 10^{-1} = 10^{-0.9}$$

$$H_5Y^+ \rightleftharpoons H^+ + H_4Y \qquad K_{a2}=2.51\times10^{-2}=10^{-1.6}$$
$$H_4Y \rightleftharpoons H^+ + H_3Y^- \qquad K_{a3}=1.00\times10^{-2}=10^{-2.0}$$
$$H_3Y^- \rightleftharpoons H^+ + H_2Y^{2-} \qquad K_{a4}=2.16\times10^{-3}=10^{-2.67}$$
$$H_2Y^{2-} \rightleftharpoons H^+ + HY^{3-} \qquad K_{a5}=6.92\times10^{-7}=10^{-6.16}$$
$$HY^{3-} \rightleftharpoons H^+ + Y^{4-} \qquad K_{a6}=5.50\times10^{-11}=10^{-10.26}$$

由于 EDTA 在水中的溶解度太小，所以，作为配位滴定剂常使用 EDTA 的二钠盐，在 22℃时，每 100mL 水中能溶解 EDTA 的二钠盐 11.1g，此溶液约为 0.3mol/L。在 EDTA 的二钠盐溶液中，主要是以 H_2Y^{2-} 的形式存在，所以，溶液的 pH 值接近于 $\frac{1}{2}$（pK_{a4} + pK_{a5}）= 4.42。

在任意一个水溶液中，EDTA 总是以 H_6Y^{2+}、H_5Y^+、H_4Y、H_3Y^-、H_2Y^{2-}、HY^{3-} 和 Y^{4-} 等七种形式存在。它们的分布系数与溶液 pH 值的关系如图 8-1 所示。

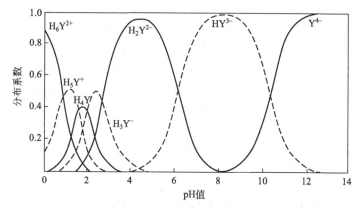

图 8-1　EDTA 在溶液中各种形式的分布系数 α 与溶液 pH 值的关系

由图 8-1 可以看出：在 pH<1 的强酸性溶液中，它主要是以 H_6Y^{2+} 的形式存在；在 pH 值为 1~1.6 的酸性溶液中，它主要是以 H_5Y^+ 的形式存在；在 pH 值为 1.6~2 的溶液中，它主要是以 H_4Y 的形式存在；在 pH 值为 2~2.7 的溶液中，它主要是以 H_3Y^- 的形式存在；在 pH 值为 2.7~6.2 的溶液中，它主要是以 H_2Y^{2-} 的形式存在；在 pH 值为 6.2~10.2 的溶液中，它主要是以 HY^{3-} 的形式存在；在 pH>10.2 的溶液中，它主要是以 Y^{4-} 的形式存在。

在这七种形式中，只有 Y^{4-} 可以与金属离子直接形成配位键，溶液中的酸度越低，Y^{4-} 的分布比例越大。因此，利用 EDTA 进行的配位滴定一般总是在碱性条件下完成的。

（2）EDTA 与金属离子形成的配位化合物

由于 EDTA 的阴离子 Y^{4-} 的结构中具有两个氨基和四个羧基，所以，它既可以作为四齿配位体，也可以作为六齿配位体。因此，EDTA 可以和周期表中的绝大多数金属离子形成 1：1 的具有多个五元环结构的配位化合物，其结构式为：

通常，无色的金属离子与 EDTA 配合时，形成无色的螯合物；有色的金属离子与 EDTA 配合时，一般形成颜色更深的螯合物，如：NiY^{2-}（蓝色）、CuY^{2-}（深蓝色）、CoY^{2-}（紫红色）、MnY^{2-}（紫红色）、CrY^{-}（深紫色）、FeY^{-}（黄色）。当螯合物的颜色太深时，利用指示剂目测滴定终点的方法将会发生困难，此时，用配位滴定法将受到限制，可以使用其他检测方法，例如，利用颜色可以进行比色分析法等。

8.3 配位化合物在水溶液中的离解平衡

8.3.1 配位化合物的稳定常数

配位反应的化学平衡常数可以用稳定常数（形成常数）或不稳定常数（离解常数）来表示，它们的关系如下。

8.3.1.1 MX 型（1∶1）的螯合物

以 EDTA 滴定 Ca^{2+} 的配位反应为例：

$$Ca^{2+} + Y^{4-} \rightleftharpoons CaY^{2-}$$

当配位反应达到平衡时，

$$K_{稳} = \frac{[CaY^{2-}]}{[Ca^{2+}][Y^{4-}]} = 4.90 \times 10^{10} \qquad \lg K_{稳} = 10.69$$

$K_{稳}$ 或 $\lg K_{稳}$ 越大，说明配位化合物越稳定。如果用 $K_{不稳}$ 表示，则可以得到：

$$K_{不稳} = \frac{[Ca^{2+}][Y^{4-}]}{[CaY^{2-}]} = 2.04 \times 10^{-11} \qquad pK_{不稳} = 10.69$$

$K_{不稳}$ 越小，或 $pK_{不稳}$ 越大，说明配位化合物越稳定。对于 1∶1 型的配位化合物，两种表示方法互为倒数，即：$K_{稳} = 1/K_{不稳}$，$\lg K_{稳} = pK_{不稳}$。常见 EDTA 螯合物的 $\lg K_{稳}$ 值见表 8-1。

表 8-1 常见 EDTA 螯合物的 $\lg K_{稳}$ 值

离子	$\lg K_{稳}$	离子	$\lg K_{稳}$	离子	$\lg K_{稳}$
Mg^{2+}	8.7	Cr^{3+}	23.4	Ag^{+}	7.32
Ca^{2+}	10.96	Mn^{2+}	13.87	Zn^{2+}	16.50
Ba^{2+}	7.86	Fe^{2+}	14.32	Cd^{2+}	16.46
Co^{2+}	16.31	Fe^{3+}	25.1	Al^{3+}	16.3
Co^{3+}	36.0	Cu^{2+}	18.8	Pb^{2+}	18.04

8.3.1.2 MX_n 型（1∶n）的螯合物

(1) 配位化合物的逐级形成与逐级离解

MX_n 型配位化合物的逐级形成过程和逐级稳定常数如下：

$$M + X \rightleftharpoons MX \qquad 第一级稳定常数\ k_1 = \frac{[MX]}{[M][X]}$$

$$MX + X \rightleftharpoons MX_2 \qquad 第二级稳定常数\ k_2 = \frac{[MX_2]}{[MX][X]}$$

……   ……

$$MX_{n-1} + X \rightleftharpoons MX_n \qquad 第\ n\ 级稳定常数\ k_1 = \frac{[MX_n]}{[MX_{n-1}][X]}$$

反过来看 MX_n 型配位化合物的逐级离解常数：

$$MX_n \rightleftharpoons MX_{n-1} + X \qquad 第一级离解常数\ k_1' = \frac{[MX_{n-1}][X]}{[MX_n]}$$

$$MX_{n-1} \rightleftharpoons MX_{n-2} + X \qquad 第二级离解常数 \ k_2' = \frac{[MX_{n-2}][X]}{[MX_{n-1}]}$$

......

$$MX \rightleftharpoons M + X \qquad 第 n 级离解常数 \ k_n' = \frac{[M][X]}{[MX]}$$

应该注意，对于非 1∶1 型的配位化合物，同一级的 $K_稳$ 与 $K_{不稳}$ 不是倒数关系，而是第一级稳定常数是第 n 级离解常数的倒数，第二级稳定常数是第 $n-1$ 级离解常数的倒数，以此类推。k_1、k_2、k_3、……、k_n 被称为逐级稳定常数（stepwise stability constant）；k_1'、k_2'、k_3'……、k_n'被称为逐级离解常数（stepwise dissociation constant）。

（2）总稳定常数（total stability constant）和总不稳定常数（total instability constant）

对于 1∶n 型的配位化合物而言，总稳定常数为：$K_稳 = k_1 k_2 k_3 k_4 \cdots$

总不稳定常数为：$\qquad K_{不稳} = k_1' k_2' k_3' k_4' \cdots = 1/K_稳$

8.3.2 影响配位平衡的主要因素

（1）酸效应（acid effect）

作为配位体的滴定剂 Y 是一种路易斯碱，当它与中心原子或离子 M（路易斯酸）进行配位反应时，如果有氢离子存在，就会与 Y 结合，形成它的共轭酸。此时溶液中 Y 的浓度将下降，直接导致配位滴定的主反应朝着离解的方向移动，从而降低了已经形成的配位化合物 MY 的稳定性。

$$M + Y \rightleftharpoons MY$$
$$Y + H^+ \rightleftharpoons HY$$
$$HY + H^+ \rightleftharpoons H_2Y$$
......

这种由于 H^+ 的存在，使配位体 Y 参加主反应能力减低的现象被称为酸效应，也叫做质子化效应或 pH 效应。在配位滴定过程中，由于酸效应的存在，EDTA 的配位能力就有可能降低，但是酸效应也不一定总是有害因素，适当地提高酸度可以大大降低干扰离子与 EDTA 的结合能力，从而提高配位滴定的选择性，此时的酸效应就可能是有利因素。

已经知道，在溶液中 EDTA 有七种存在形式，现在以 c_{EDTA} 来代表 EDTA 的总浓度，则有：

$$c_{EDTA} = [H_6Y] + [H_5Y] + [H_4Y] + [H_3Y] + [H_2Y] + [HY] + [Y]$$

由于 EDTA 也是多元酸，所以，其各种形式在溶液中所占的分数与溶液的 pH 值的变化情况有关。参照多元酸的处理方法，就可以计算出在 EDTA 溶液中 Y 所占的分数 $\alpha_{Y^{4-}}$。通常当溶液的 pH＞12 时，EDTA 已经基本上完全离解成为 Y^{4-}，此时的 EDTA 配位能力最强，生成的配位化合物也最稳定。随着酸度的升高，$[Y^{4-}]$ 所占的分数下降得也很快。说明酸度升高时，EDTA 与金属离子生成配位化合物的稳定性显著地下降。

（2）配位效应

当用 EDTA 滴定溶液中的金属离子 M 时，如果溶液中有一种其他配位体 L 存在，则 L 也会与金属离子形成配位化合物，这将会使 M 与 EDTA 的配位能力降低；同样也会使已经生成的 MY 的稳定性降低，致使配位平衡反应向离解的方向移动。例如在 pH 值为 10.0 的氨-氯化铵缓冲溶液中，用 EDTA 滴定液滴定 Zn^{2+} 时，此时 Zn^{2+} 与 Y^{4-} 发生的是主反应，NH_3 与 Zn^{2+} 形成配位化合物的反应为副反应，它将会使主反应受到影响：

$$Y^{4-} + Zn^{2+} \rightleftharpoons ZnY^{2-}$$
$$Zn^{2+} + NH_3 \rightleftharpoons Zn(NH_3)^{2+}$$

$$Zn(NH_3)^{2+} + NH_3 \rightleftharpoons Zn(NH_3)_2^{2+}$$
……

这种由于其他配位体的存在，使金属离子参加主反应的能力降低的现象被称为配位效应或络合效应。

(3) 水解效应 (hydrolysis effect)

多数配合物的中心原子是过渡金属离子，而过渡金属离子在水溶液中都有不同程度的水解。若降低溶液的酸度，中心离子会发生水解，它在平衡体系中的浓度就会降低，平衡向配位离子解离的方向移动，使配合物的稳定性降低。例如，向 $[FeF_6]^{3-}$ 溶液中加碱，Fe^{3+} 水解而使平衡发生移动，生成 $Fe(OH)_3$ 沉淀。

从中心离子方面考虑，溶液酸度降低，中心离子会发生水解，使中心离子浓度减小而导致配合物稳定性降低，这一现象称为水解效应。

(4) 沉淀反应的影响

向配位平衡体系中加入能与中心离子形成难溶物的沉淀剂，中心离子的浓度减小，平衡向配位离子解离的方向移动；反之，向沉淀平衡体系中加入能与金属离子形成稳定配位离子的配位剂，平衡向沉淀溶解的方向移动。由下面的实验可证明这一点。

例如，向 $[Ag(NH_3)_2]^+$ 的平衡体系中加入 NaBr 溶液，配离子解离，生成较难溶的 AgBr 浅黄色沉淀；接着加入 $Na_2S_2O_3$ 溶液，沉淀溶解，生成更稳定的 $[Ag(S_2O_3)_2]^{3-}$；再加入 KI 溶液，配离子解离，生成更难溶的 AgI 黄色沉淀。平衡反应方程式如下：

$$[Ag(NH_3)_2]^+ + Br^- \rightleftharpoons AgBr\downarrow + 2NH_3$$
$$AgBr + 2S_2O_3^- \rightleftharpoons [Ag(S_2O_3^-)_2]^{3-} + Br^-$$
$$[Ag(S_2O_3^-)_2]^{3-} + I^- \rightleftharpoons AgI\downarrow + 2S_2O_3^-$$

由此可见，配位离子的稳定性越差，生成的难溶电解质的溶解度越小，配离子越容易解离；难溶电解质的溶解度越大，生成的配离子的稳定性越高，平衡越容易向生成配位离子的方向移动。

8.4 配位滴定原理

按照酸碱路易斯电子理论，酸碱中和反应是路易斯碱的未共用电子对跃迁到路易斯酸的空分子轨道中形成配位键的反应。在配位反应中配位体 EDTA 是路易斯碱，可以提供电子对；中心离子是路易斯酸，可以接受电子对。广义地讲：配位反应属于路易斯酸碱反应的范畴，有关酸碱滴定法的讨论，在配位滴定中基本上是适用的。EDTA 能够与大多数的金属离子形成 1:1 型的配位化合物，它们之间的定量关系是：

EDTA 的物质的量（mmol）＝金属离子的物质的量（mmol）

$$c_{EDTA}V_{EDTA} = c_{金属离子}V_{金属离子}$$

式中，c 为物质的量浓度；V 为溶液的体积。

8.4.1 配位滴定过程中金属离子浓度的变化规律

在配位滴定过程中，被测定的一般是金属离子，随着 EDTA 标准溶液的加入，溶液中金属离子的浓度将不断地减小。因为金属离子的浓度 [M] 很小，通常使用 pM（即 $-\lg[M]$）来表示。当滴定到达终点时，pM 将发生突跃并可以利用适当的方法指示滴定终点，若以 pM 为纵坐标以消耗滴定剂的体积为横坐标作图，就可以得到滴定曲线。

现在以 0.0100mol/L 的 EDTA 标准溶液滴定 20.00mL 的 0.0100mol/L 的 Ca^{2+} 溶液（在 NH_3-NH_4Cl 缓冲溶液中）为例，探讨在不同的 pH 值溶液中进行滴定时，在滴定过程中逐一进行 pCa 的变化情况的计算,并将计算结果列于表 8-2 中,然后就可以绘制滴定曲线。在滴定曲线中,突跃部分的长短随着溶液的 pH 值大小的不同而变化,这是由于 CaY 配位化合物表观稳定常数 K'_{MY}(将酸效应与络合效应两个主要影响因素考虑进去以后的实际稳定常数)的大小,随溶液 pH 值的不同而发生改变的缘故。溶液的碱性越高(pH 值越大),滴定的突跃范围也越大;溶液的酸性越高(pH 值越小),滴定的突跃范围也越短。当 pH≤6 时,$K'_{MY}=6.36$,图 8-2 中的滴定曲线已经看不出突跃了。当滴定条件一定时,MY 配位化合物的表观稳定常数越大,其滴定曲线上的突跃范围也越大。

金属离子起始浓度的大小对滴定曲线的突跃范围也有影响,图 8-3 表示用 EDTA 滴定不同起始浓度的金属离子时的滴定曲线。从图中可以看出:金属离子的起始浓度越大,滴定的突跃范围也越大。

8.4.2 配位反应的完全程度

在配位滴定中,欲使配位滴定反应进行完全,就要求所生成的配位化合物的 $\lg K'_{MY}$ 值要足够大,只有这样,在滴定终点的前后金属离子的浓度变化才会有一个明显的突跃,从而得到可靠的检测结果。为此,有必要对配位化合物的 $\lg K'_{MY}$ 值提出一个大约的界限要求,即表观稳定常数需要达到多大时,才能够进行准确的配位滴定。

表 8-2　不同 pH 值时 0.0100mol/L EDTA 滴定 20.00mL 0.0100mol/L 溶液中 pCa 的变化

加入 EDTA		Ca^{2+} 被配位的量/%	过量 EDTA 的量/%	pH=10		pH=12	
mL	%			[Ca^{2+}]	pCa	[Ca^{2+}]	pCa
0.00				0.01	2.0	0.01	2.0
18.00	90.0	90.0		5.3×10^{-4}	3.3	5.3×10^{-4}	3.3
19.80	99.0	99.0		5.0×10^{-5}	4.3	5.0×10^{-5}	4.3
19.98	99.9	99.9		5.0×10^{-6}	5.3	5.0×10^{-6}	5.3
20.00	100.0	100.0		4.0×10^{-7}	6.4	2.3×10^{-7}	6.6
20.02	100.1		0.1	3.1×10^{-8}	7.5	1.1×10^{-8}	8.0
20.20	101.0		1.0	3.1×10^{-9}	8.5	1.1×10^{-9}	9.0
22.00	110.0		10.0	3.1×10^{-10}	9.5	1.1×10^{-10}	10.0
40.00	200.0		100.0	3.1×10^{-11}	10.5	1.1×10^{-11}	11.0

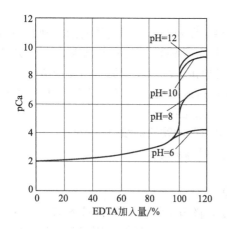

图 8-2　不同 pH 值时 0.0100mol/L 的 EDTA 滴定 0.0100mol/L 的 Ca^{2+} 的滴定曲线

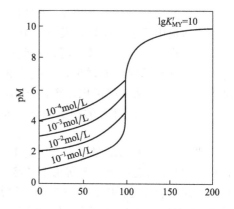

图 8-3　用 EDTA 滴定不同浓度金属离子时的滴定曲线

为了确定这个界限,从允许的误差进行近似的推导:根据滴定分析的一般要求,一般允许的相对平均偏差不大于 0.1%,即 EDTA 的用量不能比理论用量多或少 0.1%,为此,在滴定终点时，配位化合物 MY 的离解部分必须不大于 0.1%，才能够达到上述要求。金属离子的起始浓度约为 0.02mol/L，滴定到滴定终点时，溶液的体积增加了 1 倍，当达到平衡时：

$$[MY] = \frac{1}{2} \times 0.02 \text{mol/L} = 0.01 \text{mol/L}$$

在滴定终点时，$c_M = c_{EDTA} = 0.01 \times 0.1\% \text{mol/L} = 10^{-5} \text{mol/L}$

要满足这一条件，K'_{MY} 可以计算如下

$$K'_{MY} = \frac{[MY]}{c_M \times c_{EDTA}} = \frac{10^{-2}}{10^{-5} \times 10^{-5}} = 10^8$$

即：$\lg K'_{MY} \geqslant 8$

当然，如果金属离子的起始浓度较大，那么，允许的误差也可以比 $\lg K'_{MY} \geqslant 8$ 略微宽一些。

8.4.3 配位滴定反应进行完全所需要的 pH 值

已经知道：不同的金属离子与 EDTA 所形成的配位化合物的稳定性是不同的。配位化合物的稳定性的大小与溶液的酸度有关，所以，当用 EDTA 滴定不同的金属离子时，对于稳定性高的配位化合物，溶液的酸度即使是稍微高一点也能够准确地进行滴定；但是对于稳定性稍微差一些的配位化合物，溶液的酸度若高于某一个 pH 值时，就不能准确滴定了。因此，滴定不同的金属离子时，就有不同的最低 pH 值（最高酸度），一旦超过了这个最低 pH 值，就不能进行准确滴定了（见表 8-3）。

表 8-3　部分金属离子能够被 EDTA 滴定的最低 pH 值

金属离子	$\lg K_{MY}$	最低 pH 值	金属离子	$\lg K_{MY}$	最低 pH 值
Mg^{2+}	8.70	约 9.7	Zn^{2+}	16.50	约 3.9
Ca^{2+}	10.93	约 7.5	Pb^{2+}	18.04	约 3.2
Fe^{2+}	14.32	约 5.0	Cd^{2+}	16.46	约 3.9
Al^{3+}	16.30	约 4.2	Cu^{2+}	18.80	约 2.9
Co^{2+}	16.31	约 4.0	Fe^{3+}	25.10	约 1.0

8.4.4 配位滴定的指示剂

和其他滴定分析方法一样，确定配位滴定终点的方法也有许多种，最重要而且最常用的是利用金属指示剂来确定滴定终点。

8.4.4.1 金属指示剂的作用原理

金属指示剂也是一种配位剂，它能够与金属离子形成与其本身有显著不同颜色的配位化合物而指示滴定的终点。由于它能够指示出溶液中金属离子的浓度变化情况，所以也称之为金属离子指示剂，简称为金属指示剂。现以 EDTA 在 pH=10.0 的情况下，滴定 Mg^{2+} 并以铬黑 T(EBT) 作指示剂为例，说明金属指示剂的变色原理，当滴入 EDTA 滴定剂时，溶液中游离的 Mg^{2+} 将逐步与 EDTA 发生配位反应，当到达了滴定终点时，已经与 EBT 配位的 Mg^{2+} 也被 EDTA 夺出，从而释放出指示剂 EBT，因而引起溶液颜色的变化：

$$\text{Mg-EBT} + \text{EDTA} \Longleftrightarrow \text{Mg-EDTA} + \text{EBT}$$
　　　鲜红色　　　　　　　　　　　　蓝色

应该指出：许多金属指示剂不仅具有配位剂的性质，而且其本身通常是多元弱酸或多元弱碱，能够随着溶液 pH 值的变化而显示出不同的颜色。例如铬黑 T 就是一个三元弱酸，其第一级的离解非常得容易，第二级和第三级离解比较难（$pK_2 = 6.3$，$pK_3 = 11.6$），在溶液中有下列平衡存在：

$$H_2In^- \underset{+H}{\overset{-H}{\rightleftharpoons}} HIn^{2-} \underset{+H}{\overset{-H}{\rightleftharpoons}} In^{3+}$$

红色　　　蓝色　　　橙色
pH<6　　pH8~11　　pH>12

铬黑 T 能够与许多阳离子，如 Ca^{2+}、Mg^{2+}、Zn^{2+}、Cd^{2+} 等形成红色的配位化合物。显然，铬黑 T 在 pH<6 和 pH>12 时，游离指示剂的颜色与形成金属配位化合物的颜色没有明显的差别。只有在 pH=8~11 的条件下，进行滴定并到达滴定终点时，原来由金属离子与铬黑 T 形成配位化合物的红色转变成了游离指示剂的蓝色，颜色变化才显著。所以，使用金属指示剂时，应必须注意其适合的 pH 值的应用范围。

8.4.4.2　金属指示剂必须具备的条件

① 在适合的 pH 值应用范围之内，显色配位化合物 MIn 应与指示剂本身的颜色有显著的差别。

② 由金属指示剂形成的显色配位化合物的稳定性要适当。它既要有足够的稳定性，但又要比该金属离子与 EDTA 形成的配位化合物的稳定性要小。如果其稳定性太低，就会提前出现滴定终点，而且变色不敏锐；如果其稳定性太高，就会使滴定终点拖后，通常应满足的要求是：$\lg K'_{MY} - \lg K'_{MIn} > 2$。

③ 显色配位化合物应该易溶于水，且显色反应灵敏、迅速，有良好的变色可逆性。

④ 金属指示剂应该具有一定的选择性，即在一定的条件下，只对某一种（或某几种）离子发生显色反应。

⑤ 金属指示剂的化学性质比较稳定，便于储存和使用。

8.4.4.3　金属指示剂在使用中存在的问题

（1）指示剂的封闭现象

有时，某些指示剂能与金属离子形成非常稳定的金属配位化合物，这些金属配位化合物比对应的 MY 配位化合物更稳定，以至于到达滴定终点时，滴入过量的 EDTA 也不能够夺取出指示剂配位化合物中的金属离子，指示剂不能被释放出来，就看不到颜色的变化。这种现象叫做指示剂的封闭现象。例如，在 pH=10.0 时，用铬黑 T 作指示剂，用 EDTA 标准溶液滴定 Ca^{2+}、Mg^{2+} 时，Al^{3+}、Fe^{3+}、Ni^{2+}、Co^{2+} 对铬黑 T 有封闭作用，此时可以加入少量三乙醇胺（掩蔽 Al^{3+}、Fe^{3+}）和 KCN 掩蔽 Ni^{2+}、Co^{2+} 和 Cu^{2+}，以消除干扰。

某些指示剂的封闭现象是由于金属与指示剂形成的配位化合物的颜色变化为不可逆反应，这时 MIn 配位化合物的稳定性虽然没有 MY 配位化合物的稳定性高，但是由于其颜色变化的不可逆，当到达滴定终点时有色配位化合物 MIn 并不能够被 EDTA 所破坏，因而对指示剂也产生封闭。如果这种封闭现象是由被测离子本身所引起的，一般可以采用返滴定的方法予以消除。

（2）指示剂的僵化现象

某些指示剂与金属离子形成的配位化合物的溶解度很小，使得滴定终点的颜色变化不明显；还有一些金属指示剂与金属离子形成的配位化合物的稳定性只比对应 EDTA 的配位化合物的稳定性稍差一些，因而使 EDTA 与 MIn 之间的反应迟缓，使滴定终点延长，这种现象叫做指示剂的僵化。此时，可以加入合适的有机溶剂或者微热溶液体系以增大其溶解度。

（3）指示剂的氧化变质现象

绝大多数的金属指示剂是具有共轭结构的有色有机化合物，容易被日光、空气或氧化剂所氧化分解；也有一些金属指示剂在溶液中不稳定，如铬黑 T、钙紫红素等，通常将它们与氯化钠固体一起研磨均匀而配制成固体指示剂。

8.5 提高配位滴定选择性的方法

8.5.1 控制溶液的酸度

由于 MY 的稳定常数不同，所以在滴定时允许的 pH 值也不同。当溶液中存在两种或两种以上的金属离子时，控制溶液的酸度，可使一种离子形成配位化合物，而其他离子不发生配位反应，这样就可以避免了干扰。

8.5.2 利用掩蔽和解蔽

在配位滴定中，如果利用控制酸度的方法已经不能消除干扰离子的干扰时，常常可以利用掩蔽剂来掩蔽干扰离子，使它们不与 EDTA 发生配位反应，或者说将它们与 EDTA 形成的配位化合物的表观稳定常数降低至很小，从而达到消除干扰的目的。

(1) 配位掩蔽法

利用配位反应降低干扰离子浓度以消除干扰离子的方法，被称为配位掩蔽法。例如，在 pH=10.0 时的溶液中滴定 Zn^{2+}，而要想让共存的 Ag^+ 对其不发生干扰，可以在溶液的体系中加入适量的氨试液将 Ag^+ 配位反应掉，然后再用 EDTA 滴定 Zn^{2+} 时，Ag^+ 就对其不发生干扰了。

根据配位滴定的要求，所选用的掩蔽剂应该具备以下两个条件：

① 与干扰离子形成的配位化合物的稳定性必须大于 EDTA 与离子形成配位化合物的稳定性；而且所形成的配位化合物应该无色或者浅色，不影响滴定终点的观察。

② 不与被测离子形成配位化合物，或者形成的配位化合物的稳定性要比被测离子与 EDTA 所形成的配位化合物的稳定性小得多。

(2) 沉淀掩蔽法

利用沉淀反应降低干扰离子的浓度以消除干扰的方法，被称为沉淀掩蔽法。例如，在 Ca^{2+} 和 Mg^{2+} 两种离子的共存溶液中，加入氢氧化钠试液使 pH>12 时，Mg^{2+} 则形成氢氧化镁沉淀，不会干扰 Ca^{2+} 的测定。

(3) 氧化还原掩蔽法

利用氧化还原反应来改变干扰离子的价态，以消除干扰的方法，被称为氧化还原掩蔽法。例如，$\lg K_{FeY^-}=25.1$，$\lg K_{FeY^{2-}}=14.33$。由此可见，Fe^{3+} 与 EDTA 形成的配位化合物要比 Fe^{2+} 与 EDTA 形成的配位化合物稳定得多。在 pH=1 时，用 EDTA 滴定 Bi^{3+}、In^{3+}、Th^{4+}、Sn^{4+}、Hg^{2+} 等离子时，如果溶液中有共存的 Fe^{3+}，可用羟胺或抗坏血酸将其还原为 Fe^{2+}，即可消除干扰。

(4) 解蔽作用

在金属离子配位化合物的溶液中，加入一种解蔽剂将已经被掩蔽剂配位的金属离子释放出来的过程，被称为解蔽。例如，利用配位滴定法测定含有 Zn^{2+} 和 Pb^{2+} 的溶液时，可以在溶液体系中加入 KCN 试液掩蔽 Zn^{2+}，此时 Pb^{2+} 不被掩蔽，可在 pH=10.0 时，以铬黑 T 为指示剂，用 EDTA 标准溶液滴定溶液中的 Pb^{2+}；在滴定完 Pb^{2+} 的溶液中加入适量的甲醛或三氯乙醛破坏 $[Zn(CN)_4]^{2-}$：

$$4HCHO + [Zn(CN)_4]^{2-} + 4H_2O \longrightarrow Zn^{2+} + 4H_2C\genfrac{}{}{0pt}{}{OH}{CN} + 4OH^-$$

释放出来的 Zn^{2+}，可以继续用 EDTA 标准溶液进行滴定。

8.6 配位滴定法应用实例

8.6.1 EDTA 标准溶液（0.05mol/L）的配制与标定

称量乙二胺四乙酸二钠 19g，加入适量的蒸馏水使溶解成 1000mL，摇匀，即得。精密称量 5 份在 800℃ 灼烧至恒重的基准氧化锌 0.12g，分别加入稀盐酸 3mL 使溶解，加水 25mL，加 0.025% 甲基红的乙醇溶液 1 滴，滴加氨试液（取浓氨溶液 400mL，加水使成 1000mL 混匀，即得）至溶液显微黄色，加水 25mL 与氨-氯化铵缓冲液（pH=10.0）10mL，再加少许铬黑 T，用本液滴定至溶液由紫色变为纯蓝色，并将滴定结果用空白试验校正。每 1mL EDTA 标准溶液（0.05mol/L）相当于 4.069mg 的氧化锌。根据本液的消耗量和基准氧化锌的取用量，可以计算出 EDTA 滴定液的浓度。

8.6.2 葡萄糖酸钙注射液等药品的含量测定

【例题 8-1】 葡萄糖酸钙注射液的含量测定方法是：精密量取本品适量（约相当于葡萄糖酸钙 0.5g），置锥形瓶中，加水适量使成 100mL，加氢氧化钠试液 15mL 与钙紫红素指示剂约 0.1g，用乙二胺四乙酸二钠滴定液（0.05mol/L）滴定，至溶液自紫红色转变为纯蓝色，即得。每 1mL 的乙二胺四乙酸二钠滴定液（0.05mol/L）相当于 22.42mg 的 $C_{12}H_{22}CaO_{14} \cdot H_2O$。现在精密量取 5.00mL 标示规格为 10% 的某葡萄糖酸钙注射液，置锥形瓶中，依标准操作。共消耗 $F=1.023$ 的乙二胺四乙酸二钠滴定液（0.05mol/L）的体积 $V=21.73$mL，请计算该葡萄糖酸钙注射液标示量的含量。

解：葡萄糖酸钙注射液标示量的含量为：

$$P\% = \frac{\text{实际检测出来的含量}}{\text{标示含量}} \times 100\% = \frac{FV \times 22.42 \times 10^{-3}}{5.00 \times 10\%}$$

$$= \frac{1.023 \times 21.73 \times 22.42 \times 10^{-3}}{5.00 \times 10\%} = 99.7\%$$

即该葡萄糖酸钙注射液标示量的百分含量为 99.7%。

【例题 8-2】 精密称取不纯的氯化钡样品 0.2000g，溶解后，精密加入 40.00mL 的 0.1000mol/L 的 EDTA 标准溶液，待 Ba^{2+} 与 EDTA 完全反应后，再用 NH_3-NH_4Cl 缓冲溶液调节溶液的 pH=10，以铬黑 T 为指示剂，再用 0.1000mol/L 的硫酸镁标准溶液滴定过量的 EDTA，消耗 31.00mL，求原来样品中氯化钡的纯度。

解：EDTA 的总物质的量（mmol）= 40.00 × 0.1000

$MgSO_4$ 的总物质的量（mmol）= 31.00 × 0.1000 = 过量 EDTA 的物质的量（mmol）

则 40.00 × 0.1000 − 31.00 × 0.1000 = 实际与 Ba^{2+} 反应的 EDTA 的物质的量（mmol）

$$BaCl_2 \text{的含量}/\% = \frac{40.000 \cdot 1000 - 31.000 \cdot 1000}{0.2000} \times \frac{M_{\text{氯化钡}}}{1000} \times 100\% = \frac{0.9000 \times 208.3}{0.2000 \times 1000} \times 100\%$$

$$= 93.74\%$$

即样品中氯化钡的纯度为 93.74%。

【例题 8-3】 氢氧化铝是一种常用的胃肠黏膜保护剂，它的含量测定方法是：取本品 0.6g，精密称定，加盐酸与水各 10mL，加热溶解后，放冷至室温，过滤，滤液置 250mL 的量瓶中，滤器用水洗涤，洗涤液并入量瓶中，用水稀释至刻度，摇匀；精密量取 25mL 置锥形瓶中，加氨试液中和至恰好析出沉淀，再滴加稀盐酸至沉淀刚好溶解为止，加醋酸-醋酸铵缓冲溶液（pH=6.0）10mL，再精密加入 0.05mol/L 的 EDTA 标准溶液 25.00mL，煮沸 3~5min，放冷至室温，加二甲酚橙指示液 1mL，用锌标准溶液（0.05mol/L）滴定至溶液自黄色转变为红色，并将滴定的结果用空白试验校正。每 1mL 的 EDTA 滴定液（0.05mol/L）相当于 2.549mg 的 Al_2O_3。

现在称取某氢氧化铝样品质量为 $W=0.6027g$，按照标准操作后，消耗 0.05mol/L 锌标准溶液（$F=1.038$）的体积为：空白 $V_0=24.81mL$，样品 $V=13.49mL$，将样品按 Al_2O_3 计算，求样品含 Al_2O_3 的含量。

解：这是一个明显的配位返滴定，实际检测出来的 25mL 样品溶液中含有纯 Al_2O_3 的量为：

$$F \times V_0 \times 滴定度 - F \times V \times 滴定度 = F \times (V_0 - V) \times 滴定度$$

换算成原来 250mL 容量瓶中含有的纯 Al_2O_3 的量为：

$$\frac{250.0}{25.0} \times F \times (V_0 - V) \times 滴定度$$

样品中含 Al_2O_3 的含量为：

$$\begin{aligned} Al_2O_3 \text{ 的含量}/\% &= \frac{250.0 \times F \times (V_0 - V) \times 滴定度}{25.0 \times W} \times 100\% \\ &= \frac{250.0 \times 1.038 \times (24.81 - 13.19) \times 2.549 \times 10^{-3}}{25.0 \times 0.6027} \times 100\% \\ &= 49.7\% \end{aligned}$$

即本品含氢氧化铝按 Al_2O_3 计算为 49.7%，符合规定（标准规定：不得少于 48.0%）。

8.7　配位化合物在生物、医药方面的应用

自然界中配位化合物的应用非常广泛，人体内输送氧气的血红蛋白中的血红素，是 Fe^{2+} 的卟啉类螯合物；在一些低级动物（如蟹、蜗牛）的血液中，执行输氧功能的血红蛋白是含铜的蛋白质螯合物；植物中参与光合作用的叶绿素是以 Mg^{2+} 为中心原子的卟啉类螯合物。现在已知在光合作用中，不只是镁螯合物在起作用，至少有四种金属（Mg、Mn、Fe、Cu）的螯合物在共同完成这个作用。

维生素 B_{12} 是 Co^{3+} 的卟啉类配合物，它的主要功能是促使红细胞成熟，缺少它就会引起贫血；对调节体内物质代谢（尤其是糖类代谢）有重要作用的胰岛素是含锌的配合物；很多其他酶类也是些复杂的配位化合物。

对于人们的重金属中毒，临床上用螯合疗法进行解毒。一般是选择合适的配位剂或螯合剂与这些金属离子形成配合物而排出体外。例如二巯基丁二酸钠作为解毒剂可与进入体内的有毒金属 As、Hg 形成稳定的配合物而解毒。$Na_2[CaY]$ 可用作铅中毒的解毒剂，因为 Pb^{2+} 可以与 $[CaY]^{2-}$ 反应生成更稳定、无毒且可溶解性的 $[PbY]^{2-}$ 而排出体外。

思考与练习

1. 简要回答下列问题：
   (1) 配位化合物的绝对稳定常数和表观稳定常数有什么不同？影响常数大小的因素有哪些？
   (2) 在用 EDTA 标准溶液滴定金属离子时，影响滴定曲线突跃范围大小的因素是什么？
   (3) 请比较配位滴定与酸碱滴定曲线的共同点和不同点。
   (4) 主要应该从哪些因素考虑配位滴定的条件？
   (5) 作为配位滴定所用的金属指示剂，应该具备什么条件？选择金属指示剂的依据是什么？
2. 配位平衡的计算：

(1) 在 100mL 的 0.1mol/L 硝酸银溶液中，加入过量的氨水后，稀释至 200mL。若此溶液中的 NH_3 浓度为 2.0mol/L，请计算溶液中 Ag^+ 的浓度。（$[Ag(NH_3)_2]^+$ 的稳定常数为 $K_稳=1.7\times10^7$）

(2) 在 50mL 的 0.020mol/L 的 Ca^{2+} 溶液中，加入 25mL 的 0.040mol/L 的 EDTA 溶液，并稀释至 100mL。假设溶液的 pH 值为 12，请计算溶液中 Ca^{2+} 的浓度。

3. 请计算下列溶液的 pM 值：
   (1) 浓度为 0.020mol/L 的氯化镁溶液；
   (2) 浓度为 0.0050mol/L 的硝酸铜溶液；
   (3) 浓度为 1.00mol/L 的氯化钙溶液。

4. 现有一浓度为 0.0500mol/L 的 EDTA 标准溶液，每 1mL 该标准溶液相当于：(1) CaO；(2) ZnO；(3) Fe_2O_3；(4) Al_2O_3 各为若干毫克？

5. 在 pH=2.0 时，用 20.00mL 的 0.0200mol/L 的 EDTA 标准溶液滴定 20.00mL 的 0.0200mol/L 的 Fe^{3+}，问当 EDTA 加入 18.00mL、19.98mL、20.00mL、20.02mL、20.20mL、22.00mL 时，溶液中 pFe^{3+} 的变化情况如何？请用坐标纸绘制 EDTA 滴定 Fe^{3+} 的滴定曲线。

6. 氧化锌软膏的含量测定操作是：取本品 0.5g，精密称定，加氯仿 10mL，微温使之熔化，加 0.5mol/L 的硫酸溶液 10mL，搅拌使氧化锌溶解，加 0.025% 甲基红的乙醇溶液 1 滴，滴加氨试液使溶液显微黄色，加水 25mL、氨-氯化铵缓冲溶液（pH=10.0）10mL 与铬黑 T 指示剂少许，用 EDTA 滴定液（0.05mol/L）滴定，至溶液自紫色转变为纯蓝色，即得。每 1mL 的 EDTA 滴定液（0.05mol/L）相当于 4.069mg 的 ZnO，现在，称取三份平行样，质量 W：1# 0.50790g，2# 0.5283g，3# 0.5125g；依标准操作后，消耗 0.05mol/L 的 EDTA 标准溶液（$F=1.036$）的体积 V 分别为：1# 18.43mL，2# 18.80mL，3# 18.48mL。请计算氧化锌含量的平均值和计算结果的相对平均偏差。（标准规定：14.0%～16.0%）

7. 碱式碳酸铋片是胃肠道的收敛药，其含量测定操作是：取本品 10 片，精密称定，研细，精密称取适量（约相当于碱式碳酸铋 0.2g），加硝酸溶液（3+10）5mL 使溶解，加水 100mL 与二甲酚橙指示液 3 滴，用 EDTA 滴定液（0.05mol/L）滴定至淡黄色，每 1mL 的 EDTA 滴定液（0.05mol/L）相当于 10.45mg 的 Bi。现在精密称取标示规格为 0.3g/片的某碱式碳酸铋片 10 片，质量 3.5170g，研细后，精密称取研好的三份平行样细粉，取样量分别为 W：1# 0.2318g，2# 0.2297g，3# 0.2353g。依据标准进行操作，消耗 0.05mol/L 的 EDTA 标准溶液（$F=1.036$）的体积分别为 V：1# 14.48mL，2# 14.41mL，3# 14.68mL。请计算碱式碳酸铋片（以铋计算）标示量的含量和计算结果的相对平均偏差。（标准规定：75.0%～85.0%）

第 9 章 沉淀滴定法

9.1 概述

沉淀滴定法系指利用沉淀反应进行滴定的一种分析方法。虽然能够形成沉淀的化学反应非常多，但是能够用于沉淀滴定的沉淀反应并不多，因为能够作为沉淀滴定的化学反应必须满足以下条件：

① 沉淀的溶解度要小（通常要小于 10^{-6} g/mL）。
② 沉淀反应按照一定的方程式进行反应。
③ 反应速率快，不易形成过饱和溶液。
④ 有准确的确定滴定终点的方法。
⑤ 沉淀的吸附现象不妨碍滴定终点的确定。

目前，在实际检验工作中应用比较多的沉淀滴定法，主要是生成难溶性银盐的沉淀滴定法，即银量法。银量法可以测定的离子有 Cl^-、Br^-、I^-、Ag^+、SCN^- 等，还可以测定经过处理能够产生这些离子的有机化合物如精制敌百虫粉、氯化琥珀胆碱注射液和碘解磷定原料药等。

银量法根据指示滴定终点方法的不同可以将滴定方式划分为：直接滴定法、间接滴定法、返滴定法等。与其他滴定分析一样，沉淀滴定法需要解决的关键问题也是准确地确定滴定终点的问题，下面分别讨论确定滴定终点方法的几种方法。

9.2 摩尔（Mohr）法

9.2.1 摩尔法的工作原理

用铬酸钾指示液确定银量法滴定终点的方法被称为摩尔法。原理是在含有 Cl^- 的中性溶液中，以铬酸钾作为指示液，当用硝酸银标准溶液进行滴定时，由于氯化银的溶解度（1.8×10^{-2} g/L）比铬酸银（4.3×10^{-2} g/L）小，根据分步沉淀的原理，被滴定的溶液体系中将首先析出溶解度较小的氯化银沉淀，当溶液中的 Cl^- 完全被沉淀后，过量的一滴硝酸银标准溶液将与铬酸钾指示液发生反应，生成铬酸银砖红色沉淀，即为滴定终点。滴定反应和指示液的反应分别为：

$$Cl^- + Ag^+ =\!=\!= AgCl \downarrow \text{（白色）} \quad K_{sp} = 1.8 \times 10^{-10}$$

$$CrO_4^{2-} + 2Ag =\!=\!= Ag_2CrO_4 \downarrow \text{（砖红色）} \quad K_{sp} = 2.0 \times 10^{-12}$$

9.2.2 铬酸钾指示液的用量

在滴定过程中，随着硝酸银标准溶液的不断滴入，氯化银沉淀不断地生成，溶液中 Cl^- 浓度越来越小，Ag^+ 的浓度越来越大，直至与 CrO_4^{2-} 浓度的乘积超过 Ag_2CrO_4 的溶度积时，便会出现 Ag_2CrO_4 的砖红色沉淀，可以借此来指示滴定终点。此时，与氯化银和铬酸银两种沉淀相接触的溶液均已经达到饱和，所以，Cl^-、CrO_4^{2-} 和 Ag^+ 浓度应该同时满足氯化银和铬酸银的溶度积：

$$[Ag^+][Cl^-] = K_{sp}\text{（氯化银）} = 1.8 \times 10^{-10}$$

$$[Ag^+]^2[CrO_4^{2-}]=K_{sp}(铬酸银)=2.0\times10^{-12}$$

因为两种沉淀是在同一溶液中，所以，上述两式中的 $[Ag^+]$ 应该相等。则有：

$$\frac{[Cl^-]}{\sqrt{[CrO_4^{2-}]}}=\frac{K_{sp}(氯化银)}{\sqrt{K_{sp}(铬酸银)}}=\frac{1.8\times10^{-10}}{\sqrt{2.0\times10^{-12}}}=1.3\times10^{-4}$$

由此可知，在滴定终点时，溶液中剩余 Cl^- 浓度的大小与 CrO_4^{2-} 的浓度有关。若 CrO_4^{2-} 的浓度过大，则滴定终点时剩余 Cl^- 的浓度就大，从而使测定结果产生较大的负误差。反之，可使溶液中过量的 Ag^+ 浓度增大，从而使测定结果产生较大的正误差。所以，要想获得比较准确的测定结果，就必须严格地控制 CrO_4^{2-} 的浓度（即指示液的用量）。

在滴定终点时应该有：$[Ag^+]=[Cl^-]=\sqrt{1.8\times10^{-10}}=1.3\times10^{-5}$（mol/L）

如果此时也恰好能够生产铬酸银沉淀，则理论上需要 CrO_4^{2-} 的浓度为：

$$\frac{1.3\times10^{-5}}{\sqrt{[CrO_4^{2-}]}}=1.3\times10^{-4}$$

故而：$[CrO_4^{2-}]=1.0\times10^{-2}$ mol/L。

但在实际检验工作中，由于铬酸钾指示液本身是黄色的，如果浓度大了会影响滴定终点的观察。实践证明：在一般的滴定溶液中，CrO_4^{2-} 的浓度约为 5.0×10^{-3} mol/L 比较合适。

9.2.3 滴定条件的选择

（1）滴定溶液的酸碱性

因为 H_2CrO_4 是一种弱酸，其 $K_{a2}=3.1\times10^{-7}$，因此，铬酸银沉淀易溶解于酸。若溶液为酸性时，有：

$$AgCrO_4+H^+\rightleftharpoons 2Ag^++HCrO_4^-$$

所以，滴定不能在酸性溶液中进行。若溶液的碱性太强时，则有氧化银沉淀析出：

$$2Ag^++2OH^-\rightleftharpoons 2AgOH\downarrow \longrightarrow Ag_2O\downarrow+H_2O$$

摩尔法通常要求溶液在 6.5～10.5 的 pH 值条件下进行滴定。

（2）溶液中不能有氨

如果溶液中有氨，则可以与 Ag^+ 生成 $Ag(NH_3)_2$ 络离子，而使氯化银和铬酸银沉淀溶解，故：如果溶液中有氨存在时，必须用酸将其中和。当溶液中有铵盐存在时，此时若是溶液的碱性较强时，也会增大氨的浓度。所以，当有铵盐存在时，溶液的 pH 值应严格控制在 6.5～7.2 为宜。

（3）预先分离

凡与 Ag^+ 能生成沉淀的阴离子如 PO_4^{3-}、AsO_3^{3-}、SO_3^{2-}、S^{2-}、CO_3^{2-}、$C_2O_4^{2-}$ 等，与 CrO_4^{2-} 能生成沉淀的阳离子如 Ba^{2+}、Pb^{2+} 等，以及有色离子 Cu^{2+}、Co^{2+}、Ni^{2+} 等，以及在中性或微碱性溶液中易发生水解的离子如 Fe^{3+}、Al^{3+} 等都干扰测定，应该预先分离。

（4）剧烈振摇

先产生的氯化银沉淀容易吸附溶液中的 Cl^-，使溶液中的 Cl^- 浓度降低，导致滴定终点提前而引入误差。因此，滴定时必须强烈振摇。如果是测定 Br^-，则溴化银对 Br^- 的吸附作用更强，滴定时更要剧烈振摇，否则，会引入较大的误差。AgI 和 AgSCN 沉淀对 I^- 和 SCN^- 的吸附作用更为强烈，造成的滴定误差也较大，所以，摩尔法不适合测定 I^- 和 SCN^-。

9.3 佛尔哈德（Volhard）法

9.3.1 佛尔哈德法的滴定原理

（1）直接滴定法

这种方法是在酸性溶液中以铁铵矾作为指示液，用硫氰酸钾或硫氰酸铵标准溶液滴定含有 Ag^+ 的溶液，其滴定反应为：

$$Ag^+ + SCN^- \Longrightarrow AgSCN\downarrow$$

当滴定到达滴定终点附近时，Ag^+ 的浓度迅速下降，而 SCN^- 的浓度迅速增加，于是微微过量的 SCN^- 与铁铵矾中的 Fe^{3+} 反应，生成红色的 $FeSCN^{2+}$，从而指示滴定终点的到达：

$$Fe^{3+} + SCN^- \Longrightarrow FeSCN^{2+}（红色）$$

由于硫氰酸银沉淀容易吸附溶液中的 Ag^+，使得在滴定终点前的溶液中 Ag^+ 的浓度大大地下降，甚至会使终点提前出现。因此，在滴定过程中务必要剧烈振摇，使被吸附的 Ag^+ 释放出来。

（2）返滴定法

用返滴定法测定溶液中的卤离子或 SCN^- 时，应该先加入定量过量的硝酸银标准溶液，使卤离子或 SCN^- 生成难溶性银盐，然后再以铁铵矾作指示液，用硫氰酸铵标准溶液滴定过量的硝酸银，其反应如下：

$$Cl^- + Ag^+ \Longrightarrow AgCl\downarrow$$
$$Ag^+ + SCN^- \Longrightarrow AgSCN\downarrow$$
$$Fe^{3+} + SCN^- \Longrightarrow FeSCN^{2+}（红色）$$

应该指出的是：在此种情况下，经过振摇后，红色即可以褪去，因此，滴定终点很难确定。产生这种现象的原因是由于硫氰酸银的溶度积 $[K_{sp}(AgSCN) = 1.0 \times 10^{-12}]$ 小于氯化银的溶度积 $[K_{sp}(AgCl) = 1.8 \times 10^{-10}]$，因此，在滴定终点时，处在氯化银饱和溶液中的 Ag^+ 浓度与 SCN^- 浓度的乘积超过了硫氰酸银的溶度积，便析出了硫氰酸银沉淀。硫氰酸银沉淀析出后，溶液中 SCN^- 的浓度便下降，则 $FeSCN^{2+}$ 便开始分解，红色便开始消失。在析出硫氰酸银沉淀的同时，也必然会引起 Ag^+ 浓度的降低，于是对于氯化银而言便成了不饱和溶液，氯化银沉淀就开始溶解。随着氯化银沉淀的溶解，Ag^+ 浓度就增加。当继续滴加硫氰酸铵标准溶液时，氯化银则不断地溶解，硫氰酸银将不断地产生，其反应式为：

$$AgCl \Longrightarrow Ag^+ + Cl^-$$
$$+$$
$$NH_4SCN \Longrightarrow SCN^- + NH_4^+$$
$$\Downarrow$$
$$AgSCN\downarrow$$

即：$AgCl + SCN^- \Longrightarrow AgSCN\downarrow + Cl^-$

这种难溶化合物的转化作用，势必要多消耗一部分硫氰酸铵标准溶液，从而造成较大的误差。为了避免上述现象的出现，在接近滴定终点时，必须防止用力振摇，或者先将沉淀滤去，再在滤液中进行滴定，但是这样做也会引起较大的误差。目前比较简单的方法是在滴定前加入硝基苯或邻苯二甲酸二丁酯，由于氯化银的表面被硝基苯或邻苯二甲酸二丁酯所包围，使它不再与滴定的溶液接触，从而避免了上述沉淀转化反应的发生，可以得到比较满意的滴定结果。

在测定溴化物或碘化物时,由于生成的溴化银或碘化银沉淀的溶度积小于硫氰酸银的溶度积,因此,不至于发生沉淀转化反应,滴定终点也非常明显,不必要滤去沉淀或加入硝基苯或邻苯二甲酸二丁酯。但是必须指出:在测定碘化物时,指示液应该在加入定量过量的硝酸银溶液后才能够加入,否则,将会发生下列反应而产生误差:

$$2Fe^{3+} + 2I^- = 2Fe^{2+} + I_2$$

9.3.2 滴定条件的选择

(1) 以铁铵矾作指示液的佛尔哈德沉淀滴定法

以铁铵矾作指示液的佛尔哈德沉淀滴定法必须在酸性溶液中进行,溶液中的 H^+ 浓度控制在 0.1~1mol/L,此时铁铵矾中的 Fe^{3+} 主要以 $Fe(H_2O)_6^{3+}$ 的形式存在,颜色比较浅,有利于滴定终点的观察。当溶液的酸度降低,在中性或碱性溶液中的 Fe^{3+} 会发生水解反应,生成颜色比较深的棕色 $Fe(H_2O)_5OH^{2+}$ 或 $Fe_2(H_2O)_4(OH)_2^{4+}$ 等,甚至生成褐色的氢氧化铁沉淀,影响滴定终点的观察。

$$Fe(H_2O)_6^{3+} \rightleftharpoons Fe(H_2O)_5OH^{2+} + H^+ \qquad K_a = 9.0 \times 10^{-4}$$

$$2Fe(H_2O)_6^{3+} \rightleftharpoons Fe_2(H_2O)_4(OH)_2^{4+} + 2H^+ \qquad K_a = 1.2 \times 10^{-3}$$

$$Fe^{3+} + 3OH^- \rightleftharpoons Fe(OH)_3 \downarrow$$
$$\longrightarrow Fe_2O_3 + H_2O$$

另外,在酸性条件下,许多弱酸的酸根离子 PO_4^{3-}、AsO_3^{3-}、SO_3^{2-}、CO_3^{2-} 等都不干扰滴定。

(2) 铁铵矾作指示液的用量

一般而言,在滴定终点时,指示液铁铵矾所形成的 $FeSCN^{2+}$ 的浓度要达到 6.0×10^{-6} mol/L 左右时,才能够观察到明显的红色。所以,铁铵矾作指示液的用量能够使滴定终点时溶液中的 Fe^{3+} 浓度保持在 0.015mol/L 即可,此时既能够保证对滴定终点的正确观察而又能够不引起超范围的误差。

(3) 预先除去干扰

强氧化剂、氮的低价氧化物、铜盐、汞盐等能与 SCN^- 起反应,干扰检测的正常进行,必须预先除去。

9.4 法杨司(Fajans)法

9.4.1 法杨司法的原理

用吸附指示液来指示滴定终点的银量法被称为法杨司法。吸附指示液就是利用一些有机化合物吸附在沉淀表面上后,其结构发生了改变,因而改变了颜色。例如用硝酸银标准溶液滴定 Cl^- 时,常用荧光黄作指示液,荧光黄是一种有机弱酸,可以用 HFIn 来表示,它的电离方程式如下:

$$HFIn \rightleftharpoons FIn^- + H^+$$

荧光黄的阴离子 FIn^- 呈黄绿色,在滴定终点以前,溶液中存在着过量的 Cl^-,氯化银沉淀吸附 Cl^- 而带负电荷,形成 $AgCl \cdot Cl^-$,荧光黄阴离子不被吸附,溶液呈现黄绿色。当滴定至滴定终点时,一滴过量的硝酸银可以使溶液中出现过量的 Ag^+,则氯化银沉淀便吸附 Ag^+ 而带正电荷,形成了 $AgCl \cdot Ag^+$。它强烈地吸附着 FIn^-,荧光黄阴离子被吸附之后,结构发生了变化而呈现粉红色。

$$AgCl \cdot Ag^+ + FIn^- \rightleftharpoons AgCl \cdot Ag \cdot FIn$$
$$\quad\quad\quad\quad\text{黄绿色} \quad\quad\quad\quad\quad\quad\text{粉红色}$$

9.4.2 滴定条件的选择

① 由于颜色的变化发生在沉淀的表面上，则应该尽量使沉淀的表面积大一些，即沉淀的颗粒尽量小一些。所以在滴定的过程中，应该设法防止氯化银沉淀的凝聚。但是在滴定终点时，溶液中的 Ag^+ 和 Cl^- 都不过量，氯化银沉淀极易凝聚，所以，通常在溶液体系中要加入糊精溶液（1+50）作为保护性胶体。

② 溶液的浓度不能太低，因为浓度太低时，沉淀很少，观察滴定终点比较困难。用荧光黄作指示液，用硝酸银标准溶液滴定 Cl^- 时，Cl^- 的浓度要求在 0.005mol/L 以上；但在滴定 Br^-、I^-、SCN^- 的灵敏度稍高，浓度在 0.001mol/L 以上仍然可以准确滴定。

③ 滴定必须在中性、弱碱性或很弱的酸性溶液中进行。这是因为酸度较大时，指示液的阴离子与 H^+ 相结合，形成了不带电荷的荧光黄分子（$K_a \approx 10^{-7}$）而不被吸附。几种吸附指示液滴定时适合的 pH 值参见表 9-1。

④ 因为卤化银对光线敏感，其感光后会便为灰黑色。所以，应该避免在阳光下滴定。

表 9-1　几种常用的吸附指示液

指示液	被测定的离子	适合的 pH 值
荧光黄	Cl^-	7～10（一般为 7～8）
二氯荧光黄	Cl^-	4～10（一般为 5～8）
曙红	Br^-、I^-、SCN^-	2～10（一般为 3～9）
溴甲酚绿	SCN^-	4～5（一般为 7～8）

9.5 沉淀滴定法标准溶液的配制与标定

沉淀滴定法所用到的标准溶液主要有硝酸银标准溶液和硫氰酸铵标准溶液，配制上述两种标准溶液所用的化学试剂均为分析纯，配制时试剂的取用量可以比理论值略高一些，如硝酸银固体试剂的取用量可以是 18.0g/1000mL，这样配制出来的标准溶液的 F 值比 1 略大。其优点是：在实际的样品检测过程中，若样品的取样量略大或者是试样的含量较高时，消耗标准溶液的体积也不会超出滴定管的最大量程。

因为硝酸银见光易发生分解，所以在进行称量、配制、标定、稀释及样品的滴定测试操作时，都应该避光进行；进行检验操作时，盛装硝酸银标准溶液的滴定管应该是棕色的酸式滴定管。当标定或滴定操作完成后，应立即对所使用的玻璃器皿进行清洗，以避免滴定反应所产生的沉淀吸附在器皿的内壁上，造成清洗的困难。

硝酸银标准溶液（0.1mol/L）的配制与标定：称取硝酸银 17.5g，加水适量使其溶解成 1000mL，摇匀即可。精密称取在 110℃ 干燥至恒重的基准氯化钠约 0.2g（做 5 份平行测定），加水 50mL 使其溶解，再加糊精溶液（1+50）5mL，碳酸钙 0.1g 与荧光黄指示液 8 滴，用本液滴定至浑浊液由黄绿色变为微红色。每 1mL 的硝酸银标准溶液（0.1mol/L）相当于 5.844mg 的氯化钠；根据本液的消耗量和基准氯化钠液的取用量，计算出硝酸银标准溶液的浓度。

硫氰酸铵标准溶液（0.1mol/L）的配制与标定：称取硫氰酸铵 8.0g，加水适量使溶解成 1000mL，摇匀即可。精密量取硝酸银标准溶液（0.1mol/L）25.00mL，加水 50mL、硝酸 2mL 与硫酸铁铵指示液 2mL，用本液滴定至溶液微显淡棕红色；经过剧烈振摇后仍不褪色，即为终点。根据本液的消耗量计算出硫氰酸铵标准溶液的浓度。

9.6 沉淀滴定法的计算与应用实例

9.6.1 沉淀溶解度和溶度积的计算

【例题 9-1】 常温下，硫酸钡在纯水中的溶解度为 1.05×10^{-5} mol/L，请计算硫酸钡的溶度积常数。

解：
$$BaSO_4 \rightleftharpoons Ba^{2+} + SO_4^{2-}$$
$$ 1.05\times10^{-5} \quad 1.05\times10^{-5}$$

因为：$K_{sp}=[Ba^{2+}][SO_4^{2-}]$

则：$K_{sp}=1.05\times10^{-5}\times1.05\times10^{-5}=1.1\times10^{-10}$

【例题 9-2】 常温下，氯化银的溶度积为 1.8×10^{-10}，铬酸银的溶度积为 1.1×10^{-12}，氟化钙的溶度积为 2.7×10^{-11}，请比较三种物质溶解度的大小。

解：一般情况下，对于同一类型的物质，根据其溶度积常数的大小就可以比较物质溶解度的大小。本题中的 CaF_2 和 Ag_2CrO_4 类型相同（分别为 AB_2 型和 A_2B 型），所以，根据溶度积常数可知：CaF_2 的溶解度比 Ag_2CrO_4 的溶解度大；但是它们与 AgCl（AB 型）属于不同类型，所以，只有通过计算才能进行比较。

设：氯化银的溶解度为 X(mol/L)，则根据电离方程式：
$$AgCl \rightleftharpoons Ag^+ + Cl^-$$
$$ X \quad\quad X$$

因为 $[Ag^+][Cl^-]=K_{sp}=1.8\times10^{-10}$

故 $X=1.3\times10^{-5}$ mol/L

设：铬酸银的溶解度为 Y(mol/L)，则根据电离方程式：
$$Ag_2CrO_4 \rightleftharpoons 2Ag^+ + CrO_4^{2-}$$
$$ 2Y \quad\quad Y$$

因为 $[Ag^+]^2[CrO_4^{2-}]=K_{sp}=1.1\times10^{-12}$

故 $(2Y)^2Y=1.1\times10^{-12}$

$Y=6.5\times10^{-5}$ mol/L

因为 $Y>X$，故 Ag_2CrO_4 的溶解度大于 AgCl 的溶解度。这三种物质的溶解度顺序依次为：$CaF_2>Ag_2CrO_4>AgCl$。

【例题 9-3】 常温下，$Ca(OH)_2$ 的溶度积为 5.5×10^{-6}，请计算其饱和水溶液的 pH 值。

解：设氢氧化钙饱和水溶液中 OH^- 的浓度为 X(mol/L)，则有：
$$Ca(OH)_2 \rightleftharpoons Ca^{2+} + 2OH^-$$
$$ \tfrac{1}{2}X \quad\quad X$$

因为 $[Ca^{2+}][OH^-]^2=K_{sp}=5.5\times10^{-6}$

故 $(X/2)X^2=5.5\times10^{-6}$

$[OH^-]=X=2.2\times10^{-2}$ mol/L

则 pH $=14.0-$pOH$=14.0-(-\lg 2.2\times10^{-2})=12.3$

9.6.2 分级沉淀的计算

当溶液中有两种或两种以上的可被沉淀的离子共存时，加入沉淀剂后，首先达到沉淀溶度积的离子先产生沉淀，这种先后沉淀的现象被称为分级沉淀或分步沉淀。沉淀析出的顺序不是固定不变的,它与溶液中被沉淀的离子浓度有关。

【例题 9-4】 某溶液中同时含有氯离子和铬酸根离子,它们的浓度分别为:$[Cl^-]=0.010\text{mol/L}$,$[CrO_4^{2-}]=0.10\text{mol/L}$。当逐滴加入硝酸银溶液时,哪一种离子首先析出沉淀?当第二种离子开始沉淀时,第一种离子留在溶液中的浓度是多少?

解:当逐滴加入硝酸银溶液时,可能发生如下两种沉淀反应:

$$Ag^+ + Cl^- \rightleftharpoons AgCl(白色)$$

$$2Ag^+ + CrO_4^{2-} \rightleftharpoons Ag_2CrO_4(砖红色)$$

若要产生这两种沉淀,所需要 Ag^+ 的浓度分别为:

产生氯化银沉淀时

$$[Ag^+] = \frac{K_{sp}(氯化银)}{[Cl^-]} = \frac{1.8 \times 10^{-10}}{0.010} = 1.8 \times 10^{-8} \text{ (mol/L)}$$

产生铬酸银沉淀时

$$[Ag^+] = \sqrt{\frac{K_{sp}(铬酸银)}{[CrO_4^{2-}]}} = \sqrt{\frac{1.1 \times 10^{-12}}{0.10}} = 3.3 \times 10^{-6} \text{ (mol/L)}$$

显然,产生氯化银沉淀所需要的 Ag^+ 浓度远远小于产生铬酸银沉淀所需要的 Ag^+ 的浓度,因此,氯化银沉淀首先析出。当逐滴加入硝酸银溶液时,由于氯化银沉淀的生成,溶液中的 Cl^- 浓度将不断减小,Ag^+ 浓度将不断地增大。当 Ag^+ 浓度增大到 $3.3 \times 10^{-6} \text{mol/L}$ 时,开始形成 Ag_2CrO_4 沉淀。此时,溶液中的 Cl^- 浓度为:

$$[Cl^-] = K_{sp}(氯化银)/[Ag^+] = 1.8 \times 10^{-10}/3.3 \times 10^{-6} = 5.5 \times 10^{-5} \text{ (mol/L)}$$

则当逐滴加入硝酸银溶液时,氯化银沉淀首先析出;当铬酸银沉淀开始析出时,溶液中的 Cl^- 浓度为 $5.5 \times 10^{-5} \text{mol/L}$。

9.6.3 沉淀滴定法的计算

【例题 9-5】 纯 KCl 和 KBr 的混合物 0.3074g 溶解于水后,用 0.1007mol/L 的硝酸银标准溶液滴定,共消耗 30.98mL,计算样品中氯化钾和溴化钾的含量。

解:设原混合物中含有氯化钾 X(g),则含有溴化钾为 (0.3074g$-X$)。

因为在滴定时消耗硝酸银的物质的量应该为氯化钾和溴化钾的物质的量之和,所以列出:

$$\frac{X}{KCl} + \frac{0.3074\text{g}-X}{KBr} = 0.1007\text{mol/L} \times 30.98 \times 10^{-3}\text{L}$$

$$\frac{X}{74.55} + \frac{0.3074\text{g}-X}{119.00} = 3.1197 \times 10^{-3}$$

$$X = 0.1071\text{g}$$

则:KCl 的含量/% $= \frac{0.1071}{0.3074} \times 100\% = 34.84\%$

KBr 的含量/% $= \frac{0.3074-0.1071}{0.3074} \times 100\% = 65.16\%$

【例题 9-6】 复方氨基吡啉注射液中巴比妥的含量测定操作如下:精密量取本品 5mL,加新制的碳酸钠试液 6mL 与水 14mL,保持温度在 15~20℃,用硝酸银液(0.1mol/L)滴定,至溶液微显浑浊在 30s 内不消失,即得。每 1mL 的硝酸银滴定液(0.1mol/L)相当于 18.42mg 的 $C_8H_{12}N_2O_3$,巴比妥的标示规格(浓度)为 28.5g/1000mL。依照标准进行操作,三份平行样消耗 $F=1.033$ 的硝酸银标准溶液(0.1mol/L)的体积分别为:1# 7.38mL,2# 7.40mL,3# 7.39mL,请计算巴比妥标示量的含量。

解:巴比妥类药物在碳酸钠的碱性溶液中可以与硝酸银作用,先生成可溶性的一银盐,然后继续反应生成不溶性的二银盐白色沉淀：

$$\begin{array}{c}R^1\\ \diagdown\\ C\\ \diagup\\ R^2\end{array}\begin{array}{c}CO-NH\\ \diagdown\\ C=O\\ \diagup\\ CO-NH\end{array}\xrightarrow{Na_2CO_3}\begin{array}{c}R^1\\ \diagdown\\ C\\ \diagup\\ R^2\end{array}\begin{array}{c}CO-NH\\ \diagdown\\ C-ONa\\ \diagup\\ CO-N\end{array}\xrightarrow{AgNO_3}$$

$$\begin{array}{c}R^1\\ \diagdown\\ C\\ \diagup\\ R^2\end{array}\begin{array}{c}CO-NH\\ \diagdown\\ C-OAg\\ \diagup\\ CO-N\end{array}\xrightarrow[Na_2CO_3]{AgNO_3}\begin{array}{c}R^1\\ \diagdown\\ C\\ \diagup\\ R^2\end{array}\begin{array}{c}O\ \ Ag\\ \|\ \ |\\ C-N\\ \diagdown\\ C=O\\ \diagup\\ C-N\\ \|\ \ |\\ O\ \ Ag\end{array}\downarrow(白色)$$

以硝酸银标准溶液滴定至出现不溶性的二银盐的浑浊（30s 内不消失）时，即供试品全部转化为一银盐就是滴定终点，用自身产生的二银盐作为指示剂。

巴比妥标示量的含量应该为：

$$P\% = \frac{实际测得巴比妥的质量(g)}{取样的体积\times 标示规格}\times 100\%$$

$$P_1\% = \frac{1.033\times 7.38\times 18.42\times 10^{-3}}{5.0\times 28.5/1000}\times 100\% = 98.54\%$$

$$P_2\% = \frac{1.033\times 7.40\times 18.42\times 10^{-3}}{5.0\times 28.5/1000}\times 100\% = 98.81\%$$

$$P_3\% = \frac{1.033\times 7.39\times 18.42\times 10^{-3}}{5.0\times 28.5/1000}\times 100\% = 98.68\%$$

平均值为：98.7%，符合规定（应为：94.0%～106.0%）。

相对平均偏差为 $= \dfrac{|98.7\%-98.5\%|+|98.7\%-98.8\%|+|98.7\%-98.7\%|}{3\times 98.7\%}\times 100\% = 0.1\%$

【例题 9-7】 度米芬含量测定的操作如下：取本品约 0.2g，精密称定，置具塞的锥形瓶中，加水 75mL 溶解后，加 0.1% 碳酸氢钠溶液 2mL，摇匀，加氯仿 10mL 与溴酚蓝指示液 8 滴，用四苯硼钠滴定液（0.02mol/L）滴定，将近滴定终点时须强力振摇，至氯仿层的蓝色消失。每 1mL 四苯硼钠滴定液（0.02mol/L）相当于 8.289mg 的 $C_{22}H_{40}BrNO$。按标准进行操作，三份平行样的取样量分别为：1# 0.2031g，2# 0.2107g，3# 0.2053g；消耗 $F=1.017$ 的四苯硼钠标准溶液（0.02mol/L）的体积分别为：1# 22.80mL，2# 23.61mL，3# 23.12mL，请计算度米芬的含量，标准规定：按干燥品计算含 $C_{22}H_{40}BrNO$ 不得少于 98.0%，已知测得的干燥失重为 4.3%。

解：度米芬与四苯硼钠发生的沉淀反应为：

$$\left[\begin{array}{c}\text{C}_6\text{H}_5\text{O}(CH_2)_2\\ \diagdown\\ \text{N}^+\\ \diagup\ \diagdown\\ H_3C\ \ CH_3\end{array}(CH_2)_{11}CH_3\right]Br^- + NaB(C_6H_5)_4 \xrightarrow{NaHCO_3}$$

$$\left[\begin{array}{c}\text{C}_6\text{H}_5\text{O}(CH_2)_2\\ \diagdown\\ \text{N}^+\\ \diagup\ \diagdown\\ H_3C\ \ CH_3\end{array}(CH_2)_{11}CH_3\right]B(C_6H_5)_4^- \downarrow + NaBr$$

度米芬的含量为：

$$S\% = \frac{实际测得度米芬的质量(g)}{取样量(g)\times(1-干燥失重)}\times 100\%$$

$$S_1\% = \frac{1.017\times 22.80\times 8.289\times 10^{-3}}{0.2031\times(1-4.3\%)}\times 100\% = 98.89\%$$

$$S_2\% = \frac{1.017 \times 23.61 \times 8.289 \times 10^{-3}}{0.2107 \times (1-4.3\%)} \times 100\% = 98.70\%$$

$$S_3\% = \frac{1.017 \times 23.12 \times 8.289 \times 10^{-3}}{0.2053 \times (1-4.3\%)} \times 100\% = 99.20\%$$

平均值为：98.9%，符合规定（应为：不得少于98.0%）。

相对平均偏差为 $= \dfrac{|98.9\%-98.9\%|+|98.9\%-98.7\%|+|98.9\%-99.2\%|}{3\times 98.9\%} \times 100\% = 0.17\%$

思考与练习

1. 简答下列问题：
   (1) 要获得良好的硫酸钡沉淀需要进行陈化操作，而获得氯化银或 $Fe_2O_3 \cdot nH_2O$ 沉淀就不需要陈化吗？
   (2) 为什么用铬酸钾作指示液的摩尔法要在 pH 值为 6.5~10.5 的范围内进行滴定？而且在滴定时还要强烈振摇？在 pH 值为 4.0 的情况下测定氯离子，其测定结果准确吗？
   (3) 利用佛尔哈德返滴定法测定精制敌百虫的含量时，为什么要在溶液体系中加入邻苯二甲酸二丁酯？
   (4) 为什么用法杨司法标定硝酸银标准溶液时（荧光黄作指示液），要在溶液体系中加入糊精溶液？滴定过程应控制在怎样的酸碱性条件下才好？
   (5) 沉淀滴定法对沉淀反应有哪些要求？它对沉淀的要求与重量法有什么异同？
   (6) 什么是分步沉淀？如果向含有相同浓度的 Cl^-、Br^-、I^- 的溶液中滴加硝酸银溶液时，这三种离子的沉淀顺序是什么？

2. 请计算下列微溶化合物的溶解度：
   (1) 氟化钙，$K_{sp} = 2.7 \times 10^{-11}$。
   (2) 铬酸银在 0.01mol/L 铬酸钾溶液中的溶解度，铬酸银的 $K_{sp} = 2.0 \times 10^{-12}$。

3. 请计算下列微溶化合物的 K_{sp}：
   (1) 碘化银的溶解度为 $1.40\mu g/500mL$。
   (2) 氢氧化镁的溶解度为 8.5mg/1000mL。

4. 用 0.1mol/L 的硝酸银滴定液滴定 KBr，以铬酸钾为指示剂，在滴定终点时溶液中 CrO_4^{2-} 的浓度为 0.0050mol/L。请问在 1L 溶液中还剩下 Br^- 多少毫克？

5. 有 0.5000g 纯品 KIO_x，将其还原成碘化物以后，用 0.1mol/L 的硝酸银滴定液 23.36mL 恰好滴定完全，请计算 X 值。

6. 精密量取某氯化钠注射液 10.0mL 置于 100mL 容量瓶中，用水稀释至刻度，摇匀；从中精密量取 10.0mL，置于锥形瓶中，加水 40mL，加糊精溶液（1+50）5mL 与荧光黄指示液 5~8 滴，用 F = 1.039 的硝酸银滴定液（0.1mol/L）滴定，共消耗此种硝酸银滴定液 16.47mL。滴定度为每 1mL 的硝酸银（0.1mol/L）相当于 5.844mg 的 NaCl，请计算该氯化钠注射液的标示含量。

7. 精密称取某氯化物 0.2301g，用水溶解后，精密加入 0.1021mol/L 硝酸银滴定液 30.00mL，过量的硝酸银用 0.1037mol/L 硫氰酸铵滴定液返滴定，共消耗此种硫氰酸铵滴定液 15.50mL，请计算原氯化物中氯离子的含量。

第 10 章 氧化还原滴定

10.1 概述

氧化还原滴定法是以氧化还原反应为基础的滴定分析方法,其本质是利用溶液中的氧化剂(oxidant)与还原剂(reducing agent)之间的电子转移而引起的氧化还原反应来进行滴定分析。

10.1.1 氧化还原滴定法的分类

根据标准溶液所用的氧化剂或还原剂的不同,氧化还原滴定法又可以分为:

(1) 高锰酸钾法

利用 $KMnO_4$ 标准溶液在强酸性条件下滴定具有还原性的物质,来进行检测的方法。

$$MnO_4^- + 8H^+ + 5e^- \longrightarrow Mn^{2+} + 4H_2O$$

(2) 重铬酸钾法

利用 $K_2Cr_2O_7$ 标准溶液在强酸性条件下滴定具有还原性的物质,来进行检测的方法。

$$Cr_2O_7^{2-} + 14H^+ + 6e^- \longrightarrow 2Cr^{3+} + 7H_2O$$

(3) 碘量法

将碘单质配制成标准溶液,可以直接滴定还原性较强的物质,其反应方程式为:

$$I_2 + 2e^- = 2I^-$$

也可以将溶液中的 I^- 用过量的氧化剂将其氧化成 I_2,即:

$$2I^- - 2e^- = I_2$$

然后,再用硫代硫酸钠(还原剂)标准溶液返滴定反应产生的 I_2,其反应方程式为:

$$I_2 + 2S_2O_3^{2-} = 2I^- + S_4O_6^{2-}$$

10.1.2 电极电势

10.1.2.1 电极电势的概念

氧化还原反应中,氧化反应和还原反应是同时进行的。某物质失去电子的同时,必定有另一物质得到电子,氧化还原的本质就是电子的得失或转移。若将氧化反应和还原反应分别在两个不同的空间进行,让电子经过外电路进行传递,就可以构成一个原电池,将化学能转换成电能。以 Cu-Zn 电池为例(见图 10-1),将锌片插入 1mol/L 的 $ZnSO_4$ 溶液中,将铜片插入 1mol/L 的 $CuSO_4$ 溶液中,两种溶液之间用多孔隔膜隔开,多孔隔膜的作用是防止 $ZnSO_4$ 溶液和 $CuSO_4$ 溶液相互混合,但允许电解质离子及溶剂通过。锌片与铜片之间用铜导线连接,导线中有电流由铜极流向锌极,如此便构成铜-锌原电池。

原电池是由两个电极组成的。在电化学装置中,根据电位的高低来命名正负极,电势高的为正极,电势低的为负极。也可以根据电极上发生的氧化还原反应来命名阴阳极,失去电子发生氧化反应的为阳极,得到电子发生还原反应的为阴极。

Cu-Zn 电池发生的化学反应如下:

负极(阳极)　　　　　　　　　$Zn(s) \longrightarrow Zn^{2+}(1mol/L) + 2e^-$

正极(阴极)　　$Cu^{2+}(1mol/L) + 2e^- \longrightarrow Cu(s)$

电池反应:　　$Zn(s) + Cu^{2+}(1mol/L) \longrightarrow Zn^{2+}(1mol/L) + Cu(s)$

电极亦称为半电池,通常是由金属(或石墨)及与其接触的电解质溶液构成。由于在金属和溶液之间存在电势差,即电极电势,用符号 φ 表示,单位:V(伏特);原电池的电动势用 E 表示,使用盐桥("盐桥"是一个盛有饱和 KCl 溶液或饱和 NH_4NO_3 溶液的琼脂胶冻 U 形管,用于构成电子流通并减小液接电势)的原电池,其电池电动势完全决定于两个电极的电极电势,即 $E=\varphi_+-\varphi_-$。

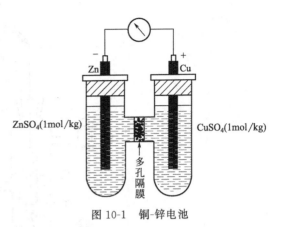

图 10-1 铜-锌电池

10.1.2.2 电极电势的产生

德国化学家能斯特(H. W. Nernst)提出了双电层理论解释电极电势产生的原因。当金属放入溶液中时,一方面金属晶体中处于热运动的金属离子在极性水分子的作用下,离开金属表面进入溶液。金属性质愈活泼,这种趋势就愈大;另一方面溶液中的金属离子,由于受到金属表面电子的吸引,而在金属表面沉积,溶液中金属离子的浓度愈大,这种趋势也愈大。在一定浓度的溶液中金属的溶解和沉积达到平衡后,金属和溶液两相界面上便形成了一个带相反电荷的双电层,金属和溶液之间产生了电势差。通常人们就把产生在金属和盐溶液之间的双电层间的电势差称为金属的电极电势,并以此描述电极得失电子能力的相对强弱。电极电势以符号 φ(氧化态/还原态)表示,单位:V。如锌的电极电势以 $\varphi(Zn^{2+}/Zn)$ 表示,铜的电极电势以 $\varphi(Cu^{2+}/Cu)$ 表示。

10.1.2.3 标准电极电势

当参加反应的各物质都处于标准状态时(即除了纯固体和纯液体之外,气体物质的压力为 100kPa,溶液中离子的浓度为 1mol/L),电极的电极电势称为标准电极电势,用 $\varphi^{\ominus}$(氧化态/还原态)表示,电池电动势用 $E^{\ominus}$ 表示。$\varphi^{\ominus}$ 后的括号内注明了参加电极反应物质的氧化态和还原态。先写氧化态,后写还原态,并简称"电对"。

到目前为止,人们尚无法测定单个电极电势的数值,只能测量由两个电极构成的电池的电动势。在实际应用中,只要确定各个电极在一定温度下相对于同一种基准的相对电动势的数值,就可以计算出任意两个电极在指定条件下所组成电池的电动势。国际上采用的标准电极是标准氢电极,以其作为基准,来测定各种电极的电极电势,从而得到电极电势相对于标准氢电极的相对值。

(1) 标准氢电极

标准氢电极的构成如下:把镀了铂黑的铂片插入氢离子浓度为 1mol/L 的溶液中(铂片镀铂黑是为了增加电极的表面积以提高氢的吸附量并借以促使电极反应加速达到平衡),并以标准压力($p^{\ominus}$)的干燥氢气不断冲击到铂电极上,这样的电极称为标准氢电极,并规定在任意温度下,$\varphi^{\ominus}_{H^+/H_2}=0$。

氢电极的构造如图 10-2 所示。

(2) 电池电势的测定方法

使待测电极与标准氢电极组成原电池,即标准氢电极‖待测电极。测定该电池的电动势,由于 $E=\varphi_{待测}-\varphi^{\ominus}_{H^+/H_2}$,而 $\varphi^{\ominus}_{H^+/H_2}=0$,所以测得的电动势 E 就得等于待测电极的电极电势 $\varphi_{待测}$。

如以标准铜电极为待测电极,将铜电极 $Cu^{2+}[c(Cu^{2+})=1mol/L]\mid Cu(s)$ 作正极,标准氢电极作负极,构成原电池如下:

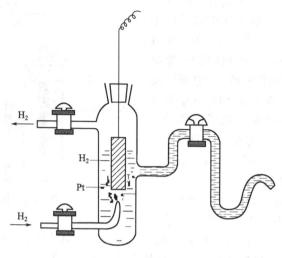

图 10-2 氢电极

$$\text{Pt} \mid \text{H}_2(p^\ominus) \mid \text{H}^+[c(\text{H}^+)=1\text{mol/L}] \parallel \text{Cu}^{2+}[c(\text{Cu}^{2+})=1\text{mol/L}] \mid \text{Cu(s)}$$

测得上述电池 298.15K 时的 $E^\ominus=0.337\text{V}$，则铜电极的标准电极电势 $\varphi^\ominus(\text{Cu}^{2+}/\text{Cu})=0.337\text{V}$，铜电极作为正极发生了还原反应。而对于 $\text{Zn}^{2+}[c(\text{Zn}^{2+})=1\text{mol/L}] \mid \text{Zn(s)}$ 与标准氢电极组成电池，测得 298.15K 时的 $E^\ominus=-0.763\text{V}$，表明锌电极的标准电极电势为 $\varphi^\ominus(\text{Zn}^{2+}/\text{Zn})=-0.763\text{V}$，比标准氢电极的电极电势低，此时氢电极应作正极，锌电极作负极，进行的是氧化反应。

10.1.2.4 影响电极电势大小的因素——能斯特方程

电极电势的大小不仅取决于电对的本性，还与溶液的浓度、温度以及气体的分压力有关。电极电势可以通过实验测定，也可以通过能斯特方程来计算。

对于任意指定电极，根据电极电势的规定，其电极反应均应写成还原反应形式：

$$\text{氧化态}+ze^- \longrightarrow \text{还原态}$$

电极电势能斯特方程为：

$$\varphi(\text{氧化态}/\text{还原态})=\varphi^\ominus(\text{氧化态}/\text{还原态})-(RT/zF)\ln\frac{c(\text{还原态})}{c(\text{氧化态})} \quad (10\text{-}1)$$

式中　φ(氧化态/还原态)——电极电势，V；

c(还原态)——电极反应中各产物 $c_B^{\nu_B}$ 的乘积；

c(氧化态)——电极反应中各反应物 $c_B^{\nu_B}$ 的乘积；

$\varphi^\ominus$(氧化态/还原态)——标准电极电势，V。

如果是纯固体或纯液体，浓度 c_B 带入 1 计算，若是气体浓度以 $\dfrac{p_B}{p^\ominus}$ 表示。例如碱性溶液中的氧电极的电极反应 $\text{O}_2+2\text{H}_2\text{O}+4e^- \rightleftharpoons 4\text{OH}^-$，电极电势表达式为：

$$\varphi(\text{O}_2/\text{OH}^-)=\varphi^\ominus(\text{O}_2/\text{OH}^-)-\frac{RT}{4F}\ln\frac{c^4(\text{OH}^-)}{[p(\text{O}_2)/p^\ominus] \cdot 1}$$

10.1.2.5 电极电势和电池电动势的应用

（1）判断氧化剂和还原剂的相对强弱

$\varphi^\ominus$ 值大小代表电对物质得失电子能力的大小，因此，可用于判断标准状态下氧化剂、还原剂氧化能力的相对强弱。电极电势越高，表明电极中氧化态物质得电子能力越强；电极电势越低,表明电极中还原态物质失电子能力越强。

【例题 10-1】 比较标准状态下下列电对物质氧化还原能力的相对大小。

$$\varphi^{\ominus}(Cl_2/Cl^-)=1.36V \quad \varphi^{\ominus}(Br_2/Br^-)=1.07V \quad \varphi^{\ominus}(I_2/I^-)=0.53V$$

解:比较上述电对的 $\varphi^{\ominus}$ 值可知,氧化态物质氧化能力大小的顺序为 $Cl_2>Br_2>I_2$,还原态物质还原能力大小的顺序为 $I^->Br^->Cl^-$。

(2) 判断氧化还原反应进行的方向

对于任意一个化学反应,其自发进行的条件为 $\Delta_r G_m<0$。将一个氧化还原反应设计为原电池,该反应的 $\Delta_r G_m$ 与原电池电动势 E 之间的关系为:

$$\Delta_r G_m = -zFE$$

式中 $\Delta_r G_m$——摩尔反应吉布斯函数,J/mol;

z——电池反应中的得失电子数;

F——法拉第常数,1mol 电子所带电量,96500C/mol。

当 $E>0$ 时,则 $\Delta_r G_m<0$,该反应能自发进行。由于 $E=\varphi_+-\varphi_-$,说明 $\varphi_+>\varphi_-$,即能自发进行的反应为:

$$\text{强氧化剂} + \text{强还原剂} == \text{弱还原剂} + \text{弱氧化剂}$$

【例题 10-2】 判断反应 $Pb^{2+}+Sn == Pb+Sn^{2+}$ 在 298.15K 时能否在下列条件下自发进行:

① 标准状态下;

② $c(Pb^{2+})=0.1mol/L$, $c(Sn^{2+})=2.0mol/L$。

解:假设反应正向进行,则电极反应为:

负极 $Sn \rightleftharpoons Sn^{2+}+2e^-$ $\varphi^{\ominus}=-0.136V$

正极 $Pb^{2+}+2e^- \rightleftharpoons Pb$ $\varphi^{\ominus}=-0.126V$

① 标准状态下

$$E^{\ominus}=\varphi_+^{\ominus}-\varphi_-^{\ominus}=-0.126-(-0.136)=0.01(V)$$

因为 $E^{\ominus}>0$,在标准状态下反应正方向自发进行。

② 当 $c(Pb^{2+})=0.1mol/L$ 时,铅电极的电极电势为:

$$\varphi(Pb^{2+}/Pb)=\varphi^{\ominus}(Pb^{2+}/Pb)+\frac{0.0592}{2}lg0.1=-0.16(V)$$

当 $c(Sn^{2+})=2.0mol/L$ 时,锡电极的电极电势为:

$$\varphi(Sn^{2+}/Sn)=\varphi^{\ominus}(Sn^{2+}/Sn)+\frac{0.0592}{2}lg2=-0.13(V)$$

$$E=\varphi_+-\varphi_-=-0.16-(-0.13)=-0.03(V)$$

由于 $E<0$,反应逆向进行,锡电极为正极,铅电极为负极。

(3) 判断氧化还原反应进行的程度

由于 $\Delta_r G_m^{\ominus}$ 与标准平衡常数存在着如下关系:$\Delta_r G_m^{\ominus}=-RTlnK^{\ominus}$,而 $\Delta_r G_m^{\ominus}=-zFE^{\ominus}$,因此有 $zFE^{\ominus}=RTlnK^{\ominus}$。可以利用 $E^{\ominus}$ 计算反应的 $K^{\ominus}$:

$$lnK^{\ominus}=\frac{zFE^{\ominus}}{RT}=\frac{zF(\varphi_+^{\ominus}-\varphi_-^{\ominus})}{RT}$$

当温度为 298.15K 时,上式可转化为 $lgK^{\ominus}=\frac{z(\varphi_+^{\ominus}-\varphi_-^{\ominus})}{0.0592}$,可见 $E^{\ominus}$ 值越大,$K^{\ominus}$ 值越大,表明正反应进行得越完全。

【例题 10-3】 试比较 298.15K 下列反应进行的程度:

① $\quad Cu^{2+} + Zn \rightleftharpoons Cu + Zn^{2+}$

② $\quad Pb^{2+} + Sn \rightleftharpoons Pb + Sn^{2+}$

解：① $\quad Cu^{2+} + Zn \rightleftharpoons Cu + Zn^{2+}$

查表 $\quad \varphi^{\ominus}(Cu^{2+}/Cu) = +0.337V \quad \varphi^{\ominus}(Zn^{2+}/Zn) = -0.763V$

$$E^{\ominus} = \varphi_+^{\ominus} - \varphi_-^{\ominus} = 0.337 - (-0.763) = 1.10 \text{ (V)}$$

$$\lg K^{\ominus} = \frac{z(\varphi_+^{\ominus} - \varphi_-^{\ominus})}{0.0592} = \frac{2 \times 1.10}{0.0592} = 37.162 \text{ (V)}$$

$$K^{\ominus} = 1.452 \times 10^{37}$$

② 查表 $\varphi^{\ominus}(Pb^{2+}/Pb) = -0.126V$，$\varphi^{\ominus}(Sn^{2+}/Sn) = -0.136V$

$$E^{\ominus} = \varphi_+^{\ominus} - \varphi_-^{\ominus} = -0.126 - (-0.136) = 0.01 \text{ (V)}$$

$$\lg K^{\ominus} = \frac{z(\varphi_+^{\ominus} - \varphi_-^{\ominus})}{0.0592} = \frac{2 \times 0.01}{0.0592} = 0.338$$

$$K^{\ominus} = 2.18$$

由此可见，反应①的 $E^{\ominus}$ 较大，其 $K^{\ominus}$ 也较大，反应进行的程度大；反应②的 $E^{\ominus}$ 较小，其 $K^{\ominus}$ 也较小，反应进行的程度较低。

（4）判断氧化还原反应进行的次序

当溶液中同时存在几种还原剂（或氧化剂），加入某种氧化剂（或还原剂）后，氧化还原反应按怎样的次序进行呢？

【例题 10-4】 向含有 Br^-、I^- 的溶液中通入 Cl_2，氧化还原反应发生的顺序如何？

解：由资料中查得标准电极电势：

$$I_2 + 2e^- \rightleftharpoons 2I^- \quad \varphi^{\ominus} = 0.536V$$

$$Br_2 + 2e^- \rightleftharpoons 2Br^- \quad \varphi^{\ominus} = 1.065V$$

$$Cl_2 + 2e^- \rightleftharpoons 2Cl^- \quad \varphi^{\ominus} = 1.358V$$

根据 $\varphi^{\ominus}$ 判断：I^- 与 Br^- 相比是较强的还原剂，故氧化剂 Cl_2 先与较强的还原剂 I^- 反应，当 I^- 几乎被氧化完时，Cl_2 再与还原性相对较弱的 Br^- 反应。

10.2 电位滴定

滴定分析时，在滴定过程中，被滴定溶液中的离子浓度随着试剂的加入而变化，如果在溶液中放入一个对待分析离子可逆的电极和一个参比电极（如甘汞电极）组成电池，随着滴定溶液的不断加入，被测离子的浓度在不断变化，电池的电势也随之不断发生变化，记录与所加滴定液体积相对应的电动势的值。接近滴定终点时，滴入少量滴定液即可使待分析离子浓度改变许多倍，此时电池的电动势将会突变。因此，可根据电动势的突变指示滴定的终点，在滴定到达终点前后，滴液中的待测离子浓度往往连续变化 n 个数量级，引起电位的突跃，被测成分的含量仍然通过消耗滴定剂的量来计算。这种方法叫做"电位滴定"。

使用不同的离子选择性指示电极，就可以进行不同种类的电位滴定，参见表 10-1。

电位滴定的特点是速度快，不需用指示剂，对于有色或浑浊的溶液也同样适用。

电位滴定的实例参见 6.6.2 和 7.2.2 节。

电位滴定的装置图见图 10-3。

表 10-1　电位滴定法使用离子选择性电极的种类

方　法	电极系统	说　明
水溶液氧化还原法	铂-饱和甘汞	铂电极用加有少量三氯化铁的硝酸或用铬酸清洁液迅速浸洗
水溶液中和法	玻璃-饱和甘汞	
非水溶液中和法	玻璃-饱和甘汞	饱和甘汞电极套管内装氯化钾的饱和无水甲醇溶液。玻璃电极用过后立即清洗并浸在水中保存
水溶液银量法	银-玻璃	银电极可用稀硝酸迅速浸洗(不可时间过长)
	银-硝酸钾盐桥-饱和甘汞	
—C≡CH 中氢置换法	玻璃-硝酸钾盐桥-饱和甘汞	
硝酸汞电位滴定法	铂-汞-硫酸亚汞	铂电极用10%硫代硫酸钠溶液浸泡后用水清洗。汞-硫酸亚汞电极可用稀硝酸浸泡后用水清洗
永停滴定法	铂-铂复合电极	铂电极用加有少量三氯化铁的硝酸或用铬酸清洁液迅速浸洗

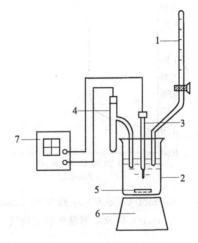

图 10-3　电位滴定装置
1—滴定管；2—烧杯；3—指示电极；4—参比电极；
5—磁力搅拌子；6—电磁搅拌器；7—电位计

10.3　氧化还原滴定法

10.3.1　概述

氧化还原滴定法是以氧化还原反应为基础的一种滴定方法，依靠滴定过程中溶液电极电势的突变来确定终点。与酸碱滴定法和配位滴定法相比较，氧化还原滴定的应用十分广泛。它不仅可以用于无机分析，也可以广泛用于有机分析。氧化还原滴定法可以直接测定氧化剂和还原剂的含量，也可以间接测定一些能与氧化剂或还原剂定量反应的物质的含量。可以用来进行氧化还原滴定的反应很多。大多根据要用的氧化剂来命名，主要有高锰酸钾法、重铬酸钾法、碘量法、溴酸盐法和铈量法等。

氧化还原滴定分析的条件：

① 氧化还原反应要定量进行，其反应的平衡常数 $K_c > 6$（以浓度表示的平衡常数），$E > 0.4V$（$z=1$）。

② 反应速率要快。
③ 有适当的方法或指示剂确定滴定终点。

10.3.2 滴定过程中电势的变化及滴定曲线

氧化还原滴定中，随着滴定剂的加入，溶液的电极电势 φ 不断发生变化，在化学计量点附近，溶液的电极电势将会产生突跃。氧化还原滴定曲线就是以 φ 为纵坐标，加入滴定剂的量为横坐标做出的曲线。φ 值的大小可以通过实验测定，对于有些反应也可以用能斯特方程计算。图 10-4 是 0.1000mol/L $Ce(SO_4)_2$ 标准溶液滴定 20mL 的 0.1000mol/L $FeSO_4$ 溶液的滴定曲线。从图上可以看到，计量点前后有一个相当大的突跃范围，滴定突跃范围的大小，与两电对的标准电极电势 $\varphi^{\ominus}$ 有关，两电对的标准电极电势差值 $\Delta\varphi^{\ominus}$ 越大，滴定突跃范围越大。一般 $\Delta\varphi^{\ominus} \geqslant 0.20V$ 时，突跃范围才明显，才有可能进行滴定。差值在 0.20~0.40V 之间，可采用电位法测定终点；差值大于 0.40V，可选用氧化还原指示剂指示终点。

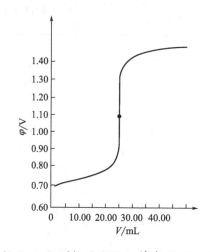

图 10-4　0.1mol/L $Ce(SO_4)_2$ 滴定 20.00mL 的
0.1000mol/L $FeSO_4$ 溶液的滴定曲线

10.3.3 氧化还原指示剂

在氧化还原滴定中，可以用电势法确定滴定终点，也可以借助指示剂在化学计量点附近颜色的改变来指示终点。常用的指示剂有以下几种。

(1) 自身指示剂

指应用有色标准溶液本身终点时颜色发生的显著变化指示终点。比如高锰酸钾测定双氧水的浓度实验中，利用终点时溶液的颜色由无色变为紫红色，来指示滴定终点的达到。这种不使用其他的指示剂，仅仅利用自身颜色的变化来指示终点的标准溶液即为自身指示剂。

(2) 专属指示剂

有些物质本身不具有氧化还原性，但它能与滴定剂或被测物产生特殊的颜色，因而可以指示滴定终点。这种指示某一特殊反应的滴定终点或者只能和某一特殊反应物质显色的指示剂叫做专属指示剂。

例如淀粉与碘生成深蓝色的配合物，该反应很灵敏、蓝色的出现或消失可以指示终点。又如 Fe^{3+} 滴定 Sn^{2+} 时，可以用 KSCN 作指示剂，Fe^{3+} 与 SCN^- 生成红色配合物，红色的出现可以指示滴定终点。

(3) 氧化还原指示剂

这类指示剂本身是氧化剂或还原剂，其氧化态或还原态具有不同的颜色。在滴定过程中，因被氧化或被还原而发生颜色变化从而指示终点。

$$氧化态 + ze^- \rightleftharpoons 还原态$$

由能斯特方程得：

$$\varphi(氧化态/还原态) = \varphi^{\ominus}(氧化态/还原态) - (0.0592/z)\ln\frac{c(还原态)}{c(氧化态)}$$

与酸碱指示剂相似，氧化还原指示剂颜色的改变也存在着一定的变色范围。当 c(氧化态) $= c$(还原态)，溶液呈中间色，φ(氧化态/还原态) $= \varphi^{\ominus}$(氧化态/还原态)，此时溶液的电极电势等于指示剂的标准电极电势，称为指示剂的变色点。当 $\frac{c(还原剂)}{c(氧化剂)} \geqslant 10$ 时，溶液呈现指示剂还原态的颜色；当 $\frac{c(还原剂)}{c(氧化剂)} \leqslant \frac{1}{10}$ 时，溶液呈现指示剂氧化态的颜色。因此氧化还原指示剂的变色范围是：

$$\varphi(氧化态/还原态) = \varphi^{\ominus}(氧化态/还原态) \pm (0.0592/z)$$

氧化还原指示剂的选择原则与酸碱指示剂的选择类似，即使指示剂变色的电势范围全部或部分落在滴定曲线突跃范围内。一些氧化还原指示剂的条件电极电势及颜色变化如表 10-2 所示。

表 10-2 一些氧化还原指示剂的条件电极电势及颜色变化

指示剂	$\varphi^{\ominus}$ [$c(H^+) = 1\text{mol/L}$]	颜色变化	
		氧化态	还原态
次甲基蓝	0.36	蓝	无色
二苯胺	0.76	紫	无色
二苯胺磺酸钠	0.84	红紫	无色
邻苯氨基苯甲酸	0.89	红紫	无色
邻二氮杂菲亚铁	1.06	浅蓝	红

10.4 氧化还原滴定分析法应用实例

10.4.1 高锰酸钾法

10.4.1.1 基本原理

高锰酸钾法是以高锰酸钾为标准溶液的氧化还原滴定法。高锰酸钾是强氧化剂，其氧化能力的大小与介质的酸度有关。在强酸性溶液中，MnO_4^- 与还原剂作用被还原为 Mn^{2+}：

$$MnO_4^- + 8H^+ + 5e^- \rightleftharpoons Mn^{2+} + 4H_2O \qquad \varphi^{\ominus} = 1.51V$$

在中性、弱碱性溶液中，MnO_4^- 被还原为 MnO_2：

$$MnO_4^- + 2H_2O + 3e^- \rightleftharpoons MnO_2 + 4HO^- \qquad \varphi^{\ominus} = 0.58V$$

由于后者氧化能力较弱，且生成褐色的 MnO_2 沉淀，影响滴定终点的观察，故 $KMnO_4$ 滴定法一般都在强酸性溶液中进行。为了控制溶液的酸度，一般使用 H_2SO_4 来调节，使 $c(H^+)$ 浓度保持在 $0.5 \sim 1.0$ mol/L 范围内。酸度过高，将引起 $KMnO_4$ 分解：

$$4MnO_4^- + 12H^+ \rightleftharpoons 4Mn^{2+} + 5O_2\uparrow + 6H_2O$$

硝酸具有氧化性，盐酸可被 $KMnO_4$ 氧化，所以这两种酸均不宜用来调节溶液的酸度。

高锰酸钾法的优点是 $KMnO_4$ 氧化能力强，可直接或间接地测定许多无机物和有机物；高锰酸钾水溶液呈紫红色，其还原产物 Mn^{2+} 几乎无色，因此高锰酸钾法不需要另加指示剂，可以利用化学计量点后微过量的 MnO_4^- 本身的粉红色来指示滴定终点。缺点是标准溶液不太稳定；反应历程比较复杂，易发生副反应；滴定反应中选择性比较差。

10.4.1.2 高锰酸钾标准溶液的配制和标定

$KMnO_4$ 试剂中常含有少量 MnO_2 和其他杂质，$KMnO_4$ 与还原性物质会发生缓慢的反应，生成 $MnO(OH)_2$ 沉淀，MnO_2 和 $MnO(OH)_2$ 又能进一步促进 $KMnO_4$ 分解。所以 $KMnO_4$ 溶液不能直接配制，通常先配制成近似浓度的溶液后再进行标定。

（1）配制

称取稍过量的固体 $KMnO_4$，溶解于一定量的蒸馏水中，缓慢煮沸 1h，冷却后储存于棕色瓶中，放置 2～3 天。待水中的还原性杂质被 $KMnO_4$ 氧化后，滤去其中的 $MnO(OH)_2$ 沉淀，将 $KMnO_4$ 溶液盛放在棕色瓶中并置于暗处。

（2）标定

标定 $KMnO_4$ 溶液的基准物质有 $Na_2C_2O_4$、$H_2C_2O_4 \cdot 2H_2O$、$(NH_4)_2Fe(SO_4)_2 \cdot 6H_2O$ 和纯铁丝等。其中最常用的是 $Na_2C_2O_4$，它易于提纯，性质稳定，不含结晶水。在 H_2SO_4 溶液中，$KMnO_4$ 与 $Na_2C_2O_4$ 的反应为：

$$2MnO_4^- + 5C_2O_4^{2-} + 16H^+ \Longleftrightarrow 2Mn^{2+} + 10CO_2 \uparrow + 8H_2O$$

为使该反应定量、快速地进行，应注意以下反应条件：

① 温度控制在 70～85℃。如温度在室温时，反应进行缓慢，温度超过 90℃，$H_2C_2O_4$ 部分分解。

② 酸度要适宜。酸度偏低时，易生成 MnO_2 沉淀；酸度太高时，又会促进 $H_2C_2O_4$ 分解。

③ 掌握好滴定速度。开始滴定时 MnO_4^- 与 $C_2O_4^{2-}$ 反应很慢，滴入的 $KMnO_4$ 褪色也较慢。当 MnO_4^- 与 $C_2O_4^{2-}$ 反应生成少量 Mn^{2+} 时，由于 Mn^{2+} 对反应有催化作用，反应速率会随 Mn^{2+} 含量增加而明显加快。因此，刚开始滴定时，速度不宜太快，等少量 Mn^{2+} 生成并起催化作用时，再加快滴定速度。否则滴入的 $KMnO_4$ 来不及与 $C_2O_4^{2-}$ 反应而在热的酸性溶液中分解，导致结果偏低：

$$4MnO_4^- + 12H^+ \Longleftrightarrow 4Mn^{2+} + 5O_2 \uparrow + 6H_2O$$

④ 指示剂。MnO_4^- 可作自身指示剂，滴定终点不太稳定。这是由于空气中还原性气体或尘埃等杂质落入溶液中使 $KMnO_4$ 分解，粉红色消失。所以当反应完全后，溶液出现粉红色，在 30s 内不褪色，即达到滴定终点。

标定后的 $KMnO_4$ 溶液储存时应注意避光避热，若发现有 $MnO(OH)_2$ 沉淀析出，应过滤和重新标定。

用 $Na_2C_2O_4$ 作基准物质标定 $KMnO_4$ 溶液时，可按下式计算 $KMnO_4$ 溶液的浓度：

$$c(KMnO_4) = \frac{2 \times m(Na_2C_2O_4)}{5 \times M(Na_2C_2O_4) \times V(KMnO_4)}$$

10.4.1.3 高锰酸钾法的应用

（1）直接滴定法测定 H_2O_2 的含量

$KMnO_4$ 在酸性溶液中与 H_2O_2 进行定量的反应，反应方程式为：

$$2MnO_4^- + 5H_2O_2 + 6H^+ \Longleftrightarrow 2Mn^{2+} + 5O_2 \uparrow + 8H_2O$$

【例题 10-5】 吸取 3% H_2O_2 试液 3.00mL，用水稀释后加入少量 H_2SO_4，用 0.02050mol/L $KMnO_4$ 标准溶液滴定，耗去 43.5mL。计算每 100mL 试液中含 H_2O_2 的质量多少克？

解：$m(H_2O_2) = \dfrac{5}{2}c(MnO_4^-)V(MnO_4^-)M(H_2O_2) \times \dfrac{100}{V_样}$

$= \dfrac{5 \times 0.02050 \times 43.5 \times 10^{-3} \times 34.0}{2 \times 3.00} \times 100 = 2.53 \text{（g）}$

（2）间接滴定法测定 Ca^{2+}

先将试样中的 Ca^{2+} 沉淀为 CaC_2O_4，然后将沉淀过滤、洗净，并用稀硫酸溶解，用 $KMnO_4$ 标准溶液滴定。反应方程式如下：

$$Ca^{2+} + C_2O_4^{2-} \rightleftharpoons CaC_2O_4 \downarrow$$

$$CaC_2O_4 + 2H^+ \rightleftharpoons H_2C_2O_4 + Ca^{2+}$$

$$2MnO_4^- + 5H_2C_2O_4 + 6H^+ \rightleftharpoons 2Mn^{2+} + 10CO_2 \uparrow + 8H_2O$$

【例题 10-6】 称取奶粉 4.00g，溶化后处理成溶液，加 $(NH_4)_2C_2O_4$ 使 Ca^{2+} 形成 CaC_2O_4 沉淀，经过滤、洗涤后再溶于 H_2SO_4 中，用浓度为 0.005810mol/L $KMnO_4$ 标准溶液滴定，消耗 25.00mL，计算每克奶粉中含钙多少毫克？

解：根据上述反应，可得 Ca^{2+}、$C_2O_4^{2-}$ 和 $KMnO_4$ 三者的关系为：

$w(Ca) = \dfrac{5c(KMnO_4)V(KMnO_4)M(Ca)}{2m_样}$

$= \dfrac{5 \times 0.005810 \times 25.00 \times 10^{-3} \times 40.08 \times 10^3}{2 \times 4} = 3.64 \text{（mg/g）}$

（3）软锰矿中 MnO_2 含量的测定

软锰矿的主要成分是 MnO_2，此外，还有锰的低价氧化物、氧化铁等。此矿若作氧化剂时，只有 MnO_2 具有氧化能力。因此，软锰矿的氧化能力一般用 MnO_2 的含量来表示。测定 MnO_2 的方法是将矿样在含有过量还原剂 $Na_2C_2O_4$ 的硫酸溶液中溶解还原，然后再用 $KMnO_4$ 标准溶液滴定溶液中剩余的还原剂 $Na_2C_2O_4$，即采用返滴定法。其反应方程式为：

$$MnO_2 + Na_2C_2O_4 + 2H_2SO_4 \rightleftharpoons MnSO_4 + Na_2SO_4 + 2CO_2 \uparrow + 2H_2O$$

$$2MnO_4^- + 5C_2O_4^{2-} + 16H^+ \rightleftharpoons 2Mn^{2+} + 10CO_2 \uparrow + 8H_2O$$

软锰矿样品中加入 $Na_2C_2O_4$ 的硫酸溶液后，需缓慢加热使其溶解；加热进行到不再产生 CO_2，所余残渣为白色或几乎呈白色时为止。

溶解之后，加水稀释，加热至 75~85℃，用 $KMnO_4$ 标准溶液滴定。滴定完毕时，溶液滴定温度应不低于 60℃。MnO_2 的含量可按下式计算：

$w(MnO_2) = \dfrac{\left[\dfrac{m(Na_2C_2O_4)}{M(Na_2C_2O_4)} - c(KMnO_4)V(KMnO_4) \times \dfrac{5}{2}\right] \times M(MnO_2)}{试样质量(g)} \times 100\%$

【例题 10-7】 分析软锰矿时，称取试样 0.5000g，加入 0.7500g $Na_2C_2O_4$ 及稀 H_2SO_4，加热至完全反应。过量的 $Na_2C_2O_4$ 用 30.00mL 0.0200 mol/L $KMnO_4$ 滴定，求软锰矿的氧化能力，以 $w(MnO_2)$ 表示。

解：根据上述计算式代入数据：

$w(MnO_2) = \dfrac{\left(\dfrac{0.7500}{126.07} - 0.0200 \times 30.00 \times 10^{-3} \times \dfrac{5}{2}\right) \times 86.94}{0.5000} \times 100\% = 77.36\%$

10.4.2 重铬酸钾法

重铬酸钾也是一种较强的氧化剂，在酸性溶液中，$K_2Cr_2O_7$ 与还原剂作用时被还原为 Cr^{3+}：

$$Cr_2O_7^{2-} + 14H^+ + 6e^- \rightleftharpoons 2Cr^{3+} + 7H_2O \qquad \varphi^\ominus = 1.33V$$

用重铬酸钾也可以测定许多有机物和无机物的含量。与高锰酸钾法相比,重铬酸钾法有如下优点:

① $K_2Cr_2O_7$ 容易提纯且稳定,纯品经 140~150℃ 干燥后可直接配制标准溶液。

② $K_2Cr_2O_7$ 溶液相当稳定,在密封容器中可长期保存。

③ 重铬酸钾法选择性较好,由于重铬酸钾的电极电势与氯的电极电势相近,不受 Cl^- 的影响,可在稀的 HCl 介质中滴定。

④ 在酸性溶液中,重铬酸钾的标准电极电位比高锰酸钾的标准电极电位(1.51V)要小,因此重铬酸钾的氧化能力没有高锰酸钾强。

重铬酸钾法的应用如下。

(1) 铁矿石中全铁含量的测定

重铬酸钾法测定铁利用下列反应:

$$6Fe^{2+} + Cr_2O_7^{2-} + 14H^+ \rightleftharpoons 6Fe^{3+} + 2Cr^{3+} + 7H_2O$$

试样一般用 HCl 溶液加热分解后,将铁还原为亚铁,再用 $K_2Cr_2O_7$ 标准溶液滴定。$K_2Cr_2O_7$ 溶液为橘黄色,需用二苯胺磺酸钠或邻苯氨基苯甲酸作指示剂。终点时溶液由绿色(Cr^{3+} 颜色)突变为紫色或紫蓝色。Fe 的含量可按下式计算:

$$w(Fe) = \frac{c(K_2Cr_2O_7)V(K_2Cr_2O_7) \times 6M(Fe)}{m_{样}} \times 100\%$$

【例题 10-8】 测定褐铁中铁的含量时,称取铁矿 0.3800g,用 HCl 溶解,经预先还原后,用 0.02050mol/L $K_2Cr_2O_7$ 标准溶液滴定,耗去 30.10mL。计算铁矿中铁的质量分数。

解: 根据上述计算式代入数据:

$$w(Fe) = \frac{0.02050 \times 30.10 \times 10^{-3} \times 6 \times 55.85}{0.3800} \times 100\% = 54.41\%$$

(2) 化学需氧量(COD)的测定

在一定条件下,用强氧化剂氧化废水试样(有机物)所消耗氧化剂的氧的质量,称为化学需氧量,它是衡量水体被还原性物质污染的主要指标之一,目前已成为环境监测分析的重要项目。其测定方法是在酸性溶液中以 Ag_2SO_4 为催化剂,加入过量 $K_2Cr_2O_7$ 标准溶液,当加热煮沸时 $K_2Cr_2O_7$ 能完全氧化废水中有机物质和其他还原性物质。过量的 $K_2Cr_2O_7$ 以邻二氮杂菲-Fe(Ⅱ)(试亚铁灵指示剂)为指示剂,用硫酸亚铁铵标准溶液回滴,从而计算出废水试样中还原性物质所消耗的 $K_2Cr_2O_7$ 量,即可换算出水试样的化学需氧量,以"mg/L"表示。

10.4.3 碘量法

10.4.3.1 基本原理

碘量法是利用 I_2 的氧化性和 I^- 的还原性来进行滴定的分析方法。由于固体 I_2 在水中的溶解度很小(25℃时为 1.33×10^{-3} mol/L),所以实际应用时通常将 I_2 溶解在 KI 溶液中,此时 I_2 在溶液中以 I_3^- 形式存在:

$$I_2 + I^- \rightleftharpoons I_3^-$$

电极反应为: $\qquad I_3^- + 2e^- \rightleftharpoons 3I^- \qquad \varphi^{\ominus} = 0.536V$

由电极电势可知,I_2 是较弱的氧化剂,能与较强的还原剂如 Sn(Ⅱ)、Sb(Ⅲ)、As_2O_3、S^{2-}、SO_3^{2-} 和维生素 C 等反应,例如:

$$I_2 + SO_2 + 2H_2O \rightleftharpoons 2I^- + SO_4^{2-} + 4H^+$$

因此可用 I_2 标准溶液直接滴定这类还原性物质,这种方法称为直接碘量法。

另一方面,I^- 为中等强度的还原剂,能被氧化剂如 $K_2Cr_2O_7$、$KMnO_4$、H_2O_2、KIO_3 等定量氧化而析出 I_2,例如:

$$2MnO_4^- + 10I^- + 16H^+ \rightleftharpoons 2Mn^{2+} + 5I_2 + 8H_2O$$

析出的 I_2 用还原剂 $Na_2S_2O_3$ 标准溶液滴定：

$$I_2 + 2S_2O_3^{2-} \rightleftharpoons 2I^- + S_4O_6^{2-}$$

可间接测定氧化性物质的含量，这种方法称为间接碘量法。特别指出，$Na_2S_2O_3$ 与 I_2 的反应必须在中性或弱酸性溶液中进行。因为在强酸性溶液中 $Na_2S_2O_3$ 易分解；而在碱性溶液中，I_2 可发生歧化反应，$Na_2S_2O_3$ 与 I_2 可同时发生如下反应：

$$4I_2 + S_2O_3^{2-} + 10OH^- \rightleftharpoons 2SO_4^{2-} + 8I^- + 5H_2O$$

使氧化还原过程复杂化。

碘量法常以淀粉作为指示剂，在少量 I^- 存在下，I_2 与淀粉反应形成蓝色吸附配合物，根据蓝色的出现或消失来指示终点。直接碘量法以蓝色出现为终点，间接碘量法以蓝色消失为终点。

10.4.3.2 标准溶液的配制和标定

I_2 易挥发，腐蚀性强，一般先配置成近似浓度的溶液，然后再标定。

(1) 配制 0.1mol/L 的碘标准溶液

称取 13.0g 固体 I_2，加过量的 KI 固体 36g，加水 50mL 全部溶解后，滴加浓盐酸 3 滴与水适量使成 1000mL，摇匀，用坩埚式过滤器减压过滤后，储存于棕色瓶中，置于暗处，并避免受热和与橡胶等有机物接触。

(2) 碘标准溶液的标定

精密称取 0.15g 在 105℃ 干燥至恒重的基准物 As_2O_3，用 1mol/L 的 NaOH 溶液 10mL，微热使其溶解，加水 20mL 与甲基橙指示液 1 滴，加 0.5mol/L 硫酸适量使黄色转变为粉红色，再加碳酸氢钠 2g、水 50mL 与淀粉指示液 2mL，用本液滴定至溶液显浅蓝紫色。每 1moL 的 0.1mol/L 的碘标准溶液相当于 4.946mg 的三氧化二砷，根据本液消耗量和 As_2O_3 的取用量，计算出碘标准溶液的浓度。

滴定时将溶液 pH 值调节约为 8，使 As_2O_3 生成 $HAsO_2$，以淀粉为指示液，用 I_2 标准溶液滴定。反应方程式为：

$$2HAsO_2 + 3I_2 + 4H_2O \rightleftharpoons 2HSO_4^- + 6I^- + 8H^+$$

由于 As_2O_3 是剧毒物，I_2 标准溶液的浓度也可以通过已知浓度的 $Na_2S_2O_3$ 标准溶液标定。

(3) $Na_2S_2O_3$ 标准溶液的标定

$Na_2S_2O_3 \cdot 5H_2O$ 常含有少量杂质且易潮解和风化，只能配制成近似浓度的溶液，然后进行标定。配好的 $Na_2S_2O_3$ 溶液与水中的 CO_2 和微生物作用分解，其浓度会随时间的变化而变化，因此在配制 $Na_2S_2O_3$ 标准溶液时应用新煮沸并冷却的蒸馏水。配好的溶液保存在棕色瓶中，放置 1 个月后，经过过滤后才能进行标定。

标定 $Na_2S_2O_3$ 标准溶液的浓度采用间接碘量法，以 $K_2Cr_2O_7$、$KBrO_3$、KIO_3 和纯铜为基准物，其中最常用的是 $K_2Cr_2O_7$。准确移取 $K_2Cr_2O_7$ 标准溶液，在酸性溶液中 $K_2Cr_2O_7$ 与 KI 的反应方程式为：

$$Cr_2O_7^{2-} + 6I^- + 14H^+ \rightleftharpoons 2Cr^{3+} + 3I_2 + 7H_2O$$

析出 I_2。以淀粉为指示剂，立即用待标定的 $Na_2S_2O_3$ 溶液滴定，从而计算 $Na_2S_2O_3$ 溶液的准确浓度。

此外，用 $Na_2S_2O_3$ 溶液滴定时，应注意以下几点：

① 基准物与 KI 反应，若酸度太大时，I^- 容易被空气中的 O_2 氧化，所以在开始滴定时，酸度以 0.8～1.0mol/L 为宜。

② $K_2Cr_2O_7$ 与 KI 的反应速率较慢，应将溶液在暗处放置一定时间，待反应完全后再立

即以 $Na_2S_2O_3$ 溶液滴定。

③ 以淀粉作指示液时,应先用 $Na_2S_2O_3$ 溶液滴定至溶液呈浅黄色(大部分 I_2 已反应),然后再加入淀粉溶液,用 $Na_2S_2O_3$ 溶液继续滴定至蓝色恰好消失,即为终点。淀粉指示液若加入太早,则大量的 I_2 与淀粉结合成蓝色物质,这一部分碘不容易与 $Na_2S_2O_3$ 反应,因而会造成滴定误差。若滴定至终点后,再经过几分钟,溶液中又出现了蓝色,这是由于空气氧化 I^- 所引起的,不必考虑。

10.4.3.3 碘量法的应用

(1) 直接碘量法测定维生素 C

维生素 C 又叫抗坏血酸,其分子式($C_6H_8O_6$)中的烯二醇基具有还原性,可以被定量地氧化为二酮基,如 $C_6H_8O_6$ 与 I_2 的反应方程式为:

$$C_6H_8O_6 + I_2 \rightleftharpoons C_6H_6O_6 + 2HI$$

$C_6H_8O_6$ 的还原能力很强,在空气中极易被氧化,特别在碱性条件下更为突出。所以,在滴定时,溶液中加入一定量的乙酸使溶液呈弱酸性。

维生素 C 的含量可按下式计算:

$$w(C_6H_8O_6) = \frac{c(I_2)V(I_2)M(C_6H_8O_6)}{m_{样}} \times 100\%$$

(2) 间接碘量法测定铜矿石中的铜

矿石经 HCl、HNO_3、溴水和尿素处理成溶液后,用 NH_4HF_2 掩蔽试样中的 Fe^{3+},使其形成稳定的 FeF_3 配合物,并调节溶液的 pH 值为 3.5~4.0,加入 KI 与 Cu^{2+} 反应析出 I_2,用 $Na_2S_2O_3$ 标准溶液滴定,以淀粉为指示剂,反应方程式如下:

$$2Cu^{2+} + 4I^- \rightleftharpoons 2CuI + I_2$$
$$2S_2O_3 + I_2 \rightleftharpoons S_4O_6^{2-} + 2I^-$$

CuI 沉淀表面对 I_2 的强烈吸附导致测定结果偏低,为此需要加入 KSCN 或 NH_4SCN 使之转化为溶解度更小且吸附 I_2 倾向较小的 CuSCN。但 KSCN 或 NH_4SCN 应当在滴定接近终点时加入,否则 I_2 会氧化 SCN^-,同样使测定结果偏低。

为了消除系统误差,间接碘量法测定铜用的 $Na_2S_2O_3$ 标准溶液最好用纯铜标定。

铜的含量可按下式计算:

$$w(Cu) = \frac{c(Na_2S_2O_3)V(Na_2S_2O_3)M(Cu)}{m_{样}} \times 100\%$$

【例题 10-9】 某含铜试样 0.4500g 溶解后,用碘量法测定铜的含量。测定时消耗 0.1053mol/L 的 $Na_2S_2O_3$ 溶液 32.34mL,计算试样中铜的质量分数。

解:根据上述计算式代入数据:

$$w(Cu) = \frac{0.1053 \times 32.34 \times 10^{-3} \times 63.55}{0.4500} \times 100\% = 48.1\%$$

(3) 测定 S^{2-} 或 H_2S

在酸性溶液中,I_2 能氧化 S^{2-},其反应方程式为:

$$S^{2-} + I_2 \rightleftharpoons S + 2I^-$$

测定不能在碱性溶液中进行,因为在碱性溶液中会发生如下反应:

$$S^{2-} + 4I_2 + 8H_2O \rightleftharpoons SO_4^{2-} + 8I^- + 4H_2O$$

同时 I_2 也会发生歧化反应。

测定硫化物时,可以用标准 I_2 直接测定,也可以加入过量标准碘溶液,再用 $Na_2S_2O_3$ 标准溶液滴定过量的 I_2。

思考与练习

1. 用碘标准溶液滴定时（直接碘量法），淀粉指示液要先加入，而用硫代硫酸钠进行返滴定时，淀粉指示液要在接近滴定终点时才加入，为什么？
2. 请计算：
   (1) 在 1.00mol/L 的 $Zn(NH_3)_4^{2+}$ 在 0.100mol/L 的 NH_3 溶液中 $Zn(NH_3)_4^{2+}/Zn^{2+}$ 的电极电位。
   (2) 反应：$Ce^{4+}+Fe^{2+}\Longrightarrow Ce^{3+}+Fe^{3+}$ 的平衡常数。[已知此时 $\varphi^{\ominus}(Fe^{3+}/Fe^{2+})=0.77V, \varphi^{\ominus}(Ce^{4+}/Ce^{3+})=1.61V$]
3. 为什么用高锰酸钾滴定液测定样品时总是在酸性条件下进行的，而通常使用的是稀硫酸，而不用稀硝酸或稀盐酸呢？
4. 硫代硫酸钠标准溶液配制好之后，为什么要规定放置 1 个月后，经过过滤，然后才能进行标定？
5. 用基准三氧化二砷标定 0.1mol/L 的碘标准溶液时，为什么要先加入氢氧化钠滴定液（1mol/L）10mL，然后又加硫酸滴定液（0.5mol/L）将刚才加入的氢氧化钠溶液中和掉了，而且再加 2g 碳酸氢钠，这是为什么？
6. 过氧化氢溶液是常用的消毒防腐药，其含量测定方法是：精密量取本品 1.0mL，置储有 20mL 水的锥形瓶中，加稀硫酸 20mL，用高锰酸钾滴定液（0.02mol/L）滴定。每 1mL 的高锰酸钾滴定液（0.02mol/L）相当于 1.701mg 的 H_2O_2。现精密量取过氧化氢溶液 1.0mL，依照标准进行操作，消耗 $F=1.017$ 的高锰酸钾滴定液（0.02mol/L）17.92mL，求过氧化氢的含量。
7. 用 20.00mL 高锰酸钾溶液恰好与 0.1600g 草酸钠完全反应，请计算高锰酸钾溶液的物质的量浓度。
8. 在 1mol/L 的 H^+ 存在下，AsO_3^{3-} 能够氧化 I^- 并析出 I_2，而在 pH=8 时，I_2 又能够氧化 AsO_3^{3-} 生成 AsO_4^{3-}，这是为什么？
9. 用高锰酸钾标准溶液滴定 Fe^{2+} 时，请写出滴定的离子反应方程式，并计算出滴定终点时的电位值。[假设在 1mol/L 的硫酸介质中，$\varphi^{\ominus}(MnO_4^-/Mn^{2+})=1.45V, \varphi^{\ominus}(Fe^{3+}/Fe^{2+})=0.68V$]
10. 安乃近片的含量测定方法是：取本品 20 片，精密称定，研细，精密称取适量（约相当于安乃近 0.6g），置于 50mL 容量瓶中，加乙醇与 0.01mol/L 盐酸溶液各 20mL，振摇使安乃近溶解，并用此盐酸溶液稀释至刻度，摇匀，用干燥滤纸过滤；弃去初滤液，精密量取续滤液 25mL，立即用碘标准溶液（0.1mol/L）滴定（控制滴定速度为每分钟 3~5mL）至溶液所显的浅黄色（或带紫色）在 30s 内不褪。每 1mL 碘标准溶液（0.1mol/L）相当于 17.57mg 的安乃近。现在精密称量标示规格为 0.5g/片的某样品 20 片，质量共为 10.2741g，则平均每片质量为 $W_{片}=\dfrac{10.2741g}{20}=0.5137g$，分别精密称取测定所需的三份平行样 $W_{样}$：1# 0.6193g，2# 0.6077g，3# 0.6210g，依照标准操作后，消耗 0.1mol/L 的碘标准溶液（$F=1.026$）的体积分别为 V：1# 17.00mL，2# 16.64mL，3# 17.08mL，请计算安乃近片标示量的含量，并计算检测结果的相对平均偏差。
11. 消毒剂三氯异氰脲酸粉的含量测定方法是：取本品 0.2g，精密称定，置于碘量瓶中，加水 100mL 使其溶解，加碘化钾 3.0g，轻轻振摇使其溶解，加硫酸溶液（1+6）20mL，密塞，摇匀，暗处放置 5min，用水 5mL 洗涤瓶塞及瓶内壁，用硫代硫酸钠滴定液（0.1mol/L）滴定至接近终点时，加淀粉指示液 2mL，继续滴定至蓝色消失，并将滴定结果用空白试验校正。每 1mL 硫代硫酸钠滴定液（0.1mol/L）相当于 3.545mg 的 Cl^-。现在精密称取市售的某三氯异氰脲酸粉样品，三份平行样 W：1# 0.2013g，2# 0.1996g，3# 0.1987g，依照标准操作，消耗 0.1mol/L 的硫代硫酸钠滴定液（$F=1.023$）的体积分别为，空白 V_0：0.03mL，样品 V：1# 29.52mL，2# 29.09mL，3# 29.07mL，请计算样品中有效氯的含量。
12. 硫酸亚铁是治疗缺铁性贫血的常用内服药，在国家标准中其含量测定方法是：取本品约 0.5g，精密称定，加稀硫酸与新沸过的冷水各 15mL 溶解后，立即用高锰酸钾滴定液（0.02mol/L）滴定至溶液显持续的粉红色。每 1mL 高锰酸钾滴定液（0.02mol/L）相当于 27.80mg 的 $FeSO_4 \cdot 7H_2O$。现称取硫酸亚铁 0.5032g，依照标准进行操作，消耗 $F=1.017$ 的高锰酸钾滴定液（0.02mol/L）17.67mL，求硫酸亚铁的含量。

第 11 章 比色分析及分光光度法

11.1 基本概念与定律

11.1.1 基本概念

许多物质本身具有颜色,这些物质溶液的浓度发生改变时,溶液颜色的深浅也随着发生变化,溶液愈浓颜色愈深;溶液愈稀,颜色也就愈浅。在分析实践中,把这种基于比较有色物质溶液颜色深浅来确定物质含量的分析方法,称为比色分析法。

实践证明,无论物质有无颜色,当一定波长的一束光通过该物质的溶液时,根据物质对光的吸收程度,就可以对该物质进行定性和定量的分析方法,称为分光光度法。一般常用的波长为:200~380nm 的紫外光区;380~850nm 的可见光区;2.5~15nm(按波数计为 4000~667cm^{-1})的红外光区。在这些范围内测定的方法分别被称为紫外分光光度法、比色法和红外分光光度法。

11.1.2 朗伯(Lambert)-比尔(Beer)定律

$$A = \lg(I_0/I) = ECL \tag{11-1}$$

式中 A——吸收度(absorbance);

I_0——一定波长(单色)的平行入射光的强度;

I——通过均匀、非散射、浓度和液层厚度一定的溶液后透过光的强度;

C——溶液的浓度,表示 100mL 溶液中所含被测物质的质量(g);

L——液层厚度;

E——摩尔吸收系数,它的物理意义是:当溶液浓度为 1%(g/mL)、液层厚度为 1cm 时的吸收度值。I/I_0 又被称之为透光率(transmittance),用 T 表示。

11.2 目视比色法

11.2.1 目视比色法简介

用眼睛观察、比较被测溶液同标准溶液颜色深浅程度的比色方法,被称为目视比色法。在这类比色法中,最简单和使用最普遍的是标准系列法。

标准系列法通常采用一个或一套相同玻璃质地、形状和大小完全相同的比色管(管上刻有一条或两条环线以指示溶液的体积,容量有 10mL、25mL 和 50mL)。在这套比色管中逐一加入浓度逐渐增加的标准溶液,并加入相同体积的显色剂,然后用溶剂稀释到同一刻度,即形成颜色由浅到深的标准色阶。另取同样的比色管,在其中加入被测溶液和与标准色阶具有相同体积的显色剂,并稀释到同一刻度。然后从管口垂直向下观察并与标准色阶比较,若被测溶液颜色的深度与标准色阶中的某一溶液相同,说明二者浓度相等;若被测溶液介于两个标准溶液之间,则被测溶液的浓度介于此两个标准溶液的浓度之间。

标准系列法的优点是:设备和操作条件非常简单,检测的灵敏度较高;缺点是:准确度较差,相对误差一般在±(5%~20%),一些药物的某些杂质检查时,常采用半定量的方法,即只选用一个标准溶液进行比色。

11.2.2 重金属的检测（略）

可参考《中华人民共和国药典》有关部分。

11.2.3 砷盐的检测（略）

可参考《中华人民共和国药典》有关部分。

11.3 紫外-可见分光光度法

11.3.1 紫外-可见吸收光谱的产生原理

当一束紫外或可见光照射到某物质的溶液时，若该物质分子中的价电子吸收了一部分光，则可以发生价电子的能级跃迁，从而产生吸收光谱。按照分子轨道理论，在有机化合物的分子中有几种不同性质的价电子：形成共价单键的被称为 σ 键电子；形成双键的电子被称为 π 键电子；氧、硫、氮、卤素等含有未成键的孤对电子，被称为 n 电子。当处于基态的它们吸收了一定的光波能量 ΔE 后，这些价电子将跃迁到较高的能级（激发态），此时，电子所占据的分子轨道被称为反键轨道。这种特定的跃迁同分子内部的结构有着密切的关系，通常将这些分子轨道的跃迁划分为三类。

N→V 跃迁：由基态的分子轨道跃迁到反键轨道，包括碳氢化合物中的 σ→σ* 跃迁（σ* 表示 σ 键电子的反键轨道），以及不饱和有机化合物中的 π→π* 跃迁（π* 表示 π 键电子的反键轨道）。

N→Q 跃迁：有机化合物分子中未成键的 n 电子吸收能量后，被激发到反键轨道的跃迁，包括 n→σ* 跃迁和 n→π* 跃迁。

N→R 跃迁：由 σ 键电子逐步激发到各个高能级，最终电离成分子离子的跃迁。

各种跃迁所需要的能量的大小是不同的，其所需要的能量大小的顺序为：σ→σ* > n→σ* > π→π* > n→π*。

根据爱因斯坦质能公式 $\Delta E = h\nu = \dfrac{hc}{\lambda}$，紫外光的波长在 200~380nm，可见光的波长在 380~850nm，将这些数据代入质能公式，就可以计算出紫外光和可见光分别能够引起能级跃迁所需要的能量，通过分子轨道理论就能够知道哪些能级能够发生跃迁。可见光由于其波长大、能量小，只能够引发 n→π* 跃迁；紫外光的能量比可见光大，可以引发 n→π* 跃迁和一部分的 π→π*、n→σ* 跃迁；当有机化合物分子结构中含有共轭体系、芳香环或发色基团时，均可在近紫外区（200~380nm）或可见光区（380~850nm）产生吸收。σ→σ* 跃迁发生在远紫外光区（10~200nm），此时，空气中的氧气分子在此区域内也会有吸收光谱，所以，远紫外光谱必须在真空条件下进行，以消除空气的干扰，因此，远紫外光谱没有太大的实用价值。实验室所使用的紫外-可见分光光度计的波长测量范围通常为 190~950nm。电子跃迁能级示意图如图 11-1 所示。

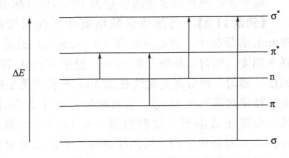

图 11-1 电子跃迁能级示意图

11.3.2 紫外-可见分光光度法检验操作规程

紫外-可见分光光度法检验规程见 11.4 章节。

11.3.3 分光光度法应用实例

【例题 11-1】 药物芬苯达唑片的含量测定方法是：取本品 20 片，精密称定，研细，精密称取适量（约相当于芬苯达唑 30mg），置于 100mL 容量瓶中，加甲醇 90mL，置于超声水浴中超声使其溶解，加甲醇至刻度，摇匀；用干燥滤器过滤，弃取初滤液，精密量取续滤液 5mL，置于 100mL 容量瓶中，用甲醇稀释至刻度，摇匀，照分光光度法测定，在（294±2）nm 的波长处测定吸收度，按 $C_{15}H_{13}N_3O_2S$ 吸收系数 $E_{1cm}^{1\%}$ 为 490 计算，即得。现在精密称取某厂生产的规格为 0.1g/片的芬苯达唑片 20 片，质量为 2.1860g，则平均每片质量 $W_片 = \frac{2.1860}{20} = 0.1093g$，研细后，精密称取样品质量 $W = 0.03307g$（当称量 100mg 以下的质量时，要使用精度为十万分之一的天平），依照标准操作，在（294±2）nm 的波长处测定的最大吸收度值为 $A = 0.760$，求该芬苯达唑片标示量的含量。

解：根据朗伯-比尔定律，在最终的 100mL 待测溶液中，其浓度应该为 $C = \frac{A}{EL}$，按照标准的规定 C 的单位是 g/100mL（每 100mL 溶液中所含有溶质的克数），所以，在最终的 100mL 待测溶液中，其溶质（芬苯达唑）的质量应该为 $\frac{A}{EL}$；而此待测溶液又是来自于精密量取的 5mL 续滤液，设所称取样品中含有芬苯达唑 $X(g)$，则有：$\frac{A}{EL} : 5mL = X : 100mL$（第一次定容的）

则：$X = \frac{100A}{5EL}$

再设平均每片中含有芬苯达唑 Y（g），则有：$W : X = W_片 : Y$

则：$Y = \frac{XW_片}{W} = \frac{100AW_片}{5ELW}$

标示量的含量为：

$$P\% = \frac{实测每片中的含量}{每片中的标示含量} \times 100\% = \frac{Y}{0.1g} \times 100\% = \frac{100 \times 0.760 \times 0.1093}{5 \times 490 \times 1 \times 0.03307 \times 0.1} \times 100\% = 102.5\%$$

则芬苯达唑片标示量的含量为 102.5%（标准规定 90.0%~110.0%）。

【例题 11-2】 药品甲磺酸培氟沙星注射液的含量测定为：精密量取本品 3mL 置于 250mL 容量瓶中，加盐酸溶液（0.1mol/L）适量，振摇使其溶解，用盐酸（0.1mol/L）稀释至刻度，摇匀，精密量取 2mL，置于 100mL 容量瓶中，用盐酸溶液（0.1mol/L）稀释至刻度，摇匀，照分光光度法在 276nm 波长处测定吸收度，另取在 105℃ 干燥至恒重的甲磺酸培氟沙星对照品约 48mg，精密称定，置于 200mL 容量瓶中，加盐酸溶液（0.1mol/L）适量，振摇使其溶解，盐酸溶液（0.1mol/L）稀释至刻度，摇匀，精密量取 2mL，置于 100mL 容量瓶中，按上法同样操作，根据二者吸收度比值计算。现在精密称定甲磺酸培氟沙星对照品 W_r：1# 0.05029g，2# 0.04983g（纯度为 $S_r = 100.0\%$）；各精密量取 3.00mL 的平行样三份，依照标准进行含量测定操作。测得对照品的吸收度为 A_r：1# 0.5662，2# 0.5615；测得样品的吸收度为 A_i：1# 0.5509，2# 0.5512；3# 0.5508。请计算甲磺酸培氟沙星注射液标示量的含量。

解：对照品待测溶液的浓度 C_r 为：

$$C_r = \frac{2W_rS_r}{200 \times 100}$$

根据朗伯-比尔定律，对于样品有：$A_i = C_iE_iL_i$，对于对照品同样有：$A_r = C_rE_rL_r$

由于样品和对照品是同一种物质，所以其摩尔吸收系数应该相等，即 $E_i = E_r$，又由于在测定时使用的是相同的比色皿，所以有：$L_i = L_r$，即液层厚度相同。因此可得：

$$\frac{A_i}{A_r} = \frac{C_i}{C_r}，则：C_i = \frac{A_i}{A_r} C_r = \frac{A_i}{A_r} \times \frac{2.00 W_r S_r}{200.00 \times 100.00}$$

那么，100.00mL 的样品待测溶液中所含有的甲磺酸培氟沙星的质量为 $100.00C_i$，设原 250.00mL（第一次定容时）样品溶液中含有的甲磺酸培氟沙星的质量为 $X(g)$，则有：

$100.00C_i : 2.00\text{mL} = X : 250.00\text{mL}$

$$X = \frac{250.00 \times 100.00 C_i}{2.00} = \frac{250.00 \times 100.00 A_i W_r S_r \times 2.00}{2.00 \times A_r \times 200.00 \times 100.00} = \frac{250.00 A_i W_r S_r}{200.00 A_r}$$

则标示量的含量为：

$$P\% = \frac{\text{实测样品中的含量}}{\text{样品的理化标示含量}} \times 100\% = \frac{X}{\text{取样量} \times \text{标示规格}} \times 100\%$$

$$= \frac{250.00 A_i W_r S_r}{200.00 A_r \times 3.00 \times 2\%} \times 100\%$$

对照品换算成 48mg 的吸收值 A_r 为：1# 0.5404，2# 0.5409；平均值为：0.5406 代入上述数据后，可以求得：

$$P_1\% = \frac{250.00 \times 0.5509 \times 0.04800 \times 99.9\%}{200.00 \times 0.5406 \times 3.00 \times 2\%} \times 100\% = 101.80\%$$

$$P_2\% = \frac{250.00 \times 0.5512 \times 0.04800 \times 99.9\%}{200.00 \times 0.5406 \times 3.00 \times 2} \times 100\% = 101.86\%$$

$$P_3\% = \frac{250.00 \times 0.5508 \times 0.04800 \times 99.9\%}{200.00 \times 0.5406 \times 3.00 \times 2\%} \times 100\% = 101.78\%$$

平均值为：101.8%

则甲磺酸培氟沙星注射液标示量的含量为 101.8%，符合规定（标准规定 90.0%～110.0%）。

11.4 紫外-可见分光光度法检验操作规程

11.4.1 定义

紫外-可见分光光度法是通过被测物质在紫外光区或可见光区的特定波长处或一定波长范围内对光的吸收度，对该物质进行定性和定量分析的方法。本法在分析检验中用于样品的鉴别、检查和含量测定。

① 定量分析通常利用被测物质在最大吸收波长处测出的吸收度值，然后对照品或吸收系数求算出被测物质的含量，多用于样品的含量测定。

② 对已知物质的定性分析可用特征波长的吸收峰作为鉴别的方法；若化合物本身在紫外光区无吸收，而杂质在紫外光区有相当强度的吸收，或杂质的吸收峰处化合物无吸收，则可用本法做杂质检查。

11.4.2 仪器

① 紫外-可见分光光度计主要由光源、单色器、样品室、检测器、显示系统和电脑工作站等部分组成。

② 为了满足紫外-可见光区全波长范围的测定，仪器备有两种光源，即氘灯和钨灯，前者用于紫外区，后者用于可见光区。

③ 单色器通常由进光狭缝、出光狭缝、平行光装置、色散元件、聚焦透镜等组成，色散元件有棱镜，棱镜多用天然石英或熔融硅石制成。

④ 检测器为光电管。

11.4.3 样品测定操作方法

（1）鉴别及检查

按各样品标准鉴别项下的规定，测定供试品溶液在特定波长处的最大或最小吸收峰是否存在，以此鉴别是正反应还是负反应；有的还需测定其各最大吸收峰值或最大吸收与最小吸收的比值，才能决定是否符合规定。

（2）含量测定

① 对照品比较法：按各品种法定标准所规定的方法，分别配制供试品溶液和对照品溶液，用同一溶剂、同一空白，在规定的波长处测定供试品溶液和对照品溶液的吸收度，然后进行计算，即得。

② 吸收系数法：按各品种法定标准所规定的方法配制供试品溶液，在规定的波长处测定其吸收度，按该品种法定标准在该波长处给出的吸收系数计算含量。

11.4.4 注意事项

① 试验中所用的量瓶、移液管均应经过检定校正、洗净后使用。

② 使用的石英吸收池（比色皿）必须洁净。用于盛装空白、参比及样品溶液的吸收池，当装入同一溶剂时，在规定波长测定吸收池的透光率，如透光率相差在0.3%以下者可配对使用，否则必须加以校正。对于双光束的仪器，每对比色皿均是配套的，应同时使用，绝不可以与其他仪器的比色皿混用或调换使用，而且在测定时两只比色皿的摆放方向与光路的方向应一致。

③ 取用吸收池时，手拿比色皿两侧的毛玻璃面。盛装待测溶液以池体积的4/5为尺度，且池内不得有气泡；使用挥发性溶剂时应加盖，透光面要用擦镜纸由上而下擦拭干净，检视应无残留溶剂，为防止溶剂挥发后溶质残留在池子的透光面，可先用蘸有空白溶剂的擦镜纸擦拭，然后再用干擦镜纸拭净。吸收池放入样品室时应注意每次放入的方向应该相同。使用后用溶剂及纯水冲洗干净，自然晾干并防尘保存，吸收池如污染不易洗净时，可用洗液稍加浸泡后，用水洗净备用。吸收池不宜在洗液中长时间浸泡，否则洗液中的铬酸钾结晶会损坏吸收池的光学表面，并应充分用水冲洗，以防铬酸钾吸附于吸收池表面。

④ 测定前应先检查所用的溶剂在测定供试品所用的波长附近是否符合要求，可用1cm石英吸收池盛溶剂以空气为空白（即参比光路中不放置任何物质）测定其吸收度（或测基线），应符合表11-1的规定。

表 11-1 以空气为空白测定溶剂在不同波长处的吸收度的规定

波长范围/nm	220～240	241～250	251～300	300 以上
吸收度	<0.4	<0.2	<0.1	<0.05

⑤ 所用溶剂应不超过其截止使用波长。每次测定时应采用同一厂牌批号，混合均匀的一批溶剂。

⑥ 含量测定时供试品至少应精密称取三份，如为对照品比较法，对照品一般也应称取两份。吸收系数法测定时也应精密称取供试品三份，平行操作，检测结果的相对平均偏差应在±0.5%以内。做鉴别或检查时，只取一份样品即可。

⑦ 供试品测试溶液的浓度，除各品种项下已有注明者外，控制供试品溶液的吸收度以在0.3～0.7之间为宜，吸收度读数在此范围误差较小，并应结合所用仪器吸收度线性范围，配制合适的读数浓度。

⑧ 选用仪器的狭缝谱带宽度应小于供试品吸收带的半宽度，否则测得的吸收度值会偏

低，狭缝宽度的选择应以减小狭缝宽度时供试品的吸收度不再增加为准，对于使用紫外测定的大部分样品，可以使用1nm缝宽。

⑨ 测定时除另有规定者外，应在规定的吸收峰±1nm处，再测几点的吸收度，以核对供试品的吸收峰位置是否正确，并以吸收度最大的波长作为测定波长，除另有规定外吸收度最大波长应在该品种项下规定的波长±1nm以内，否则应考虑试样的同一性、纯度以及仪器波长的准确度。

11.4.5 结果计算

① 对照品比较法：可根据供试品溶液与对照品溶液的吸收度的比值等于供试品溶液与对照品溶液浓度的比值，进行含量计算。

$$A_{样品}：A_{对照}＝C_{样品}：C_{对照} \quad 即：C_{样品}＝A_{样品}×C_{对照}/A_{对照}$$

② 吸收系数法：按照吸收系数 $E_{1cm}^{1\%}$ 值的有关规定，并根据朗伯-比尔定律进行计算，就可以求出供试样品的含量。

11.5 TU-1901型紫外-可见分光光度计标准操作规程

11.5.1 操作方法

（1）测定准备

测定操作前，首先开启交流净化稳压电源，待电压稳定在220V后，再开启仪器电源开关至"ON"；打开计算机的电源开关，进入Windows；双击TU-1901快捷图标，进入TU-1901工作站窗口，此时仪器进入自检状态，待各项指标均显示OK（约5min）后，在全部自检过程中，勿开启样品室盖。仪器预热15~20min，方可进行测量操作。

（2）吸收度的测定

① 单击工具栏中带有"A"字母的图标，弹出测定吸收度的图表，单击工具栏带有"P"字母的图标，弹出参数设定对话框，输入待测吸收度所需要的波长个数（一次最多可以同时测定10个波长下的吸收度），输入待测吸收度所需要的波长值，单击确定；此时吸收度的图表中将出现刚才输入的待测吸收度所需要的波长个数和所需要相应的波长值。

② 开启样品室盖，放入盛有空白溶剂的两个比色皿，关闭样品室盖，按动左侧的"Auto zero"图标，自动调零。按动左下侧的"Read"图标，记录吸收度的数据于图表中；开启样品室盖，取出前一个光路中的比色皿，再关闭样品室盖，再按动左侧的"Read"图标，将溶剂的吸收度记录入图表中；再开启样品室盖，将此比色皿放回到原来的光路中。

③ 取出另外一只比色皿，倒出空白溶剂后，用待测样品溶液至少涮洗三遍，再将待测样品溶液倾入该比色皿中（约为比色皿容积的4/5），将其放入到光路中，关闭样品室盖，按动左侧的"Read"图标，进行样品吸收度的测定。

④ 测定结束后，按动打印快捷图标，即可输出检测结果。

（3）波长扫描（鉴别最大或最小吸收峰所在波长的位置）

① 单击工具栏中带有坐标曲线的图标，弹出波长扫描测定坐标图表，单击工具栏带有"P"字母的图标，弹出参数设定对话框，先输入起始波长（待扫描的最大波长值），再输入终止波长（待扫描的最小波长值），单击确定。

② 开启样品室盖，放入盛有空白溶剂的两个比色皿，关闭样品室盖，按动左侧的"Base Line"图标，仪器开始进行基线扫描；基线扫描结束后，弹出"是否保存基线"的对话框，单击"保存"。

③ 开启样品室盖，取出邻近的一只比色皿，倒出空白溶剂后，用待测样品溶液至少涮

洗三遍，再将待测样品溶液倾入该比色皿中（约为比色皿容积的 4/5），将其放入到光路中，关闭样品室盖，按动左侧的"Start"图标，仪器开始对起始波长到终止波长之间进行自动扫描。

④ 单击工具栏中带有峰值曲线的蓝色按键，可以进行吸收曲线的峰值检出，并在吸收曲线旁边标注了吸收峰所对应的波长数值。

⑤ 按动打印图标，即可输出吸收曲线图谱。

⑥ 若扫描结束后，按动工具栏中的数据处理图标，在弹出的菜单中单击变换，则可以进行导数运算。

11.5.2 注意事项

① 为了简化操作，测定吸收度和波长扫描窗口可以同时打开，当空白溶剂放入到光路中时，可以利用两个窗口之间的切换，将零点调节和基线扫描连续完成；当将待测样品溶液放入到光路中时，测定完吸收度后，也不必取出待测样品溶液，就可以直接切换到波长扫描窗口，进行波长扫描操作。

② 对不同通道的选择，可以得到不同颜色的吸收曲线图谱。

③ 检测完毕后，依次退出所打开的功能窗口，直至退出 TU-1901 窗口，然后再退出 Windows，关闭计算机。

④ 依次关闭计算机电源、打印开关、仪器主机电源、交流净化稳压电源。

⑤ 将纱布包裹的变色硅胶放入样品室，保持仪器的干燥。

⑥ 按仪器的清洁规程对其进行规范的清洁；按仪器的维护保养规程对仪器进行相应的保养。

思考与练习

1. 有一种溶液放在 2.0cm 厚度的比色皿中，测得透光率为 60%，若将此溶液放在 1.0cm 厚度的比色皿中，测得透光率应为多少？

2. 将 Fe^{3+} 0.10mg 溶解于酸性溶液中，用 KCNS 显色，最终定容至 25.00mL，在 480nm 波长处用 1.0cm 厚度的比色皿测得吸收度为 0.480，请计算硫氰酸铁的摩尔吸收系数。

3. 某化合物的相对分子质量为 125，摩尔吸收系数为 $2.5×10^5$，现在想准确配制 1L 该化合物的溶液，并且将其稀释 200 倍后，放在 1.0cm 厚度的比色皿中测得的吸收度为 0.500，应该称取该化合物多少克？

4. 精密称取 0.4997g $CuSO_4 \cdot 5H_2O$，溶解于 1L 蒸馏水中制成标准铜溶液。分别取此溶液 1.00mL、2.00mL、3.00mL、4.00mL……10.00mL，分别置于 10 支比色管中，加蒸馏水稀释至 25.00mL，摇匀，制成一组标准色阶。另外称取铜试样 0.419g，溶解于 250mL 酸性水溶液中，精密吸取 5.00mL 该溶液，置于相同的比色管中，加蒸馏水稀释至 25.00mL，摇匀，其颜色深度与第 4 支标准比色液相同，求未知铜试样中铜的含量。

5. 有一束单色光，通过 1.0cm 厚度的有色溶液后，其强度减弱了 20%，当它通过 3.0cm 厚度的相同溶液后，其强度将减少多少？

6. 药品盐酸环丙沙星可溶性粉的含量测定方法是：精密称取本品适量（约相当于盐酸环丙沙星 50mg），置于 200mL 容量瓶中，加盐酸溶液（0.1mol/L）40mL，振摇使其溶解，加盐酸溶液（0.01mol/L）稀释至刻度，摇匀；精密量取 2mL，置于 100mL 容量瓶中，加盐酸溶液（0.01mol/L）稀释至刻度，摇匀。照分光光度法，在 277nm 波长处测定吸收度。另取在 105℃烘烤至恒重的盐酸环丙沙星对照品 50mg，精密称定，按照上法同样操作，根据二者吸收度的比值进行计算，即得。现在称取市售的某厂生产的规格为 2%的盐酸环丙沙星可溶性粉，样品称量 W_i：1# 2.5318g，2# 2.5424g，3# 2.5246g；对照品（纯度 S_r＝99.7%）恒重后称量 W_r：1# 0.05195g，2# 0.05105g，在 277nm 波长处测定的样品吸收度为 A_i：1# 0.5269，2# 0.5316，3# 0.5253；测得对照品吸收度为：1# 0.5747，2# 0.5654。请计算盐酸环丙沙星可溶性粉标示量的含量，并计算检测结果的相对平均偏差（标准规定 90.0%～110.0%）。

7. 兽药碘硝酚注射液的含量测定方法是：精密称取本品适量（约相当于碘硝酚 0.2g），置于 250mL 容量瓶中，加水稀释至刻度，摇匀，精密量取 5mL，置于 250mL 容量瓶中，用水稀释至刻度，摇匀，照分光光度法在 407nm 的波长处测定吸收度。另取本品，同时测定相对密度，将供试品质量折算成体积（mL），按 $C_6H_3I_2NO_3$ 的吸收系数（$E_{1cm}^{1\%}$）为 411 计算，即得。现在，精密称取三份规格为 20% 的市售碘硝酚注射液：质量 W 为：$1^{\#}$ 1.2305g，$2^{\#}$ 1.2270g，$3^{\#}$ 1.2285g，依照标准进行含量测定操作，测得 407nm 处的吸收度分别为：$1^{\#}$ 0.652，$2^{\#}$ 0.648，$3^{\#}$ 0.651；同时测得该碘硝酚注射液的密度为 1.218g/mL。请计算碘硝酚注射液标示量的含量（标准规定 93.0%～107.0%），并计算检测结果的相对平均偏差。

第 12 章 物质结构基础

世界是由物质组成的，不同的物质表现出不同的物理、化学性质，而性质上的差异是由于物质内部结构不同而引起的。通常，化学变化是由原子进行重新组合，原子核并不发生变化，只是核外电子的运动状态发生了改变。因此，要了解物质的性质及其变化规律，有必要先了解原子结构，特别是核外电子的运动状态。

12.1 原子结构与元素周期律

通常把质量和体积都极其微小、运动速率等于或接近光速的粒子，如光子、电子、中子和质子等，称为微观粒子。微观粒子的运动规律与普通物体不同，不能用经典力学来描述。

迄今为止，只有建立在微观粒子的量子性及其运动规律这两个基本特征之上的量子力学，才能比较正确地描述微观粒子的运动。

12.1.1 核外电子的运动特征理论认识过程

1905 年爱因斯坦（A. Einstein）提出了"光子学说"，指出光不仅是电磁波而且是一种光子流，光具有波粒二象性。1924 年，法国物理学家德布罗意（L. V. de Broglie）在光具有波、粒二象性的启发下，提出了电子等微观粒子也具有波粒二象性的假说，并预言微观粒子的波长 λ 符合下列关系：

$$\lambda = \frac{h}{p} = \frac{h}{mv} \tag{12-1}$$

式中 m——微观粒子的质量；
 v——微观粒子的运动速率；
 p——微观粒子的动量；
 h——普朗克常数。

式(12-1) 也称为德布罗意关系式。它说明了波粒二象性是对立的统一。

1927 年，美国科学家戴维逊（C. T. Davisson）等人用电子衍射实验证实了德布罗意的假说，从而证实了电子具有波粒二象性。后来用 α 粒子、中子、质子等微观粒子替代电子流做类似实验，同样都产生衍射现象。证实了微观粒子具有波粒二象性，即波粒二象性是微观粒子运动的特征。微观粒子的运动有着不同于宏观物体运动的能量量子化和波粒二象性的特征。它的运动不同于经典力学中的质点，不遵守牛顿力学规律，没有确定的运动轨迹。因此，不能用经典力学来描述微观粒子的运动状态和运动规律，而只能用能反映微观粒子运动特征的量子力学来描述。

1926 年，奥地利物理学家薛定谔（E. Schroedinger）从电子的波粒二象性出发，借助于光的波动方程，提出了描述微观粒子运动规律的波动方程——薛定谔方程，建立了近代量子力学理论。

薛定谔方程是一个二阶偏微分方程。解薛定谔方程，就可求出描述微观粒子（如电子）运动状态的数学函数式——波函数 $\psi(x, y, z)$ 及与此状态相应的能量 E；薛定谔方程的解是一系列（实际上可以有无穷多个）ψ_1、ψ_2、ψ_3、ψ_i、……和相应的一系列（实际上可以有无穷多个) 能量 E_1、E_2、E_3、E_i、……按现有认知水平有意义的解叫做合理解, 方程的每一个合理解 i 及 E_i 代表系统的一种可能的定态 (即具有一定能量的运动状态)。波函数 ψ 是量子力学描述核外电子运动状态的数学函数式。

波函数 $\psi(x, y, z)$ 的空间图像可以表示电子在原子中的运动范围, 借助经典物理学的概念, 通常将这种空间图像称为 "原子轨道"。由于原子轨道的数学表达式就是波函数, 所以, 在一些场合也把波函数 ψ 称为原子轨道。原子轨道与波函数是同义词。但量子力学中的原子轨道与前面提到的玻尔原子轨道及宏观物体运动轨道具有本质的区别。原子轨道不是核外电子运动的固定轨迹, 是指核外电子运动的空间范围或区域, 两者不能混淆。

12.1.2 四个量子数

薛定谔方程在数学上有很多解, 但并不是每个解都是能用来描述电子运动状态的合理波函数, 合理的波函数必须满足某些特定条件。为了使解得的波函数能够描述电子的空间运动状态, 在求解薛定谔方程中, 必须使某些常数的取值受一定的限制。这些受限制的常数称之为量子数。这些量子数分别是主量子数 n、角量子数 l 和磁量子数 m, 它们的取值是相互制约的。用这些量子数可以表示原子轨道或电子云离核的远近、形状及其在空间的伸展方向, 此外, 还有用来描述电子自旋运动的自旋量子数 m_s。下面讨论这些量子数的取值和物理意义。

(1) 主量子数 n

主量子数 n 是用来描述原子中电子出现概率最大区域离核的远近, 或者说它是决定电子层数的。主量子数的 n 的取值为 1, 2, 3 等正整数。n 愈大, 电子离核的平均距离愈远。

在光谱学上常用大写拉丁字母 K、L、M、N、O、P、Q 代表电子层数。

主量子数 (n): 1、 2、 3、 4、 5、 6、 7…
电子层符号: K、 L、 M、 N、 O、 P、 Q…

主量子数 n 是决定电子能量高低的主要因素。对单电子原子来说, n 值愈大, 电子的能量愈高。但是对多电子原子来说, 核外电子的能量除了同主量子数 n 有关以外, 还同原子轨道 (或电子云) 的形状有关。因此, "n 值愈大, 电子的能量愈高" 这句话, 只有在原子轨道 (或电子云) 的形状相同的条件下, 才是正确的。

(2) 角量子数 l

角量子数 l 是决定电子的角动量的大小, 它表示原子轨道 (或电子云) 的形状并在多电子原子中和主量子数一起决定电子的能级。当 n 给定时, 量子力学证明 l 只能取小于 n 的正整数: 0, 1, 2, 3, … $(n-1)$ 等共 n 个值。按光谱学上的习惯, l 还可以用 s、p、d、f 等符号表示。

角量子数 (l): 0、 1、 2、 3…
光谱符号: s、 p、 d、 f…

角量子数 l 的一个重要物理意义 $l=0$ 时 (称 s 轨道), 其原子轨道 (或电子云) 呈球形分布 (见图 12-1); $l=1$ 时 (称 p 轨道), 其原子轨道 (或电子云) 呈哑铃形分布 (见图 12-2)。

角量子数 l 的另一个物理意义是表示同一电子层中具有不同状态的亚层。例如, $n=3$ 时, l 可取值为 0、1、2, 即在第三层电子层上有三个亚层, 分别为 s、p、d 亚层。为了区别不同电子层上的亚层, 在亚层符号前面冠以电子层数。例如, 2s 是第二电子层上的亚层, 3p 是第三电子层上的 p 亚层。

(3) 磁量子数 m

磁量子数 m 决定原子轨道（或电子云）在空间的伸展方向。当 l 给定时，m 的取值为从 -1 到 $+1$ 之间的一切整数（包括 0 在内），即 0、± 1、± 2、± 3、$\cdots \pm l$，共有 $2l+1$ 个取值，即原子轨道（或电子云）在空间有 $2l+1$ 个伸展方向。原子轨道（或电子云）在空间的每一个伸展方向称为一个轨道。例如，$l=0$ 时，s 电子云呈球形对称分布，没有方向性。m 只能有一个值，即 $m=0$，说明 s 亚层只有一个轨道为 s 轨道。当 $l=1$ 时，m 可有 -1、0、$+1$ 三个取值，说明 p 电子云在空间有三种取向，即 p 亚层中有三个以 x、y、z 轴为对称轴的 p_x、p_y、p_z 轨道。当 $l=2$ 时，m 可有五个取值，即 d 电子云在空间有五种取向，d 亚层中有五个不同伸展方向的 d 轨道（见图 12-3）。n、l 相同且 m 不同的各轨道具有相同的能量，把能量相同的轨道称为等价轨道。n、l 相同且 m 不同的各轨道具有相同的能量，把能量相同的轨道称为等价轨道。

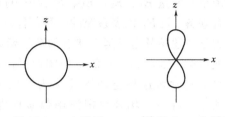

图 12-1　s 电子云　　　图 12-2　p 电子云

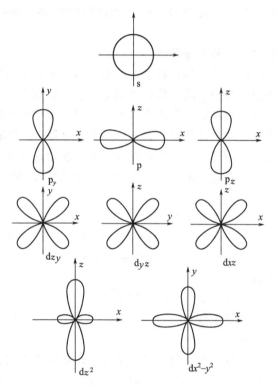

图 12-3　s、p、d 电子云在空间的分布

(4) 自旋量子数 m_s

通过精密观察强磁场存在下的原子光谱发现，大多数谱线其实是由靠得很近的两条谱线组成的。原因是电子除绕核作高速运动外，还绕自己的轴作自旋运动。电子的自旋运动用自旋量子数 m_s 表示。m_s 的取值有两个：$+1/2$ 和 $-1/2$，说明电子的自旋只有两个方向，即顺时针方向和逆时针方向，通常用"↑"和"↓"表示。

综上所述，电子在原子核外的运动状态可以用 n、l、m、m_s 四个量子数来描述。主量子数 n 决定电子出现概率最大的区域离核的远近（或电子层），并且是决定电子能量的主要因素；角量子数 l 决定原子轨道（或电子云）的形状，同时也影响电子的能量；磁量子数 m 决定原子轨道（或电子云）在空间的伸展方向；自旋量子数 m_s 决定电子自旋的方向。因此四个量子数确定之后，电子在核外空间的运动状态也就确定了。

12.1.3　核外电子的排布

12.1.3.1　多电子原子的能级

在多电子原子中，电子的能量与主量子数 n 和角量子数 l 有关，因为电子不仅受原子核的吸引，而且它们彼此间也存在着相互排斥作用。多电子原子的原子轨道能级就有可能发生改变，其能量的相对高低通常是利用光谱数据确定的。

1939 年，美国化学家鲍林（L. Pauling）根据大量光谱实验结果，总结出多电子原子中原子轨道的近似能级图，如图 12-4 所示。按照图中各轨道的顺序来填充电子所得结果，与光谱实验得到各元素原子内电子的排布情况大都是相符合的（有个别过渡元素稍有出入）。

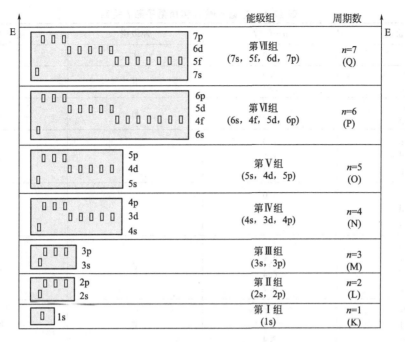

图 12-4 原子轨道近似能级图

从图 12-4 中可以看出：

① n 相同时，l 越大，原子轨道的能量越高，如 $E_{ns} < E_{np} < E_{nd}$；

② l 相同时，n 越大，原子轨道的能量越高，如 $E_{1s} < E_{2s} < E_{3s}$，$E_{2p} < E_{3p} < E_{4p}$，$E_{3d} < E_{4d} < E_{5d}$；

③ n、l 都相同时，原子轨道的能量相同，如 $E_{np_x} = E_{np_y} = E_{np_z}$；

④ n、l 都不相同时，对于多电子原子会出现能级交错，某些 n 值较大的轨道的能量可能低于 n 值较小的轨道，如：

$$n \geq 4 \text{ 时}, E_{ns} < E_{(n-1)d} < E_{np}$$
$$n \geq 6 \text{ 时}, E_{ns} < E_{(n-2)f} < E_{(n-1)d} < E_{np}$$

应当指出，鲍林是近似的假定，所有不同元素的原子的能级高低次序都是一样的。但事实上，原子中轨道能级高低的次序不是一成不变的，原子中轨道的能量在很大程度上取决于原子序数，随着元素原子序数的增加，核对电子的吸引力增加，原子轨道的能量一般会逐渐下降。不能认为所有元素原子中的能级高低都是一成不变的，更不能用它来比较不同元素原子轨道能级的相对高低。

我国化学家徐光宪先生的研究：总结归纳了能级相对高低与主量子数 n 和角量子数 l 关系的近似公式 $(n+0.7l)$，按此公式可计算各原子轨道能量的相对大小，并可将整数部分相同的轨道归为一能层，所得结果与鲍林一致，如表 12-1 所示。

12.1.3.2 核外电子排布的规则

人们根据原子光谱实验和量子力学理论，总结出核外电子排布服从以下三个原理。

(1) 能量最低原理

自然界一条普遍的规律是"能量越低越稳定"，原子中的电子也不例外，电子在原子中所处的状态总是尽可能使整个体系的能量为最低，这样的体系最稳定。因此电子总是优先占据可供占据的能量最低轨道，而后按照电子填充顺序图（见图 12-5）依次进入能量较高的轨道。这就称为能量最低原理。

表 12-1　主量子数 n 和角量子数 l 关系

原子轨道	$n+0.7l$	能级组	组内状态数
1s	1.0	Ⅰ	2
2s 2p	2.0 2.7	Ⅱ	8
3s 3p	3.0 3.7	Ⅲ	8
4s 3d 4p	4.0 4.4 4.7	Ⅳ	18
5s 4d 5p	5.0 5.4 5.7	Ⅴ	18
6s 4f 5d 6p	6.0 6.1 6.4 6.7	Ⅵ	32
7s 5f 6d	7.0 7.1 7.4	Ⅶ	未完

（2）泡利不相容原理

每个原子轨道至多只能容纳两个自旋方式相反的电子。或者是说，在同一个原子中，不可能有两个电子处于完全相同的状态，即原子中两个电子所处状态的四个量子数（n、l、m、m_s）不可能完全相同。每个电子层最多容纳 $2n^2$ 个电子。

（3）洪特规则

洪特规则有两层含义：一是对于基态原子来说，在相同 n 和相同 l 的轨道上分布的电子，将尽可能分占 m 值不同的轨道，且自旋平行；二是当轨道处于全满、半满状态时具有较低的能量和较大的稳定性。

如：基态氮原子的电子排布式为 $1s^2 2s^2 2p^3$，其中 2p 轨道上是 $p_x^1 p_y^1 p_z^1$，而不会是 $p_x^2 p_y^1 p_z^0$，相对稳定的状态是：

① 全充满 p^6，d^{10}，f^{14}；

② 全空 p^0，d^0，f^0；

③ 半充满 p^3，d^5，f^7。

按此三项规则：

Cr 的电子排布式为 [Ar] $3d^5 4s^1$，而不是 [Ar] $3d^4 4s^2$；

Cu 的电子排布式为 [Ar] $3d^{10} 4s^1$，而不是 [Ar] $3d^9 4s^2$。

应该说明，核外电子排布原理是概括了大量实验事实后提出的一般结论，因此，绝大多数原子的核外电子的实际排布与这些原理是一致的，但也有少数不符合，实验测定结果并不能用排布原理圆满地解释，所以在学习时，应该首先是承认实验事实，并在此基础上去探求符合实际的理论解释。表 12-2 是原子序数 1～36 的元素原子的电子排布情况。

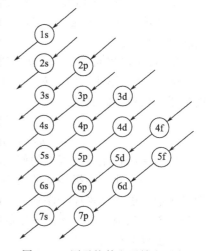

图 12-5　原子核外电子填充顺序

表 12-2 原子序数 1~36 的元素原子的电子排布

原子序数	元素符号	中文名称	电子排布式	原子序数	元素符号	中文名称	电子排布式
1	H	氢	$[H]1s^1$	19	K	钾	$[Ar]4s^1$
2	He	氦	$[He]1s^2$	20	Ca	钙	$[Ar]4s^2$
3	Li	锂	$[Li]2s^1$	21	Sc	钪	$[Ar]3d^14s^2$
4	Be	铍	$[Be]2s^2$	22	Ti	钛	$[Ar]3d^24s^2$
5	B	硼	$[B]2s^22p^1$	23	V	钒	$[Ar]3d^34s^2$
6	C	碳	$[C]2s^22p^2$	24	Cr	铬	$[Ar]3d^54s^1$
7	N	氮	$[N]2s^22p^3$	25	Mn	锰	$[Ar]3d^54s^2$
8	O	氧	$[O]2s^22p^4$	26	Fe	铁	$[Ar]3d^64s^2$
9	F	氟	$[F]2s^22p^5$	27	Co	钴	$[Ar]3d^74s^2$
10	Ne	氖	$[Ne]2s^22p^6$	28	Ni	镍	$[Ar]3d^84s^2$
11	Na	钠	$[Na]3s^1$	29	Cu	铜	$[Ar]3d^{10}4s^1$
12	Mg	镁	$[Mg]3s^2$	30	Zn	锌	$[Ar]3d^{10}4s^2$
13	Al	铝	$[Al]3s^23p^1$	31	Ga	镓	$[Ar]3d^{10}4s^24p^1$
14	Si	硅	$[Si]3s^23p^2$	32	Ge	锗	$[Ar]3d^{10}4s^24p^2$
15	P	磷	$[P]3s^23p^3$	33	As	砷	$[Ar]3d^{10}4s^24p^3$
16	S	硫	$[S]3s^23p^4$	34	Se	硒	$[Ar]3d^{10}4s^24p^4$
17	Cl	氯	$[Cl]3s^23p^5$	35	Br	溴	$[Ar]3d^{10}4s^24p^5$
18	Ar	氩	$[Ar]3s^23p^6$	36	Kr	氪	$[Ar]3d^{10}4s^24p^6$

12.1.4 元素基本性质的周期性

12.1.4.1 元素周期律和元素周期表

现代化学的元素周期律是 1869 年俄国科学家门捷列夫（Дмитрий Иванович Менделеев）首创的，他将当时已知的 63 种元素依相对原子质量大小并以表的形式排列，把有相似化学性质的元素放在同一行，就是元素周期表的雏形。周期表揭示了物质世界的秘密，把一些看来似乎互不相关的元素统一起来，组成了一个完整的自然体系。它是近代化学史上的一个创举，对于促进化学的发展起了巨大的作用。

(1) 周期

在元素周期表中，每一横行称为一个周期，共有七个周期。除第一周期外，其余每一个周期的元素原子的最外电子排布都是由 $ns^1 \longrightarrow ns^2np^6$，呈现明显的周期性。各周期内所含元素的数目与各能级组内原子轨道所能容纳的电子数相等。元素在周期表中所属周期数等于该元素原子的最外电子层的主量子数 n，且与能级组的序号完全对应。

根据能级组的不同，将元素周期表划分为短周期、长周期和不完全周期。短周期就是第一周期~第三周期，第一周期包含 2 种元素，第二、三周期各包含 8 种元素。第四周期~第六周期叫做长周期，由于出现了 d 亚层和 f 亚层，所以第四、五周期元素总数各为 18 种，第六周期元素总数为 32 种。第七周期至今尚未将所有元素都发现，叫做不完全周期。

(2) 族

外层电子结构相同或相似的元素排成一纵列构成一族。元素周期表共有 18 个纵列，分为 7 个主族、7 个副族、一个零族和一个Ⅷ族。在元素周期表上主族元素以 A 表示，即ⅠA~ⅦA，其电子充填在 ns 或 np 轨道上。副族元素以 B 表示，即ⅠB~ⅦB，其电子充填在 $(n-1)d$ 和 $ns^{1\sim2}$ 轨道上，镧系和锕系元素电子充填在 4f 和 5f 轨道上。习惯上将稀有气体称为零族。

(3) 元素的分区

根据核外电子的排布特征可以将元素划分为五个区，称为元素的分区图。

s 区元素：包括ⅠA 族元素和ⅡA 族元素，该区元素的最后 1 个电子充填在最外层的 s

轨道上，电子构型为 $ns^{1\sim2}$，除 H 元素外，均为活泼金属。

p 区元素：包括ⅢA～ⅦA族元素和零族元素，该区元素的最后 1 个电子充填在 p 轨道上，其电子构型为 $ns^2np^{1\sim6}$（He 为 $1s^2$）。p 区元素大部分为非金属元素，零族元素为稀有气体元素。

d 区元素：包括ⅢB～ⅦB族元素和Ⅷ族元素，其外层电子构型为 $(n-1)d^{1\sim9}ns^{0\sim2}$。d 区元素又称过渡元素。

ds 区元素：包括ⅠB元素和ⅡB族元素，其外层电子构型为 $(n-1)d^{10}ns^{1\sim2}$。

f 区元素：包括镧系元素和锕系元素，其外层电子构型为 $(n-2)f^{1\sim14}(n-1)d^{0\sim2}ns^2$。

分区图使我们对元素周期律的认识深化了，它揭示了原子的电子构型与元素周期表的密切关系。

12.1.4.2 原子结构与元素性质

（1）原子半径

通常讲的原子半径，是通过晶体分析，根据两个相邻原子的平均核间距测定的。由于核外电子的运动没有确定的边界，实际上无法精确地测量核至最外层电子的平均距离，因此有关原子半径的数值只有相对的近似意义。通常所说的原子半径分为三类：共价半径、范德华半径和金属半径。

① 共价半径：同种元素的两个原子以共价键结合时，相邻两个原子核间距离的一半，称为该元素原子的共价半径。

② 范德华半径：在分子晶体中，分子间以范德华力结合，相邻两个原子核间距离的一半，称为该原子的范德华半径。

③ 金属半径：金属晶体中相邻两个金属原子的核间距离的一半称为金属半径。

总结元素的原子半径数据可以得知：原子的金属半径一般比它的单键共价半径大10%～15%，对于非金属元素原子来说，范氏半径大于共价半径。

同一周期的主族元素，随着原子序数的递增，原子半径由大逐渐变小。这是由于原子核每增加 1 个单位正电荷，最外层相应地增加了 1 个电子。核电荷的增加使原子核对外层电子的吸引力增强，外层电子有向原子核靠近的趋势；而外层电子的增加又加剧了电子之间的相互排斥作用，使电子远离原子核的趋势增大。两者相比之下，由于电子层数并不增加，核对外层电子引力增强的因素起主导作用。因此，同一周期的主族元素从左向右随着核电荷数的递增，原子半径逐渐减小。

同一主族的元素，从上到下原子半径增大。这是由于从上到下电子层数增多，核电荷数也同时增加。但由于内层电子的屏蔽，有效核电荷 z 增加使半径收缩的作用不如电子层数的增加而使半径加大所起的作用大，故同一主族的元素从上到下原子半径增大。同一副族元素除钪（Sc）分族以外，原子半径的变化趋势与主族元素的变化趋势相同，但由于增加的电子排布在内层 $(n-1)d$ 或 $(n-2)f$ 轨道上，使原子半径增大的幅度减小。特别是第五周期和第六周期的同一副族之间，原子半径非常接近，这是现象叫做镧系收缩。

同一周期中原子半径的变化一般是从左到右逐渐减小的，因为在短周期中，从左到右电子增加在同一外层，电子在同一层内相互屏蔽作用比较小，所以随着原子序数的增大，核电荷对电子的吸引力增强，导致原子收缩，半径减小。但是，到稀有气体时，半径又增大，是因为此时的半径是范德华半径。对于同一周期副族元素，从左到右随着核电荷的增加，增加的电子排布在 $(n-1)d$ 轨道上，增加的核电荷几乎被增加的 $(n-1)d$ 电子抵消，使核对最外层电子的吸引力增加很少。因此同一周期的副族元素，从左到右随着核电荷数增多，原子半径略有减小。同一周期的镧系和锕系元素，新增电子填在外数第三层的 f 轨道上，原子半径减小得更少，同样是由于镧系和锕系收缩。

(2) 电离能

对于多电子原子，基态（能量最低的状态）的气态原子失去一个电子形成气态一价正离子所需的能量，称为第一电离能，记为 I_1；一价气态正离子再失去一个电子形成二价气态正离子所需的能量，称为原子的第二电离能，记为 I_2；其余类推。同一元素的各级电离能逐渐增大：$I_1 < I_2 < I_3$……元素的原子电离能越小，表示气态时越容易失去电子，即该元素在气态时的金属性越强。

同一周期的元素，从左到右元素原子的第一电离能逐渐增大。这是由于同一周期的元素具有相同的电子层数，从左到右有效核电荷增大，原子半径减小，核对外层电子的引力加大，越不易失去电子，电离能也就越大。但某些具有半充满和全充满电子构型的元素，稳定性较高，因此比同周期相邻元素的电离能高，如 $Be(2s^2)$、$N(2s^2 2p^3)$、$Ne(2s^2 2p^6)$、$Zn(3d^{10} 4s^2)$ 等元素。对于副族元素来说，电离势增大幅度不如主族元素。

同一主族的元素，从上到下元素原子的第一电离能逐渐减小。这是由于同一族元素电子层数不同，最外层电子数相同，原子半径逐渐增大，核对电子的引力逐渐减小，所以从上到下越易失去电子，电离能也就越小。对于副族元素来说，这种规律性较差。

元素原子的电离能数据可以通过实验准确测定，数据比较全面，因此，电离能成为原子的电子构型的最好佐证。

(3) 电子亲和势

处于基态的气态原子获得一个电子成为负一价气态阴离子时所释放出的能量，称为该元素的第一电子亲和势。电子亲和势可用来衡量气态原子获得电子的难易程度。电子亲和势越大，该元素越容易得到电子。活泼的非金属一般具有较高的电子亲和势，金属元素的亲和势都比较小。

元素的第二电子亲和势，相当于一个电子附加到一个负离子上。因为负离子和电子之间存在着静电斥力，所以这时需要消耗能量，而不是放出能量。

元素的电子亲和势难以测定，所以数据不全，应用也受到限制。

(4) 电负性

为了全面反映原子在化合物中吸引电子的能力，1932 年鲍林首先提出电负性的概念。他把元素的原子在分子中吸引电子的能力称为电负性，并指定 H 的电负性为 2.1，求出了其他元素的相对电负性，由此可知电负性是相对值，没有单位。

同一周期的元素，从左到右电负性逐渐变大，金属性逐渐减弱；同一主族的元素，从上到下电负性逐渐减小，金属性逐渐增强。由此可知，除了稀有气体，电负性最高的元素是周期表中右上角的氟（3.98），电负性最低的元素是周期表中左下角的铯（0.79）。一般来说，金属元素的电负性在 2.0 以下，非金属元素的电负性在 2.0 以上。对于副族元素，电负性变化的规律性不强。元素电负性的大小，不仅能说明元素的金属性和非金属性，而且对讨论化学键的类型、元素的氧化数和分子的极性等都有密切关系。

12.2 化学键与分子结构

12.2.1 离子键理论

离子键是由正负离子之间靠静电作用而形成的化学键。

在离子键的模型中，可以近似地将正负离子视为球形电荷。这样正负粒子之间的静电作用遵循库仑定律，即离子间的作用力与离子电荷的乘积成正比，而与离子的核间距的平方成反比，也就是离子的电荷越大，离子电荷中心间的距离越小，离子间的作用力越强。但是，正负离子间除了有静电吸引力之外，还有电子与电子、原子核与原子核之间的斥力，当引力和斥力达到平衡时，整个体系的能量会降到最低，此时就会形成稳定的化合物。由离子键形成的化合物叫做离子化合物。

由于离子的电荷分布是球形对称的，因此，只要空间条件允许，它可以从不同方向同时吸引若干异性离子，即离子键既没有方向性也没有饱和性。

12.2.2 共价键理论

离子键理论能很好地说明离子化合物的形成和性质，但不能说明由相同原子组成的单质分子（如 H_2、Cl_2、N_2 等），也不能说明不同非金属元素结合生成的分子，如 HCl、CO_2、NH_3 等和大量的有机化合物分子形成的化学键本质。1916 年美国化学家路易斯（G. N. Lewis）提出了共价键学说，建立了经典的共价键理论。他认为分子中两个原子间是以共用电子对吸引两个相同的原子核，形成共价键后，每个原子都达到稳定的稀有气体的原子结构。

经典共价键理论初步揭示了共价键不同于离子键的本质，对分子结构的认识前进了一步。但是它具有一定的局限性，在解释某些现象时出现了矛盾。1927 年德国化学家海特勒（W. Heitler）和伦敦（F. London）首先把量子力学理论应用到分子结构中，为共价键的形成提供了现代理论基础，并在此基础上逐步形成了两种共价键理论：价键理论与分子轨道理论。

（1）共价键的特征

① 饱和性：两个原子接近时，自旋方向相反的未成对的价电子可以配对形成共价键。一个原子含有几个单电子，就能与其他原子的几个自旋相反的单电子形成几个共价键。因此一个原子所形成的共价键的数目通常受单电子数目的限制，这就是共价键的饱和性。

② 方向性：在形成共价键时，要尽可能沿着原子轨道最大重叠的方向形成，这样形成的共价键才能稳定，叫做最大重叠原理。因此成键的原子轨道要沿着合适的方向相互靠近，才能达到最大程度的重叠，形成稳定的共价键，这就是共价键的方向性。

（2）共价键的分类

根据形成共价键时原子轨道重叠方式的不同，常见的有 σ 键和 π 键两种类型。

① σ 键：两个原子轨道沿键轴方向重叠成键，或以"头碰头"的方式发生轨道重叠所形成的共价键称为 σ 键。所有的单键都是 σ 键。σ 键的一对成键电子的电子云密度分布，对于两个原子核的连线——"键轴"呈圆柱形对称，如图 12-6 所示。

② π 键：两个原子轨道侧面重叠成键，或以"肩并肩"的方式发生轨道进行重叠所形成的共价键称为 π 键（见图 12-7）。

从原子轨道的重叠程度来看，σ 键重叠程度要比 π 键重叠程度大很多。所以 σ 键的键能比 π 键的键能要大些，σ 键的电子能量较低，σ 键较稳定；而 π 键易活动，是化学反应的积极参与者，π 键不能单独存在，只能与 σ 键共存于共价双键或共价三键中。σ 键不易断开，是构成分子的骨架，可单独存在于两原子间。

12.2.3 杂化轨道理论

最早的价键理论简明地描述了共价键的本质和特点，但在解释分子的空间构型时遇到了困难。为了更好地解释分子的实际空间构型和稳定性，1931 年鲍林（Pauling）提出了轨道杂化理论（hybrid orbital theory），进一步丰富和发展了价键理论。

杂化和杂化轨道：原子轨道在成键的过程中并不是一成不变的。同一原子中能量相近的各个原子轨道,在成键过程中重新组合成一系列能量相等的新轨道而改变了原有轨道的状态,这个过程称为"杂化",所形成的新轨道叫做"杂化轨道"。

12.2.4 杂化轨道的类型

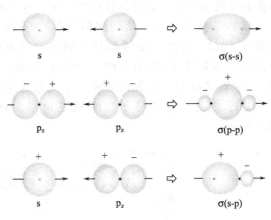

杂化轨道的类型很多,对于非过渡元素,由于 ns、np 能级比较接近,往往采用 sp 型杂化。sp 型杂化又分为 sp 杂化、sp^2 杂化和 sp^3 杂化。从理论上可以证明,几个原子轨道之间的杂化,只能得到几个杂化轨道,如:sp 杂化可得到 2 个 sp 杂化轨道;sp^2 杂化可得到 3 个 sp^2 杂化轨道;sp^3 杂化可得到 4 个 sp^3 杂化轨道。

图 12-6 共价键成键示意图

(1) sp 杂化

由一个 ns 轨道和一个 np 轨道参与的杂化称为 sp 杂化,所形成的杂化轨道称为 sp 杂化轨道。sp 杂化轨道的特点是每一个杂化轨道中含有 s 轨道和 p 轨道的成分,杂化后所形成的分子形状是直线形的(键角为 180°)。

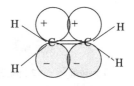

图 12-7 乙烯分子中的 π 键

(乙烯:C sp^2 杂化。C—C:1 个 σ 键 sp^2-sp^2,C—H:4 个 σ 键 sp^2-1s;未杂化的 p 轨道之间成 π 键,故有 C=C 存在)

以 $BeCl_2$ 分子为例。实验测知,气态 $BeCl_2$ 是一个直线形的共价分子。Be 原子位于两个 Cl 原子的中间,键角 180°,两个 Be—Cl 键的键长和键能都相等。基态 Be 原子的电子构型为 $1s^2 2s^2$,没有单电子,表面看来似乎是不能形成共价键的。杂化轨道理论认为,成键时 Be 原子中的一个 2s 电子可以被激发到 2p 空轨道上去,使基态 Be 原子转变为激发态 Be 原子($2s^1 2p^1$)。与此同时,Be 原子的 2s 轨道和一个刚跃进的电子的 2p 轨道发生 sp 杂化,形成两个能量等同的 sp 杂化轨道:其中每 1 个 sp 杂化轨道都含有 $\frac{1}{2}$ 的 s 轨道和 $\frac{1}{2}$ 的 p 轨道的成分,每个 sp 轨道的形状都是一头大,一头小。成键时,都是以杂化轨道大的一头与 Cl 原子的成键轨道重叠而形成两个 σ 键。根据理论推算,这两个 sp 杂化轨道正好互成 180°,亦即在同一直线上。这样,推断的结果与实验相符,如图 12-8 所示。

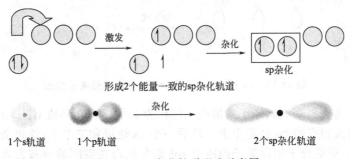

图 12-8 sp 杂化轨道形成示意图

(2) sp^2 杂化

由 1 个 s 轨道和两个 p 轨道杂化可组成 3 个 sp^2 杂化轨道,每个 sp^2 杂化轨道有 ⅓ 的 s

成分和⅔的 p 成分。杂化后键角为 120°，分子形状为等边三角形。

以 BF_3 分子为例。实验测得 BF_3 分子的原子都在同一平面，任意两个键所成的键角都是 120°，且这三个键都是等同的。基态硼原子的价电子结构为 $2s^2 2p^1$。当硼与氟反应时，硼原子 2s 轨道上的一个电子先激发到空的 2p 轨道上去，然后一个 2s 轨道和两个 2p 轨道进行 sp^2 杂化形成三个夹角为 120° 的 sp^2 杂化轨道。三个 sp^2 杂化轨道与 3 个 F 原子成键，整个分子呈平面三角形。这就说明了 BF_3 的几何构型的特点，如图 12-9 所示。

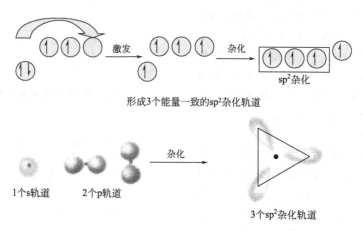

图 12-9　三个 sp^2 杂化轨道形成示意图

(3) sp^3 杂化

由一个 s 轨道和三个 p 轨道杂化形成 4 个 sp^3 杂化轨道，每个 sp^3 杂化轨道含有¼的 s 和¾的 p 成分。每两个杂化轨道间的夹角为 109°28′。四个 sp^3 杂化轨道的取向是指向正四面体的四个顶角。分子形状为正四面体结构（见图 12-10）。

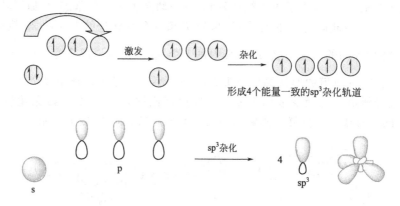

图 12-10　四个能量一致的 sp^3 杂化轨道形成示意图

以 CH_4 分子为例。基态碳原子的价电子结构为 $2s^2 2p^2$，在形成 CH_4 分子时，碳原子的一个 2s 电子先激发到空的 2p 轨道上去，然后一个 2s 轨道和三个 2p 轨道杂化组成四个等同的 sp^3 杂化轨道。甲烷分子中碳原子的四个 sp^3 杂化轨道在空间的分布为大头的一瓣指向正四面体的四个顶角。四个氢原子的 s 轨道沿着四面体的四个顶角方向与碳原子的 sp^3 杂化轨道大头的一瓣重叠，形成四个等同的 C—H 单键，且相互间的夹角为 109°28′，分子形状为正四面体结构（见图 12-11）。

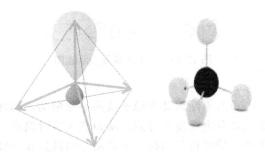

图 12-11　CH_4 分子构型

12.2.5　化学键理论总结

分子轨道理论是现代共价键理论的一个分支。其与现代共价键理论的重要区别在于，分子轨道理论认为原子轨道组合成分子轨道，电子在分子轨道中填充、运动。而现代共价键理论则讨论原子轨道，认为电子在原子轨道中运动。

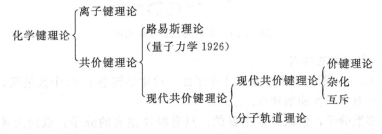

12.3　分子间作用力

前面介绍了两类化学键（离子键、共价键），它们都是分子内部原子间的作用力。除此之外，分子与分子之间还存在着一种较弱的相互作用，其能量大约 1mol 只有几个到几十个千焦，比化学键小 1～2 个数量级，这种分子间的作用力称为范德华力。它是决定许多物质物理性质（如熔点、沸点、溶解度等）的一个重要因素，范德华（van der Waals）力按作用力产生的原因和特性可分为取向力、诱导力、色散力三个部分。

12.3.1　取向力

极性分子与极性分子之间，偶极定向排列产生的作用力。极性分子具有永久偶极，它们具有正、负两极。当两极接近，同极相斥，异极相吸，一个分子带负电的一端和另一个分子带正电的一端接近，使分子按一定的方向排列。已取向的极性分子，由静电引力而相互吸引，称为取向力（orientation force），如图 12-12 所示。

图 12-12　分子间取向力示意图

12.3.2　诱导力

极性分子和非极性分子之间以及极性分子与极性分子之间的作用力。非极性分子与极性分子相遇时，非极性分子受到极性分子偶极电场的影响，电子云变形，产生了诱导偶极。诱导偶极同极性分子的永久偶极间的作用力叫做诱导力（induction force），如图 12-13 所示。同样，极性分子与极性分子之间除了取向力外，由于极性分子的电场互相影响，每个分子也会发生变形，产生诱导偶极，从而也产生诱导力。

图 12-13　分子间诱导力示意图

12.3.3　色散力

任何一个分子，由于电子的不断运动和原子核的不断振动，都有可能在某一瞬间产生的电子与核的相对位移，造成正负电荷重心分离，从而产生瞬时偶极，这种瞬时偶极可能使它相邻的另一个非极性分子产生瞬时诱导偶极，于是两个偶极处在异极相邻的状态，从而产生分子间的相互吸引力，这种由于分子不断产生瞬时偶极而形成的作用力称为色散力（dispersion force），如图 12-14 所示。色散力普遍存在于各种分子之间，并且没有方向性。分子的相对分子质量越大，越容易变形，色散力就越大。

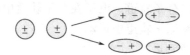

图 12-14　分子间色散力示意图

（1）分子间作用力的特点

① 其能量 1mol 一般只有几个至几十个千焦，比化学键小 1~2 个数量级。

② 一般不具有方向性和饱和性。

③ 对于大多数分子，色散力是主要的。只有极性很大的分子，取向力才占较大比重。诱导力通常很小。

（2）三种作用力在分子间总作用力的分配（见表 12-3）

表 12-3　分子间 van der Waals 力的分配情况　　　　　　　单位：kJ/mol

分子	取向力	诱导力	色散力	总能量
Ar	0.000	0.000	8.49	8.49
CO	0.003	0.008	8.74	8.75
HI	0.025	0.113	25.86	26.00
HBr	0.686	0.502	21.92	23.11
HCl	3.305	1.004	16.82	21.13
NH_3	13.31	1.548	14.94	29.80
H_2O	36.38	1.929	8.996	47.31

12.3.4　氢键

（1）氢键的概念

凡是与电负性大的原子 X（氟、氧、氮等）以共价键结合的氢，若与电负性大的原子 Y（与 X 相同的也可以）接近，在 X 与 Y 之间以氢为媒介，生成 X—H⋯Y 形式的键，称为氢键。

以水以水分子为例。在水分子中氢和氧以共价键结合，由于氧的电负性（3.44）很大，共用电子对强烈偏向氧原子一边，而使氢带正电性，同时，由于氢原子核外只有一个电子，其电子云向氧原子偏移的结果，使得它几乎要呈质子状态。这个半径很小、无内层电子的带部分正电荷的氢原子，使附近有另一个 HF 分子，其中含有孤电子对并带部分负电荷的 F 原子有可能充分靠近它，从而产生静电吸引作用。这个静电吸引作用力就是所谓氢键。水分子由于氢键的形成而发生缔合现象。

氢键的强度介于化学键和分子间作用力之间，和电负性有关。

氢键也可以在分子内部形成，如 HNO_3、邻硝基苯酚分子可以形成分子内氢键，此外，一个苯环上连有两个羟基，一个羟基中的氢与另一个羟基中的氧形成氢键。分子内氢键由于受环状结构的限制，X—H⋯Y 往往不能在同一直线上。分子内氢键使物质沸点、熔点降低，汽化热、升华热减小，也常影响化合物的溶解度。分子内氢键必须具备形成氢键的必要条件，还要具有特定的条件，如：形成平面环，环的大小以五原子或六原子环最稳定，形成的环中没有任何扭曲。

能够形成氢键的物质很广泛，如水、醇、胺、羧酸、无机酸、水合物、氨合物等，还有蛋白质、核酸、脂肪和糖等物质（见图 12-15）。氢键能存在于晶态、液态甚至存在于气态之中。例如在气态、液态和固态的 HF 中都有氢键存在。

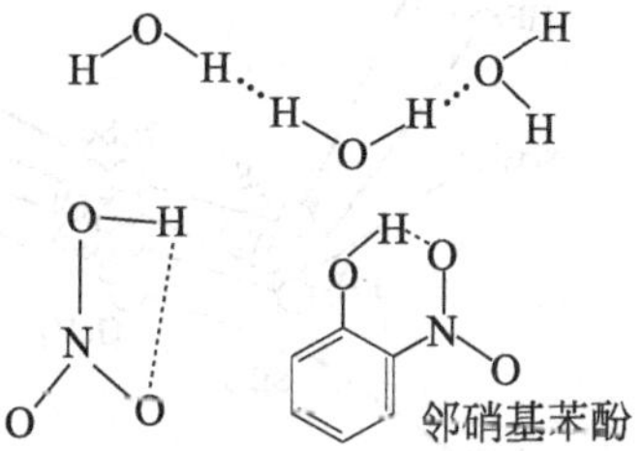

图 12-15　分子间与分子内氢键示意图

氢键实际上是一种分子间作用力，从本质上说属于静电吸引作用，但比化学键的键能要小得多，和分子间作用力相近。氢键与一般的分子间作用力不同：即它具有饱和性与方向性。由于氢原子特别小而原子 X 和 Y 比较大，所以 X—H 中的氢原子只能和一个 Y 原子结合形成氢键。同时由于负离子之间的相互排斥，另一个电负性大的原子 Y′就难以再接近氢原子，这就是氢键的饱和性。氢键具有方向性则是由于电偶极矩 X—H 与原子 Y 的相互作用，只有当 X—H⋯Y 在同一条直线上时最强，同时原子 Y 一般含有未共用电子对，在可能范围内氢键的方向和未共用电子对的对称轴一致，这样可使原子 Y 中负电荷分布最多的部分最接近氢原子，这样形成的氢键最稳定。

由于氢键的存在使得有些液体的行为反常，氢键的形成对化合物的物理化学性质有各种不同的影响。在很多实际问题中都会遇到氢键的存在。

(2) 氢键对于化合物性质的影响

分子间存在氢键时，大大地影响了分子间的结合力，故物质的熔点、沸点将升高。CH_3CH_2—OH 存在分子间氢键，而相对分子质量相同的 H_3C—O—CH_3 无氢键，故前者的沸点就高于后者。

HF、HCl、HBr、HI 从范德华力考虑，半径依次增大，色散力增加，故沸点顺序应为 HI＞HBr＞HCl，但由于 HF 分子间有氢键，故 HF 的沸点在这里最高，破坏了从左到右沸点升高的规律。H_2O 与 NH_3 由于氢键的存在，在同族氢化物中沸点亦是最高的。

H_2O、HF 和 NH_3 的分子间氢键很强，以至于分子发生缔合，以 $(H_2O)_2$、$(H_2O)_3$、$(NH_3)_2$、$(HF)_2$、$(HF)_3$ 等形式存在：

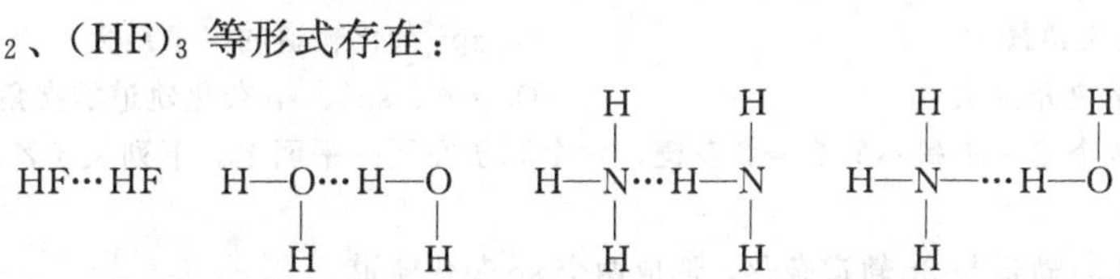

HF⋯HF　　H—O⋯H—O　　H—N⋯H—N　　H—N⋯H—O
　　　　　　　|　　　|　　　　|　　　|　　　　|　　　|
　　　　　　　H　　　H　　　　H　　　H　　　　H　　　H

而 $(H_2O)_2$ 排列最紧密，4℃时，$(H_2O)_2$ 比例最大，故 4℃时水的密度最大，可以形成分子内氢键时，势必削弱分子间氢键的形成，故有分子内氢键的化合物的沸点（b.p.）、熔点（m.p.）不是很高，典型的例子是对硝基苯酚和邻硝基苯酚：

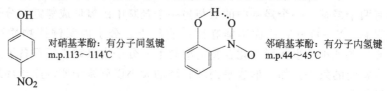

一些常见化合物的氢键与沸点的关系见图 12-16。

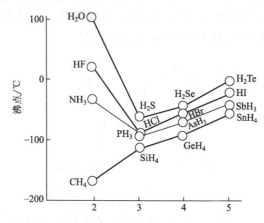

图 12-16　常见化合物的氢键与沸点的关系

思考与练习

1. 最早提出轨道杂化理论的是（　　）。
   A. 美国的路易斯　　　B. 英国的海特勒　　　C. 美国的鲍林　　　D. 法国的洪特
2. 下列分子中心原子是 sp^2 杂化的是（　　）。
   A. PBr_3　　　　　B. CH_4　　　　　C. BF_3　　　　　D. H_2O
3. 关于原子轨道的说法正确的是（　　）。
   A. 凡是中心原子采取 sp^3 杂化轨道成键的分子其几何构型都是正四面体
   B. CH_4 分子中的 sp^3 杂化轨道是由 4 个 H 原子的 1s 轨道和 C 原子的 2p 轨道混合起来而形成的
   C. sp^3 杂化轨道是由同一个原子中能量相近的 s 轨道和 p 轨道混合起来形成的一组能量相近的新轨道
   D. 凡 AB_3 型的共价化合物，其中心原子 A 均采用 sp^3 杂化轨道成键
4. 用 Pauling 的杂化轨道理论解释甲烷分子的四面体结构，下列说法不正确的是（　　）。
   A. C 原子的四个杂化轨道的能量一样
   B. C 原子的 sp^3 杂化轨道之间夹角一样
   C. C 原子的四个价电子分别占据四个 sp^3 杂化轨道
   D. C 原子有一个 sp^3 杂化轨道由孤对电子占据
5. 下列对 sp^3、sp^2、sp 杂化轨道的夹角的比较，得出结论正确的是（　　）。
   A. sp 杂化轨道的夹角最大　　　　　　B. sp^2 杂化轨道的夹角最大
   C. sp^3 杂化轨道的夹角最大　　　　　D. sp^3、sp^2、sp 杂化轨道的夹角相等
6. 乙烯分子中含有四个 C—H 和一个 C=C 双键，六个原子在同一平面上。下列关于乙烯分子的成键情况分析正确的是（　　）。
   A. 每个 C 原子的 2s 轨道与 2p 轨道杂化，形成两个 sp 杂化轨道
   B. 每个 C 原子的一个 2s 轨道与两个 2p 轨道杂化，形成三个 sp^2 杂化轨道
   C. 每个 C 原子的 2s 轨道与三个 2p 轨道杂化，形成四个 sp^3 杂化轨道

D. 每个C原子的三个价电子占据三个杂化轨道，一个价电子占据一个2p轨道

7. 下列含碳化合物中，碳原子发生了 sp^3 杂化的是（　　）。

   A. CH_4　　　　B. $CH_2=CH_2$　　　　C. $CH\equiv CH$　　　　D.  ⬡

8. 已知次氯酸分子的结构式为 H—O—Cl，下列有关说法正确的是（　　）。

   A. O原子发生 sp 杂化
   B. O原子与H、Cl 都形成 σ 键
   C. 该分子为直线形分子
   D. 该分子的电子式是 H : O : Cl

9. 下列关于杂化轨道理论的说法不正确的是（　　）。

   A. 原子中能量相近的某些轨道，在成键时，能重新组合成能量相等的新轨道
   B. 轨道数目杂化前后可以相等，也可以不等
   C. 杂化轨道成键时，要满足原子轨道最大重叠原理、最小排斥原理
   D. 杂化轨道可分等性杂化轨道和不等性杂化轨道

10. 对 SO_2 与 CO_2 说法正确的是（　　）。

    A. 都是直线形结构
    B. 中心原子都采取 sp 杂化轨道
    C. S原子和C原子上都没有孤对电子
    D. SO_2 为 V 形结构，CO_2 为直线形结构

11. 下列分子中的中心原子杂化轨道的类型相同的是（　　）。

    A. CO_2 与 SO_2　　B. CH_4 与 NH_3　　C. $BeCl_2$ 与 BF_3　　D. C_2H_2 与 C_2H_4

12. 在外界条件的影响下，原子内部_____的过程叫做轨道杂化，组合后形成的新的、_____的一组原子轨道，叫杂化轨道。

13. 甲烷分子中碳原子的杂化轨道是由一个_____轨道和三个_____轨道重新组合而成的，这种杂化叫_____。

14. ClO^-、ClO_2^-、ClO_3^-、ClO_4^- 中 Cl 都是以 sp^3 杂化轨道与 O 原子成键的，试推测下列微粒的立体结构。

微粒	ClO^-	ClO_2^-	ClO_3^-	ClO_4^-
立体结构				

15. 根据杂化轨道理论，请预测下列分子或离子的几何构型：

    CO_2 _____，CO_3^{2-} _____；
    H_2S _____，PH_3 _____。

16. 为什么 H_2O 分子的键角既不是 90°，也不是 109°28′，而是 104.5°？

17. 回忆课上所学，分析、归纳、总结多原子分子立体结构的判断规律，完成下表。

化学式	中心原子孤对电子对数	杂化轨道数	杂化轨道类型	分子结构
CH_4				
C_2H_4				
BF_3				
CH_2O				
C_2H_2				

第 13 章 烷烃与环烷烃

13.1 烷烃的概念

只含碳氢两种元素的化合物称为碳氢化合物，简称烃（hydrocarbons）。烃是最简单的有机化合物，其他有机化合物可视为烃的衍生物。

根据烃分子中碳原子的连接方式，可分为开链烃和环状烃。开链的烃类简称链烃或脂肪烃，环状的烃类简称环烃。脂肪烃可分为饱和烃和不饱和烃。分子中碳原子之间都以单键相连，其余价键均为氢原子所饱和的脂肪烃称为饱和烃；而在分子中含有碳碳双键或三键的脂肪烃则称为不饱和烃。环烃可分为脂环烃和芳香烃。

烷烃是分子内只含有 C—H 键和 C—C 键的烃。烷烃分子中碳原子以单键互相连接成链，其余价键完全与氢原子相连，分子中氢的含量已达到最高限度，因此是一类饱和烃。

13.2 烷烃的结构和异构现象

13.2.1 烷烃的结构

烷烃分子中含有 C—C 和 C—H 键，其中最简单的化合物是甲烷。下面以甲烷为例讨论烷烃的结构。

1874 年荷兰化学家范特霍夫（J. H. Van't Hoff）提出了碳原子四面体（tetrahedron）结构，认为在有机化合物分子中，碳原子是位于一个四面体的中心，它的四个化合价（四个共价单键）指向四面体的四个顶角，在该位置上分别与其他四个原子相连接形成有机化合物分子。现代物理方法测得甲烷为正四面体结构，碳原子处于正四面体的中心，与碳原子相连的四个氢原子位于正四面体的四个顶点，四个碳氢键完全相同，键长为 0.110nm，彼此间的键角为 109.5°。甲烷的正四面体构型如图 13-1 所示。

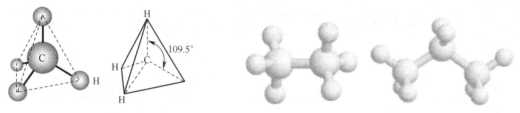

图 13-1 甲烷的正四面体结构　　　　图 13-2 乙烷与丙烷的球棒模型

甲烷分子中的 C—H 键都是 σ 键，σ 键的特点是键比较牢固，成键的电子云呈圆柱形对称，成键的原子可以绕键轴相对自由地旋转。乙烷分子中有两个碳原子和六个氢原子，两个碳原子之间形成一个 σ_{C-C} 键，其余三个方向上形成六个 σ_{C-H} 键，除乙烷外，烷烃分子的碳链并不是排布在一条直线上，为了保持正常的键角，碳链是呈锯齿状排列的，如图 13-2 所示。在书写烷烃构造式的时候习惯用直连的形式，现在也常用键线式表示。

13.2.2 烷烃的同系物和构造异构

烷烃中最简单的化合物为甲烷（CH_4），其后依次为乙烷（C_2H_6）、丙烷（C_3H_8）、丁烷（C_4H_{10}）等。随着碳原子数目的增加，可以得到一系列的烷烃。从这几个烷烃分子式可以看出，在任何一个烷烃分子中，如果碳原子数为 n，氢原子数则为 $2n+2$。因此可以用同一个式子 C_nH_{2n+2}（n 表示碳原子数）来表示烷烃分子的组成，这个式子叫做烷烃的通式。具有同一个通式，组成上相差 CH_2 或其整数倍的一系列化合物叫做同系列，CH_2 叫做同系列的系差。同系列中的各化合物互为同系物。一般情况下，同系物具有相似的化学性质，其物理性质随着相对分子质量的改变而呈现规律性的变化。掌握这一点对了解有机化合物的性质至关重要。

分子中原子间相互连接的顺序和方式叫做分子构造。分子式相同的不同化合物叫做同分异构体，简称异构体。在烷烃的同系列中，甲烷、乙烷、丙烷只有一个构造，而丁烷（C_4H_{10}）存在以下两种构造：

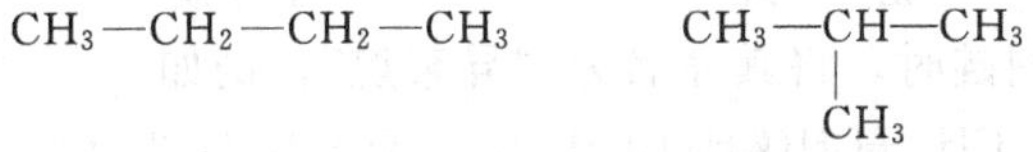

$$CH_3-CH_2-CH_2-CH_3 \qquad CH_3-\underset{\underset{CH_3}{|}}{CH}-CH_3$$

前者称为正丁烷，后者称为异丁烷。显然，正丁烷和异丁烷是同分异构体。这种由分子中各原子的不同连接方式和次序而引起的同分异构现象叫做构造异构。随着分子中碳原子数的增大，烷烃构造异构现象会越来越复杂，构造异构体的数目迅速增加，以己烷为例，其异构体有 5 个。

13.3 烷烃的命名

13.3.1 伯、仲、叔、季碳原子和伯、仲、叔氢原子

在烷烃分子中，由于碳原子所处的位置不完全相同，它们所连接的碳原子数目也不相同。把只与一个碳原子直接相连的碳原子称为伯碳原子，又称为一级碳原子，常用 1° 表示；只与两个碳原子直接相连的称为仲碳原子，又称为二级碳原子，常用 2° 表示；与三个碳原子直接相连的称为叔碳原子，又称为三级碳原子，常用 3° 表示；与四个碳原子直接相连的称为季碳原子，又称为四级碳原子，常用 4° 表示。例如：

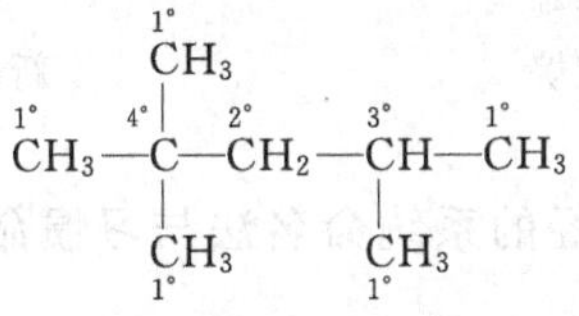

$$\underset{1°}{CH_3}-\overset{1°}{\underset{\underset{1°}{CH_3}}{\overset{\overset{1°}{CH_3}}{\overset{|}{C}}}}{\overset{4°}{-}}-\overset{2°}{CH_2}-\overset{3°}{\underset{\underset{1°}{CH_3}}{\overset{|}{CH}}}-\overset{1°}{CH_3}$$

在上述四种碳原子中，与伯、仲、叔碳原子直接相连的氢原子分别叫伯、仲、叔氢原子（常用 $1°H$；$2°H$；$3°H$ 表示）。而因季碳原子上不连氢原子，所以氢只有三种类型。不同类型的氢原子在化学反应中的活性有一定的差别。

13.3.2 烷基

从烷烃分子中去掉一个氢原子所剩余的部分叫做烷基。常用 R— 表示，通式为：—C_nH_{2n+1}，烷基是根据相应烷烃的习惯名称以及去掉的氢原子的类型而命名的。常见烷基的名称及符号如：

甲基 —CH_3 乙基 —C_2H_5 正丙基 —$CH_2—CH_2—CH_3$ 异丙基 —CH—CH_3
                                                                                   |
                                                                                  CH_3

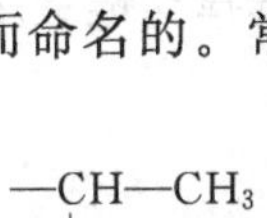

正丁基 —$CH_2—CH_2—CH_2—CH_3$ 异丁基 —$CH_2—CH—CH_3$
                                                                |
                                                              CH_3

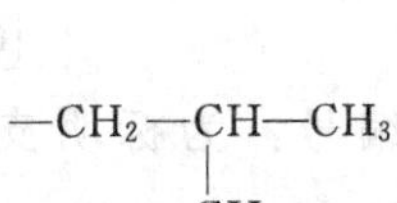

仲丁基　—CH—CH$_2$—CH$_3$　　　　叔丁基 CH$_3$—C—CH$_3$
　　　　　　|　　　　　　　　　　　　　　　　　|
　　　　　　CH$_3$　　　　　　　　　　　　　　CH$_3$

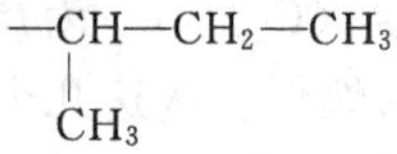

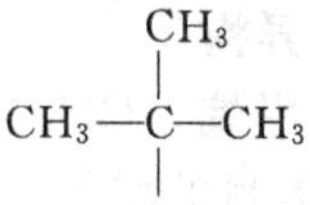

13.3.3　烷烃的命名法

（1）习惯命名法

习惯命名法是根据烷烃分子中碳原子的数目命名为"正（或异、新）某烷"。其中"某"字代表碳原子数目，其表示方法为：含碳原子数目为 $C_1 \sim C_{10}$ 的用天干名称"甲、乙、丙、丁、戊、己、庚、辛、壬、癸"来表示；含十个以上碳原子时，用中文数字"十一、十二、……"来表示。命名原则如下。

① 当分子结构为直链时，将其命名为"正某烷"，例如：

$$CH_3(CH_2)_{10}CH_3 \qquad CH_3CH_2CH_2CH_3$$
　　正十二烷　　　　　　　　正丁烷

② 当分子结构含有侧链时，将其命名为"异某烷"，例如：

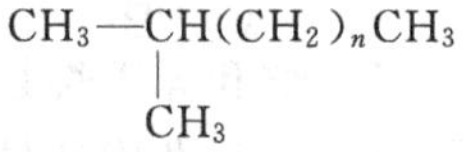

$$CH_3—CH(CH_2)_nCH_3 \qquad (n=0, 1, 2, \cdots)$$ 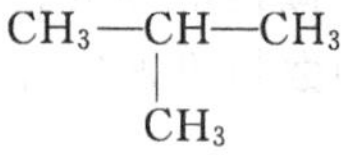
　　　　|
　　　　CH$_3$

CH$_3$—CH—CH$_3$　　　　CH$_3$—CHCH$_2$CH$_2$CH$_3$
　　　|　　　　　　　　　　　　　|
　　　CH$_3$　　　　　　　　　　　CH$_3$
　　异丁烷 　　　　　　　　　　　异庚烷

③ 当分子结构中的同 1 个碳原子上含有 2 个侧链时，将其命名为"新某烷"：

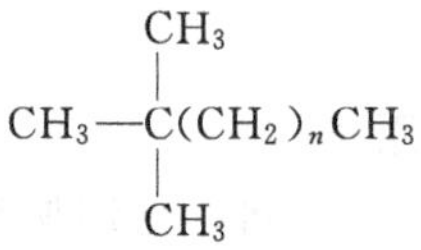

　　　　　CH$_3$
　　　　　|
CH$_3$—C(CH$_2$)$_n$CH$_3$　　　$(n=0, 1, 2, \cdots\cdots)$
　　　　　|
　　　　　CH$_3$

例如：

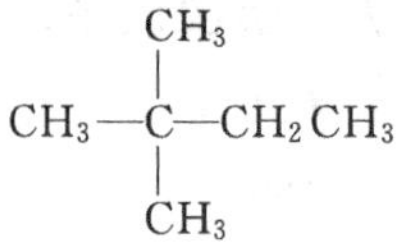

　　　　CH$_3$　　　　　　　　　　CH$_3$
　　　　|　　　　　　　　　　　　|
CH$_3$—C—CH$_2$CH$_3$　　　CH$_3$—C—CH$_3$
　　　　|　　　　　　　　　　　　|
　　　　CH$_3$　　　　　　　　　　CH$_3$
　　　新戊烷 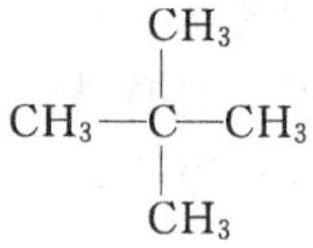　　　　　　　　　　新己烷

（2）系统命名法

① 直链烷烃的命名：直链烷烃的系统命名法与习惯命名法基本一致，只是把"正"字去掉。例如：

$$CH_3(CH_2)_9CH_3 \quad 十一烷$$

② 支链烷烃的命名：支链烷烃的命名是将其看做直链烷烃的烷基衍生物，即将直链作为母体，支链作为取代基，命名原则如下。

a. 选母体（或主链）：选择分子中最长的碳链作为母体，若有两条或两条以上等长碳链时，应选择支链最多的一条为母体，根据母体所含碳原子数目称为"某烷"。

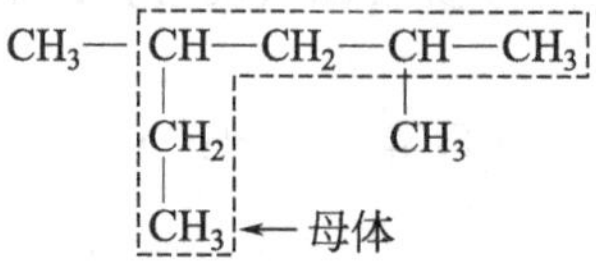

```
CH₃—┌CH—CH₂—CH─┐CH₃
    │ │         │
    │ CH₂    CH₃│
    │ │         │
    └ CH₃┘←母体
```

b. 给母体碳原子编号：为标明支链在母体中的位置，编号应遵循"最低系列"原则。

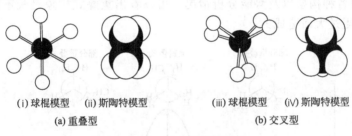

c. 写出名称：按照取代基的位次（用阿拉伯数字表示）、相同取代基的数目，取代基的名称、母体名称的顺序写出名称。b 化合物的名称为：2,3,5-三甲基己烷。

13.4 烷烃的构象

13.4.1 乙烷的构象

由于单键可以"自由"旋转，使分子中原子或基团在空间产生不同的排列，这种特定的排列形式，称为构象（conformation）。由单键旋转而产生的异构体，称为构象异构体或旋转异构体。

在乙烷分子中，以 σ_{C-C} 键为轴进行旋转，使碳原子上的氢原子在空间的相对位置随之发生变化，可产生无数的构象异构体，但是无法分离得到它们。为了说清情况，可以在无数构象异构体中选择两种，如图 13-3 所示。

(i) 球棍模型 (ii) 斯陶特模型   (iii) 球棍模型 (iv) 斯陶特模型
(a) 重叠型   (b) 交叉型

图 13-3　乙烷的构象异构体

图 13-3 中，i、ii 两个碳原子上的三对氢原子彼此重叠，由 H—C—C—H 组成的二面角为 0，称重叠型（eclipsed）构象；若把一个碳旋转 60°，此时 H—C—C—H 二面角为 60°，彼此重叠着的氢就变成交叉型，称交叉型（staggered）构象。这是氢原子在空间所能采取的无数排列中最容易用图案来表示的两种。上述重叠型与交叉型只是代表两种极端情况，介于两者之间，还可以有无数构象，称为扭曲型（skewed）。

在乙烷的重叠式构象中，两个碳原子上的氢原子彼此重叠，它们之间有排斥力，如图 13-4 所示。乙烷分子中，C—C 键长 154pm，C—H 键长 110.7pm，C—C—H 键角为 109.3°。根据计算，两个重叠型的氢核之间的距离为 229pm，而氢原子的范德华（von der Waals）半径为 120pm，两个氢核之间的距离小于两个氢原子范德华半径之和，因此有排斥力，这种排斥力是不直接相连的原子间的作用力，因此称为非键连的相互作用，分子处于这种构象，从能量上考虑是最不稳定的。反之，在乙烷的交叉型构象中，两个碳原子上的氢离得最远，根据计算，两个氢核之间的距离为 250pm，分子处于这种构象是最稳定的。

乙烷分子的其他构象，从能量上讲都介于重叠型与交叉型之间，分子在可能条件下，总是尽量以最稳定的形式存在，只要偏离交叉型的构象，就有扭转张力，这种张力来源于范德华排斥力。乙烷的重叠型与交叉型两种构象，从能量上讲相差不多，只需 12.1kJ/mol，就由一个稳定的交叉型构象变成不稳定的重叠型构象，这种分子旋转时所必需的最低能量，称为转动能垒（barriers to rotation）。因为转动能垒不大，在室温下，分子间的碰撞就可产生

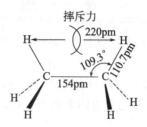

图 13-4 乙烷的重叠型构象异构体

的能量为 84kJ/mol，足以使分子"自由"旋转，因此不能分离这些构象异构体。

从统计观点来看，某一瞬时分子中交叉型构象比重叠型构象所占比例要大得多，在一定温度下各种构象的比例是一常数，即存在着平衡，这时最稳定的构象占优势，称为优势构象。但并不意味着分子的构象是固定不变的，而是随时都在变化，故在室温下不能分离这些构象异构体。

13.4.2 正丁烷的构象

正丁烷较乙烷增加了两个碳，可以有绕 C1—C2、C2—C3 和 C3—C4 这 3 个 σ 键旋转的不同构象式。其中，C1—C2 和 C3—C4 的旋转情况是相同的，图 13-5 表示了正丁烷绕 C2—C3 轴旋转形成的各种构象以及势能分析情况。可以看出重叠式构象是较不稳定的构象，可能是由于空间位阻过大而造成的。

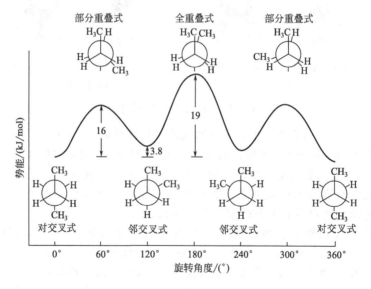

图 13-5 正丁烷构象分析势能图

13.5 烷烃的物理性质

烷烃随着分子中碳原子数的增多，其物理性质发生着规律性的变化。常温下，它们的状态由气态、液态到固态，且无论是气体还是液体，均为无色，一般，$C_1 \sim C_4$ 为气态，$C_5 \sim C_{16}$ 为液态，C_{17} 以上为固态；它们的熔沸点由低到高；烷烃的密度由小到大，但都小于 1g/cm³，即都小于水的密度；烷烃都不溶于水，易溶于有机溶剂。部分正烷烃的物理常数如表 13-1 所示。

表 13-1 部分正烷烃的物理常数

名称	分子式	沸点/℃	熔点/℃	密度 d_4^{20}	折射率 n_D^{20}
甲烷	CH_4	−161.7	−182.6	0.4240	
乙烷	C_2H_6	−88.6	−172.0	0.5462	
丙烷	C_3H_8	−42.2	−187.1	0.5824	
丁烷	C_4H_{10}	−0.5	−135.0	0.5788	1.3326（加压）
戊烷	C_5H_{12}	36.1	−129.7	0.6264	1.3575
己烷	C_6H_{14}	68.7	−94.0	0.6594	1.3742
庚烷	C_7H_{16}	98.4	−90.5	0.6837	1.3876
辛烷	C_8H_{18}	125.6	−56.8	0.7028	1.3974
壬烷	C_9H_{20}	150.7	−53.7	0.7179	1.4054

从表 13-1 中可以看出，正烷烃的熔、沸点随相对分子质量的增加而呈现出递变规律。

13.5.1 熔点的递变规律

同系列的烃化合物的熔点基本上也是随分子中碳原子数目的增加而升高。对于烷烃，C_3 以下的变化不规则，自 C_4 开始随着碳原子数目的增加而逐渐升高，其中含偶数碳原子烷烃的熔点比相邻含奇数碳原子烷烃的熔点升高多一些。这种变化趋势称为锯齿形上升，如图 13-6 所示。

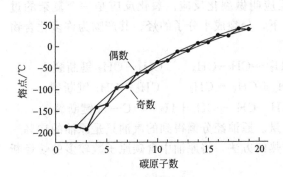

图 13-6 直链烷烃的熔点与分子中碳原子数目的关系

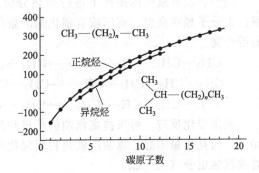

图 13-7 直链烷烃的沸点与分子中碳原子数目的关系

13.5.2 沸点的递变规律

同系列的烃化合物的沸点随分子中碳原子数目的增加而升高。这是因为随着分子中碳原子数目的增加，相对分子质量增大，分子间的范德华引力增强，若要使其沸腾汽化，就需要提供更多的能量，所以同系物的相对分子质量越大，沸点越高，如图 13-7 所示。

13.6 烷烃的化学性质

烷烃性质很稳定，在一般条件下，烷烃与强酸、强碱、强氧化剂不发生化学反应。在烷烃的分子里，碳原子之间都以碳碳单键相结合成链，同甲烷一样，碳原子剩余的价键全部跟氢原子相结合。因为 C—H 键和 C—C 单键相对稳定，难以断裂。只有高温和有催化剂存在条件下，才能够发生取代、氧化等反应。

13.6.1 卤代反应

烷烃的氢原子可被卤素取代生成卤代烃,这种取代反应称为卤代反应。氟、氯、溴与烷烃反应生成一卤代烷和多卤代烷,其反应活性为:$F_2 > Cl_2 > Br_2$。碘通常不发生反应。除与氟反应外,烷烃在常温和黑暗中极少发生卤代反应,但在紫外光照或高温下,易发生反应,有时反应还很剧烈,有爆炸的可能。

当温度控制在350~400℃条件下,甲烷分子中的氢可以被氯取代,生成一氯甲烷、二氯甲烷、三氯甲烷和四氯化碳四种产物的混合物。工业上把这种混合物作为溶剂使用。

在强光的直射下,甲烷的氯代极为激烈,以至发生爆炸产生碳和氯化氢:

$$CH_4 + 2Cl_2 \longrightarrow C + 4HCl$$

碳链较长的烷烃氯代时,反应可以在分子中不同的碳原子上进行,取代不同的氢原子得到各种一氯代或多氯代产物。一般来说,不同氢原子进行氯代反应的活性为:叔氢>仲氢>伯氢。

13.6.2 氧化反应

烷烃在室温下,一般不与氧化剂反应,与空气中的氧气也不发生反应,但是在空气中可以和氧气发生燃烧反应,生成二氧化碳和水,同时放出大量的热。如甲烷燃烧反应:

$$CH_4 + 2O_2 \xrightarrow{\text{燃烧}} CO_2 \uparrow + 2H_2O + Q \text{(热能)}$$

这就是汽油、柴油等可以作为内燃机燃料的原因。但这种燃烧通常是不充分的,尤其是在氧气不充足的情况下,会生成大量一氧化碳。

13.6.3 裂化反应

烷烃在没有氧气的条件下进行的热分解反应叫做裂化反应。裂化反应是一个复杂的过程。大分子烃在高温、高压或有催化剂的条件下,分裂成小分子的烃,其产物为许多化合物的混合物。

$$CH_3-CH_2-CH_2-CH_3 \longrightarrow CH_4 + CH_2=CH-CH_3 \quad CH_3-CH_2 \text{键断裂}$$
$$CH_3-CH_2-CH_2-CH_3 \longrightarrow CH_3-CH_3 + CH_2=CH_2 \quad CH_2-CH_2 \text{键断裂}$$
$$CH_3-CH_2-CH_2-CH_3 \longrightarrow CH_2=CH-CH_2-CH_3 + H_2 \quad C-H \text{键断裂}$$

利用裂化反应,可以提高汽油的产量和质量。原油经分馏得到的汽油只是原油的10%~20%,而且质量不好。炼油厂就是利用催化加热的方法,将原油中含碳原子数较多的烷烃断裂成汽油组分($C_6 \sim C_9$)。

13.6.4 异构化反应

由一种异构体转变成另一种异构体的反应叫做异构化反应。如正丁烷在溴化铝和溴化氢存在下转变成异丁烷的反应。

烷烃的异构化反应主要应用于将直链的烷烃和支链少的烷烃异构化为支链多的烷烃,从而提高汽油的辛烷值以及润滑油的质量。

13.6.5 石油化学工业简介

石油化工以石油和天然气为原料,经过油气加工处理及常、减压蒸馏,可以得到甲烷、乙烷、丙烯、丁烷等轻烃以及石脑油、煤油、柴油、重质燃料油等馏分油。轻烃和馏分油经裂解可生产乙烯,同时副产丙烯、丁烯、丁二烯和芳烃;轻烃裂解也可制乙炔;轻油(60~140℃馏分);润滑油;液体石蜡;固体石蜡等。重油经催化重整可得苯、甲苯、二甲苯等芳烃;轻油和天然气经蒸汽转化,重油也可用于生产合成氨。由以上生产的四类石油化工基础原料——烯烃、炔烃、芳烃和合成气可进一步生产醇、醛、酮、羧酸、环氧化合物等各种重要的有机化工产品以及合成塑料、合成纤维和合成橡胶等合成材料。

13.7 脂环烃

脂环烃是指碳链主干为环状而性质和开链烃相似的烃类。它可分为饱和脂环烃与不饱和脂环烃，饱和脂环烃即为环烷烃，不饱和的烃类有环烯烃和环炔烃。

13.7.1 脂环烃的分类和命名

(1) 脂环烃的分类

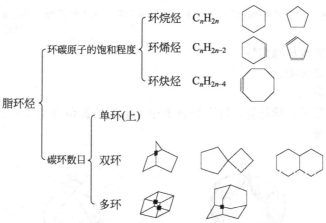

环的大小：小环（C_3～C_4）；普通环（C_5～C_7）；中环（C_8～C_{12}）和大环（C_{12}碳以上）。

(2) 脂环烃的命名

① 词头加“环”。

② 上有取代基的，取代基位次尽可能最小，编号从小基团开始。

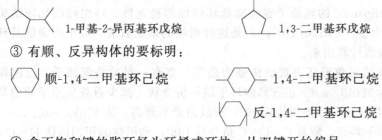

 1-甲基-2-异丙基环戊烷　 1,3-二甲基环戊烷

③ 有顺、反异构体的要标明：

 顺-1,4-二甲基环己烷　 1,4-二甲基环己烷

 反-1,4-二甲基环己烷

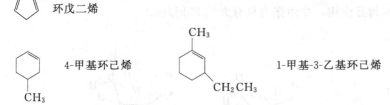

④ 含不饱和键的脂环烃为环烯或环炔，从双键开始编号：

 环戊二烯

 4-甲基环己烯　 1-甲基-3-乙基环己烯

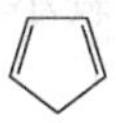

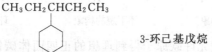

⑤ 如环上取代基复杂，可把碳环当做取代基：

 3-环己基戊烷

⑥ 还有很多复杂环状化合物命名困难，常用俗名，像立方烷、蓝烷、金刚烷。

环的命名比较复杂，故仅学习一些简单的环烷烃化合物。

(3) 环烯烃的命名
① 根据分子中成环碳原子数目,称为环某烯。
② 以双键的位次和取代基的位置最小为原则。
例如:

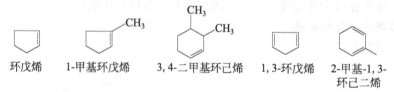

13.7.2 环烷烃的结构与稳定性
(1) 现代共价键的概念
成环 C 以 sp^3 杂化。
弯曲键:根据量子力学计算,环丙烷分子中:碳环的键角为 105.5°;H—C—H 键角为 114°,如图 13-8 所示。

图 13-8 环丙烷结构示意图

sp^3 杂化的环烷烃碳原子与理想的键角(109°28′)有所偏差,增加了分子的势能,降低了稳定性。重叠构状(eclipsed)的氢原子也会降低环烷烃的稳定性。环烷烃的几何结构令其分子势能增加,"角张力能"(strain energy)是这种增幅的理论数值,以平均键能及环烷烃的标准燃烧焓变的实验值计算出来。

具有 60° C—C—C 角的三角形环丙烷的角张力最强,亦有三对重叠氢原子,比丙烷活跃,角张力的计算值约为 120kJ/mol。正方形的环丁烷具折叠状,减少重叠氢原子间的相互作用,令角张力稍低,但 C—C—C 角仍接近 90°,所以角张力颇高,为 110kJ/mol。

假如环戊烷 5 个碳原子共面,则其 C—C—C 角会是 108°,和甲烷的正四面体 H—C—H 角极近。现实中的环戊烷呈折叠状,但对键角只有轻微影响,其引起的角张力相对较小。折叠亦减少重叠氢原子间的相互作用,令角张力只有大约 25kJ/mol。

(2) 环烷烃的构象

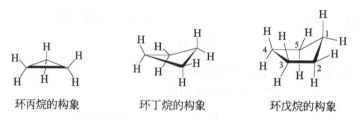

环己烷:六元环的折叠允许碳原子得到理想的正四面体碳键角(109°28′),使其重叠氢原子间的相互作用及角张力小得可以忽略,这发生在最稳定的船形环己烷之上。船形环己烷上各对相邻碳原子的轴向氢都指向相反方向,将重叠氢原子间的相互作用几乎完全消除。

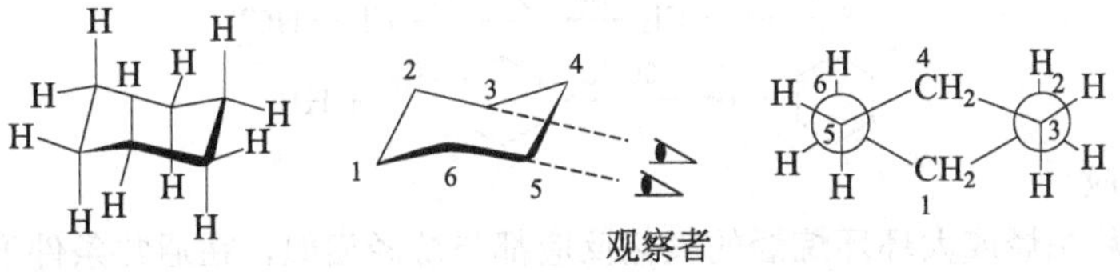

环己烷的椅式构象

比环己烷大的环烷烃没法得到没有角张力的结构，所以角张力能比环己烷高，以 C_9 环最高（约为 50kJ/mol）。在此以后，角张力能缓慢下降，从 C_{11}～C_{12} 环跌幅较为显著。下一显著跌幅发生在 C_{14} 环上，角张力能在 10kJ/mol 的水平。对于 C_{14} 环以后的角张力具争议性，有碳环原子数缓缓上升的说法，也有角张力完全消失的说法。一般来说，角张力和氢原子间的相互作用只在碳原子数较小的状况下才有重要影响。

13.7.3 环烷烃的性质

13.7.3.1 物理性质

环烷烃是无色、具有一定气味的化合物。环烷烃的熔点、沸点和相对密度都比含相同碳原子的直链烷烃高。在室温和常压下，环丙烷和环丁烷为气体，环戊烷至环十一烷为液体，环十二烷以上为固体。环烷烃的熔点、沸点和相对密度都比含同数碳原子的直链烷烃高。环戊烷、环己烷及其烷基取代物存在于某些石油中，环己烷又是重要的化工原料。部分直链正烷烃与环烷烃的物理常数比较如表 13-2 所示。

表 13-2 部分直链正烷烃与环烷烃的物理常数比较

化合物	沸点/℃	熔点/℃	密度 d_4^{20}
丙烷	−42.2	−187.1	0.5824
环丙烷	−33.0	−127.0	0.6890
丁烷	−0.5	−135.0	0.5788
环丁烷	13.0	−90.3	0.6891
戊烷	36.1	−129.7	0.6264
环戊烷	49.0	−94.2	0.7459
己烷	68.7	−94.0	0.6594
环己烷	80.9	7.0	0.7768
庚烷	98.4	−90.5	0.6837
环庚烷	119	−8.0	0.8100

13.7.3.2 化学性质

在环烷烃中，由于较大的环只有强的碳—碳键及碳—氢键，且角张力较弱，环的结构十分稳定，其化学性质与开链烷烃相似，易发生取代反应。而三元环和四元环的小环化合物有一些特殊的性质，分子当中虽然没有可以进行亲电加成反应的不饱和双键，但是由于环的张力较大，它们容易开环生成开链化合物。

(1) 卤代反应

在高温或紫外线作用下，脂环烃上的氢原子可以被卤素取代而生成卤代脂环烃。如：

△ +Cl$_2$ $\xrightarrow{h\nu}$ △—Cl + HCl

⬡ +Br$_2$ $\xrightarrow{300℃}$ ⬡—Br + HBr

（2）氧化反应

不论是小环环烷烃或大环环烷烃的氧化反应都与烷烃相似，在通常条件下不易发生氧化反应，在室温下它不与高锰酸钾水溶液反应，因此这可作为环烷烃与烯烃、炔烃的鉴别反应。

环烯烃的化学性质与烯烃相同，很容易被氧化开环：

⬡ $\xrightarrow[H^+]{KMnO_4}$ HOOCCH$_2$CH$_2$CH$_2$CH$_2$COOH

（3）小环加成反应

① 加氢：在催化剂作用下，环烷烃加一分子氢生成烷烃

△ + H$_2$ $\xrightarrow[Ni]{80℃}$ CH$_3$CH$_2$CH$_3$

⬠ + H$_2$ $\xrightarrow[Ni]{200℃}$ CH$_3$CH$_2$CH$_2$CH$_3$

⬡ + H$_2$ $\xrightarrow[Ni]{300℃}$ CH$_3$CH$_2$CH$_2$CH$_2$CH$_3$

环烷烃加氢反应的活性不同，其活性为：环丙烷＞环丁烷＞环戊烷。

② 加卤素：在常温下可以与卤素发生加成反应

△ + Br$_2$ $\xrightarrow{室温}$ BrCH$_2$CH$_2$CH$_2$Br

□ + Br$_2$ $\xrightarrow{\triangle}$ BrCH$_2$CH$_2$CH$_2$CH$_2$Br

③ 加卤化氢：环丙烷及其衍生物很容易与卤化氢发生加成反应而开环

△ $\xrightarrow{HBr}$ BrCH$_2$CH$_2$CH$_3$

△—CH$_3$ + HBr $\xrightarrow{室温}$ CH$_3$CHBrCH$_2$CH$_3$

$\underset{H_3C}{\overset{H_3C}{>}}$△—CH$_3$ + HBr ⟶ $\underset{H_3C}{\overset{H_3C}{>}}$C(Br)—CHCH$_3$(CH$_3$)

思考与练习

1. 什么是烃、饱和烃和不饱和烃？
2. 什么是烷基？写出5个常见的烷基及相应的名称。
3. 给下列直链烷烃用系统命名法命名。

(1) CH$_3$CH$_2$CH$_2$CH(CH(CH$_3$)$_2$)CH$_2$C(CH$_3$)(CH$_2$CH$_3$)CH$_3$

(2) CH$_3$CH$_2$CH(CH$_3$)CH$_2$CH(CH$_2$CH$_3$)CH(CH$_3$)CH(CH$_3$)$_2$

(3) (CH$_3$CH$_2$)$_2$CHCH(CH$_3$)CH$_3$

(4) (CH$_3$)$_2$CHCH$_2$CH$_2$CH(CH$_3$)CH(CH$_3$)CH$_3$

(5) 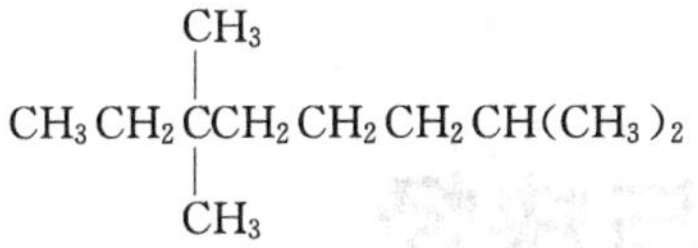 $CH_3CH_2\underset{\underset{CH_3}{|}}{\overset{\overset{CH_3}{|}}{C}}CH_2CH_2CH_2CH(CH_3)_2$

(6) 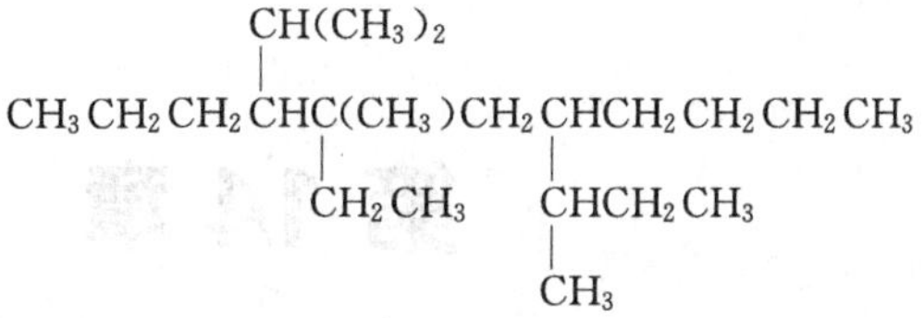 $CH_3CH_2CH_2\underset{\underset{CH_2CH_3}{|}}{\overset{\overset{CH(CH_3)_2}{|}}{C}}(CH_3)_2CH_2\underset{\underset{CH_3}{|}}{\overset{\overset{}{|}}{CH}}CH_2CH_3$ CH$_2$CH$_3$

4. 什么是伯、仲、叔、季碳原子，什么是伯、仲、叔氢原子？
5. 写出己烷的所有异构体，并用系统命名法命名。
6. 写出符合下列条件的烷烃构造式，并用系统命名法命名：
   (1) 只含有伯氢原子的戊烷　　(2) 含有一个叔氢原子的戊烷　　(3) 只含有伯氢原子和仲氢原子的己烷
   (4) 含有一个叔碳原子的己烷　(5) 含有一个季碳原子的己烷　　(6) 只含有一种一氯取代的戊烷
   (7) 只有三种一氯取代的戊烷　(8) 有四种一氯取代的戊烷　　　(9) 只有两种二氯取代的戊烷
7. 写出 2-甲基丁烷和 2,2,4-三甲基戊烷的可能一氯取代物的结构式，并用系统命名法命名。
8. 举例说明分子中的三种张力：扭转张力、角张力、范德华张力。

第 14 章 烯烃与炔烃

烯烃是分子内含有碳碳双键（C═C）的开链不饱和烃。分子内只含有 1 个碳碳双键的烯烃叫做单烯烃，含有 2 个碳碳双键的烯烃叫做二烯烃。

14.1 烯烃的结构和异构现象

14.1.1 乙烯分子的结构

烯烃分子中含有 C═C 和 C—H 键，其中最简单的化合物是乙烯。下面以乙烯为例讨论烯烃的结构。

乙烯分子式为 C_2H_4，构造式为 CH_2═CH_2，碳碳双键由 1 个 σ 键和一个 π 键组成，而碳原子和氢原子之间以 σ 键相连。近代物理方法证明，乙烯分子中的 6 个原子同在一个平面上，每个碳原子分别与 2 个氢原子相连接。其中键角∠H—C—C 为 121°，∠H—C—H 为 118°，如图 14-1 所示。

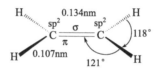

图 14-1　乙烯分子的平面结构

乙烯分子中碳原子 sp^2 杂化轨道的形成过程如图 14-2 所示。

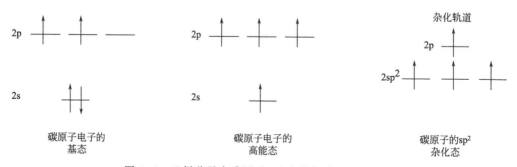

图 14-2　乙烯分子中碳原子 sp^2 杂化轨道的形成过程

每个碳原子用 1 个 s 轨道、2 个 p 轨道"杂化"形成三个等同的 sp^2 杂化轨道。每 1 个 sp^2 杂化轨道包含 s 成分和 p 成分。在碳原子中这 3 个 sp^2 杂化轨道的对称轴在同一平面上，互成 120°角，形成 1 个正三角形，电子云大头一瓣指向正三角形的三个顶角。碳原子上另 1 个未杂化的 p_z 轨道垂直于 sp^2 杂化轨道对称轴所在的平面。碳碳双键中的 σ 键是由 2 个碳原子各自的 1 个 sp^2 杂化轨道以"头碰头"的方式形成的；另外 1 个 π 键是由 2 个碳原子各自的 1 个未杂化的 p 轨道，以"肩并肩"的方式形成的；碳原子中其余的 2 个 sp^2 杂化轨道分别与 2 个氢原子的 s 轨道形成 $σ_{C—H}$ 键。

在空间上，乙烯分子中的 6 个原子在同一个平面上。碳原子与氢原子之间形成的 σ 键可以绕键轴自由旋转，而碳碳之间的 π 键不能。因为 π 键是两个成键轨道肩并肩重叠形成的，绕键轴旋转将破坏其重叠，也就破坏了 π 键本身，所以 π 键不如 σ 键牢固，容易断裂，比碳碳单键化学活性高，如图 14-3 所示。乙烯分子的成键电子云空间结构如图 14-4 所示。

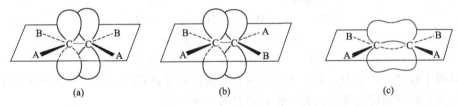

图 14-3　乙烯分子的 π 键形成示意图

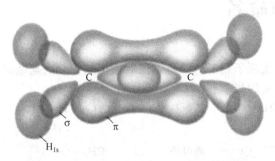

图 14-4　乙烯分子的成键电子云空间结构

14.1.2　烯烃的异构现象

单烯烃比相同碳原子数目的烷烃少两个氢原子，其通式为 C_nH_{2n}（$n \geqslant 2$）。分子中每多一个双键就比相应的烷烃少两个氢原子，因此二烯烃通式应为 C_nH_{2n-2}。烯烃的官能团为 C=C 键。由于烯烃含有双键，其异构现象较烷烃复杂，除了碳骨架和双键位置不同产生的构造异构外，还存在双键碳原子上的基团在空间相对位置不同引起的顺反异构。

（1）构造异构

烯烃构造异构有碳骨架不同引起的碳骨架机构和双键位置不同引起的官能团位置异构。如丁烯则有三种异构体：

$$CH_2=CH-CH_2-CH_3 \qquad CH_3-CH=CH-CH_3 \qquad H_3C-C-H_3C$$
$$\qquad\qquad\qquad\qquad\qquad\qquad\qquad\qquad\qquad\qquad\qquad\qquad\qquad\quad |$$
$$\qquad\qquad\qquad\qquad\qquad\qquad\qquad\qquad\qquad\qquad\qquad\qquad\qquad\ CH_2$$

　　　　1-丁烯　　　　　　　　　　　　2-丁烯　　　　　　　　　　　异丁烯

1-丁烯（2-丁烯）与异丁烯是碳骨架异构，1-丁烯和 2-丁烯碳骨架相同而双键位置不同，是官能团位置异构。

另外，烯烃还有官能团不同引起的官能团异构。如相同碳原子的单烯烃和环烷烃互为同分异构体，例如戊烯与环戊烷、己烯与环己烷。碳骨架异构、官能团位置异构和官能团异构都是分子中原子的排列顺序和结合方式不同引起的，都属于构造异构。

（2）顺反异构

烯烃除了构造异构以外，还有另一种顺反异构现象。双键碳原子及其相连的四个基团处于同一平面，在双键的两个碳原子各连接两个不同的基团时，就可以有两种不同的空间排列方式。其中，相同两个原子或基团在 C=C 键轴的同一侧叫顺式；反之，则叫反式。顺式和反式化合为互为顺反异构体，这类异构现象叫做顺反异构。分子中原子或基团在空间的排列方式叫做分子的构型，因此，顺反异构属于构型异构。

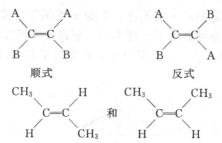

如果两个双键碳原子中，有一个连有两个相同的原子或基团，则这种分子就没有顺反异构体。因为它的空间排列方式只有一种，即只有一种构型。

14.2 烯烃的命名

14.2.1 烯基

烯烃分子去掉一个氢原子剩下的一价基团叫做烯基。命名烯基时，在相应的烯烃名称后加一"基"字即可。常见的烯基有：

$CH_2=CH-$ 乙烯基 $CH_3-CH=CH-$ 丙烯基

$CH_2=CH-CH_2-$ 烯丙基 $CH_3-\overset{CH_2}{\underset{}{C}}=$ 异丙烯基

带有2个自由键的基团称为亚某基，如：

$H_2C=$ $CH_3-CH=$ $(CH_3)_2C=$

亚甲基   亚乙基   亚异丙基

结构为 ⌬=CH—CH$_3$ 的化合物，可命名为亚乙基环己烷。

14.2.2 烯烃的命名

烯烃的系统命名法与烷烃基本相似，原则如下。

① 选择含有官能团（C=C）的最长碳链作为母体，母体命名原则同直链烷烃化合物，若有多条最长链可供选择时，选择原则与烷烃相同；仍然按照主链中所含有碳原子的个数把该化合物命名为某烯。

② 从靠近官能团一端开始编号，即使官能团的位次符合"最低系列"；若官能团居中，编号原则与烷烃相同。

③ 书写化合物名称时要注明官能团的位次。其表示方法为：取代基位次-取代基名称-官能团位次-母体名称。例如：

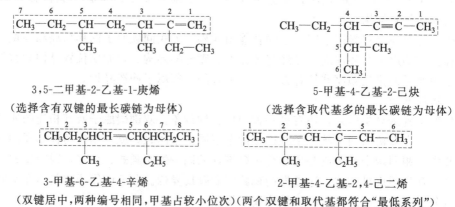

3,5-二甲基-2-乙基-1-庚烯   5-甲基-4-乙基-2-己炔
（选择含有双键的最长碳链为母体）（选择含取代基多的最长碳链为母体）

3-甲基-6-乙基-4-辛烯   2-甲基-4-乙基-2,4-己二烯
（双键居中,两种编号相同,甲基占较小位次）（两个双键和取代基都符合"最低系列"）

$CH_3-\underset{6}{C}H_2-\underset{5}{C}H_2-\underset{4}{C}H_2-\underset{3}{C}H_2-\underset{2}{C}H=\underset{1}{C}H_2$ 1-己烯

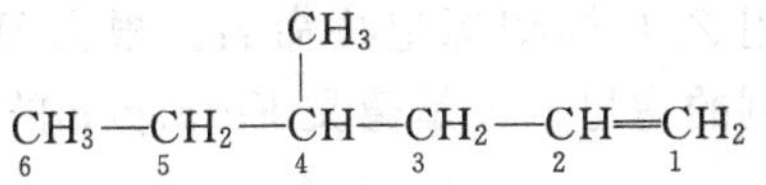

$CH_3-\underset{6}{C}H_2-\underset{5}{C}H_2-\underset{4}{C}H(CH_3)-\underset{3}{C}H_2-\underset{2}{C}H=\underset{1}{C}H_2$ 4-甲基-1-己烯

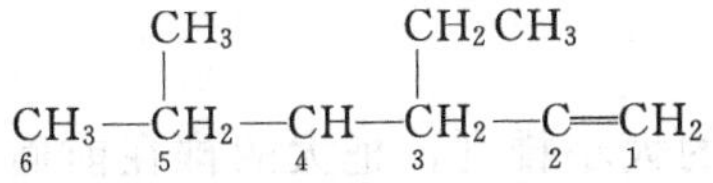

$CH_3-\underset{6}{C}H_2-\underset{5}{C}H(CH_3)-\underset{4}{C}H_2-\underset{3}{C}(CH_2CH_3)=\underset{2}{C}H-\underset{1}{C}H_2$ 2-乙基-4-甲基-1-己烯

14.3 顺/反异构体的命名

14.3.1 顺/反异构体的命名方法

对于较简单的顺/反异构体，即相同的两个原子或基团处于 C=C 键轴的同一侧叫顺式；反之，则叫反式。命名时在化合物名称前分别冠以 "顺-"、"反-"。例如：

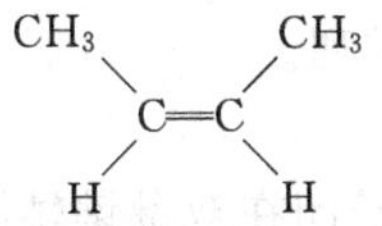

顺-2-丁烯 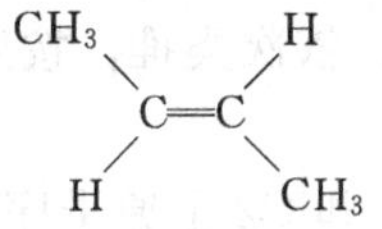　　　　　　　　反-2-丁烯

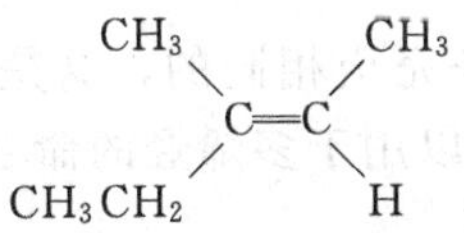

顺-3-甲基-2-戊烯 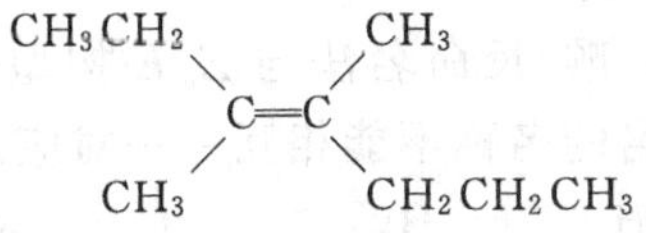　　　　　反-3,4-二甲基-3-庚烯

若双键的数目增加，双键两端的碳原子上存在不同的取代基时，几何异构体的数目将增加；异构体的数目为 2^n 个，n 为双键的数目；例如，2 个双键的分子会有 4 个几何异构体。

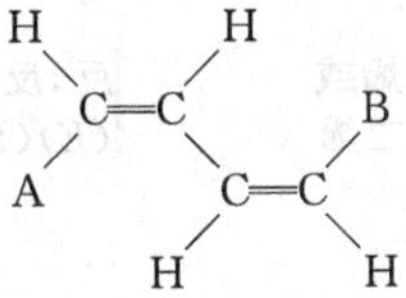

顺,顺 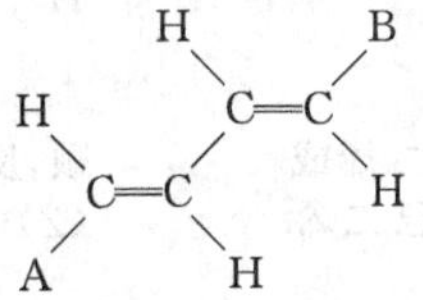　　　　　　　　　　反,反

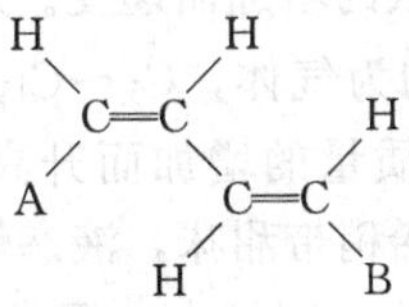

顺,反 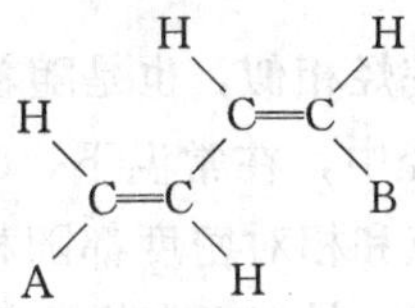　　　　　　　　　　反,顺

14.3.2 Z/E 构型标记法

结构较为复杂的顺/反异构体，如两个双键碳原子上连有四个不同的原子或基团时，不能简单地使用顺/反命名法。例如：

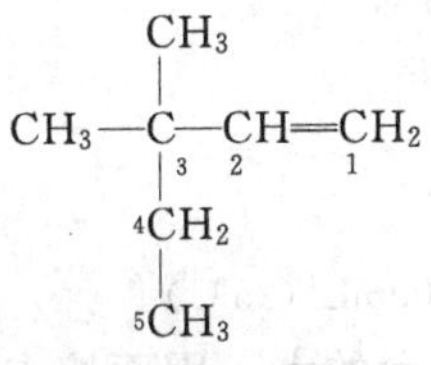

3,3-二甲基-1-戊烯 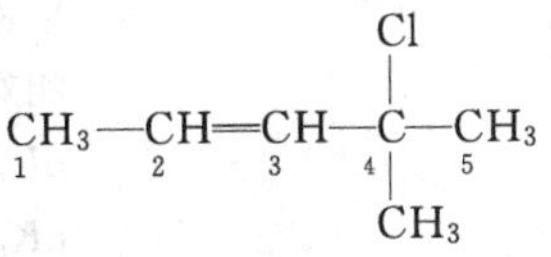　　　　4-氯-4-甲基-2-戊烯 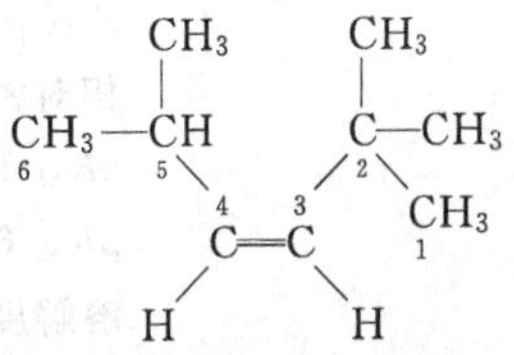　　　　顺-2,2,5-三甲基-3-己烯
　　　　　　　　　　　　　　　　　　　　　　　　　或 Z 2,2,5-三甲基-3-己烯

此时，需用 Z/E 构型标记法命名。根据 IUPAC 的规定，字母 Z 是德文 Zusammen 的字头，指同一侧的意思；E 是德文 Entgegen 的字头，指相反的意思。用"次序规则"来决定 Z/E 的构型。

(1) 次序规则

① 将双键碳原子所连接的原子或基团按其原子序数的大小排列，把大的排在前面，小的排在后面，同位素则按相对原子质量大小次序排列。

$$I, Br, Cl, S, P, O, N, C, D, H$$

当与双键 C1 所连接的两个原子或基团中原子序数大的与 C2 所连原子序数大的原子或基团处在平面同一侧时为 Z 构型，命名时在名称的前面冠以"Z-"字；反之，若不在同一侧的则为 E 构型，命名时在名称前面冠以"E-"字，见 14.3.1。

② 如果与双键碳原子连接的基团第一个原子相同而无法确定次序时，则应看基团的第二个原子的原子序数，依次类推，按照次序规则先后排列。

(2) Z/E 命名法

烯烃碳碳双键 C1 和 C2 上原子序数大的原子或原子团在双键键轴同一侧时，为 Z 构型，在异侧时为 E 构型。

应注意的是，顺/反命名法与 Z/E 构型标记法不是完全相同的，这是两种不同的命名法；两种方法命名的名称不能相互一一对应。本法也可以用于多烯烃的命名，如：

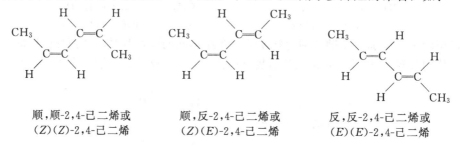

顺,顺-2,4-己二烯或　　　顺,反-2,4-己二烯或　　　反,反-2,4-己二烯或
(Z)(Z)-2,4-己二烯　　　(Z)(E)-2,4-己二烯　　　(E)(E)-2,4-己二烯

14.4 烯烃的物理性质

烯烃的物理性质与烷烃相似，也是随着碳原子数的增加而递变。烯烃的物理状态决定于相对分子质量，简单的烯烃中，在常温下，C_2～C_4 的为气体，C_5～C_{18} 的为液体，C_{19} 以上的为固体。它们的沸点、熔点和相对密度都随相对分子质量的增加而升高，但相对密度都小于 1，都是无色物质，不溶于水，易溶于有机溶剂中。乙烯稍带甜味，液态烯烃有汽油的气味。

在顺/反异构体中，因为两者的对称性与其极性差别较大，通常物理常数有较大的差异。

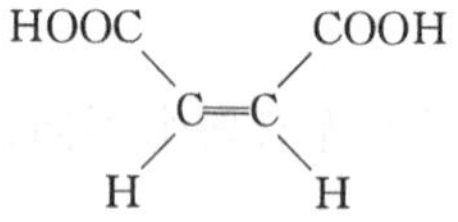

Z 式：熔点 130℃　　　　　　　　　　E 式：熔点 287℃
相对密度 1.590　　　　　　　　　　相对密度 1.635
pK_{a1} 1.9　　　　　　　　　　　　pK_{a1} 3.0
pK_{a2} 6.5　　　　　　　　　　　　pK_{a2} 4.5
溶解度 78.8g/100mL（25℃）　　　溶解度 0.7g/100mL（25℃）

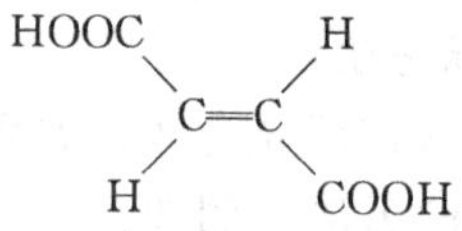

当烯烃中含有电负性同碳相差很大的元素时，极性比不含这种元素的大，因而熔点和沸点相差也大。

14.5 烯烃的化学性质

烯烃的化学性质比较稳定，但比烷烃活泼。考虑到烯烃中的碳碳双键比烷烃中的碳碳单键强，所以大部分烯烃的反应都有双键的断开并形成两个新的单键。烯烃因为可以广泛参与石化工业的反应，被誉为"石化工业的原材料"。

14.5.1 加成反应

烯烃等不饱和烃与某些试剂作用时，不饱和键中的 π 键断裂，试剂中的两个原子或基团加到不饱和碳原子上，生成饱和化合物，这种反应叫做加成反应。烯烃通常情况下可以和 Br_2、Cl_2、H_2、HCl、H_2O 等试剂进行加成反应。

（1）催化加氢（催化氢化）

催化氢化烯烃得到相应的烷烃。反应在高压且有金属催化剂的情况下发生。一般工业催化剂包含了镍、钯和铂。实验室合成中，雷尼镍（Raney 镍）也是常用催化剂。

一个例子就是乙烯催化加氢得到乙烷：

$$CH_2=CH_2 + H_2 \longrightarrow CH_3-CH_3$$

$$CH_3-CH=CH_2 + H_2 \xrightarrow{Pt/℃} CH_3-CH_2-CH_3$$

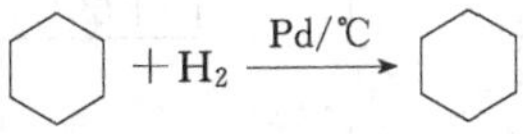

$$\bigcirc + H_2 \xrightarrow{Pd/℃} \bigcirc$$

$$CH\equiv CH + H_2 \xrightarrow{Raney 镍} CH_2=CH_2 \xrightarrow{H_2}{Raney 镍} CH_3-CH_3$$

（2）加卤素

溴或者氯的加成得到邻二溴烷烃或邻二氯烷烃。溴水的褪色可以作为检验乙烯的鉴别测试：

$$CH_2=CH_2 + Br_2 \longrightarrow BrCH_2-CH_2Br$$

$$\underset{X\ \ X}{R-C=C-H} \longrightarrow \underset{X\ \ X}{R-C-C-H}$$

$$\left.\begin{array}{l}庚烷\\烯烃\end{array}\right\} \underset{室温}{Br_2/CCl_4} \begin{array}{l}×\\褪色\end{array}$$

（3）加卤化氢

与卤化氢的加成，例如 HCl 或 HBr，最终生成相应的卤代烷：

$$CH_2=CH_2 + HCl \xrightarrow{AlCl_3} CH_3-CH_2-Cl$$

$$CH_3-CH=CH_2 + HBr \longrightarrow CH_3-\underset{Br}{CH}-CH_3$$

当不对称烯烃与 HX 等极性试剂加成时，氢原子或带部分正电荷的基团加到含氢较多的双键碳原子上，而卤原子则加到含氢较少的双键碳原子上，此规律称为马尔科夫尼科夫（Markovnikov）规则。

（4）有过氧化物存在时，与卤化氢的加成反应

不对称烯烃与溴化氢反应，若在过氧化物存在下，则得到反马尔科夫尼科夫加成产物，过氧化物的这种影响称为过氧化物效应。其他卤化氢没有这种反应。

$$CH_3-CH=CH_2 + HBr \left.\begin{array}{l}\xrightarrow{过氧化物} CH_3-CH_2-CH_2Br\\ \xrightarrow{无过氧化物} CH_3-\underset{Br}{CH}-CH_3 \end{array}\right.$$

(5) 与硫酸加成

将乙烯通入冷的（0～15℃）浓硫酸中，生成硫酸氢乙酯：

$$CH_2=CH_2 + H_2SO_4 \longrightarrow CH_3-CH_2OSO_2OH$$

硫酸氢乙酯可以水解生成乙醇：

$$H_2C=CH_2 \xrightarrow[170℃]{H_2SO_4, 0\sim15℃} CH_3CH_2OSO_2OH \xrightarrow[H_2SO_4, 0\sim15℃]{H_2O} CH_3CH_2OH \text{(乙醇)}$$

$$R-CH=CH_2 \xrightarrow{H-OSO_3H} \underset{OSO_3H(主)}{R-CH-CH_3} + \underset{H \quad OSO_3H}{R-CH-CH_2}$$

$$\downarrow \triangle, H_2O \qquad\qquad \downarrow \triangle, H_2O$$

$$\underset{OH \quad H(主)}{R-CH-CH_2} + \underset{H \quad OH}{R-CH-CH_2}$$

不对称烯烃与硫酸反应，也遵循马氏规则。

$$\left.\begin{array}{l}\text{庚烷}\\ \text{烯烃}\end{array}\right\} \xrightarrow[\text{振荡后静置}]{\text{浓硫酸}} \left.\begin{array}{l}\text{庚烷}\\ \text{硫酸烷基酯}\\ \text{硫酸}\end{array}\right\} \xrightarrow{\text{分离}} \begin{array}{l}\text{上层} \rightarrow \text{庚烷}\\ \text{下层} \rightarrow \text{硫酸烷基酯和硫酸(弃去)}\end{array}$$

(6) 与水的加成

$$R-CH=CH_2 \xrightarrow{\overset{\delta^+}{H}-\overset{\delta^-}{OH}} \underset{OH \quad H(主)}{R-CH-CH_2} + \underset{H \quad OH}{R-CH-CH_2}$$

(7) 加次卤酸（有卤素和水同时存在时）

$$H_2C=CH_2 + Cl_2 + H_2O \longrightarrow \underset{OH \quad Cl}{CH_2-CH_2} \text{(2-氯乙醇)}$$

卤素原子主要加到末端的碳原子上：

$$R-CH=CH_2 \xrightarrow[(X_2+H_2O)]{\overset{\delta^+}{X}-\overset{\delta^-}{OH}} \underset{OH \quad X(主)}{R-CH-CH_2} + \underset{X \quad OH}{R-CH-CH_2}$$

$$CH_2=CHCH_2C\equiv CH \xrightarrow[\text{低温}]{1mol\ Br_2} \underset{Br \quad Br}{CH_2-CHCH_2C\equiv CH}$$

14.5.2 氧化反应

在有机化学中，通常把加氧或脱氢的反应统称为氧化反应。

(1) 高锰酸钾氧化

烯烃和炔烃可以被高锰酸钾氧化，氧化产物视烃的结构和反应条件的差异而不同。

① 用稀、冷高锰酸钾氧化。

$$3RCH=CHR' + 2KMnO_4 + 4H_2O \longrightarrow 3\underset{OH \quad OH}{RCH-CHR'} + 2MnO_2\downarrow + 2KOH$$

反应后高锰酸钾溶液的紫色褪去，生成褐色的二氧化锰沉淀。因此是鉴别碳碳双键的常用方法之一。

② 用浓、热高锰酸钾或酸性高锰酸钾氧化。

第14章 烯烃与炔烃

$$CH_2= \xrightarrow{[O]} CO_2 + H_2O$$

$$RCH= \xrightarrow{[O]} RCOOH$$

$$\underset{R}{R-C=} \xrightarrow{[O]} \underset{O}{R-C-R}$$

$$CH_3-\underset{CH_3}{C}=CHCH_3 \xrightarrow{[O]} CH_3-\underset{O}{C}-CH_3 + CH_3COOH$$

$$CH_3CH-CH_2-CH=CH_2 \xrightarrow{[O]} CH_3COOH + CH_3\underset{O}{C}CH_2COOH + CO_2 + H_2O$$
$$\underset{CH_3}{|}$$

由于氧化产物保留了原来烃中的部分碳链结构，因此通过一定的方法，测定氧化产物的结构，便可推断烯烃和炔烃的结构。

烷烃、环烷烃不能被高锰酸钾氧化，这是区别烷烃、环烷烃与不饱和烃的一种方法。

(2) 催化氧化

① 一些脂烃在催化剂存在下，用空气氧化可以生成重要的化合物，在工业上有重要应用。例如：

$$CH_2=CH_2 + O_2 \xrightarrow[250℃]{Ag} \underset{O}{CH_2-CH_2}$$
环氧乙烷

$$CH_3-CH=CH_2 + O_2 \xrightarrow[90\sim120℃,\ 1MPa]{PdCl_2-CuCl_2} CH_3-\underset{O}{C}-CH_3$$
丙酮

② 臭氧化。

$$CH_3-\underset{CH_3}{C}=CH_2 \xrightarrow{O_2} CH_3-\underset{\underset{CH_3}{|}}{C}\underset{O-O}{\overset{O}{\diagdown}}CH_2 \xrightarrow{Zn/H_2O} \underset{CH_3}{\overset{CH_3}{\diagup}}C=O + CH_2O$$
丙酮

$$\xrightarrow{H_2O_2} \underset{CH_3}{\overset{CH_3}{\diagup}}C=O + HCOOH$$

14.5.3 聚合反应

$$nCH_2=CH_2 \xrightarrow[温度、压力]{引发剂} [CH_2-CH_2]_n$$
聚乙烯

14.5.4 α-氢的反应

(1) α-氢的氯代反应

$$CH_3-CH=CH_2 + Cl_2 \longrightarrow \underset{Cl}{CH_2}-CH=CH_2 + HCl$$
3-氯丙烯

(2) α-氢的氧化

$$CH_3-CH=CH_2 + O_2 \xrightarrow{Cu_2O}{350℃} CH_2=CH-CHO$$
丙烯醛

$$CH_3-CH=CH_2+O_2 \xrightarrow[350℃]{磷钼酸铋} CH_2=CH-COOH$$
丙烯酸

$$CH_3-CH=CH_2+O_2+NH_3 \xrightarrow[470℃]{磷钼酸铋} CH_2=CH-CN$$
丙烯腈

14.6 二烯烃

分子中含有两个碳碳双键（C=C）的链烃叫做二烯烃。二烯烃的通式为 C_nH_{2n-2}，官能团也是碳碳双键。

14.6.1 二烯烃的分类和命名

（1）二烯烃的分类

二烯烃根据两个双键位置的不同，二烯烃又可分为：

① 累积二烯烃　两个双键连在同一个碳原子上的二烯烃叫做累积二烯烃。例如丙二烯：$CH_2=C=CH_2$。

② 共轭二烯烃　两个双键被一个单键隔开的二烯烃叫做共轭二烯烃。例如1,3-丁二烯：$CH_2=CH-CH=CH_2$。

③ 孤立二烯烃　两个双键被两个或多个单键隔开的二烯烃叫做孤立二烯烃。例如：1,4-戊二烯：$CH_2=CH-CH_2-CH=CH_2$。

三种不同类型的二烯烃中，累积二烯烃很不稳定，自然界极少存在。

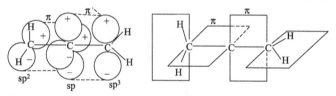

从丙二烯的成键方式看：两个π键不在一个平面上，没有形成共轭结构，表现出比较大的扭曲张力。

孤立二烯烃相当于两个孤立的单烯烃，与单烯烃的性质相似。只有共轭二烯烃因结构比较特殊，具有独特的性质，是本章学习讨论的重点。

（2）二烯烃的命名

与烯烃相似。用阿拉伯数字标明两个双键的位次，用"Z/E"或"顺/反"表明双键的构型。例：

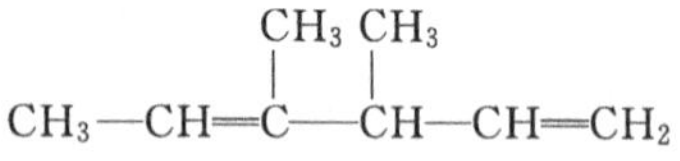

$CH_3-CH=CH-\underset{CH_3}{\underset{|}{C}}-\underset{CH_3}{\underset{|}{C}}H-CH=CH_2$　　　　　（Z,E）-2,4-己二烯 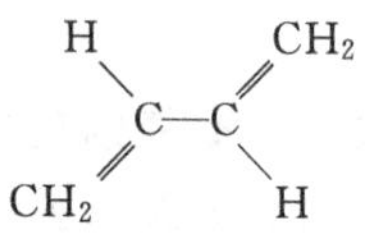　　　　　反-1,3-丁二烯

3,4-二甲基-1,4-己二烯

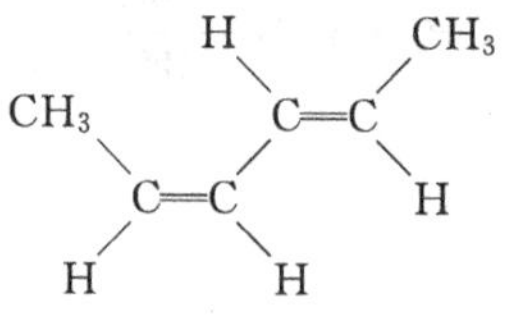

14.6.2 共轭二烯烃的共轭效应

仪器测得1,3-丁二烯分子中的10个原子共平面：

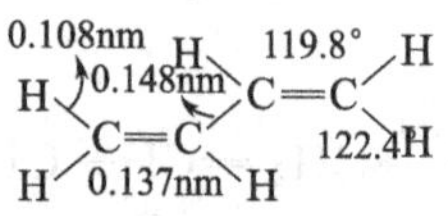

化学键	键长
普通 C—C	0.154nm
普通 C=C	0.134nm
普通 C—H	0.109nm

1,3-丁二烯分子中存在着明显的键长平均化趋向

1,3-丁二烯中的碳原子是 sp² 杂化态（因为只有 sp² 杂化才能是平面构型，轨道夹角约 120°）：

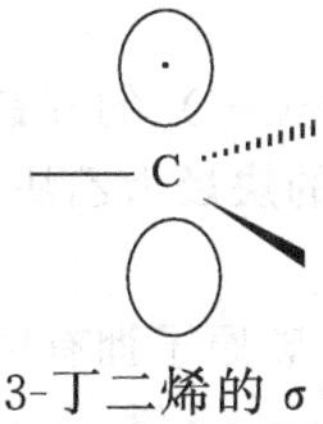

4 个 sp² 杂化碳搭起平面构型的 1,3-丁二烯的 σ 骨架：

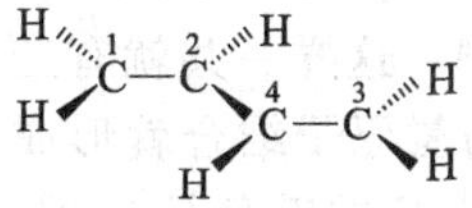

4 个 p 轨道肩并肩地重叠形成大 π 键：

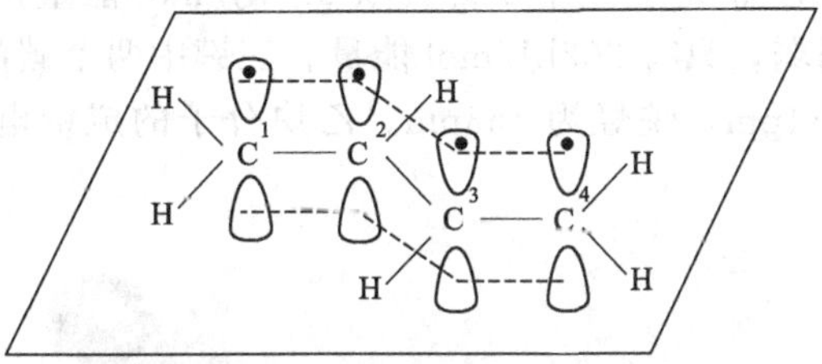

除了 C1—C2 和 C3—C4 间的 p 轨道可肩并肩地重叠外，C2—C3 间也能肩并肩重叠。但由键长数据表明，C2—C3 间的重叠比 C1—C2 或 C3—C4 间的重叠要小。

由于共轭二烯烃具有共轭效应，因此表现出一些独特的性质，以 1,3-丁二烯为例介绍其化学性质。

14.6.3 共轭二烯烃的化学性质

（1）加成反应

1,3-丁二烯属于共轭二烯烃，具有与一般烯烃不同的特性。与一分子试剂加成时，按照单烯烃的加成情况，应该只得到 1,2-加成产物，但实际得到的还有 1,4-加成产物。

$$H_2C=CHCH=CH_2 + HBr \longrightarrow H_2C=CHCHBrCH_3 + H_2CBrCH=CHCH_3$$

1,3-丁二烯的这些特殊的性质都因为它分子中存在着双键、单键交替的共轭体系（C=C—C=C）所造成的，这种效应叫做共轭效应。像这种由两个 π 键在平面上部分重叠组成的共轭体系叫 π-π 共轭体系，这种效应也叫做 π-π 共轭效应。

（2）双烯合成

共轭二烯烃与某些具有碳碳双键的不饱和化合物发生 1,4-加成反应生成环状化合物的反应称为双烯合成，也叫狄尔斯-阿尔德（Diels-Alder）反应。这是共轭二烯烃特有的反应，它将链状化合物转变成环状化合物，因此又叫环合反应。

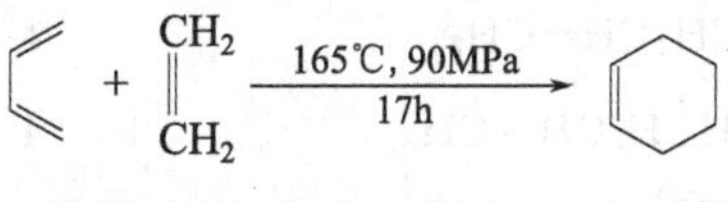

双烯合成反应对化合物的结构是有要求的，例如，反丁烯二酸就不能够发生该反应，顺丁烯二酸就可以：

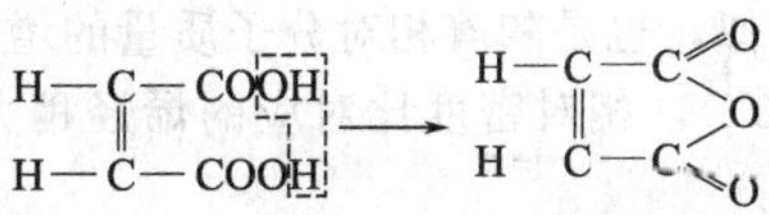

14.7 炔烃

炔烃是分子内含有碳碳三键（—C≡C—）的开链不饱和烃，官能团为碳碳三键，也叫炔键。炔烃的通式为 C_nH_{2n-2}，最简单的炔烃为乙炔。

14.7.1 乙炔分子的结构

炔键里的碳原子采取 sp 杂化：每个碳原子拥有两个 p 轨道和两个 sp 杂化轨道。两个来自不同碳原子的 sp 轨道重叠形成一个 sp-sp σ 键。一个原子的两个 p 轨道分别与另外一个原子的两个 p 轨道重叠，形成两个 π 键，这样一共就有三个键。剩下每一个原子的 sp 轨道可以与其他原子形成 σ 键，例如，都与氢原子结合就形成了乙炔。两个 sp 轨道分别在原子的两侧，互相对称；在乙炔中，H—C—C 的键角是 180°。因为共有六个电子参与成键，所以三键的键能很高（为 837kJ/mol）。其中 σ 键贡献 369kJ/mol 能量，第一个 π 键贡献 268kJ/mol 能量，第二个 π 键稍弱，只有 202kJ/mol 能量。三键中两个碳的距离仅 121pm（1pm=10^{-12}m），对比烯烃为 134pm，烷烃为 153pm。乙炔分子的成键电子云空间结构如图 14-5 所示。

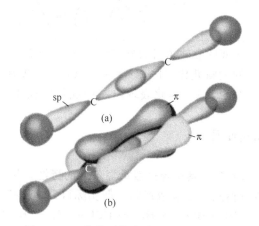

图 14-5　乙炔分子的成键电子云空间结构

14.7.2 炔烃的命名

炔烃的命名与烯烃相似，只需将"烯"改为"炔"即可。例如：

CH₃C≡CCHCH₃　　　4-甲基-2-己炔
　　　　　|
　　　　CH₂CH₃

炔烃分子中同时含有碳碳双键，则以包含了双键和三键最长的碳链作为主链，编号以双键和三键位次和最小为主要原则，若双键和三键处于同等地位时，编号应使双键位次较低，该炔烃称某烯炔。

HC≡CCH₂CH=CH₂　　　1-戊烯-4-炔

CH₃C≡CCHCH=CH₂　　　4-乙基-1-庚烯-5-炔
　　　　　|
　　　　C₂H₅

14.7.3 炔烃的物理性质

炔烃的物理性质与烯烃相似，也是随着相对分子质量的增加而有规律性的变化。炔烃的沸点比相对应的烯烃高 10～20℃，相对密度比对应的烯烃稍大。在水里的溶解度也比烷烃和烯烃大些。

14.7.4 炔烃的化学性质

与烷烃不同，炔烃不稳定并且非常活跃。因此乙炔燃烧发出大量的热，乙炔焰常被用来焊接。

(1) 加成反应

① 催化氢化：在金属铂的催化下，先生成乙烯，再生成乙烷。

$$CH \equiv CH + H_2 \longrightarrow H_2C=CH_2 \longrightarrow CH_3-CH_3$$

若选择适当的催化剂，可以实现部分加氢，即使反应停留在生成乙烯的阶段。选择钯或硼化镍，加氢还原主要得到顺式烯烃；在液态氨中选择钠或锂还原炔烃主要得到反式烯烃。

② 卤化反应：乙炔通入溴水后，溴水的颜色逐渐褪去。反应过程可分步表示如下：

$$CH \equiv CH + 2Br_2 \longrightarrow CHBr_2CHBr_2$$

若分子中有三键和双键同时存在时，卤化加成反应首先发生在双键上。

$$H_2C=CH-CH_2-C \equiv CH + Br_2 \longrightarrow H_2C-CH-CH_2-C \equiv CH$$
$$ ||$$
$$ BrBr$$

③ 与卤化氢反应：在 150～160℃ 和用氯化汞作催化剂的条件下，乙炔与氯化氢发生加成反应，生成氯乙烯：

$$HC \equiv CH + HCl \xrightarrow[\triangle]{催化剂} H_2C=CHCl$$
$$\text{氯乙烯}$$

在适当的条件下，氯乙烯可以通过加聚反应生成聚氯乙烯：

$$nCH_2=CH \longrightarrow \left[CH_2-CH \right]_n$$
$$| |$$
$$Cl Cl$$
$$\text{聚氯乙烯}$$

其他炔烃与卤化氢加成时，符合马尔科夫尼科夫规则。

④ 与水反应：在约 100℃ 下，将乙炔与水蒸气混合，通入含有硫酸汞的稀硫酸溶液的水化塔内，发生反应并生成乙醛。

⑤ 与氢氰酸加成：乙炔在 Cu_2Cl_2-NH_4Cl 的酸性溶液中，与氢氰酸发生加成反应，生成丙烯腈。

$$CH \equiv CH + HCN \longrightarrow CH_2=CH-CN$$

(2) 氧化反应

① 可燃性：

$$2C_2H_2 + 5O_2 \longrightarrow 4CO_2 + 2H_2O$$

现象：火焰明亮、带浓烟，燃烧时火焰温度很高（>3000℃），用于气焊和气割，其火焰称为氧炔焰。乙炔燃烧时放出大量的热，如在氧气中燃烧，产生的氧炔焰的温度可达 3000℃ 以上。因此，可用氧炔焰来焊接或切割金属。乙炔和空气（或氧气）的混合物遇火时可能发生爆炸，在生产和使用乙炔时，一定要注意安全。

② 炔烃被 $KMnO_4$ 氧化：能使紫色酸性高锰酸钾溶液褪色。

$$3RCH \equiv CH + 8KMnO_4 + KOH \longrightarrow 3RCO_2K + 3K_2CO_3 + 8MnO_2\downarrow + 2H_2O$$

(3) 聚合反应

乙炔在特殊催化剂作用下，可生成苯、环辛四烯；也可以在催化剂作用下发生自身偶合，而生成乙烯基乙炔。

(4) 炔氢的反应

末端炔烃至少有一个氢原子连接在经过 sp 杂化的碳上（即连接在三键碳上，一个例子就是丙炔)。

① 与钠或氨基钠反应：

$$2CH\equiv CH + 2Na \xrightarrow{110℃} 2CH\equiv CNa + H_2\uparrow$$
乙炔钠

$$CH\equiv CH + 2Na \xrightarrow{190\sim 220℃} NaC\equiv CNa + H_2\uparrow$$
乙炔二钠

$$R-C\equiv CH + NaNH_2 \xrightarrow{液氨} R-C\equiv CNa + NH_3\uparrow$$

乙炔和其他末端炔烃可以与熔融的金属钠或在液氨溶剂中与氨基钠（$NaNH_2$）作用得到炔化物。

炔化钠的性质活泼，可与卤代烷作用，在炔烃中引入烷基，这是有机合成中用作增长碳链的一个方法：

$$R-C\equiv CNa + R'X \longrightarrow R-C\equiv C-R' + NaX$$

例如，以乙炔为原料合成 3-己炔。

从原料和产物的构造骨架看，产物比原料增加了两个乙基，显然这是一个增长碳链的合成。依据增长碳链的方法，可利用乙炔二钠与氯乙烷反应制得。合成过程中所用的氯乙烷原料也需由乙炔来合成。合成路线如下：

$$HC\equiv CH + H_2 \xrightarrow[Pb(Ac)_2]{Pd/CaCO_3} CH_2=CH_2 \xrightarrow{HCl} CH_3CH_2Cl$$

$$HC\equiv CH + 2Na \xrightarrow{190\sim 220℃} NaC\equiv CNa \xrightarrow{2CH_3CH_2Cl} CH_3CH_2C\equiv CCH_2CH_3$$

② 金属炔化物的生成：末端炔烃加到硝酸银或氯化亚铜的氨溶液中，立即生成金属炔化物。

$$CH\equiv CH \begin{Bmatrix} \xrightarrow{Ag(NH_3)_2NO_3} AgC\equiv CAg\downarrow \text{ 乙炔银} \\ \xrightarrow{Cu(NH_3)_2Cl} CuC\equiv CCu\downarrow \text{ 乙炔亚铜} \end{Bmatrix}$$

$$R-C\equiv CH \begin{Bmatrix} \xrightarrow{Ag(NH_3)_2NO_3} R-C\equiv CAg\downarrow \text{ 炔化银} \\ \xrightarrow{Cu(NH_3)_2Cl} R-C\equiv CCu\downarrow \text{ 炔化亚铜} \end{Bmatrix}$$

乙炔银和其他炔化银为灰白色沉淀，乙炔亚铜和其他炔化亚铜为红棕色沉淀。此反应非常灵敏，现象显著，可用于鉴别末端炔的结构。干燥的金属炔化物很不稳定，受热易发生爆炸，为避免危险，生成的炔化物应加稀酸将其分解。例如：

$$R-C\equiv CAg + HNO_3 \longrightarrow R-C\equiv CH + AgNO_3$$

$$R-C\equiv CCu + HCl \longrightarrow R-C\equiv CH + Cu_2Cl_2$$

思考与练习

1. 请写出己烯所有可能的异构体，包括（Z）和（E）异构体，并应用 IUPAC 命名方法命名。
2. 命名下列化合物：
   (1) $(CH_3)_3CC\equiv CCH_2C\equiv CCH(CH_3)_2$
   (2) $CH_3CH=CHCH(CH_3)C\equiv CCH_2CH_3$

(3) 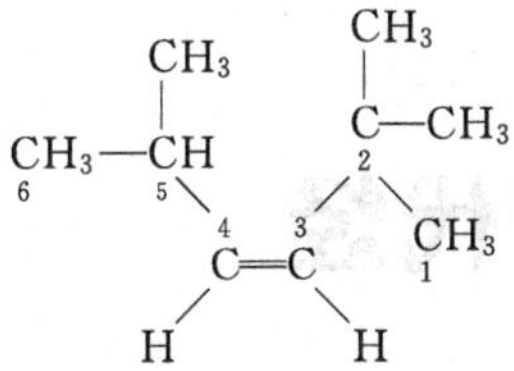
$$\underset{6}{CH_3}\underset{5}{CH}(CH_3)\underset{4}{CH}=\underset{3}{CH}\underset{2}{C}(CH_3)_2\underset{1}{CH_3}$$

(结构式：6-CH₃-5-CH(CH₃)-4-CH=3-CH-2-C(CH₃)(CH₃)-1-CH₃，双键碳上各带一个H)

(4) $CH_3(C_2H_5)C=C(CH_3)CH_2CH_2CH_3$

(5) 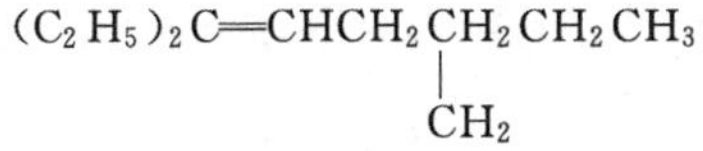 $(C_2H_5)_2C=CHCH_2CH_2CH_3$ 其中含一个 CH_2 支链

3. 用方程式表示 2-甲基-1-戊烯与下列试剂的反应：
   (1) Br_2/CCl_4 (2) 5% 高锰酸钾碱性溶液 (3) HBr、HBr（有过氧化物存在时）

4. 请写出下列化合物的结构式：
   (1) 顺 3,4-二甲基-2-戊烯 (2) 2,3-二甲基-1-戊烯 (3) 反-4,4-二甲基-2-戊烯 (4) (Z)-3-甲基-4-异丙基-3-庚烯 (5) 3-乙基-5-甲基-1-己炔

5. 某炔烃分子式为 C_6H_{10}，当它催化加氢后可生成 2-甲基戊烷，它与硝酸银氨溶液作用可生成白色沉淀。请推断出该炔烃的结构式。

第 15 章　芳香烃与卤代烃

15.1　芳香烃的概念

分子中含有苯环的一类烃属于芳香烃。

芳香烃是一族环状的碳氢化合物，它们都含有苯环的结构，例如：苯、甲苯、苯乙烯、萘等。

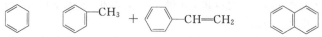

15.1.1　芳香烃的分类

① 单环芳香烃：如苯、甲苯、苯乙烯等。

② 多环芳香烃：此类芳香烃含有 2 个或 2 个以上的苯环，如联苯、对三联苯。

15.1.2　苯的组成与结构

① 苯分子是平面六边形的稳定结构；

② 苯分子中碳碳键是介于碳碳单键与碳碳双键之间的一种独特的键，碳原子采取 sp^2 杂化；

③ 苯分子中六个碳原子等效，六个氢原子等效，其结构式和电子云示意图如图 15-1 所示。

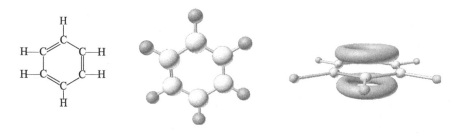

图 15-1　苯分子的结构式与电子云示意图

物理方法研究的结果证明，苯分子是平面的正六边形结构。苯分子中的六个碳和六个氢都分布在同一个平面上，相邻碳碳键之间的夹角都为 120°。所以碳碳键都完全相同，键长也完全相等（为 139pm），它们既不是一般的碳碳单键（154pm），也不是一般的碳碳双键（134pm）。

按照分子轨道理论，苯分子中六个碳原子都形成 sp^2 杂化轨道，六个轨道之间的夹角各为 120°，六个碳原子以 sp^2 杂化轨道形成六个碳碳 σ 键，又各以一个 sp^2 杂化轨道和六个氢原子的 s 轨道形成六个碳氢 σ 键，这样就形成了一个正六边形，所有的碳原子和氢原子在同一平面上。每一个碳原子都还保留一个和该平面垂直的 p 轨道，它们彼此平行，这样每一个碳原子的 p 轨道可以和相邻的碳原子的 p 轨道平行重叠而形成 π 键。由于一个 p 轨道可以和左右相邻的两个碳原子的 p 轨道同时重叠，因此形成的分子轨道是一个包含六个碳原子在内的封闭的或称为是连续不断的共轭体系，如图 15-2 所示。π 轨道中的 π 电子能够高度离域，使 π 电子云完全平均化，从而能量降低，苯分子得以稳定。

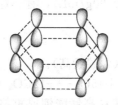

图 15-2　苯分子中碳原子的 p 轨道形成离域 π 键

根据分子轨道理论，六个 p 轨道通过线性组合，可组成六个分子轨道。其中三个是成键轨道以 Ψ_1、Ψ_2 和 Ψ_3 表示，三个反键轨道以 Ψ_4^*、Ψ_5^* 和 Ψ_6^* 表示，如图 15-3 所示。

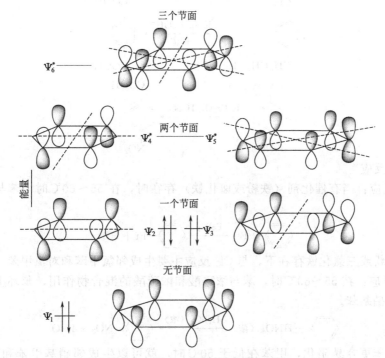

图 15-3　苯的 π 键分子轨道能级图

图中虚线表示节面。三个成键轨道中，Ψ_1 没有节面，能量是最低的，而 Ψ_2 和 Ψ_3 都有一个节面，能量相等，但比 Ψ_1 高，这两个能量相等的轨道称为简并轨道。反键轨道 Ψ_4^* 和 Ψ_5^* 各有两个节面，它们的能量也彼此相等，但比成键轨道要高，Ψ_6^* 有三个节面，是能量最高的反键轨道。很明显，苯分子的六个 π 电子都在成键轨道上。这六个离域的 π 电子总能量，如果和它们分别处在孤立的定域 π 轨道的能量之和相比要低得多，因此苯的结构很稳定。

15.1.3　苯同系物的异构现象及其命名

苯同系物可以看做是苯环上的氢原子被烃基取代后的衍生物；当苯环的侧链上有更加重要的官能团出现时，命名时把侧链当母体，把苯环当做取代基。

　　3-甲基苯胺　　硝基苯　　溴苯　　苯乙烯　　苯甲酸

15.1.4 苯系芳香烃的物理性质

苯系芳香烃一般为无色、有特殊芳香味的液体；不溶于水，易溶于有机溶剂（自身常用作有机溶剂）；密度比水小（0.86～0.90g/mL），有一定的毒性（对白细胞有危害）。

15.1.5 苯系芳香烃的化学性质

（1）苯的氧化反应

在空气中燃烧，产生黑色烟雾（含碳量高）。

$$2C_6H_6 + 15O_2 \longrightarrow 12CO_2 + 6H_2O$$

苯环不易发生氧化反应，烃基苯在高锰酸钾或重铬酸钾的酸性或碱性溶液中侧链被氧化，无论烃基的长短，最后都变为羧基。

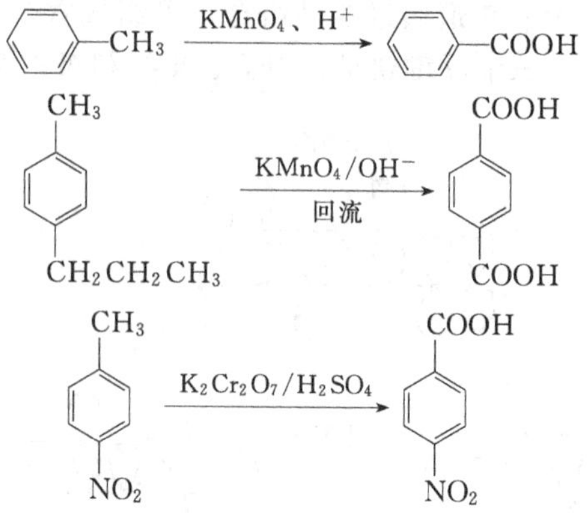

$$Ph\text{-}CH_3 \xrightarrow{KMnO_4、H^+} Ph\text{-}COOH$$

$$p\text{-}CH_3\text{-}C_6H_4\text{-}CH_2CH_2CH_3 \xrightarrow[\text{回流}]{KMnO_4/OH^-} p\text{-}HOOC\text{-}C_6H_4\text{-}COOH$$

$$p\text{-}O_2N\text{-}C_6H_4\text{-}CH_3 \xrightarrow{K_2Cr_2O_7/H_2SO_4} p\text{-}O_2N\text{-}C_6H_4\text{-}COOH$$

（2）取代反应

① 卤代反应：当有催化剂（铁粉或卤化铁）存在时，在55～60℃时，苯与氯或溴作用产生卤代苯。

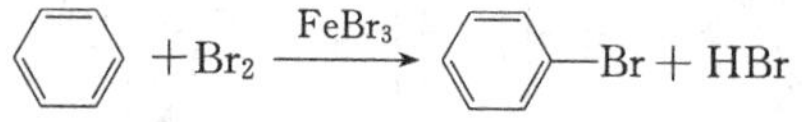

$$Ph\text{-}H + Br_2 \xrightarrow{FeBr_3} Ph\text{-}Br + HBr$$

甲苯在铁粉或三氯化铁存在下，与Cl_2反应主要生成邻氯甲苯和对氯甲苯。

② 硝化反应：在55～60℃时，苯与浓硝酸和浓硫酸的混合物作用，苯环上的氢原子被硝基取代生成硝基苯。

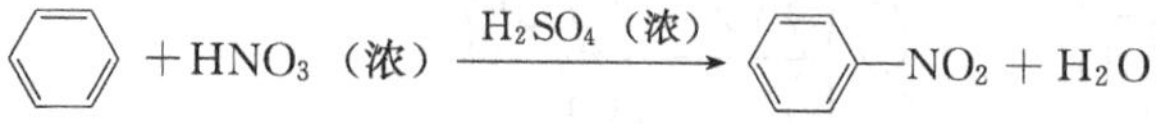

$$Ph\text{-}H + HNO_3（浓）\xrightarrow{H_2SO_4（浓）} Ph\text{-}NO_2 + H_2O$$

烷基苯比苯更容易硝化，甲苯在低于50℃时，就可以生成邻硝基甲苯和对硝基甲苯，硝基甲苯进一步硝化就可以生成2,4,6-三硝基甲苯，即TNT炸药。

③ 磺化反应：苯与98％的浓硫酸在75～80℃时发生反应，苯环上的氢原子被磺酸基（—SO_3H）取代生成苯磺酸。在有机化合物中引入磺酸基的反应叫做磺化反应，该反应与卤代反应、硝化反应不同，磺化反应是一个可逆反应，反应中产生的水可使硫酸的浓度逐渐变稀，使磺化反应速率逐渐变慢，而水解速率逐渐加快。因此，磺化反应通常使用发烟硫酸在室温下进行。

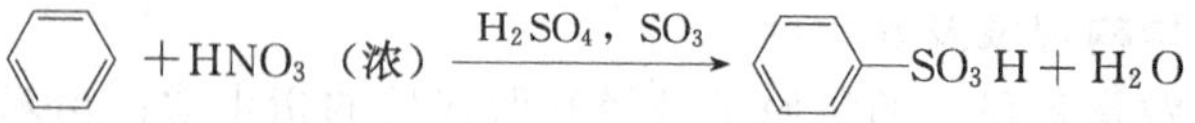

$$Ph\text{-}H + HNO_3（浓）\xrightarrow{H_2SO_4, SO_3} Ph\text{-}SO_3H + H_2O$$

烷基苯比苯更容易磺化，甲苯在常温下就可以与浓硫酸发生磺化反应，主要产物是邻甲苯磺酸和对甲苯磺酸。

④ 弗里德尔-克拉夫茨（Friedel-Crafts）反应

a. 弗里德尔-克拉夫茨烷基化反应：1877年法国化学家弗里德尔和美国化学家克拉夫茨分别发现了制备烷基苯（Ph—R）和芳香酮（Ar—COR）的反应，前者被称为弗里德尔-克拉夫茨烷基化反应，后者被称为弗里德尔-克拉夫茨酰基化反应。苯系芳香烃在无水氯化铝（或三氟化硼）催化下，与烷基化试剂（卤代烃、烯烃或醇）反应，生成烷基苯。

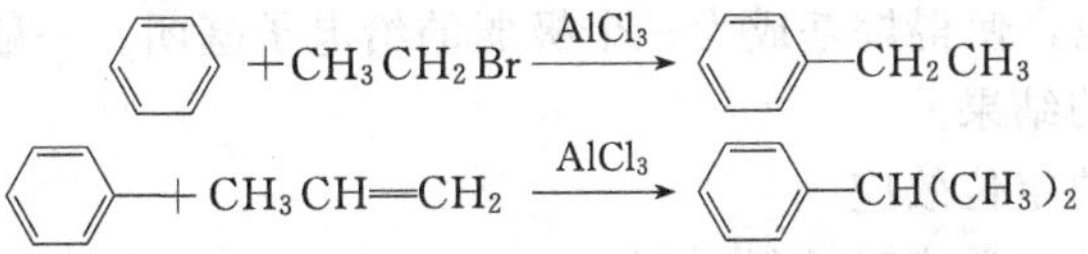

$$\text{Ph-H} + CH_3CH_2Br \xrightarrow{AlCl_3} \text{Ph-}CH_2CH_3$$

$$\text{Ph-H} + CH_3CH=CH_2 \xrightarrow{AlCl_3} \text{Ph-}CH(CH_3)_2$$

凡是在有机化合物分子中引入烷基的反应，叫做烷基化反应。当引入的烷基大于乙基时，即：引入的是三个碳原子以上的烷基，此时，随反应条件的不同而异。例如：苯与氯丙烷反应，低温时，生成正丙苯，加热时（60~80℃）生成异丙苯。

b. 弗里德尔-克拉夫茨酰基化反应：将上述反应中的卤代烷换成酰基卤 RCOX 后，就可以在苯环上引入一个酰基生成：$RC\overset{O}{-}Ph$。

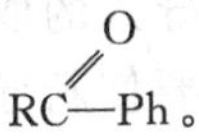

（3）加成反应

苯系芳香烃虽然比一般的不饱和烃稳定，但在剧烈的条件下（如高温、高压、催化剂、光照等），仍然可以发生加成反应：

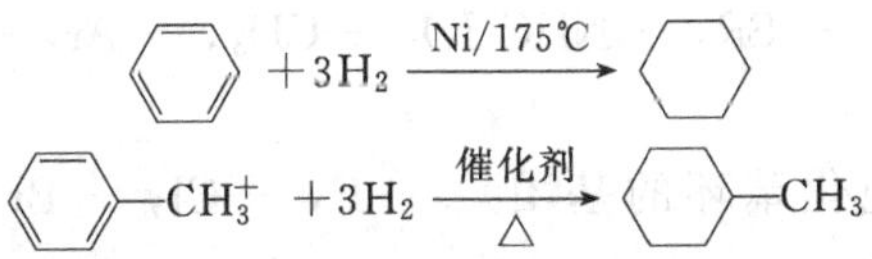

$$\text{Ph-H} + 3H_2 \xrightarrow{Ni/175℃} \text{环己烷}$$

$$\text{Ph-}CH_3 + 3H_2 \xrightarrow[\Delta]{催化剂} \text{环己基-}CH_3$$

苯在紫外线照射下通入氯气，在约 50℃ 发生加成反应生成六氯代苯，简称六六六，它在 20 世纪 70 年代是被广泛使用的农药。但由于它在使用后残留在自然界不降解，造成农畜水产品中残留较大，危害人类身体健康，现已经被停用。

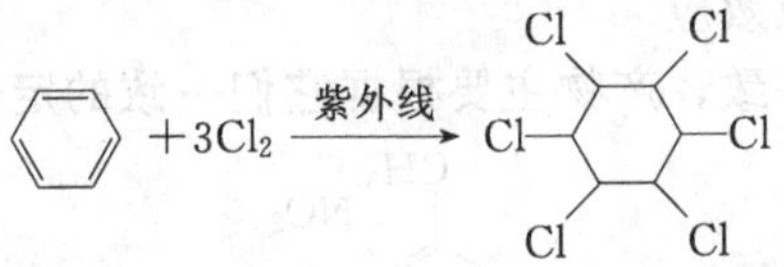

$$\text{Ph-H} + 3Cl_2 \xrightarrow{紫外线} C_6H_6Cl_6$$

15.1.6　苯的亲电取代反应机理

亲电试剂首先与苯分子的 π 电子云作用形成 π 络合物，两者的作用只是微弱的，尚未生成新的共价键。进而亲电试剂与苯环上的某一个碳原子形成 σ 络合物（碳正离子中间体，该碳原子成为 sp^3 杂化），σ 络合物的寿命很短，随着氢离子的快速离去，最后形成一元取代苯（该碳原子又恢复成为 sp^2 杂化）。值得注意的是亲电试剂往往是通过路易斯酸作用形式产生的。

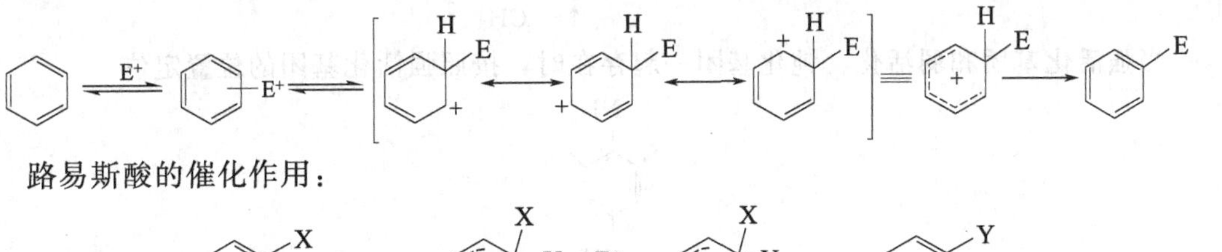

路易斯酸的催化作用：

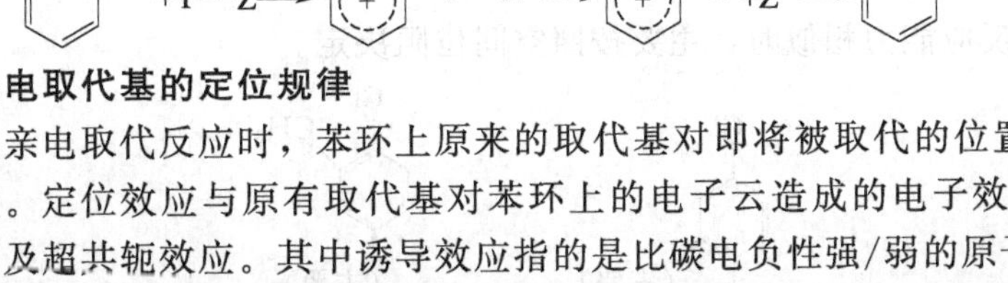

15.1.7　苯环亲电取代基的定位规律

苯环上发生亲电取代反应时，苯环上原来的取代基对即将被取代的位置起着影响作用，称之为定位效应。定位效应与原有取代基对苯环上的电子云造成的电子效应有关，包括诱导、共轭效应以及超共轭效应。其中诱导效应指的是比碳电负性强/弱的原子/基团使得苯环的电子通过 σ 键向取代基移动/取代基的电子通过 σ 键向苯环移动；共轭效应指的是取代基的 p（π）轨道上的电子云和苯环共轭 π 键的电子云相互重叠，导致 π 电子离域，使得苯环的 π 电子或者取代基的 π 电子向对方迁移；超共轭效应指的是烷基的 C—H 的 σ 电子与苯环的 π 电子发生 σ-π 超共轭，使得烷基成为一个极弱的给电子基团。一般基团的定位效应是诱导、共轭效应综合作用的结果。

15.1.7.1 单取代苯环的定位效应

在前面讨论苯与甲苯的反应时已经看到：
① 将苯引入一个取代基时，产物只有一种；
② 将甲苯硝化时，反应要比苯容易，硝基主要进入邻、对位；
③ 若将硝基苯硝化时，比苯难进行，硝基主要进入间位。

通过大量的实验事实，人们归纳出：苯环上新导入的取代基的位置，主要取决于原有取代基的性质，人们把原有的取代基称为定位基。主要使新导入的取代基进入苯环的邻位或对位的定位取代基被称为邻、对位定位基；主要使新导入的取代基进入苯环的间位的定位取代基被称为间位定位基。

常见的邻对位定位基有（活化苯环的基团）：—O—，—NR_2，—NHR，—NH_2，—OH，—OR，—NHCOR，—OCOR，—SR，—NHCHO，—CH_3，—Ar，—CR_3，—CH_2—CH_2=CH_2，—COO—。

邻对位定位基（微弱钝化苯环的基团）：—F，—Cl，—Br，—I，—CH_2Cl，—CH=CHCOOH，—CH=CHNO。

常见的间位定位基（钝化苯环的基团）：—NR_3^+，—NO_2，—CF_3，—CN，—SO_3H，—CHO，—COR，—COOH，—COOR，—$CONH_2$，—CCl_3，—NH_3^+。

15.1.7.2 多取代苯环的定位效应

当两个取代基定位作用一致，产物主要根据它们一致的定位作用产生。

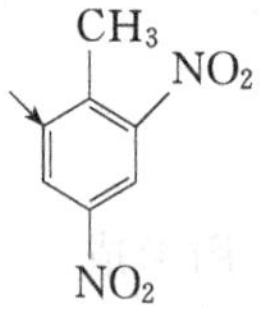

当两个取代基处于间位时，它们中间一般不会进入新基团。

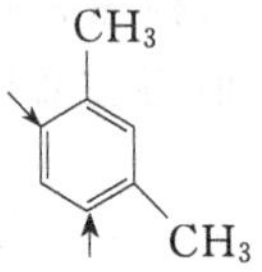

当强活化基团和弱活化、钝化基团一起存在时，按照强活化基团的位置定位。

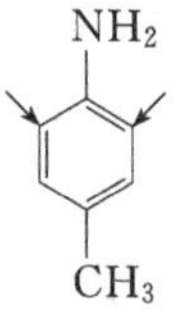

当各位置的反应能力相似时，主要按照空间位阻决定。

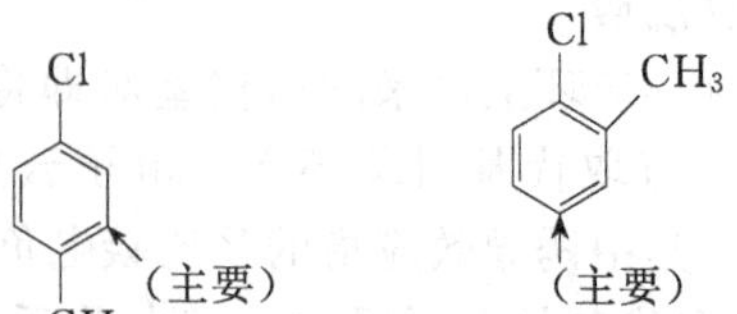

第 15 章 芳香烃与卤代烃

当活化基团处于钝化基团的间位时，取代基主要进入钝化基团的邻位。

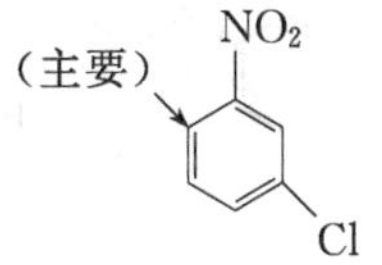

15.2 卤代烃的概念

烃分子中的氢原子被卤素原子取代后形成的化合物称为卤代烃（halohyrocarbon）。

卤代烃的通式：（Ar）R—X，X 可看做是卤代烃的官能团，包括 F、Cl、Br、I。卤代烃的性质较为活泼，可转化成多种有机化合物，在工业、农业和医药方面都有广泛的用途。生产中常用的塑料管，其化学成分是聚氯乙烯，单体是氯乙烯；不粘锅，其涂层化学成分是聚四氟乙烯，单体是四氟乙烯；塑料袋或农用塑料薄膜是聚乙烯或聚丙烯；大气臭氧层形成空洞的原因之一是制冷剂氟里昂的大量使用。

15.2.1 卤代烃的分类

根据取代卤素的不同，分别称为氟代烃、氯代烃、溴代烃和碘代烃；也可根据分子中卤素原子的多少分为一卤代烃、二卤代烃和多卤代烃；也可根据烃基的不同分为饱和卤代烃、不饱和卤代烃和芳香卤代烃等。此外，还可根据与卤原子直接相连碳原子的不同，分为一级卤代烃 RCH_2X、二级卤代烃 R_2CHX 和三级卤代烃 R_3CX。

卤代烃也可以按分子中的卤原子数、所连碳原子的不同及分子中是否有不饱和键，分为以下几类。

(1) 按卤原子数的不同分类
① 一元卤代烃：CH_3Cl、氯苯等；
② 二元卤代烃：CH_2Cl_2、邻二氯苯等；
③ 多元卤代烃：$CHCl_3$、CCl_4、均三氯苯等。

(2) 按卤原子所连碳原子种类分类
① 伯卤烃（一级卤代烃）：RCH_2—X；
② 仲卤烃（二级卤代烃）：R_2CH—X；
③ 叔卤烃（三级卤代烃）：R_3C—X。

(3) 按分子中是否有不饱和键分类
① 饱和卤烃（卤代烷）：C_2H_5Cl；
② 不饱和卤烃（卤代烯、卤代炔）：CH_2=$CHCl$；
③ 卤代芳烃：溴苯、对氯甲苯。

15.2.2 卤代烃的命名

① 把相应的烃作为母体，把卤原子看做取代基，在烃的名称前标注上卤原子的位置、数目和名称，对于同分异构的分子可以看做是相应烃类的衍生物进行命名即可。

② 饱和卤代烃的命名是以烷烃的命名为基础，以含有卤原子的最长碳链为主链，碳原子的编号从接近卤原子的一端开始。

③ 不饱和卤代烃的命名是以不饱和烃为主链，碳原子的编号要以不饱和键的位次最小。

CH_3CH_2Br　溴乙烷；$ClCH_2CH_2Cl$　1,2-二氯乙烷；CH_3CH=$CHCl$　1-氯丙烯；

⌬—CH_2Cl　苄基氯；CH_3—⌬—Br　对甲基溴苯；CH≡$CCHClCH_3$　3-氯丁烯

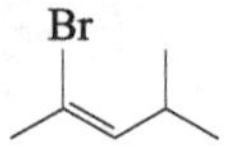

顺-4-甲基-2-溴-2-戊烯;   1-氯-1-苯基丙烷

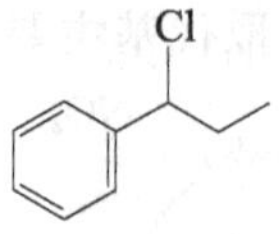

15.2.3 卤代烃的性质

15.2.3.1 物理性质

卤代烃只有极少数是气体,大多数为无色的固体或液体,不溶于水或在水中溶解度很小,可溶于大多数的有机溶剂。卤代烃的沸点随分子中碳原子和卤素原子数目的增加(氟代烃除外)和卤素原子序数的增大而升高。密度随碳原子数增加而降低。一氟代烃和一氯代烃一般比水轻,溴代烃、碘代烃及多卤代烃比水重。卤代烃大都具有一种不愉快的特殊气味,其蒸气有毒,尽量避免吸入。多卤代烃一般都难燃或不燃;卤代烷烃在铜丝上燃烧时能够产生绿色火焰,这可以作为鉴别卤素的简便方法。

15.2.3.2 化学性质

卤代烃的许多化学性质都是由于官能团卤原子的存在而引起的,在卤代烃分子中卤原子和碳原子之间是以共价键相结合的,C—X键是极性共价键,卤素的电负性愈大,则键的极性愈大,具有同样烃基结构的卤代烷分子中,其极性大小顺序为:C—Cl>C—Br>C—I。

这是由于在卤原子存在下,卤代烷分子中电子云密度产生非对称性分布而造成的,这种性质在静态分子中就能够表现出来。但是,通常在化学反应中卤代烷的活泼性与其极性顺序相反:RI>RBr>RCl,这是因为卤代烷的极性分子在试剂电场的诱导下,产生了诱导极化。不同的共价键对外界电场有着不同的感受能力,通常称之为极化率。极化率越大的共价键越容易受外界电场的诱导而发生诱导极化,极化率决定着分子的化学性质。

(1) 取代反应

按照路易斯酸碱理论,卤原子是一个很弱的碱,在卤代烷的取代反应中,卤素作为卤离子而被其他强碱所置换,这些强碱通常具有未共用的电子对(如 OH^-、CN^-、RO^-、H_2O、NH_3),在反应中它们向卤代烷分子中的碳原子供给一对电子对,并与之形成共价键;卤原子带着碳卤键上的一对电子以负离子的形式离开。由于反应试剂进攻的是分子中电子云密度较低的反应中心,具有亲核的性质,这类反应被称为亲核取代反应。

$$R:X + :Nu^- \longrightarrow R:Nu + :X^-$$

① 水解反应:卤代烃在强碱溶液中

$$CH_3CH_2Br + NaOH \xrightarrow{加热} CH_3CH_2OH + NaBr$$

一般的卤代烷都是由相应的醇来制备的,该反应表面上看似乎没有什么应用价值,但实际上在许多复杂分子的有机合成反应中,引入一个羟基要比引入一个卤原子困难,作为一种手段,往往先引入一个卤原子,然后水解,就可以得到羟基。脂肪族卤代烃可在碱性溶液中水解生成醇,芳香族卤代烃则较为困难。

② 与氰化物作用:卤代烷在醇溶液中与氰化物反应,生成腈

$$RX + :CN^- \longrightarrow RCN + :X^-$$

通过该反应可以在分子中增加一个碳原子,在有机合成中是用于增长碳链的一个方法。

③ 与氨、醇、硫化氢等试剂反应

$$RX + :NH_3 \longrightarrow R—NH_2 \quad 胺$$
$$RX + :OR^- \longrightarrow R—OR \quad 醚$$
$$RX + :SH^- \longrightarrow R—SH \quad 硫醇$$
$$RX + :I^- \longrightarrow R—I \quad 碘代烃$$

(2) 消去反应

卤代烃在强碱的醇溶液中，脱去卤化氢生成一个烯烃，这种脱去一个简单小分子的反应叫做消去反应。

$$CH_3CH_2Br + NaOH \xrightarrow{\text{醇}\;\Delta} CH_2=CH_2 + NaBr + H_2O$$

叔卤代烷最容易脱去卤化氢，仲卤代烷次之，伯卤代烷最难。叔卤代烷和仲卤代烷在发生消去反应时，反应可以在碳链的两个不同方向进行，可能得到两种不同的产物。

$$CH_3-\underset{H}{\overset{CH_3}{CH}}-\underset{Br}{\overset{}{C}}-\underset{H}{\overset{}{CH_2}} \xrightarrow{\text{KOH/醇}\;\Delta} CH_3-\overset{CH_3}{C}=CH-CH_3 + CH_3-CH_2-\overset{CH_3}{\underset{}{C}}=CH_2$$

$$\qquad\qquad\qquad\qquad\qquad\qquad\qquad 71\% \qquad\qquad\qquad 29\%$$

通过大量实验，俄国化学家查依采夫（Saytzeff）总结出卤代烃发生消除反应的经验规律——查依采夫规则。即卤代烷脱 HX 时，总是从含 H 较少的 β-碳上脱去 H 原子，实质上是生成一个共轭效果较好的、结构较稳定的烯烃。

(3) 与金属反应

① 与格氏（Grignard）试剂反应：一卤代烷在绝对无水的乙醚中与 Mg 反应生成有机镁化合物（RMgX）格氏（Grignard）试剂，产率高达 75%～90%；该试剂是重要的有机合成中间体，RMgX 的性质非常活泼，可与 CO_2、羰基化合物反应，生成羧酸、醛酮等物质。

$$RX + Mg \xrightarrow{\text{乙醚}} RMgX$$

格氏试剂与含活泼氢的化合物作用：

$$RMgX + \begin{cases} HOH \rightarrow R-H + Mg{<}^{OH}_{X} \\ R'-OH \rightarrow R-H + Mg{<}^{OR}_{X} \\ R'COOH \rightarrow R-H + Mg{<}^{OCOR'}_{X} \\ HX \rightarrow R-H + Mg{<}^{X}_{X} \\ R'-C{\equiv}CH \rightarrow R-H + Mg{<}^{X}_{X\equiv CR'} \end{cases}$$

用甲基氯化镁进行上述反应时，因为反应定量进行，根据产生甲烷气体的量，就可以测定出有机化合物所含活泼氢的数量（叫做活泼氢测定法）。

② 武尔茨反应。卤代烃与金属钠作用，两分子卤烃脱去卤素缩合成烷烃，叫武尔茨反应（Wurtz 反应）。例如：

$$2RX + 2Na \longrightarrow R-R + 2NaX$$

15.2.4 一卤代烯烃和一卤代芳烃

卤原子取代了不饱和烃或芳烃分子中的氢原子后，分别生成不饱和卤代烃与芳香族卤代烃。不饱和卤代烃由于碳链的不同、双键及卤原子的位置不同，也可以产生许多异构体。

(1) 一卤代烯烃和一卤代芳烃的分类

根据分子中卤原子和双键的相对位置可以分为三类：

① 乙烯式卤代烃　$RCH=CH-X$，卤素与双键上的碳原子直接相连，例如氯乙烯、卤苯。

② 烯丙式卤代烃　$RCH=CHCH_2-X$，卤素与双键上相隔一个碳原子，例如 $CH_3CH=$

CHCH$_2$—X 以及苄基卤。

③ 孤立式卤代烯烃 RCH=CH(CH$_2$)$_n$X，$n \geq 2$，卤素与双键上相隔两个或者两个以上的碳原子。

(2) 一卤代烯烃和一卤代芳烃的物理性质

一卤代烯烃中氯乙烯和溴乙烯是气体；一卤代芳烃是有香味的液体，比水重且不溶于水，易溶于有机溶剂。

(3) 一卤代烯烃和一卤代芳烃的化学性质

烃基的结构对卤代烃的活性有很大影响，烯丙基式卤代烃（以及苄基卤）活性最大，乙烯式卤代烃（以及苯环上的卤代芳烃）最不活泼，孤立卤代烃的化学性质与相应的卤代烷相似。

用硝酸银的醇溶液与不同烃基的卤代烃作用，根据卤化银沉淀生成的快慢，可以测得这些卤代烃的活性顺序。

$$RX + AgNO_3 \xrightarrow{\text{醇溶液}} RONO_2 + AgX \downarrow$$

烯丙式卤代烃、苄基卤和第三卤代烃在室温下就能够与硝酸银的醇溶液迅速反应，生成 AgX 沉淀。第一、第二卤代烷一般需要加热才能够发生反应，而乙烯式卤代烃和卤苯即使在加热下也不发生反应，故而它们的活泼性顺序为：

烯丙式卤代烃、苄基卤＞第三卤代烷＞第二卤代烷＞第一卤代烷＞乙烯式卤代烃和卤苯

另外，卤代烃与硝酸银醇溶液的反应速率与卤素的性质也有关系，其活泼性顺序为：R—I＞R—Br＞R—Cl，碘代烷的活性最强。

为什么乙烯式卤代烃（以及苯环上的卤代芳烃）最不活泼？从结构上看，乙烯卤和芳香卤的偶极矩比卤代烷小，其分子中 C—X 键长也比卤代烷短，例如：一般的 C=C 和 C—X 键长分别为 1.34Å 和 1.77Å，而氯乙烯分子中的 C=C 和 C—X 键长分别为 1.38Å 和 1.72Å，造成这些差别的原因是：其一，直接与卤原子连接的碳原子的杂化情况不一样；其二，卤原子上未共用的 p 电子对与双键或苯环上的 π 电子云的相互作用，形成了 p-π 共轭体系，并且是 p 电子数目超过原子数目的多电子共轭体系。卤乙烯和卤苯的 p-π 共轭体系如图 15-4 所示。

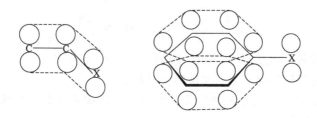

图 15-4 卤乙烯和卤苯的 p-π 共轭体系

氯乙烯分子中包括有两个碳原子和一个氯原子组成的"三中心四电子"离域 π 键共轭体系；四个电子中有两个来自于两个碳原子，另外两个来自一个氯原子。同理，卤苯分子中含有"七中心八电子"离域 π 键共轭体系。

p-π 共轭的结果使电子云分布趋于平均化，因此，C—X 键的偶极矩将减小，键长将缩短，氯乙烯分子中的电子云可表示为：

$$CH_2=CH-\ddot{C}l:$$

这种 p-π 共轭的结果对化学反应的性能也有影响，由于 C—X 键电子云密度的增大，增

加了 C—X 键的稳定性，因此 $CH_2=CHCl$ 中的 Cl 就不如 CH_3CH_2Cl 中的 Cl 活泼，乙烯式卤代烃在一般条件下不发生取代反应。例如氯乙烯与碱溶液或氨溶液不起反应，分子中的氯原子也不会被羟基或氨基取代。

反之，烯丙式（$CH_2=CHCH_2Cl$）中的 Cl 远比 CH_3CH_2Cl 中的 Cl 活泼，这是因为氯离解后生成的烯丙基正离子中可以形成一种缺电子共轭体系，即双键 π 轨道与相邻碳原子上的一个缺电子空 p 轨道共轭。

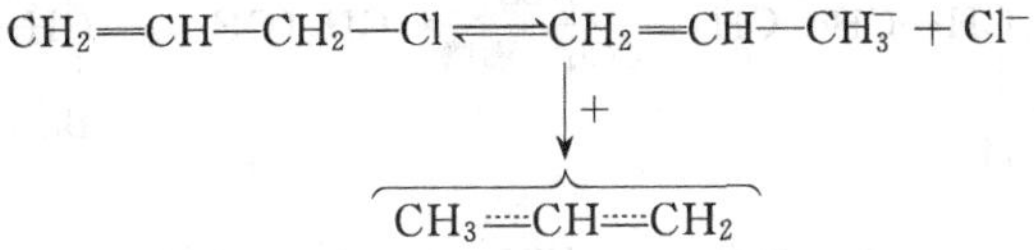

$$CH_2=CH-CH_2-Cl \rightleftharpoons CH_2=CH-CH_3^+ + Cl^-$$
$$\downarrow$$
$$CH_2\cdots CH\cdots CH_2$$

在烯丙基正碳离子中，由于这种 p-π 共轭效应，使得正电荷不再集中在一个碳原子上，而是分散到整个离域体系中，并使体系趋于稳定。因此，氯丙烯比较容易发生取代反应

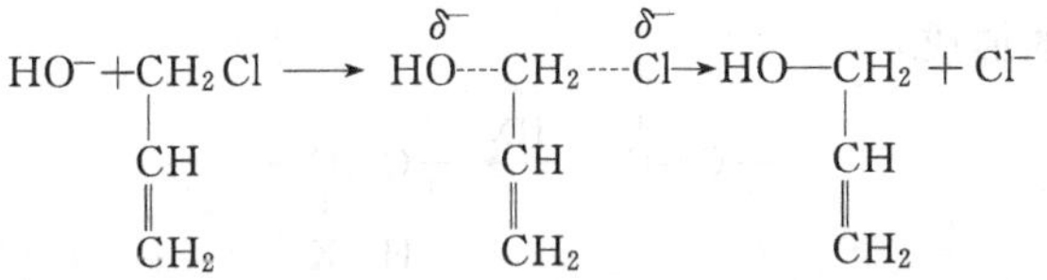

$$HO^- + CH_2Cl \longrightarrow HO^{\delta-}\cdots CH_2\cdots Cl^{\delta-} \longrightarrow HO-CH_2 + Cl^-$$
(烯丙基结构图示)

从上述讨论可以理解：烃基对卤原子活泼性的影响。反过来卤原子对烃基也有影响，例如烯丙基卤与 HX 加成时，由于双键受到卤原子的诱导作用，负性基团主要加成到 Cl 位上；但 HX 与乙烯的卤化物反应时仍然遵守马尔科夫尼科夫规则。

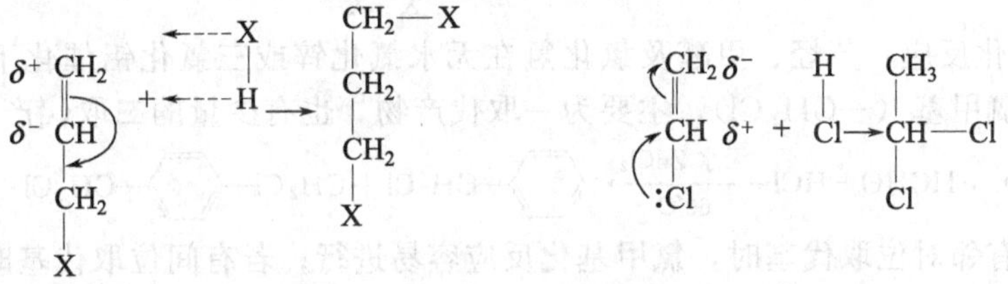

(反应机理图示)

当卤原子在苯环上时，它使苯环上氢原子的活性钝化，卤代苯的硝化反应和磺化反应要比苯慢，且卤代苯的硝化反应与磺化反应产物主要是对位取代物。

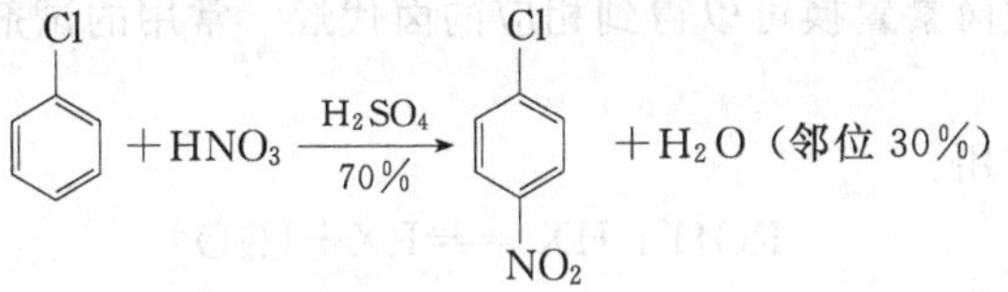

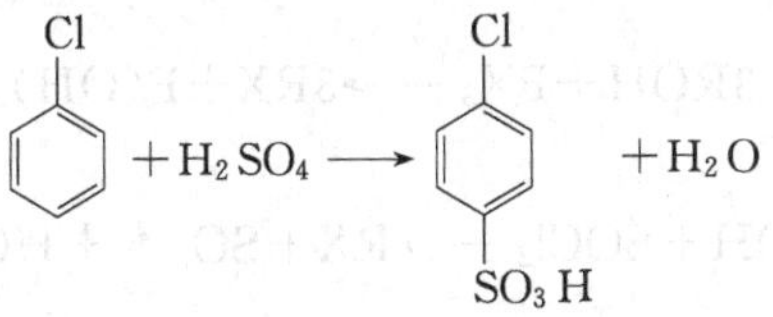

$$\text{C}_6\text{H}_5\text{Cl} + HNO_3 \xrightarrow[70\%]{H_2SO_4} \text{p-ClC}_6\text{H}_4\text{NO}_2 + H_2O \text{（邻位 30\%）}$$

$$\text{C}_6\text{H}_5\text{Cl} + H_2SO_4 \longrightarrow \text{p-ClC}_6\text{H}_4\text{SO}_3\text{H} + H_2O$$

15.2.5 一卤代烃的制备

15.2.5.1 由烃制备

（1）烃的卤代反应

烃在加热或光照下直接氯代或溴代。丙烯在高温下可以发生 α-氢的取代反应，生成 3-氯丙烯。具有丙烯基结构$\left(-\overset{|}{\text{C}}=\overset{|}{\text{C}}-\overset{|}{\text{C}}-\right)$的化合物与溴反应，而且要求只在 α-氢的位置发生溴代反应，而不发生加成反应是比较困难的，现在人们找到一种特殊的溴化剂 N-溴丁二酰

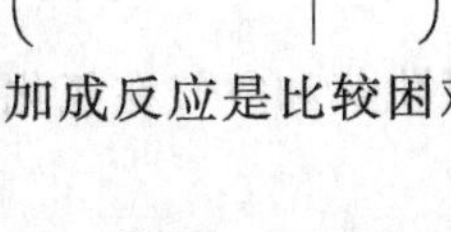

亚胺（NBS），可以在无水四氯化碳及过氧化苯甲酰存在下于低温下进行反应：

$$\text{C=C−C−H} + \text{CH}_2\text{CONBrCH}_2\text{CO} \xrightarrow[\text{CCl}_4,\text{沸腾}]{(\text{C}_6\text{H}_5\text{CO})_2\text{O}_2} \text{C=C−C−Br} + \text{CH}_2\text{CONHCH}_2\text{CO}$$

$$\text{CH}_3(\text{CH}_2)_4\text{CH=CH}_2 \xrightarrow[\text{CCl}_4,\text{沸腾}]{\text{NBS}} \text{CH}_2(\text{CH}_2)_4\text{CH=CH}_2$$
（H被取代，生成Br基团）

$$\text{C}_6\text{H}_5\text{CH}_3 \xrightarrow[\text{CCl}_4,\text{引发剂}]{\text{NBS}} \text{C}_6\text{H}_5\text{CH}_2\text{Br}$$

（2）不饱和烃的加成

① 卤化氢与烯烃的加成：

$$\text{−C=C−} \xrightarrow{\text{HX}} \text{−CH−CX−}$$

② 卤素与烯烃或炔烃的加成：

$$\text{−C=C−} \xrightarrow{\text{X}_2} \text{−CX−CX−}$$

③ 氯甲基化反应：芳烃、甲醛及氯化氢在无水氯化锌或三氯化铝催化下反应，可直接在芳环上导入氯甲基（—CH₂Cl），主要为一取代产物，也有少量的二取代产物。

$$\text{C}_6\text{H}_6 + \text{HCHO} + \text{HCl} \xrightarrow[60℃]{\text{无水ZnCl}_2} \text{C}_6\text{H}_5\text{−CH}_2\text{Cl} + \text{CH}_2\text{Cl−C}_6\text{H}_4\text{−CH}_2\text{Cl} + \text{H}_2\text{O}$$

芳环上若有邻对位取代基时，氯甲基化反应容易进行；若有间位取代基时，氯甲基化反应较难进行。

15.2.5.2 由醇制备

醇分子中的羟基被卤素置换可以得到相应的卤代烃，常用的试剂有氢卤酸、卤化磷和亚硫酰氯。

（1）醇与氢卤酸作用

$$\text{ROH} + \text{HX} \rightleftharpoons \text{RX} + \text{H}_2\text{O}$$

（2）醇与卤化磷作用

$$3\text{ROH} + \text{PX}_3 \longrightarrow 3\text{RX} + \text{P(OH)}_3$$

（3）醇与亚硫酰氯作用

$$\text{ROH} + \text{SOCl}_2 \longrightarrow \text{RX} + \text{SO}_2\uparrow + \text{HCl}\uparrow$$

15.2.5.3 卤代物的互换

将氯代烃或溴代烃与碘化钠在丙酮溶液中共热，可以得到碘代烃：

$$\text{RCl} + \text{NaI} \longrightarrow \text{RI} + \text{NaCl}$$

15.2.6 重要的卤代烃

（1）三氯甲烷与四氯化碳

它们是工业上和实验室重要的有机溶剂和萃取溶剂。

（2）氯苯

氯苯是主要的卤代芳香烃，工业上将苯蒸气、氯化氢和空气在氯化亚铜催化下反应而制备。氯苯是重要的化工原料，可以合成苯酚、苯胺等。

$$C_6H_6 + HCl + \frac{1}{2}O_2 \xrightarrow[200℃]{Cu_2Cl_2-FeCl_3} C_6H_5Cl + H_2O$$

1939 年瑞士化学家米勒发现并合成了高效有机杀虫剂 DDT，即 4,4′-二氯二苯基三氯乙烷：

$$Cl-C_6H_4- + \underset{CCl_3}{\underset{|}{\overset{H}{\overset{|}{C}}}}=O + C_6H_5-Cl \xrightarrow{浓 H_2SO_4} Cl-C_6H_4-\underset{CCl_3}{\underset{|}{\overset{H}{\overset{|}{C}}}}-C_6H_4-Cl + H_2O$$

4,4′-二氯二苯基三氯乙烷

该化合物化学性质稳定，光照、受热等条件下不分解，导致了对环境的污染，其在农畜产品和水产品中的残留严重危害着人们的身体健康，国际上于 20 世纪 70 年代末已禁止其使用。

(3) 氯乙烯

氯乙烯由乙炔在氯化汞催化下，与氯化氢发生加成反应而制备，也可以用 1,2-二氯乙烷脱去一分子氯化氢而制备。氯乙烯主要用于生产塑料聚氯乙烯。

(4) 四氟乙烯

化学性质极为稳定，不与任何物质发生反应，常用于化工设备中防腐零部件的制备，例如防腐管道、阀门、衬垫等，也用于生产不粘锅涂层。

思考与练习

1. 填空：
 (1) 足球比赛中，当运动员肌肉挫伤或扭伤时，队医随即对准球员的受伤部位喷射药剂氯乙烷（沸点 12.27℃）进行局部冷冻麻醉应急处理，乙烯和氯化氢在一定条件下制得氯乙烷的化学方程式（有机物用结构简式表示）是 $CH_2=CH_2 + HCl \longrightarrow CH_3CH_2Cl$，该反应的类型是_____。决定氯乙烷能用于冷冻麻醉应急处理的具体性质是_____。
 (2) 把 Cl_2 通入含铁的苯中的反应方程式：_____；反应的类型是_____。
 (3) 把浓 H_2SO_4、浓 HNO_3 和甲苯混合加热制备 TNT，反应式和反应类型分别是：
 _____；_____。
 (4) 由丙烯制备聚丙烯的反应式和反应类型分别是：
 _____；_____。
 (5) 甲苯在催化剂存在下加热与 H_2 发生反应，反应式和反应类型分别是：
 _____；_____。
2. 写出下列反应的化学方程式：
 (1) 2-氯丙烷与氢氧化钠水溶液共热。
 (2) 2-溴丁烷与氢氧化钾的醇溶液共热。
3. 什么是芳香性？如何判别分子体系有无芳香性？什么是亲电取代反应，其历程是什么？什么是取代基的定位效应，与基团的电子效应有何联系？
4. 下列关于氟氯烃的说法中，不正确的是（   ）。
 A. 氟氯烃是一类含氟和氯的卤代烃 　　B. 氟氯烃化学性质稳定，有毒
 C. 氟氯烃大多数无色，无臭，无毒
 D. 在平流层，氟氯烃在紫外线照射下，分解产生氯原子可引发损耗 O_3 的循环反应
5. 下列物质中不属于卤代烃的是（   ）。
 A. C_6H_5Cl 　　B. $CH_2=CHCl$ 　　C. CH_3COCl 　　D. CH_2Br_2

6. 能直接与硝酸银溶液作用产生沉淀的物质是（　　）。
   A. 氢溴酸　　　B. 氯苯　　　C. 溴乙烷　　　D. 四氯化碳
7. 有关溴乙烷的以下叙述中正确的是（　　）。
   A. 溴乙烷不溶于水，溶于有机溶剂
   B. 在溴乙烷中滴入硝酸银，立即析出浅黄色沉淀
   C. 溴乙烷跟 KOH 的醇溶液反应生成乙醇
   D. 溴乙烷通常是由溴跟乙烷直接反应来制取的
8. 在实验室中，下列除去杂质的方法正确的是（　　）。
   A. 溴苯中混有溴：加入 KI 溶液，振荡
   B. 乙烷中混有乙烯：通氢气在一定条件下反应，使乙烯转化为乙烷
   C. 硝基苯中混有浓硝酸和浓硫酸：将其倒入 NaOH 溶液中，静置，然后过滤
   D. 乙烯中混有 CO_2，将其通入 NaOH 溶液中洗气
9. 下列化合物中既能使溴的四氯化碳溶液褪色，又能在光照下与溴发生取代反应的是（　　）。
   A. 甲苯　　　B. 乙醇　　　C. 丙烯　　　D. 乙烯
10. 在催化剂存在下，由苯和下列各组物质合成乙苯最好应选用的是（　　）。
    A. CH_3CH_3 和 I_2　　　　　　B. $CH_2=CH_2$ 和 HCl
    C. $CH_2=CH_2$ 和 Cl_2　　　　D. CH_3CH_3 和 HCl
11. 以乙炔为原料制取 $CH_2Br—CHBrCl$，可行的反应途径为（　　）。
    A. 先加 Cl_2，再加 Br_2　　　　B. 先加 Cl_2，再加 HBr
    C. 先加 HCl，再加 HBr　　　　D. 先加 HCl，再加 Br_2
12. 下列叙述中，正确的是（　　）。
    A. 含有卤素原子的有机物称为卤代烃
    B. 卤代烃能发生消去反应，但不能发生取代反应
    C. 卤代烃包括卤代烷烃、卤代烯烃、卤代炔烃和卤代芳香烃等
    D. 乙醇分子内脱水也属于消去反应
13. 已知碳原子数小于或等于 8 的单烯烃与 HBr 反应，其加成产物只有一种结构。
    （1）符合此条件的单烯烃有_____种，判断的依据是_____；
    （2）在这些单烯烃中，若与氢气加成后，所得烷烃的一氯代物的同分异构体有三种。这样的单烯烃的结构简式为_____。
14. 实验题：
    （1）取一支试管，向其中加入 2mL 苯，再加入 3~5 滴酸性高锰酸钾溶液，振荡试管，观察现象。
    （2）取一支试管，向其中加入 2mL 甲苯，再加入 3~5 滴酸性高锰酸钾溶液，振荡试管，观察现象。
    （3）取一支试管，向其中加入 2mL 二甲苯，再加入 3~5 滴酸性高锰酸钾溶液，振荡试管，观察现象。
    你观察到了什么现象？完成下表。

试验操作内容	现　　象	结　　论
苯＋酸性高锰酸钾	酸性高锰酸钾溶液不褪色	苯不能被酸性高锰酸钾氧化
甲苯＋酸性高锰酸钾	酸性高锰酸钾溶液褪色（较慢）	
二甲苯＋酸性高锰酸钾	酸性高锰酸钾溶液褪色（较快）	

15. 苯环上原有取代基对苯环上再导入另外取代基的位置有一定影响。其规律是：
    （1）苯环上新导入的取代基的位置主要决定于原有取代基的性质；
    （2）可以把原有取代基分为两类：①原取代基使新导入的取代基进入苯环的邻、对位；如：—OH、—CH_3（或烃基）、—Cl、—Br 等；②原取代基使新导入的取代基进入苯环的间位，如：—NO_2、—SO_3H、—CHO 等。现有下列变化（反应过程中每步只能引进一个新的取代基）：

第 15 章 芳香烃与卤代烃

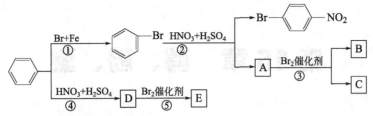

(3) 请写出其中一些主要有机物的结构简式：
   A _____ B _____ C _____ D _____
(4) 写出①②两步反应方程式：_____，
_____。

第 16 章 醇、酚、醚

16.1 醇

醇可以看成是脂肪烃分子中一个或几个氢原子被羟基取代后的化合物，通式为 R—OH，—OH 是醇的官能团。

16.1.1 醇的分类和命名

16.1.1.1 醇的分类

① 根据醇分子中烃基的不同，可以分为饱和醇、不饱和醇、脂肪醇、脂环醇、芳香醇等。

$\underset{\text{饱和醇}}{CH_3CH_2OH} \qquad \underset{\text{不饱和醇}}{CH_2=CH-OH} \qquad \underset{\text{脂环醇}}{\text{环己基-OH}} \qquad \underset{\text{芳香醇}}{\text{苯基-}CH_2-OH}$

② 根据醇分子中所含羟基所连碳原子种类的不同分为三类。羟基与伯碳相连的叫伯醇；羟基与仲碳相连的叫仲醇；羟基与叔碳相连的叫叔醇。

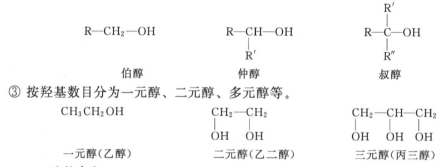

$\underset{\text{伯醇}}{R-CH_2-OH} \qquad \underset{\text{仲醇}}{R-\underset{R'}{\underset{|}{CH}}-OH} \qquad \underset{\text{叔醇}}{R-\underset{R''}{\overset{R'}{\underset{|}{\overset{|}{C}}}}-OH}$

③ 按羟基数目分为一元醇、二元醇、多元醇等。

$\underset{\text{一元醇(乙醇)}}{CH_3CH_2OH} \qquad \underset{\text{二元醇(乙二醇)}}{\underset{OH\ \ OH}{\underset{|\ \ \ \ |}{CH_2-CH_2}}} \qquad \underset{\text{三元醇(丙三醇)}}{\underset{OH\ \ OH\ \ OH}{\underset{|\ \ \ \ |\ \ \ \ |}{CH_2-CH-CH_2}}}$

16.1.1.2 醇的命名

醇的命名法有普通命名法和系统命名法。

(1) 普通命名法

醇的普通命名法和烷烃的命名类似，在烷基后加一个"醇"字，称为"某醇"，适合于简单的醇的命名。

$\underset{\text{正丁醇}}{CH_3CH_2CH_2CH_2OH} \qquad \underset{\text{异丁醇}}{CH_3-\underset{CH_3}{\underset{|}{CH}}-CH_2-OH} \qquad \underset{\text{叔丁醇}}{CH_3-\underset{CH_3}{\overset{CH_3}{\underset{|}{\overset{|}{C}}}}-OH}$

(2) 系统命名法

结构比较复杂的醇，采用系统命名法。其规则如下：

① 选择含有羟基的最长碳链作为主链；

② 不饱和醇的命名，应选择连有羟基同时含有双键或三键的碳链作为主链；

③ 把支链看做取代基，从离羟基最近的一端开始编号，按照主链所含的碳原子数目称为"某醇"，羟基位次用阿拉伯数字表明，羟基在 C1 位的醇，可省去羟基的位次。例：

$$\underset{\text{3-甲基-2-丁醇}}{\overset{1}{C}H_3-\overset{2}{\underset{OH}{C}}H-\overset{3}{\underset{CH_3}{C}}H-\overset{4}{C}H_3} \qquad \underset{\text{3-乙基-4-戊烯醇}}{\overset{5}{C}H_3-\overset{4}{C}H_2-\overset{3}{\underset{\underset{4}{C}H=\overset{5}{C}H_2}{C}}H-\overset{2}{C}H_2-\overset{1}{C}H_2-OH}$$

④ 芳香醇也是按照上面的命名原则，把芳香烃当做取代基的。例如：

$$\underset{\text{苯基甲醇(苄基醇)}}{C_6H_5-CH_2-OH} \qquad \underset{\text{4-苯基-2-戊醇}}{\overset{5}{C}H_3-\overset{4}{\underset{C_6H_5}{C}}H-\overset{3}{C}H_2-\overset{2}{\underset{OH}{C}}H-\overset{1}{C}H_3}$$

⑤ 多元醇的命名是选择包括连有羟基尽可能多的碳链作为主链。例如：

$$\underset{\text{1,2-丙二醇}}{CH_3-\underset{OH}{C}H-\underset{OH}{C}H_2} \qquad \underset{\text{丙三醇(甘油)}}{\underset{OH}{C}H_2-\underset{OH}{C}H-\underset{OH}{C}H_2}$$

16.1.2 醇的物理性质

从前面烃和卤代烃的结构和性质来看，一个有机化合物的性质取决于它的结构。

（1）状态

$C_1 \sim C_4$ 是低级一元醇，是无色流动的液体，比水轻。$C_5 \sim C_{11}$ 为油状液体，C_{12} 以上高级一元醇是无色的蜡状固体。甲醇、乙醇、丙醇都带有酒味，丁醇开始到十一醇有不愉快的气味，二元醇和多元醇都具有甜味。甲醇有毒，饮用 10mL 就能使眼睛失明，再多用就有使人死亡的危险，故需注意。

（2）沸点

醇的沸点比含同数碳原子的烷烃、卤代烷高。例如：乙醇的沸点为 78.5℃；氯乙烷的沸点为 12℃。这是因为液态时水分子和醇分子一样，在它们的分子间有缔合现象存在。由于氢键缔合的结果，使它具有较高的沸点。

在同系列中醇的沸点也是随着碳原子数的增加而有规律的上升。如直链饱和一元醇中，每增加一个碳原子，它的沸点大约升高 15～20℃。此外在同数碳原子的一元饱和醇中，沸点也是随支链的增加而降低的。在相同碳数的一元饱和醇中，伯醇的沸点最高，仲醇次之，叔醇最低。若相对分子质量相近，含羟基越多沸点越高。

（3）溶解度

低级的醇能溶于水，相对分子质量增加溶解度就会降低。含有三个以下碳原子的一元醇，可以和水以任意比例混溶。正丁醇在水中的溶解度就很低，只有 8%，正戊醇就更小了，只有 2%。高级醇和烷烃一样，几乎不溶于水。低级醇之所以能溶于水主要是由于它的分子中有和水分子相似的部分——羟基。醇和水分子之间能形成氢键，所以促使醇分子易溶于水。

当醇的碳链增长时，羟基在整个分子中的影响减弱，在水中的溶解度也就降低，以至于不溶于水。相反的，当醇中的羟基增多时，分子中和水相似的部分增加，同时能和水分子形成氢键的部位也增加了，因此二元醇的水溶性要比一元醇大。甘油富有吸湿性，故纯甘油不能直接用来滋润皮肤，一定要掺一些水，不然它要从皮肤中吸取水分，使人感到刺痛。

16.1.3 醇的化学性质

醇的化学反应主要发生在—OH及与—OH相连的碳上，主要有O—H键和C—O键断裂的反应，此外，它还可被氧化成氧化态更高的化合物。

（1）似水性

醇能与活泼金属（钠、钾、镁、铝等）反应，生成金属化合物，并放出氢气和热量。例如：

$$RCH_2OH + Na \longrightarrow RCH_2ONa + \frac{1}{2}H_2 \uparrow$$
$$\text{醇钠}$$

醇是比水弱的酸，或者说烷氧负离子 RO— 的碱性比 —OH 强，所以当醇钠遇水时立即水解。

$$RCH_2ONa + H_2O \rightleftharpoons RCH_2OH + NaOH$$

所以，实验室处理钠渣时，不用水而用工业酒精，将少量钠分解掉。

(2) 脱水反应

醇与浓硫酸共热则发生脱水反应，脱水方式随反应温度而异。一般在较高温度下，主要发生分子内的脱水（消除反应）产生烯烃；而在稍低些的温度下，则发生分子间的脱水，生成醚。

① 分子内脱水：

$$R-CH-CH_2 \xrightarrow[\triangle]{H_2SO_4(浓)} R-CH=CH_2 + H_2O$$
$$\quad\;\; |\quad\;\; |$$
$$\quad\;\; H\quad OH$$

醇的反应活性是：叔醇＞仲醇＞伯醇。反应取向与卤代烃消除卤化氢相似，符合查依采夫规则。脱去的是羟基和含氢较少的 β-氢原子，即反应主要趋向于生成碳碳双键上烃基较多的较稳定的烯烃。

② 分子间脱水：两分子醇发生分子间脱水生成醚。如：

$$R-OH + H-OR \xrightarrow[\triangle]{H_2SO_4(浓)} R-OR + H_2O$$

一般而言在较高温度下，提高酸的浓度有利于分子内脱水生成烯烃；用过量的醇在较低的温度下，有利于分子间脱水生成醚。仲醇或叔醇于浓硫酸共热的主要产物是烯烃。如果不同的醇反应，则得到三种醚的混合物，所以醇分子间脱水适于制备简单的醚。两个烷基不同的混合醚则需要由卤代烃与醇钠制备。

(3) 酯化反应

醇与含氧无机酸、有机酸作用生成酯。与有机酸的作用将在后面学习。

① 醇与硫酸反应生成硫酸酯：

$$ROH + HOSO_2OH \rightleftharpoons ROS_2OH + H_2O$$
$$\text{硫酸酯}$$

这是一个可逆反应，生成的酸性硫酸酯用碱中和后，得到烷基硫酸钠（$ROSO_2ONa$）。酸性硫酸酯经减压蒸馏，可得中性硫酸酯：

$$2ROS_2OH \xrightarrow{\text{减压蒸馏}} ROSO_2OR + H_2SO_4$$

最重要的中性硫酸酯是硫酸二甲酯 [$(CH_3O)_2SO_2$]、硫酸二乙酯 [$(CH_3CH_2O)_2SO_2$]。硫酸二甲酯具有较大的毒性，对呼吸器管及皮肤有较强烈的刺激性，使用时要注意。

② 醇与硝酸作用生成硝酸酯：多数硝酸酯受热后会因猛烈分解而爆炸，因此某些硝酸酯是常用的炸药：

$$ROH + HONO_2 \longrightarrow RONO_2 + H_2O$$

(4) 氧化反应

伯醇、仲醇可以被氧化，伯醇的氧化产物首先生成醛，由于醛容易继续被氧化生成羧酸，所以由伯醇制备醛时一定要将生成的醛蒸出。仲醇易被氧化成酮，酮较难进一步氧化。

叔醇因为它连羟基的叔碳原子上没有氢,所以不容易被氧化。

$$RCH_2-OH \xrightleftharpoons{Cu,300℃} R-\overset{O}{\overset{\|}{C}}-H + H_2$$

$$\underset{R^1}{\overset{R}{\text{CH}}}-OH \xrightleftharpoons{Cu,300℃} \underset{R^1}{\overset{R}{\text{CH}}}=O + H_2$$

16.1.4 重要的醇

（1）甲醇

甲醇最初是由木材干馏得到的,因此又称为木精。它是无色透明的液体,易燃烧,有酒精的气味。甲醇能与水、乙醇等互溶。甲醇有毒,饮后会使人眼睛失明,量多时会使人致死。工业酒精中往往含有甲醇,因此不能饮用。1998 年春节期间,山西朔州发生特大假酒案,不法分子用工业酒精（内含甲醇）兑成白酒出售,致使 140 余人中毒,其中 32 人死亡,1 人双目失明。

（2）乙二醇

乙二醇是没有颜色、黏稠、有甜味的液体,沸点 198℃；熔点 -11.5℃；密度 $1.109g/cm^3$,易溶于水和乙醇。它的水溶液的凝固点很低,如 60%（体积分数）乙二醇水溶液的凝固点是 -49℃。因此,乙二醇可作内燃机的抗冻剂,同时乙二醇也是制造涤纶的重要原料。

（3）丙三醇

丙三醇俗称甘油,是没有颜色、黏稠、有甜味的液体,密度 $1.261g/cm^3$；沸点 290℃。它的吸湿性强,能跟水、酒精以任意比混溶,甘油水溶液的凝固点很低。甘油是国民经济中一种重要的化工原料,工业上可用于制炸药（1866 年,瑞典化学家诺贝尔首先研制成硝化甘油炸药）。有趣的是,硝化甘油在生理上有扩张血管和增强心脏功能的作用,用作心脏病急救药,但它却是体育上禁止使用的一种兴奋剂。甘油涂在皮肤上可滋润皮肤,在牙膏、医用软膏、化妆品中都加入一定量的甘油可以防止干结,甘油的水溶液凝固点很低,所以可作防冻剂。

16.2 酚

羟基直接连在芳香环上的化合物称为酚,其通式为 Ar—OH。最简单的酚为苯酚。

16.2.1 酚的分类和命名

（1）酚的分类

① 根据芳香环上羟基数目的不同可分为一元酚、二元酚、多元酚。

② 根据芳烃基不同可分为苯酚和萘酚。

（2）酚的命名

酚的命名一般是在"酚"字前加上芳烃的名称作为母体,按最低系列原则和立体化学中"次序规则"再冠以其他取代基的位次、数目和名称。当环上有 —COOH、—SO_3H 等基团时,则把羟基作为取代基来命名。多元酚则需要表示出羟基的位次和数目。例如：

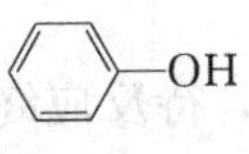

苯酚 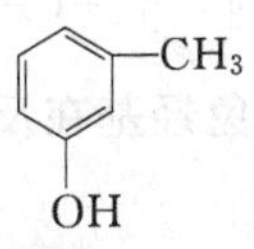　　间甲基苯酚 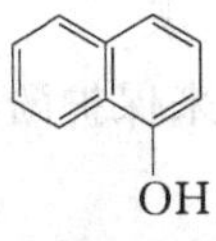　　α-萘酚 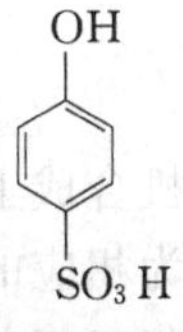　　对羟基苯磺酸

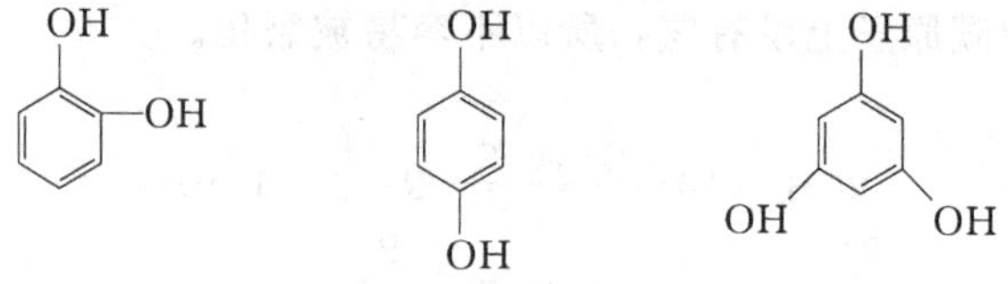

邻苯二酚　　　　　对苯二酚　　　　　均苯三酚

16.2.2 酚的物理性质

酚一般多为固体,少数烷基酚为液体。由于分子间形成氢键,所以沸点都很高,微溶于水,这是因为芳基在分子中占有较大的比例。酚类在水中的溶解度随羟基数目的增多而加大。纯的酚是无色的,由于易氧化往往带有红色至褐色。酚毒性很大,杀菌和防腐作用是酚类化合物的重要特性之一,消毒用的"来苏水"即为甲酚(甲基苯酚各异构物的混合物)与肥皂溶液的混合液。

16.2.3 酚的化学性质

酚和醇含有相同的官能团——羟基。醇中羟基可被卤素取代,但是由于酚中羟基氧原子上未共用电子对与苯环共轭。所以酚一方面酸性比醇大,另一方面较难发生羟基被取代的反应。酚羟基使芳环活化,容易发生环上的亲电取代。

16.2.3.1 酚羟基的反应

(1) 酸性

酚具有酸性,其酸性(例如苯酚的 $pK_a=10$,水溶液能使石蕊变红)比醇($pK_a=18$)、水($pK_a=15.7$)强,但比碳酸($pK_a=6.38$)弱。因此酚能溶于氢氧化钠水溶液生成酚钠,但不能与碳酸氢钠反应。相反,将二氧化碳通入酚钠水溶液,酚即能游离出来。

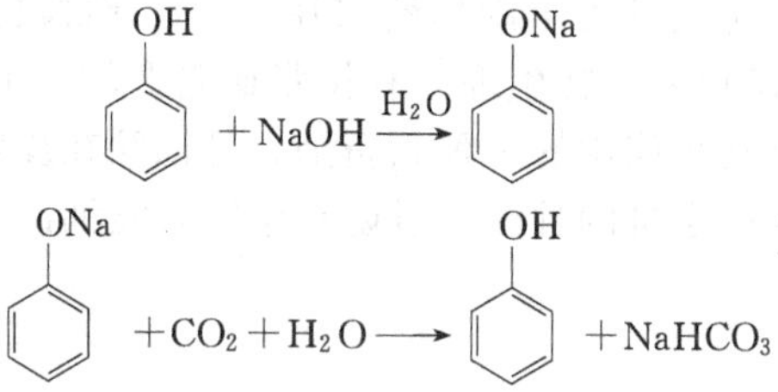

C$_6$H$_5$OH + NaOH $\xrightarrow{H_2O}$ C$_6$H$_5$ONa

C$_6$H$_5$ONa + CO$_2$ + H$_2$O $\longrightarrow$ C$_6$H$_5$OH + NaHCO$_3$

这个性质可以用来区别、分离不溶于水的醇、酚和羧酸(醇不溶于稀氢氧化钠溶液;酚不溶于稀碳酸氢钠溶液,而溶于稀氢氧化钠溶液;羧酸溶于稀碳酸氢钠溶液)。

(2) 酚醚的生成

酚醚不能由酚羟基直接失水制备,必须用间接的方法。通常是通过酚钠与比较强的羟基化试剂如碘甲烷或硫酸二甲酯反应制得。例如:

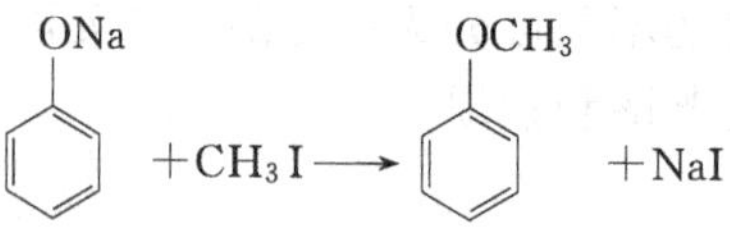

C$_6$H$_5$ONa + CH$_3$I $\longrightarrow$ C$_6$H$_5$OCH$_3$ + NaI

苯甲醚

酚醚的化学性质比较稳定,但与氢碘酸作用可分解为原来的酚:

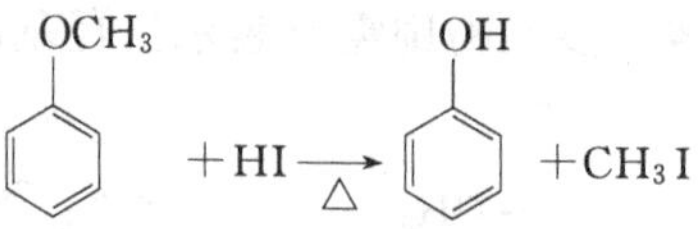

C$_6$H$_5$OCH$_3$ + HI $\xrightarrow{\triangle}$ C$_6$H$_5$OH + CH$_3$I

在有机合成上,常用酚醚来保护酚羟基,以免羟基在反应中被破坏,待反应终了后,再将醚分解为相应的酚。

(3) 与三氯化铁的显色反应

大多数酚与三氯化铁的水溶液作用生成有颜色的配合物。不同的酚与三氯化铁产生不同的颜色,例如,苯酚、均三苯酚遇三氯化铁溶液呈紫色,邻苯二酚与对苯二酚则显绿色,甲苯酚遇三氯化铁呈蓝色等。这种显色反应主要用来鉴别酚或烯醇式结构的存在。但有些酚不与三氯化铁显色,所以得出负结果时,不能肯定不存在酚。

16.2.3.2 芳环上的取代反应

酚中的芳环可以发生一般芳香烃的取代反应,如卤代、硝化、磺化等。羟基是邻、对位定位基,并有活化苯环的作用,所以酚比苯更容易进行亲电取代反应。

(1) 卤化

苯酚在没有溶剂存在下或在非极性溶剂中卤化,可得到邻卤代苯酚和对卤代苯酚的混合物。在酸性溶液中卤化可得到 2,4-二卤代苯酚。例如:

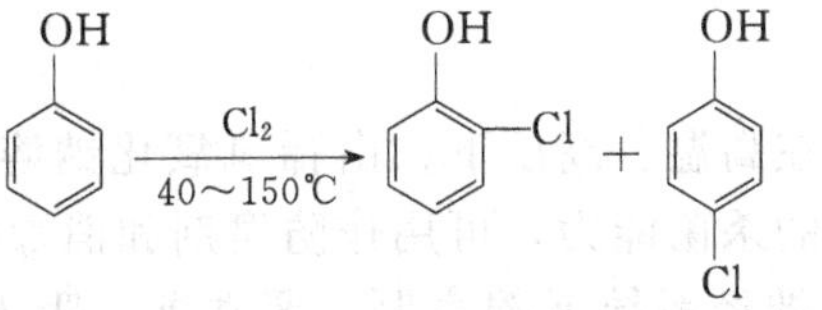

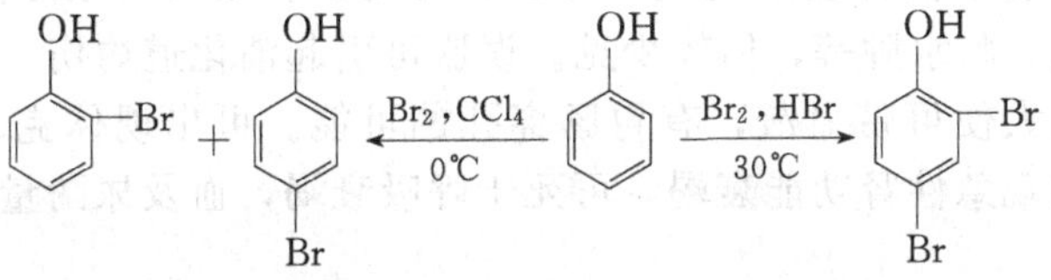

$$\text{苯酚} \xrightarrow[40\sim150℃]{Cl_2} \text{邻-氯苯酚} + \text{对-氯苯酚}$$

$$\text{邻-溴苯酚}\ 33\% + \text{对-溴苯酚}\ 67\% \xleftarrow[0℃]{Br_2,CCl_4} \text{苯酚} \xrightarrow[30℃]{Br_2,HBr} \text{2,4-二溴苯酚}\ 87\%$$

苯酚的水溶液与溴水作用,立刻产生 2,4,6-三溴苯酚的白色沉淀,而不是得到一元取代的产物。反应极为灵敏,而且是定量完成的,在稀苯酚溶液中,加入一些溴水,即可看出明显的浑浊现象,故此反应用于苯酚的定性或定量测定。

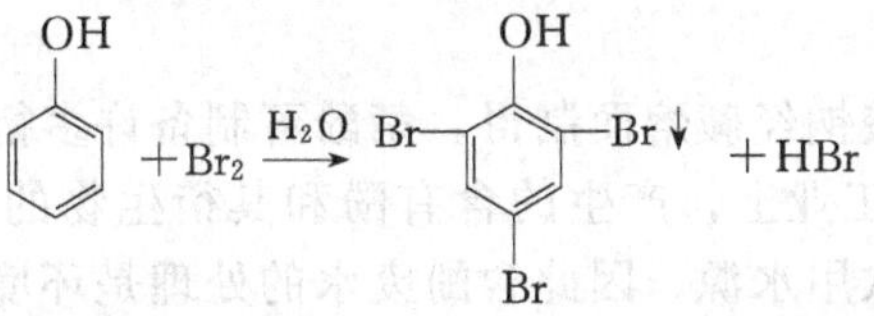

$$\text{苯酚} + Br_2 \xrightarrow{H_2O} \text{2,4,6-三溴苯酚} \downarrow + HBr$$

(2) 硝化

在室温下,用稀硝酸就可使苯酚硝化,生成邻硝基苯酚和对硝基苯酚的混合物。反应产生大量焦油状酚的氧化副产品,产率较低,无实际的制备意义。

(3) 磺化

浓硫酸易使苯酚磺化。如果反应在室温下进行,生成几乎等量的邻位和对位取代产物;如果反应在较高温度下进行,则对位异构体为主要产物。

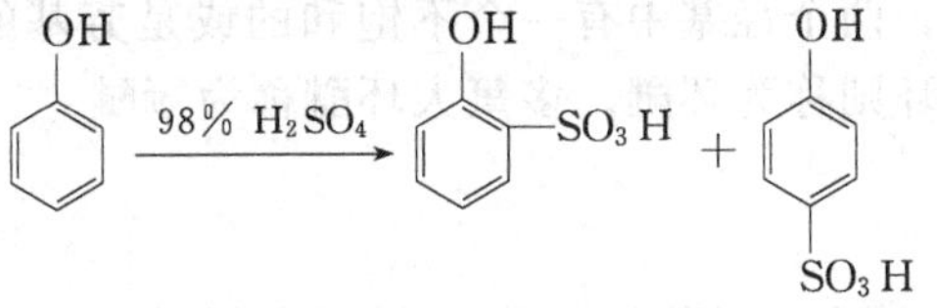

$$\text{苯酚} \xrightarrow{98\% \ H_2SO_4} \text{邻-}SO_3H\text{-苯酚} + \text{对-}SO_3H\text{-苯酚}$$

20℃	49%	51%
100℃	10%	90%

16.2.3.3 氧化

酚比醇易被氧化。苯酚置于空气中,随氧化作用的深化,颜色由无色逐渐变为粉红色、红色甚至暗红色。氧化剂 $CrO_3 + CH_3COOH$ 于 0℃时,可将苯酚氧化成对苯醌:

$$\underset{\text{苯酚}}{\underset{\text{OH}}{\bigcirc}} \xrightarrow[0\,^\circ\text{C}]{\text{CrO}_3+\text{CH}_3\text{COOH}} \underset{\text{对苯醌(黄色)}}{\underset{\text{O}}{\overset{\text{O}}{\bigcirc}}}$$

二元酚更容易被氧化，对苯二酚的氧化产物也是对苯醌，邻苯二酚也可被氧化为邻苯醌：

$$\underset{}{\bigcirc\!\!\!\!-\!\text{OH}\atop \text{OH}} \xrightarrow{[\text{O}]} \underset{\text{邻苯醌(红色)}}{\bigcirc\!\!\!\!=\!\text{O}\atop =\text{O}}$$

16.2.4 重要的酚

（1）苯酚

俗称石炭酸。可由氯苯在高温、高压下，由稀氢氧化钠溶液（7%左右）水解、酸化后而得。苯酚有毒，具有一定的杀菌能力，可用作防腐剂和消毒剂。苯酚对皮肤、黏膜有强烈的腐蚀作用，也可抑制中枢神经系统或损害肝、肾功能。吸入高浓度蒸气后可致头痛、头晕、乏力、视物模糊、肺水肿等，但较少见。误服可引起消化道灼伤，出现烧灼痛，呼吸气带酚气味，呕吐物或大便可带血液，有胃肠穿孔的可能。可出现休克、肺水肿、肝或肾损害，一般在48h内出现急性肾功能衰竭，可死于呼吸衰竭，血及尿酚量增高。

（2）对苯二酚

它本身是一个还原剂，能把感光后的溴化银还原为金属银。它是照相的显影剂。常用作抗氧化剂，以保护其他物质不被自动氧化。如苯甲醛易于自动氧化，它可与氧生成过氧酸。加入1‰的对苯二酚就可抑制其自动氧化。它是一个阻聚剂，如苯乙烯易聚合，储藏时，常加入对苯二酚作阻聚剂。

（3）萘酚

两种萘酚都可由萘磺酸钠经碱熔而制得。萘酚可制备许多衍生物，它们是重要的染料中间体，如H酸、变色酸。工业上，产生的含有酚和其衍生物的废水是有害的，会影响到水生物的生长和繁殖，污染饮用水源，因此含酚废水的处理是环境保护工作中的重要课题。

16.3 醚

醚是两个烃基通过氧原子结合起来的化合物。它可以看做是水分子中的两个氢原子被烃基取代的生成物。C—O—C键称为醚键，是醚的官能团。

氧原子连接两个相同烃基的醚称为单醚，连接两个不同烃基的醚称为混醚。两个烃基都是饱和烃基时称为饱和醚，两个烃基中有一个不饱和的或是芳基的则称为不饱和醚或芳醚。如果烃基与氧原子连接成环则称为环醚。多氧大环醚称为冠醚。

16.3.1 醚的命名

（1）简单的醚

一般都用习惯命名法，即在"醚"字前冠以两个烃基的名称。单醚在烃基名称前加"二"字（一般可省略，但芳醚和某些不饱和醚除外）；混醚则将"次序规则"中较优的烃基放在后面；芳醚则是芳基放在前面。

$$\underset{\text{乙醚}}{\text{CH}_3\text{CH}_2\text{OCH}_2\text{CH}_3} \qquad \underset{\text{二苯醚}}{\bigcirc\!\!-\!\text{O}\!-\!\bigcirc} \qquad \underset{\text{甲基烯丙基醚}}{\text{CH}_3\text{OCH}_2\text{CH}\!=\!\text{CH}_2} \qquad \underset{\text{苯甲醚(茴香醚)}}{\bigcirc\!\!-\!\text{OCH}_3}$$

(2) 结构比较复杂的醚

可用系统命名法。命名时，将 RO—（烃氧基）作为取代基，烃基作为母体。烃氧基的命名，只要将相应的烃基名称加"氧"字即可。芳醚可以芳环为母体，也可以大的烃基为母体。多官能团的醚则由优先官能团决定母体的名称。

$$CH_3CH_2CH_2CH_2CHCH_3$$
$$\quad\quad\quad\quad\quad\quad |$$
$$\quad\quad\quad\quad\quad OCH_3$$

2-甲氧基己烷

4-烯丙基-2-甲氧基苯酚（丁子香酚）

4-羟基-3-甲氧基苯甲酸

(3) 环醚多用俗名

一般称环氧某烃或按杂环化合物命名。

环氧乙烷

1,4-环氧丁烷（四氢呋喃）

16.3.2 醚的物理性质

在常温下除了甲醚和甲乙醚为气体外，大多数醚为有香味的液体。醚分子中氧原子的两边均为烃基，没有活泼氢原子，醚分子之间不能产生氢键。所以，醚的沸点比相对分子质量的醇低（正丁醇 117.3℃，乙醚 34.5℃）。醚与相同碳原子的醇在水中的溶解度相近。因为醚分子中氧原子仍能与水分子中的氢原子生成氢键。

16.3.3 醚的化学性质

除某些环醚外，C—O—C 键是相当稳定的，不易进行一般的有机反应，所以，在许多反应中用醚作溶剂。醚键在某些浓强酸的作用下才能断裂。

(1) 锌盐的生成

醚都能溶解于冷的强酸中。由于醚链上的氧原子具有未共用电子对，能接受强酸中的 H^+ 而生成锌盐，一旦生成即溶于冷的浓酸溶液中。烷烃不与冷的浓酸反应，也不溶于其中，所以用此反应可区别烷烃和醚。

$$R—\overset{..}{\underset{..}{O}}—R + HCl \longrightarrow R—\overset{+}{\underset{|}{O}}—R + Cl^-$$
$$\quad\quad\quad\quad\quad\quad\quad\quad\quad\quad\quad H$$

$$R—\overset{..}{\underset{..}{O}}—R + H_2SO_4 \longrightarrow R—\overset{+}{\underset{|}{O}}—R + HSO_4^-$$
$$\quad\quad\quad\quad\quad\quad\quad\quad\quad\quad\quad\quad H$$

锌盐在浓酸中稳定，在水中水解，醚即重新分出。利用此性质可以将醚从烷烃或卤代烃中分离出来。如：正戊烷和乙醚几乎具有相同的沸点，醚溶于冷浓硫酸中，正戊烷不溶于浓硫酸，把正戊烷和乙醚的混合液与冷浓硫酸混合，则得到两个明显的液层。

(2) 醚键的断裂

在较高温度下，强酸能使醚键断裂，使醚断裂最有效的试剂是浓 HI 或 HBr。烷基醚断裂后生成卤代烷和醇，而醇又可以进一步与过量的 HX 作用形成卤代烷。

$$R—O—R^1 + HI(HBr) \longrightarrow R—\underset{Br}{I} + R^1OH \xrightarrow{HI(HBr)} R^1—\underset{Br}{I}$$

（3）形成过氧化物

低级醚在放置过程中，因为与空气接触，会慢慢地被氧化成过氧化物。

$$CH_3CH_2OCH_2CH_3 + O_2 \longrightarrow CH_3CH_2OCH_2CH_3 \\ | \\ O-OH$$

过氧化物不稳定，遇热容易分解，发生强烈爆炸。在蒸馏醚时注意不要蒸干，以免发生爆炸事故。除去过氧化物的方法是在蒸馏以前，加入适量还原剂如5%的$FeSO_4$于醚中，使过氧化物分解。为了防止过氧化物的形成，市售绝对乙醚中加有0.05ppm（ppm已废止，1ppm=10^{-6}=1mg/kg=1mg/L）二乙基氨基二硫代甲酸钠作抗氧化剂。

16.3.4 重要的醚

（1）环醚

环氧乙烷：无色、气体，沸点13.5℃，能溶于水、乙醇、乙醚中。一般是把它保存在钢筒（瓶）中。常温常压下为无色易燃的气体，低温时是无色易流动的液体。有乙醚的气味，高浓度有刺激性臭味，具有温和麻醉性。

环氧乙烷是重要的有机合成原料之一。用于制造乙二醇、合成洗涤剂、乳化剂、非离子型表面活性剂、抗冻剂、增塑剂、润滑剂、杀虫剂以及用作仓库消毒的熏蒸剂。

环氧乙烷是广谱、高效的气体杀菌消毒剂。对消毒物品的穿透力强，可达到物品深部，可以杀灭病源微生物，包括细菌繁殖体、芽孢、病毒和真菌等。气体和液体均有较强杀微生物的作用，以气体作用强，故多用其气体。在医学消毒和工业灭菌上用途广泛。常用于食料、纺织物及其他方法不能消毒的对热不稳定的药品和外科器材等进行气体熏蒸消毒，如皮革、棉制品、化纤织物、精密仪器、生物制品、纸张、书籍、某些药物、橡胶制品等。

环氧乙烷亦被应用于军事武器用途，美国在越南战争期间使用的BLU-82巨型炸弹内的主要成分就是液态环氧乙烷，BLU-82巨型炸弹的杀伤力相当巨大，相当于一次小型核爆，手段相当残忍。在海湾战争期间，美军使用同类型的巨型炸弹GBU-28攻击伊拉克巴格达的一个防空洞，造成超过1000名平民丧生。

（2）大环多醚——冠醚

它们的结构特征是分子中具有$-(OCH_2CH_2)_n-$重复单位。由于它们的形状似皇冠，故统称冠醚。这类化合物具有特有的简化命名法，名称x-冠-y，x是代表环上原子的总数，y代表氧原子总数。如：

 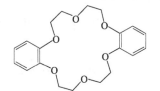

18-冠-6　　　　　　　　二苯基-18-冠-6

冠醚的重要特点是具有特殊的络合能力，因此根据环中间的空穴大小，可以与不同离子络合。冠醚的另一个特点是可与许多有机物互溶。这点在有机合成上也很有用，因为有机合成常用无机试剂，而有机物与无机物常常找不到一个共同适合的溶剂，从而影响反应顺利地进行，冠醚在这方面可以起到很突出的作用。冠醚毒性大，价格高。

思考与练习

1. 写出下列化合物的构造式：

第16章 醇、酚、醚

(1) (E)-2-丁烯-1-醇　　(2) 烯丙基正丁醚
(3) 对硝基苄基苯甲醚　(4) 邻甲基苯甲醚
(5) 2,3-二甲氧基丁烷　(6) α,β-二苯基乙醇

2. 命名下列化合物：

(1) 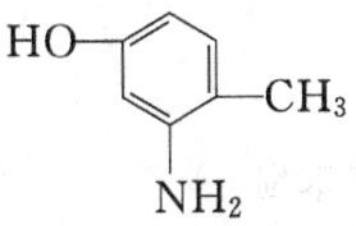 HO—C₆H₃(CH₃)—NH₂ 结构式

(2) 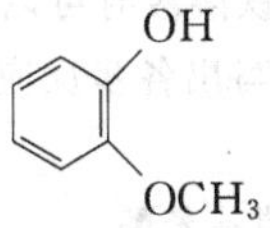 邻甲氧基苯酚结构式

(3) 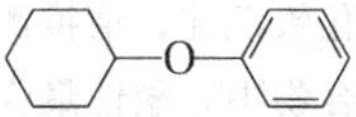 环己基苯基醚结构式

(4) 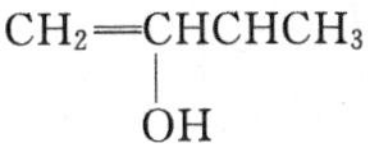 CH₂=CHCH(OH)CH₃

(5) 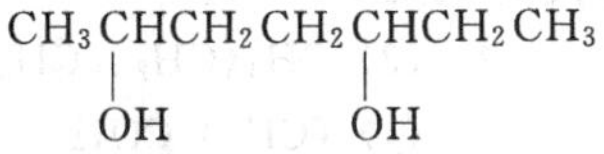 CH₃CH(OH)CH₂CH(OH)CH₃

(6) 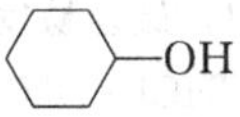 环己醇结构式

(7) 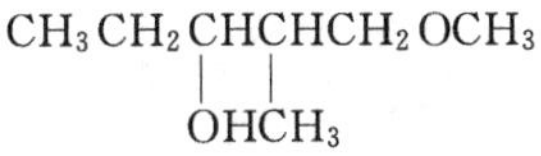 CH₃CH₂CH(OCH₃)CH₂OCH₃

(8) 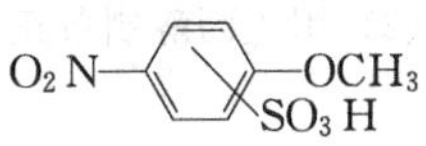 O_2N—C₆H₃(OCH₃)(SO₃H)

(9) 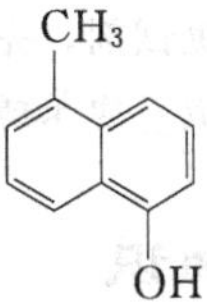 5-甲基-1-萘酚结构式

(10) 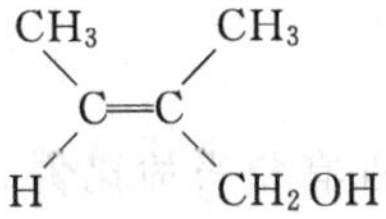 (CH₃)(H)C=C(CH₃)(CH₂OH)

3. 用简单的化学方法区别以下各组化合物：
(1) 1,2-丙二醇，正丁醇，甲丙醚，环己烷
(2) 丙醚，溴代正丁烷，烯丙基异丙基醚
(3) 乙苯，苯乙醚，苯酚，1-苯基乙醇

4. 完成下列反应：

(1) 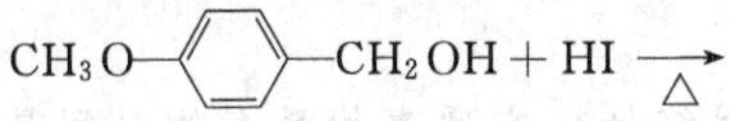 CH₃O—C₆H₄—CH₂OH + HI $\xrightarrow{\triangle}$

(2) 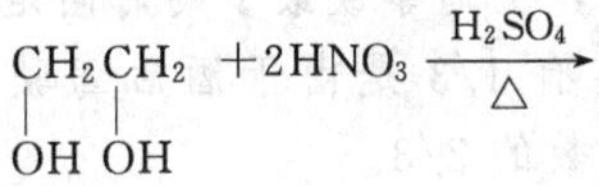 CH₂(OH)CH₂(OH) + 2HNO₃ $\xrightarrow[\triangle]{H_2SO_4}$

(3) 2-甲基环戊醇 $\xrightarrow{KMnO_4, H^+}$

(4) 2CH₃CH(OH)CH₂CH₃ $\xrightarrow{H_2SO_4, 140℃}$

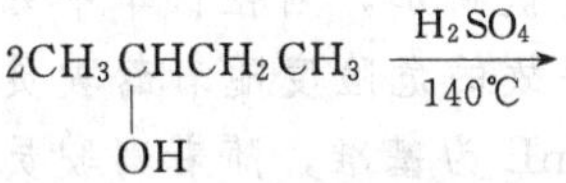

(5) 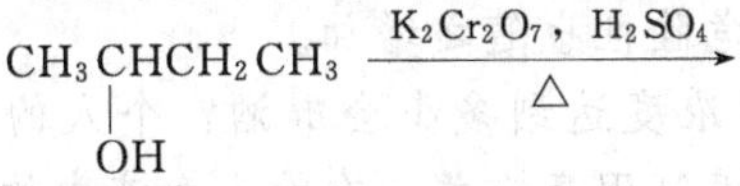 CH₃CH(OH)CH₂CH₃ $\xrightarrow[\triangle]{K_2Cr_2O_7, H_2SO_4}$

(6) HOCH₂CH₂OH $\xrightarrow{Na}$

(7) 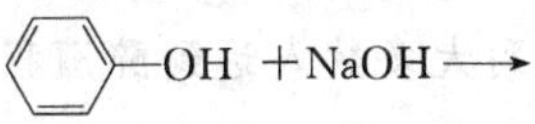 C₆H₅—OH + NaOH ⟶

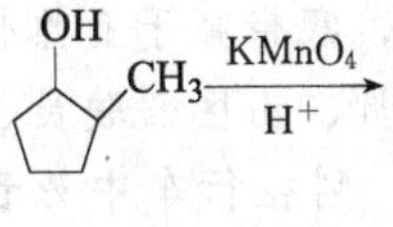

(8) 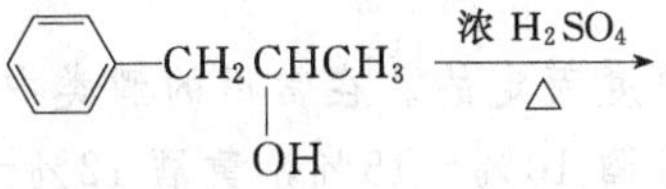 C₆H₅CH₂CH(OH)CH₃ $\xrightarrow[\triangle]{浓 H_2SO_4}$

(9) 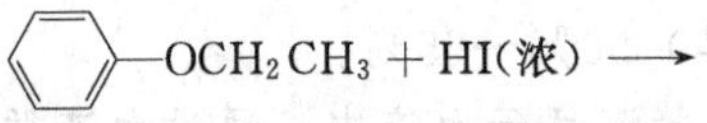 C₆H₅—OCH₂CH₃ + HI(浓) ⟶

(10) 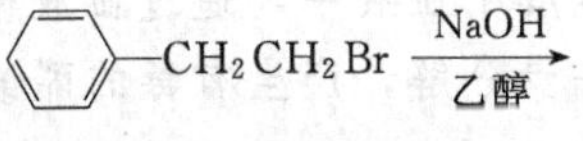 C₆H₅—CH₂CH₂Br $\xrightarrow{NaOH, 乙醇}$

(11) $CH_3C=CHCH_2OH \xrightarrow{PCl_3}$
       |
       CH_3

5. 有一种芳香族化合物，分子式为 C_7H_8O，不与金属钠作用，和浓氢碘酸共热时，生成 2 个化合物 B 和 C，B 能够溶解于氢氧化钠溶液中，B 遇到三氯化铁溶液时可以显色；C 与硝酸银的醇溶液反应，生产黄色的碘化银沉淀。请推测 A、B、C 的结构式，并写出各步反应的方程式。

6. 下列化合物中，酸性最强的是（　　）。
   (1) 苯酚　　　(2) 间甲苯酚　　　(3) 间硝基苯酚　　　(4) 2,4-二硝基苯酚

7. 下列化合物中，最容易发生分子内脱水的是（　　）。
   (1) $(CH_3)_2CHCH_2OH$　　　　　(2) $CH_3(CH_2)_3CH_2OH$
   (3) $CH_3CHOHCH_2CH_3$　　　　(4) $(CH_3)_3COH$

8. 可利用任何辅助试剂，完成下列合成反应。
   (1) 用甲苯合成 4-氯苄醇　　　　(2) 用正丙醇制备正丁酸

 小知识

请不要酒后驾车

从世界各国交通事故统计来看，因驾驶员酒后驾车造成的事故占有相当的比例。前苏联 78% 的交通事故与驾驶员酒后开车有关；西方国家大约有 50% 的交通死亡事故是由于驾驶员酒后开车造成的。美国在 20 世纪 70 年代就有 25 万人死于因酒后开车所造成的交通事故，对在车祸中死亡的驾驶员做尸体解剖发现，有 50% 的人在开车前喝过酒。1986 年，欧洲交通事故死伤 160 多万人，其中 42% 与酒后开车和酒后步行有关。联邦德国 70% 的交通死亡事故与酒后开车有关。法国每年酒后开车造成约 5000 人死亡，占交通总死亡人数的 43% 左右。可见，酒后开车造成的危害性是多么严重！

国外，酒后肇事最多的时间是夜间。据英国的数据统计，交通事故最多的时间是在酒吧收市后发生，尤其是星期五、星期六两天，死亡的驾驶员有 1/3 是由于酒后驾驶。晚上 10:00 至次日凌晨 4:00 的时间内，酒后开车的死亡率占总数的 2/3。

从我国酒后驾驶肇事的情况来看，在地区分布上，北方多于南方，寒带高于亚热带，东北三省及内蒙古高于其他省市；在职业性质上，从事长途货运的驾驶员、山区驾驶员、个体运输驾驶员高于其他驾驶员。有关研究指出，出车前饮 150g 伏特加，则在行车中死亡的可能性要比未饮酒的大 15 倍。德国有关学者研究得出，交通事故的危险度随着驾驶员血液中酒精含量的增加而增加，以驾驶员血液中酒精浓度 0mg/100mL 为基准，随着驾驶员血液中酒精含量的增加，死亡事故、受伤事故和损物事故的危险性也随之增加。

血液中不同乙醇浓度及其外在表现，血液中乙醇浓度达到多少会醉酒？个人的差异很大，跟性别、年龄、体重、饮酒习惯、喝酒时间、心境等因素有关。有的人血液中的乙醇浓度达到 50mg/100mL 就醉了，而有的人血液中的乙醇浓度甚至达到 400mg/100mL 也没有醉，乙醇浓度相差 8 倍之多。一个国家可以通过抽样测试，找到大多数人达到醉酒程度时血液中酒精的平均含量。

酒的主要成分是酒精，酒的浓淡是根据所含的酒精浓度而定的。在常用的酒类中，所含的酒精比例是：啤酒 3%～5%，糯米甜酒 7% 左右，葡萄酒 10%～15%，黄酒 12%～18%，白兰地、威士忌 35%～50%，白酒（包括烧酒、大曲等）50%～65%。

饮酒后，酒精被胃壁黏膜吸收，再进入肠壁，经肠壁溶解于血液中，通过血液循环流遍全身，在体内进行氧化代谢，在肝脏内发生去氢反应，进一步分解，产生有毒的醋酸。由于

第 16 章 醇、酚、醚

酒精和水有互溶性，所以体内含水量高的组织和器官，如大脑和肝脏等酒精含量也高。肠胃吸收酒精的速度，空腹时最快，饮酒后 5min 便可以在血液中发现酒精，约经过 2.5h，所饮酒中的酒精便被人体全部吸收。经肺和肾排出的酒精只占酒精本身的 5%，随汗排出体外的主要是酒精的分解物，并非酒精本身。

酒精是一种对人体各种器官都有损害的原生质毒物，首先是影响高级神经中枢，降低大脑的抑制功能。起初，使低级中枢失去控制而过度兴奋，饮酒者感到精神和体力倍增，感情易冲动，控制能力部分丧失，行为带有冲动性与爆发性；过量饮酒使大脑的抑制加深，言行失调，步态不稳，东倒西歪，反应迟钝，基本上失去控制、判断能力，呈典型的醉态；继续大剂量饮酒，使大脑功能完全被抑制，进入深睡，知觉丧失，呈昏迷状态，面色苍白，皮肤湿冷，口唇发绀，体温降低，若得不到及时医护，则可能因呼吸麻痹而死亡，其次酒精还对心脏、血管、肠、胃起损伤作用。长期饮酒容易导致高血压、心肌梗塞、脑溢血、肝硬变等疾病。有关统计表明，酗酒者心血管疾病的发病率达 59%，肝硬化比不喝酒的人多 7 倍。还有的研究指出，经常大量饮酒的人，寿命比不喝酒的人短 20 年，死亡率比不喝酒的人高 2~3 倍。

为了他人和自己的家庭幸福，请勿酒后驾车！

第17章 醛和酮

醛和酮分子中都含有羰基（C=O），故称为羰基化合物。羰基很活泼，可以发生许多化学反应，所以羰基化合物不仅是化学和有机合成中十分重要的物质，而且也是动植物代谢过程中的重要中间体。羰基与一个烃基相连的化合物称为醛（aldehyde），与两个烃基相连的称为酮（ketone）。

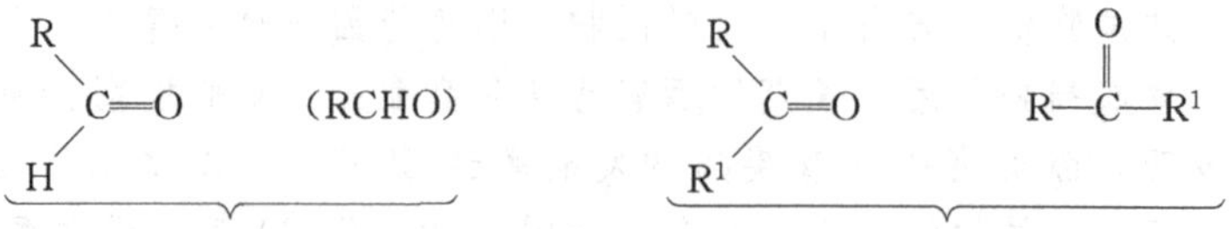

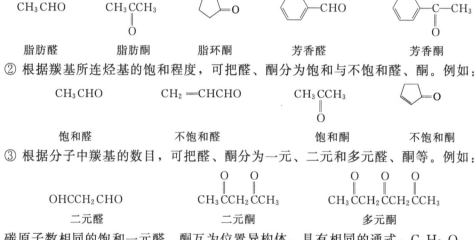

17.1 醛和酮的分类及命名

17.1.1 醛和酮的分类

① 根据羰基所连烃基的结构，可把醛、酮分为脂肪族、脂环族和芳香族醛、酮等几类。例如：

CH₃CHO   CH₃CCH₃   环戊酮   苯甲醛   苯乙酮
                 O

脂肪醛   脂肪酮   脂环酮   芳香醛   芳香酮

② 根据羰基所连烃基的饱和程度，可把醛、酮分为饱和与不饱和醛、酮。例如：

CH₃CHO   CH₂=CHCHO   CH₃CCH₃   2-环戊烯酮

饱和醛   不饱和醛   饱和酮   不饱和酮

③ 根据分子中羰基的数目，可把醛、酮分为一元、二元和多元醛、酮等。例如：

OHCCH₂CHO   CH₃CCH₂CCH₃   CH₃CCH₂CCH₂CCH₃

二元醛   二元酮   多元酮

碳原子数相同的饱和一元醛、酮互为位置异构体，具有相同的通式：$C_nH_{2n}O$。

$$\text{醛和酮}\begin{cases}\text{脂肪醛（酮）}\begin{cases}\text{饱和醛（酮）}\begin{cases}\text{一元醛（酮）}\\\text{多元醛（酮）}\end{cases}\\\text{不饱和醛（酮）}\begin{cases}\text{一元醛（酮）}\\\text{多元醛（酮）}\end{cases}\end{cases}\\\text{芳香醛（酮）}\begin{cases}\text{一元醛（酮）}\\\text{多元醛（酮）}\end{cases}\end{cases}$$

17.1.2 醛和酮的命名

简单的醛和酮常采用习惯命名法，复杂的醛和酮则采用系统命名法。

17.1.2.1 习惯命名法（普通命名法）

（1）简单醛

简单醛一般以烷基+"醛"来命名：

$$\underset{\text{异丁醛}}{CH_3-\underset{\underset{CH_3}{|}}{CH}-\overset{O}{\overset{\|}{C}}H} \qquad \underset{\text{正十二醛（月桂醛）}}{CH_3-(CH_2)_{10}-\overset{O}{\overset{\|}{C}}H}$$

（2）简单酮

按羰基所连的两个烃基的名称来命名，按次序规则，简单的基团在前。

$$\underset{\text{甲(基)乙(基)酮}}{\overset{1}{C}H_3-\overset{O}{\overset{\|}{\underset{2}{C}}}-\overset{3}{C}H_2-\overset{4}{C}H_3} \qquad \underset{\text{二乙(基)酮}}{\overset{1}{C}H_3-\overset{2}{C}H_2-\overset{O}{\overset{\|}{\underset{3}{C}}}-\overset{4}{C}H_2-\overset{5}{C}H_3} \qquad \underset{\text{2-羟基丙醛（}\alpha\text{-羟基丙醛）}}{\overset{3}{C}H_3-\overset{OH}{\overset{|}{\underset{2}{C}}}H-\overset{O}{\overset{\|}{\underset{1}{C}}}H}$$

17.1.2.2　系统命名法

醛、酮可分为脂肪族和芳香族两类，对于脂肪族醛（酮）的命名原则如下：

① 选择含有羰基的最长碳链作主链；

② 编号从离羰基近的一端开始，醛基只能处于链的一端，所以醛的编号从醛基开始；

③ 合并相同取代基名称，标明位置，写在醛（酮）母体名称前；

④ 主链上碳原子的编号可以用数字表示，也可以用希腊字母表示，碳原子依次表示为 α、β、γ、δ…

$$\underset{\text{3-甲基丁醛(}\beta\text{-甲基丁醛)}}{\overset{4}{C}H_3-\overset{3}{\underset{\underset{CH_3}{|}}{C}H}-\overset{2}{C}H_2-\overset{1}{C}HO} \qquad \underset{\text{4-甲基-3-己酮}}{\overset{1}{C}H_3-\overset{2}{C}H_2-\overset{O}{\overset{\|}{\underset{3}{C}}}-\overset{4}{\underset{\underset{CH_3}{|}}{C}H}-\overset{5}{C}H_2-\overset{6}{C}H_3}$$

命名不饱和醛（酮）时，则需标出不饱和键和羰基的位置。例如：

$$\underset{\text{3-丁烯醛}}{CH_2=CH-CH_2-CHO} \qquad \underset{\text{4-甲基-3-戊烯-2-酮}}{(CH_3)_2C=CHCOCH_3}$$

命名多元醛（酮）时，同样选择包括羰基碳原子在内的最长碳链作为主链，编号时羰基位置数字最小，同时加上用汉字数字表示的羰基数目。例如：

$$\underset{\text{丁二醛}}{\begin{array}{c}CH_2-CHO\\|\\CH_2-CHO\end{array}} \qquad \underset{\text{2,4-戊二酮}}{CH_3-\overset{O}{\overset{\|}{C}}-CH_2-\overset{O}{\overset{\|}{C}}-CH_3}$$

命名芳香醛（酮）时以脂肪醛（酮）为母体，芳香烃作为取代基。例如：

$$\underset{\text{2-甲基丙醛}}{\underset{C_6H_5}{\overset{CH_3}{\overset{|}{C}H-CHO}}} \qquad \underset{\text{苯乙酮}}{C_6H_5-\overset{O}{\overset{\|}{C}}-CH_3} \qquad \underset{\text{二苯甲酮}}{C_6H_5-\overset{O}{\overset{\|}{C}}-C_6H_5}$$

17.1.3　同分异构现象

醛（酮）的异构现象有碳链异构和羰基的位置异构。除甲醛、乙醛外，醛、酮分子都有构造异构体。由于醛基总是位于碳链的一端，所以醛只有碳链异构体；而酮分子除碳链异构外，还有羰基的位置异构。例如丁醛有两种同分异构体，它们互为碳链异构体：

$$CH_3-CH_2-CH_2-CHO \qquad CH_3-\underset{\underset{CH_3}{|}}{C}H-CHO$$

含有相同碳原子数的饱和一元醛、酮，具有相同的通式 $C_nH_{2n}O$，它们互为构造异构体。这种异构体属于官能团不同的构造异构体。例如以下两种物质就互为构造异构体：

$$\text{CH}_3\text{CH}_2\text{CHO} \qquad\qquad (\text{CH}_3\overset{\overset{\displaystyle O}{\|}}{-\text{C}-}\text{CH}_3)$$
$$\text{丙醛} \qquad\qquad\qquad \text{丙酮}$$

17.2 醛和酮的性质

17.2.1 醛和酮的物理性质

在常温下，除甲醛是气体外，十二个碳原子以下的醛、酮都是液体；高级的醛、酮是固体。低级醛常带有刺鼻的气味，中级醛则有花果香味，所以 $C_8 \sim C_{13}$ 的醛常用于香料工业，常用作香味剂。低级酮有清爽味，中级酮也有香味。

由于醛或酮分子之间不能形成氢键，没有缔合现象，故它们的沸点比相对分子质量相近的醇低。但由于羰基的极性，增加了分子间的引力，因此沸点较相应的烷烃高（见表17-1）。

表17-1 相对分子质量相近的烷烃、醇、醛、酮的沸点

名称	正戊烷	正丁醇	丁醛	丁酮
相对分子质量	72	74	72	72
沸点/℃	36.1	117.7	74.7	79.6

醛、酮羰基上的氧原子可以与水分子中的氢形成氢键，因而低级醛、酮（如甲醛、乙醛、丙酮等）易溶于水，但随着分子中碳原子数目的增加，它们的溶解度则迅速减小。醛和酮易溶于有机溶剂。一些醛、酮的物理常数见表17-2。

表17-2 一些醛、酮的物理常数

名称	构造式	熔点/℃	沸点/℃	相对密度	溶解度
甲醛	HCHO	−92	−19.5	0.815	55
乙醛	CH_3CHO	−123	20.8	0.781	溶
丙醛	CH_3CH_2CHO	−81	48.8	0.807	20
丁醛	$CH_3CH_2CH_2CHO$	−97	74.7	0.817	4
乙二醛	OHC—CHO	15	50.4	1.14	溶
丙烯醛	$CH_2=CHCHO$	−87.7	53	0.841	溶
苯甲醛	C₆H₅—CHO	−26	179	1.046	0.33
丙酮	CH_3COCH_3	−95	56	0.792	溶
丁酮	$CH_3COCH_2CH_3$	−86	79.6	0.805	35.3
2-戊酮	$CH_3COCH_2CH_2CH_3$	−77.8	102	0.812	几乎不溶
3-戊酮	$CH_3CH_2COCH_2CH_3$	−42	102	0.814	4.7
环己酮	C₆H₁₀=O	−16.4	156	0.942	微溶
4-甲基-3-戊烯-2-酮	$(CH_3)_2C=CHCOCH_3$	−59	130	0.865	溶
丁二酮	$CH_3-\underset{\underset{O}{\|}}{C}-\underset{\underset{O}{\|}}{C}-CH_3$	−2.4	88	0.980	25
2,4-戊二酮	$CH_3-\underset{\underset{O}{\|}}{C}-CH_2-\underset{\underset{O}{\|}}{C}-CH_3$	−23	138	0.792	溶
苯乙酮	C₆H₅COCH₃	19.7	202	1.026	微溶
二苯甲酮	(C₆H₅)₂C=O	48	306	1.098	不溶

17.2.2 醛和酮的化学性质

羰基碳原子是 sp^2 杂化，三个 sp^2 杂化轨道分别与氧原子和另外两个原子形成三个 σ 键，它们在同一平面上，键角接近 120°。碳原子未杂化的 p 轨道与氧原子的一个 p 轨道从侧面重叠形成 π 键。由于羰基氧原子的电负性大于碳原子，因此双键电子云不是均匀地分布在碳和氧之间，而是偏向于氧原子，形成一个极性双键，所以醛、酮是极性较强的分子。羰基的结构如图 17-1 所示。

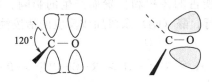

图 17-1 羰基的结构示意图

由于羰基的极性，碳氧双键加成反应的历程与烯烃碳碳双键加成反应的历程有显著的不同。碳碳双键上的加成是由亲电试剂进攻而引起的亲电加成，而羰基上的加成是由亲核试剂向电子云密度较低的羰基碳进攻而引起的亲核加成。醛（酮）的加成反应大多是可逆的，而烯烃的亲核加成反应一般是不可逆的。含有 α-H 的醛、酮也存在超共轭效应，由于氧的电负性比碳大得多，因此醛、酮的超共轭效应比烯烃强得多，有促使 α-H 变为质子的趋势。一些涉及 α-H 的反应是醛、酮化学性质的主要部分。此外，醛、酮处于氧化还原反应的中间价态，它们既可被氧化，又可被还原，所以氧化还原反应也是醛、酮的一类重要反应。

综上所述，醛、酮的化学反应可归纳如下：

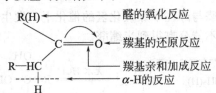

17.2.2.1 羰基上的加成反应

由于氧原子的电负性比碳强，碳氧双键是一个极性的不饱和键，氧原子上的电子云密度较高，而碳原子上电子云密度较低，分别以 δ^- 及 δ^+ 表示，如：$\underset{\delta^+}{C}=\underset{\delta^-}{O}$

羰基碳原子上电子云密度较低，易受氢氰酸、亚硫酸氢钠、醇、氨的衍生物等亲核试剂的进攻，发生亲核加成反应。

(1) 与氢氰酸的加成反应

醛、酮与氢氰酸作用，生成 α-羟基腈。反应是可逆的，少量碱的存在可增加 CN^- 的浓度，可有利于反应的进行；酸性条件可降低 CN^- 的浓度，不利于反应进行。决定反应速率的步骤是亲核试剂 CN^- 进攻羰基的加成步骤。

$$\underset{(H)R'}{\overset{R}{>}}C=O + HCN \rightleftharpoons \underset{(H)R'}{\overset{R}{>}}C\underset{CN}{\overset{OH}{<}}$$
$$\text{α-羟基腈}$$

从上面的反应式可以看出，生成物比反应物增加了一个碳原子，因此这个反应可用来增长化合物的碳链。羟基腈在酸性水溶液中水解，即可得到羟基酸：

$$CH_3-\underset{\underset{O}{\|}}{C}-CH_3 + HCN \rightleftharpoons CH_3-\underset{\underset{H}{|}}{\overset{\overset{OH}{|}}{C}}-CN \xrightarrow[H^+]{H_2O} CH_3-\underset{\underset{H}{|}}{\overset{\overset{OH}{|}}{C}}-COOH$$

在生成 α-羟基腈的反应中，HCN 为气体，毒性极大，常使用其钠盐或钾盐的水溶液，再向溶液中滴加强酸来代替 HCN，这样可以控制剧毒气体的散失。对同一种亲核试剂，亲核加成的难易取决于羰基碳原子所带正电荷的强弱及位阻效应的大小。所谓位阻效应是分子中相邻的原子或基团在空间所占的体积和位置而产生的影响。羰基碳原子所带的正电荷越多，亲核加成反应越容易进行。醛（酮）亲核加成反应的活泼性顺序排列如下：

$$H-\underset{\underset{}{\|}}{\overset{\overset{O}{\|}}{C}}-H > R-\underset{\underset{}{\|}}{\overset{\overset{O}{\|}}{C}}-H > R-\underset{\underset{}{\|}}{\overset{\overset{O}{\|}}{C}}-CH_3 > R-\underset{\underset{}{\|}}{\overset{\overset{O}{\|}}{C}}-R$$

（2）与亚硫酸氢钠的加成

醛、脂肪族甲基酮和低级环酮（成环的碳原子在 8 个以下）都能与过量的饱和亚硫酸氢钠溶液发生加成反应，生成稳定的亚硫酸氢钠加成物：

$$RC\underset{\underset{O}{\|}}{}CH_3(H) + HSO_3Na \rightleftharpoons RC-SO_3Na\downarrow \atop \underset{CH_3(H)}{\overset{OH}{|}}$$

上述反应是可逆的。为使反应进行完全，常加入过量的饱和亚硫酸氢钠溶液，促使反应向右移动。由于这些加成物能被稀酸或稀碱分解成原来的醛或甲基酮，故常用这个反应来分离、精制醛或甲基酮。

其他脂肪酮或芳香酮（包括芳香族甲基酮）由于受位阻效应的影响难以进行这种加成反应。

（3）与醇的加成

醇是含氧的亲核试剂。醛与醇在干燥氯化氢的催化下，发生加成反应，生成半缩醛，一般开链半缩醛是不稳定的，不能分离得到半缩醛。

$$RC\underset{\underset{O}{\|}}{}CH_3(H) + HO-R' \xrightleftharpoons{无水\ HCl} R-\underset{\underset{CH_3(H)}{|}}{\overset{\overset{OH}{|}}{C}}-OR'$$
半缩醛

$$R-\underset{\underset{CH_3(H)}{|}}{\overset{\overset{OH}{|}}{C}}-OR' + R''-OH \xrightleftharpoons{无水\ HCl} R-\underset{\underset{CH_3(H)}{|}}{\overset{\overset{OR''}{|}}{C}}-OR' + H_2O$$
缩醛

不稳定的开链半缩醛能继续与另一分子醇作用，失去一分子水生成缩醛。缩醛是具有水果香味的液体，性质与醚相近。缩醛对氧化剂和还原剂都很稳定，在碱性溶液中也相当稳定，但在酸性溶液中则可以水解生成原来的醛和醇。在有机合成中，常先将含有醛基的化合物转变成缩醛，然后再进行其他的化学反应，最后使缩醛变为原来的醛，这样可以避免活泼的醛基在反应中被破坏，即利用缩醛的生成来保护醛基。

酮在同样情况下不易生成缩酮，但是环状的缩酮比较容易形成。例如：

$$\underset{R'}{\overset{R}{}}C=O + \underset{HO-CH_2}{\overset{HO-CH_2}{}} \xrightleftharpoons{无水\ HCl} \underset{R'}{\overset{R}{}}C\underset{O-CH_2}{\overset{O-CH_2}{}}$$

乙二醇　　　　　　环状缩酮

若在同一分子中既含有羰基又含有羟基,则有可能在分子内生成环状半缩醛(酮)。半缩醛(酮)、缩醛(酮)比较重要,因为它是学习糖类化学的基础,将在以后的内容中还要讨论。

(4) 与氨的衍生物的加成

氨及其某些衍生物是含氮的亲核试剂,如伯胺、羟胺、肼、苯肼、2,4-二硝基苯肼以及氨基脲等试剂,都能与羰基加成,则生成相应的含碳胺双键的化合物。

$$\begin{array}{c} \diagdown \\ \diagup \end{array}\!\!C\!=\!O + H\!-\!HN\!-\!Z \longrightarrow \begin{array}{c} \diagdown \\ \diagup \end{array}\!\!C\!\!\begin{array}{c} OH \\ HN\!-\!Z \end{array} \xrightarrow{-H_2O} \begin{array}{c} \diagdown \\ \diagup \end{array}\!\!C\!=\!NZ$$

—Z: —OH, —NH$_2$, —NH—C$_6$H$_5$, —NH—C$_6$H$_3$(NO$_2$)$_2$, —NHCNH$_2$ (with =O)

反应产物为具有一定熔点的固体结晶,此反应常用于醛和酮的鉴别。

17.2.2.2 α-氢的反应

醛、酮分子中的α-碳原子上的氢比较活泼,容易发生反应,故称为α-活泼氢原子。若α-碳原子上连接三个氢原子,则称其为活泼甲基。在醛、酮α-碳原子上的氢因受羰基的影响而具有活泼性,这是由于羰基的极化使α-碳原子上C—H键的极性增强,氢原子有成为质子离去的趋向,很容易发生反应。

(1) 卤仿反应

醛或酮的α-氢原子易被卤素取代,生成α-卤代醛或酮。例如:

环己酮 $+ Cl_2 \xrightarrow{H_2O}$ 2-氯环己酮 $+ HCl$
(61%~66%)

$Br\text{-}C_6H_4\text{-}CO\text{-}CH_3 + Br_2 \xrightarrow[20℃]{CH_3COOH} Br\text{-}C_6H_4\text{-}CO\text{-}CH_2Br$
(69%~77%)

卤代醛或卤代酮都具有特殊的刺激性气味。三氯乙醛的水合物[CCl$_3$CH(OH)$_2$],又称水合氯醛,具有催眠作用,溴丙酮具有催泪作用,溴苯乙酮的催泪作用更强,可用作催泪瓦斯。

含有活泼甲基的醛或酮与卤素的碱溶液作用,三个α-氢原子都被卤素取代,但生成的α,α,α-三卤代物在碱性溶液中不稳定,立即分解成三卤甲烷(卤仿)和羧酸盐。

$$X_2 + 2NaOH \longrightarrow NaOX + NaX + H_2O$$
次卤酸钠

$$CH_3\!-\!\underset{\underset{O}{\|}}{C}\!-\!H(R) + 3NaXO \longrightarrow CX_3\!-\!\underset{\underset{O}{\|}}{C}\!-\!H(R) + 3NaOH$$

$$CX_3\!-\!\underset{\underset{O}{\|}}{C}\!-\!H(R) + NaOH \longrightarrow NaO\!-\!\underset{\underset{O}{\|}}{C}\!-\!H(R) + CHX_3$$
卤仿

因为这个反应生成卤仿,所以称为卤仿反应。如用碘的碱溶液,则生成碘仿(称为碘仿反应)。碘仿为黄色晶体,难溶于水,并具有特殊的气味,容易识别,可用来鉴别是否含有

$[CH_3-\overset{\overset{O}{\|}}{C}-H(R)]$ 构造的羰基化合物。次卤酸盐是一种氧化剂，可以使醇类氧化成相应的醛、酮。因此，凡具有 $[CH_3-\underset{\underset{OH}{|}}{CH}-]$ 构造的醇会先被氧化成乙醛或甲基酮，再进行卤仿反应。所以碘仿反应也能鉴别具有上述构造的醇类，如乙醇、异丙醇等。

(2) 羟醛缩合反应

含有氢原子的醛在稀碱的作用下，一分子醛的 α-氢原子加到另一分子醛的羰基氧原子上，其余部分加到羰基的碳原子上，生成既含有羟基又含有醛基的 β-羟基醛（醇醛），这个反应称为羟醛缩合或醇醛缩合。例如：

$$CH_3-\overset{\overset{O}{\|}}{C}-H + H-CH_2-\overset{\overset{O}{\|}}{C}-H \xrightarrow{\text{稀碱}(10\%\ NaOH)} CH_3-\overset{\overset{OH}{|}}{C}H-CH_2-\overset{\overset{O}{\|}}{C}-H$$

3-羟基丁醛(β-羟基丁醛)

在碱或酸性溶液中加热时，β-羟基醛易脱水生成 α,β-不饱和醛。例如：

$$CH_3-\overset{\overset{OH}{|}}{\underset{\underset{H}{|}}{C}}H-\overset{\overset{H}{|}}{C}H-\overset{\overset{O}{\|}}{C}-H \xrightarrow{\triangle} CH_3-CH=\overset{\overset{H}{|}}{C}-\overset{\overset{O}{\|}}{C}-H$$

羟醛缩合反应也是增长碳链的方法之一。如果使用不同的醛，则产物为四种不同的 β-羟醛的混合物，没有制备意义。生物体中也有类似于羟醛缩合的反应。

17.2.2.3 还原反应

醛或酮经催化氢化可分别被还原为伯醇或仲醇：

$$R-\overset{\overset{O}{\|}}{C}-H + H_2 \xrightarrow{Ni} R-\overset{\overset{OH}{|}}{C}H-H$$
伯醇

$$R-\overset{\overset{O}{\|}}{C}-R + H_2 \xrightarrow{Ni} R-\overset{\overset{OH}{|}}{C}H-R$$
仲醇

17.2.2.4 醛的特殊（氧化）反应

醛和酮最主要的区别是对氧化剂的敏感性。因为醛的羰基碳原子上连有氢原子，因此容易被氧化，不仅是强氧化剂，即使普通氧化剂也可以使它氧化。醛氧化时生成同等碳原子数的羧酸，酮则不易被氧化。一些弱氧化剂只能使醛氧化而不能使酮氧化，说明醛具有还原性而酮一般没有还原性。因此，可以利用弱氧化剂来区别醛和酮。常用的弱氧化剂有托伦试剂、斐林试剂和本尼地试剂。

(1) 与托伦试剂反应

托伦试剂是由硝酸银的碱溶液与氨水制得的银氨配合物的无色溶液。它与醛共热时，醛被氧化成羧酸，试剂中的一价银离子被还原成金属银析出。由于析出的银附着在容器壁上形成银镜，因此这个反应叫做银镜反应。

$$RCHO\ 或\ ArCHO \xrightarrow{Ag(NH_3)_2^+} RCOOH\ 或\ ArCOOH + Ag\downarrow$$

(2) 与斐林试剂反应

斐林试剂包括甲、乙两种溶液，甲液是硫酸铜溶液，乙液是酒石酸钾钠和氢氧化钠溶液。使用时，取等体积的甲、乙两液混合，开始有氢氧化铜沉淀产生，摇匀后氢氧化铜即与酒石酸钾钠形成深蓝色的可溶性配合物。

斐林试剂能氧化脂肪醛，但不能氧化芳香醛，可用来区别脂肪醛和芳香醛。斐林试剂与脂肪醛共热时，醛被氧化成羧酸，而二价铜离子则被还原为砖红色的氧化亚铜沉淀。

(3) 与本尼地试剂反应

本尼地试剂也能把醛氧化成羧酸。它是由硫酸铜、碳酸钠和柠檬酸钠组成的溶液。它与醛的作用原理和斐林试剂相似。临床上常用它来检查尿液中的葡萄糖。

17.2.2.5 醛的歧化反应

不含 α-H 的醛，如 HCHO、R_3CCHO、C_6H_5CHO 等，在浓碱的作用下，能发生自身的氧化还原反应，即一个分子氧化成酸，另一个分子还原成醇，这种反应叫歧化反应，也叫康尼扎罗（Cannizzaro）反应。生物体内也存在类似的氧化还原反应。

$$2HCHO \xrightarrow{50\% \text{ NaOH}} CH_3OH + HCOONa$$

$$ArCHO + HCHO \xrightarrow[\text{加热}]{\text{浓 NaOH}} ArCH_2OH + HCOONa$$

17.3 重要的醛和酮

17.3.1 重要的醛

(1) 甲醛

又叫蚁醛，是具有强烈刺激臭味的无色气体，沸点 -21℃。易溶于水，其 40% 的水溶液叫"福尔马林"，用作消毒剂和防腐剂。甲醛溶液能够消毒防腐的原因是因为甲醛具有使蛋白质凝固的性能。

(2) 戊二醛

戊二醛为无色或淡黄色液体，易溶于水和醇，水溶性呈酸性（pH＝3～4）。1963年被制备成2%碱性戊二醛开始用于消毒。戊二醛具有广谱高效杀菌作用，是腐蚀性小的高效灭菌剂，具有受有机物影响小等优点。主要杀菌作用机理是：

① 直接破坏菌体蛋白，戊二醛的两个活泼醛基可与肽聚糖发生反应，导致肽聚糖所在细胞破裂；

② 使其不能繁殖，作用于细胞内的生命物质——核酸。控制 DAN 和 RNA 的合成，从而使核酸物质不能形成；

③ 不同浓度的戊二醛杀菌效果有明显区别，气化后高浓度戊二醛活性加强，效果更好、作用更快捷，广泛适用于不耐热的医疗器械和精密仪器的消毒与灭菌。

戊二醛能够消毒的器械有：内窥镜，包括各种型号刚性、柔性的胃、肠镜，关节镜，支气管镜，结肠镜，胆镜，喉镜等；通常使用的医疗器械、骨科电钻、微型仪器；各种医疗塑料制品、线筒、导管、透热缆线等。所有金属、橡胶、玻璃等器材，尤其怕高温、高压，怕潮湿，怕腐蚀的器械器材。

17.3.2 重要的酮

(1) 丙酮

丙酮是最简单的酮类化合物，它是无色液体，沸点 56.5℃。丙酮极易溶于水，几乎能与一切有机溶剂混溶，也能溶解油脂、蜡、树脂和塑料等，故被广泛用作溶剂。

患糖尿病的人，由于新陈代谢紊乱的缘故，体内常有过量丙酮产生，从尿中排出。尿中是否含有丙酮可用碘仿反应检验。在临床上，用亚硝酰铁氰化钠 $[Na_2Fe(CN)_5NO]$ 溶液的呈色反应来检查：在尿液中滴加亚硝酰铁氰化钠和氨水溶液，如果有丙酮存在，溶液就呈现鲜红色。

(2) 樟脑

樟脑是一类脂环状的酮类化合物，学名为 2-莰酮。樟脑是无色半透明晶体，具有穿透性的特异芳香，味略苦而辛，有清凉感，熔点 176～177℃，易升华。不溶于水，能溶于醇等。樟脑是我国的特产，台湾省的产量约占世界总产量的 70%，居世界第一位，其他如福建、广东、江西等省也有出产。樟脑在医学上用途很广，如作呼吸循环兴奋药的樟脑油注射剂（10%樟脑的植物油溶液）和樟脑磺酸钠注射剂（10%樟脑磺酸钠的水溶液）；用作治疗冻疮、局部炎症的樟脑醑（10%樟脑酒精溶液）；成药清凉油、十滴水和消炎镇痛膏等均含有樟脑。樟脑也可用于驱虫防蛀。

(3) 麝香酮

麝香酮为油状液体，具有麝香香味，是麝香的主要香气成分。沸点 328℃，微溶于水，能与乙醇互溶。麝香酮的构造为 1 个含 15 个碳原子的大环，环上有 1 个甲基和 1 个羰基，属脂环酮。香料中加入极少量的麝香酮可增强香味，因此许多贵重香料常用它作为定香剂。人工合成的麝香也被广泛应用。

(4) 醌

醌类是一类特殊的环状不饱和二酮，包括一系列化合物，如：

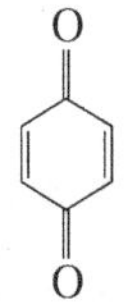

1,4-苯醌 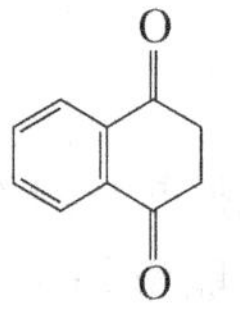　　　1,4-萘醌 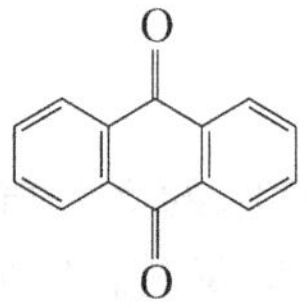　　　蒽醌 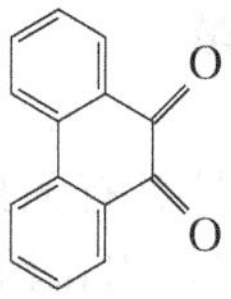　　　菲醌

醌类都有颜色。许多动植物来源的有色物质属于醌类，如茜类是有机合成中常用的脱氢试剂。不少生理活性物质是醌类，如维生素 K_1，就是萘醌的衍生物。

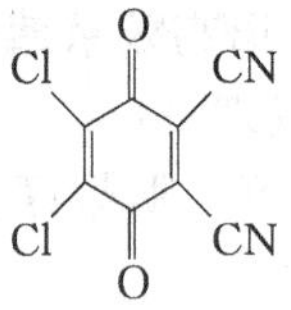

二氯二氰醌(DDQ) 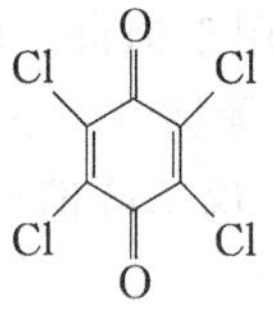　　　四氯对苯醌

17.4 醛和酮的制取

17.4.1 醇的氧化

伯醇：$CH_3CH_2CH_2OH + K_2Cr_2O_7 \xrightarrow[\triangle]{浓 H_2SO_4} CH_3CH_2CHO$　　收率：50%左右

仲醇：

$CH_3CHCH_2CH_3 \xrightarrow[\triangle]{K_2Cr_2O_7, H_2SO_4} CH_3CCH_2CH_3$　　收率:95%左右
$\ \ \ \ \ \ \ \ |$　　　　　　　　　　　　　　　　　$\ \ \ \ \ \ \ \ \ ||$
$\ \ \ \ \ OH$　　　　　　　　　　　　　　　　　$\ \ \ \ \ \ \ \ O$

叔醇因无 α-H，一般不易被氧化。有时为了防止醛的进一步被氧化，可采用特殊的温和氧化法。如：琼斯试剂氧化法（三氧化铬-吡啶络合物，室温或低温），催化脱氢而制备醛和酮。

$CH_3CH_2CH_2OH \xrightarrow[275℃]{Cu/Ag} CH_3CH_2CHO + H_2$

同理：异丙醇可脱氢而产生丙酮。

17.4.2 以烯烃为原料

（1）催化氧化

$$CH_3CH=CH_2 + \frac{1}{2}O_2 \xrightarrow[100\sim125℃]{PdCl_2\text{-}CuCl_2} CH_3CH_2CHO$$

$$CH_3CH_2CH=CH_2 + \frac{1}{2}O_2 \xrightarrow[100\sim125℃]{PdCl_2\text{-}CuCl_2} CH_3CH_2COCH_3$$

（2）臭氧化-还原水解

$$CH_3CH=CRR' \xrightarrow[Zn\text{-}H_2O]{O_3} CH_3CHO + O=CRR'$$

17.4.3 以炔烃为原料

$$CH\equiv CH + H_2O \xrightarrow{HgSO_4/H_2SO_4} CH_3CHO$$

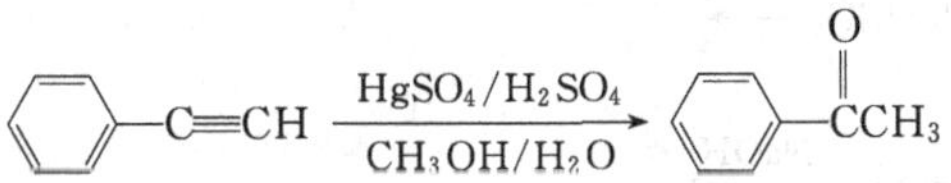

$$C_6H_5-C\equiv CH \xrightarrow[CH_3OH/H_2O]{HgSO_4/H_2SO_4} C_6H_5COCH_3$$

17.4.4 芳香烃的酰基化

芳香烃在无水氯化铝的催化下，与酰卤或酸酐发生弗里德尔-克拉夫茨酰基化反应生成酮。

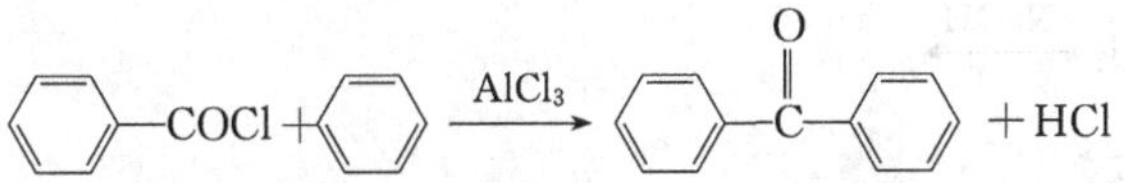

$$C_6H_5COCl + C_6H_6 \xrightarrow{AlCl_3} C_6H_5COC_6H_5 + HCl$$

$$(CH_3CO)_2O + C_6H_6 \xrightarrow{AlCl_3} CH_3COC_6H_5 + CH_3COOH$$

芳香烃是液体，在反应中可以使用过量的芳香烃，所生成的芳香酮不会继续酰化，该反应停留在一酰化的阶段，也不发生重排反应，控制好反应条件，就可以顺利地进行。

思考与练习

1. 写出相对分子质量为 86 的饱和一元醛、酮的所有同分异构体，并命名之。
2. 命名下列化合物：

(1) 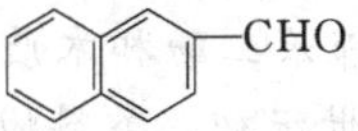 2-萘甲醛基 CHO (2) 3-溴-5-羟基苯甲醛 (3) 环戊基-CH₂CHO

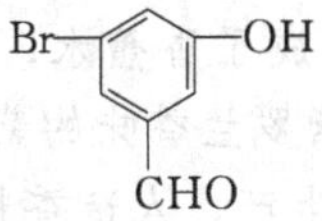

(4) 4-甲基环己酮 (5) 2-环己烯酮 (6) $CH_3CH=CHCOCH_3$

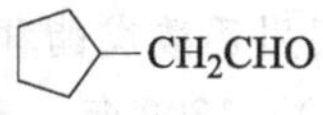

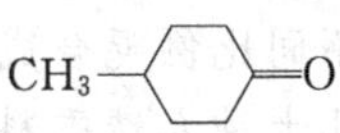

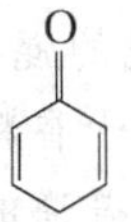

(7) 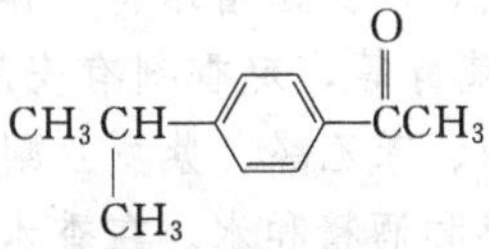 4-异丙基苯乙酮 (8) $CH_3CHCH_2COCH_3$（含异丙基） (9) 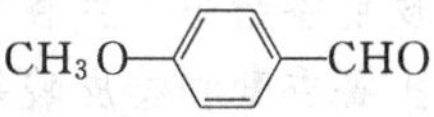 对甲氧基苯甲醛

3. 写出下列化合物的结构：
   (1) 1,3-环己二酮　　　(2) 3-甲基-2-戊酮　　　(3) 邻羟基苯甲醛
   (4) (R)-3-甲基-4-戊烯-2-酮　(5) 三氯乙醛　　　　(6) 苯乙酮
   (7) 5-二氯苯甲醛　　　(8) 对羟基苯乙酮　　　(9) 对硝基苯甲醛

4. 用简单化学方法鉴别下列各组化合物：
   (1) 正丙醇、丙醛和丙酮
   (2)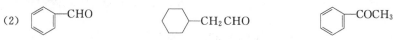
   (3) 甲醛、乙醛、乙醇、正丁醇和丙酮
   (4) 2-戊酮、3-戊酮和环己酮

5. 完成下列反应：

   (1) $\underset{\text{CHO}}{\overset{\text{CHO}}{|}}$ + NaON（浓） $\overset{\triangle}{\longrightarrow}$

   (2) ![邻羟基苯甲醛] + $H_2N-OH \longrightarrow$

   (3) $CH_3CH_2\overset{O}{\overset{\|}{C}}CH_3$ + HCN $\longrightarrow$

   (4) $CH_3CH_2CHO + NaHSO_4 \longrightarrow$

   (5) $CH_3CH_2\overset{O}{\overset{\|}{C}}CH_3$ + $Br_2 \overset{NaOH}{\longrightarrow}$

   (6) ![环戊酮] =O + NH_2NH—[苯基] $\longrightarrow$

   (7) $CH_3CH_2CHO + Cl_2 \overset{NaOH}{\longrightarrow}$

   (8) ![邻苯二甲酸] $\overset{\text{COOH}}{\underset{\text{COOH}}{}}$ $\overset{\triangle}{\longrightarrow}$

6. 有一种化合物 A，分子式为 $C_8H_{14}O$，A 可使溴水褪色，可与苯肼反应，A 氧化生成一分子丙酮和另一化合物 B，B 有酸性，可与一分子 NaOCl 反应，生成一分子氯仿和丁二酸，写出 A 的构造式。

 小知识

人造香料和香精

从大自然提取的香味总是有限的。人们研究弄清香味的成分和结构后，已不再满足于自然的赐予，开始研制更多更有用的香料。

1850 年，人们用乙酸戊酯和丁酸戊酯制成了香蕉水；1875 年，用邻苯二酚和木质素制成了香草素（香草醛）；1893 年，合成了具有紫罗兰香味的紫罗兰酮；20 世纪初，香料的人工合成从实验室小型试制扩大为大规模的工业化生产，人造香料逐步走进了人们的日常生活。

单一香料的香味往往过于单纯，经过调和后生成的混合香料，叫做香精，香味更加醇厚，经久不褪。根据用途，香精可分为各种香气类型。由于香料品种不同，不同比例混合成的香精各有风韵：浓烈的、淡雅的、优美的、清新的。一瓶普通的香水常常由几十种人造香料配合而成，其中包括起主要香气作用的主香剂，起保持香气作用的定香剂，以及起增添特色作用的修饰剂。如在玫瑰香精中，主香剂有香叶醇、苯乙醇、香茅醇和玫瑰醇等，定香剂有安息香膏、苏合香膏、土鲁香膏和桂皮酸等，修饰剂有桂醇、松香油、柠檬油、苯乙醛、紫罗兰酮等。

香料并不是越浓越好，相反有时要稀释后才生香，这就需要掺和酒精和水。在香水和花露水中，酒精作为香料的溶剂，占 60%～80%。酒精易挥发，香味随之散布在空气中。进行香料调和的工作叫做调香，调香有专业的调香师，它主要依靠人的灵敏嗅觉。调香师先根据香型和用途，拟定配方，然后调小样，闻香修改，经过多次试验，直到满意才确定生产配方。

第18章 羧酸及其衍生物

18.1 羧酸

分子中含有羧基的化合物叫做羧酸（carboxylic acid）。羧酸也可看做是烃分子（RH）中的 H 被羧基取代后的生成物。因此，羧基是羧酸的官能团。羧酸的结构通式：R—COOH（R—为烷基或芳基）。

根据羧基的数目不同分为一元、二元及多元羧酸；根据羧基所连的烃基的不同分为脂肪族、芳香族羧酸；根据烃基是否饱和分为饱和、不饱和羧酸（见表 18-1）。

表 18-1 羧酸分类表

		一元羧酸	二元羧酸
脂肪族羧酸	饱和羧酸	CH₃COOH 乙酸（醋酸）	HOOC—COOH 乙二酸（草酸）
	不饱和羧酸	CH₂＝CH—COOH 丙烯酸	HOOCCH＝CHCOOH 丁烯二酸
脂环族羧酸		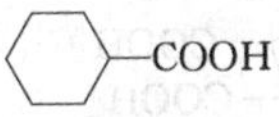 环己烷羧酸	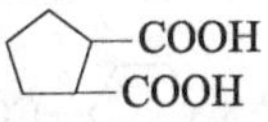 1,2-环戊烷二羧酸
芳香族羧酸		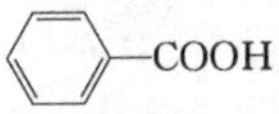 苯甲酸	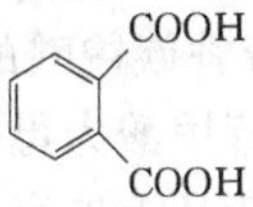 邻苯二甲酸

羧基的表示：—COOH、—CO$_2$H、R—$\overset{O}{\underset{}{C}}$—OH，羧基中的碳原子是 sp² 杂化，三个 σ 键在一个平面上。碳原子的一个 p 轨道与氧原子的 p 轨道形成 π 键。

羧酸广泛存在于自然界中，与人类生活密切相关。例如食品中就有各种羧酸及其衍生物（carboxylic acid and its derivatives），食用的醋是乙酸的水溶液；食用油是高级脂肪酸的甘油酯；食品调味剂中的酸味剂是柠檬酸；食用的防腐剂是乳酸、苯甲酸、山梨酸及其盐。日常生活离不开羧酸及其衍生物，常用的肥皂是高级脂肪酸钠盐；在高分子行业中，锦纶、涤纶、不饱和树脂、增塑剂等都用到了羧酸。医药卫生中有的药物就是羧酸或其衍生物。

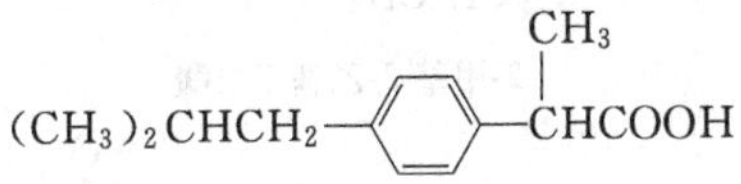

布洛芬（抗炎镇痛药） 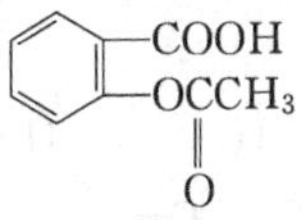 　　阿司匹林（解热镇痛药）

羧酸与生命活动息息相关，生物体内大多数的代谢反应都发生在羧基等官能团或受其强烈影响的邻位上。

18.1.1 羧酸的命名

（1）饱和脂肪酸的命名

① 选择含有羧基的最长碳链为主链，并按主链碳原子数称"某酸"；
② 从羧基碳原子开始编号，用阿拉伯数字标明取代基的位置；
③ 并将取代基的位次、数目、名称写于酸名称前。

$$CH_3-CH_2-COOH$$
丙酸

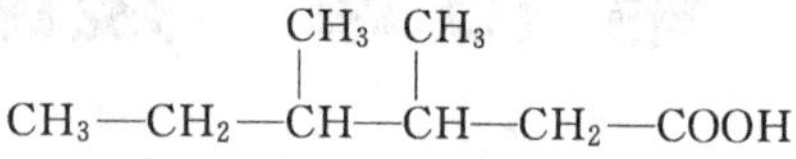

3,4-二甲基己酸

（2）不饱和脂肪酸的命名
① 选择包括羧基碳原子和各 C═C 键的碳原子都在内的最长碳链为主链，根据主链上碳原子的数目称"某酸"或"某烯（炔）酸"；
② 从羧基碳原子开始编号；
③ 在"某烯（炔）酸"前注明取代基情况及双键的位置。

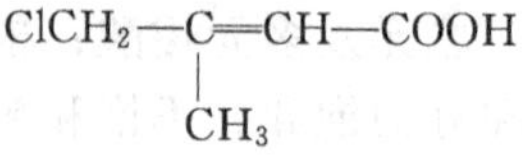

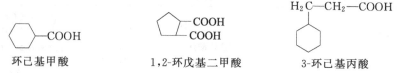
3-甲基-4-氯-2-丁烯酸

（3）脂环族羧酸的命名
① 羧基直接连在脂环上时，可在脂环烃的名称后加上"羧酸或二羧酸"等词尾；
② 不论羧基直接连在脂环上还是在脂环侧链上，均可把脂环作为取代基来命名。

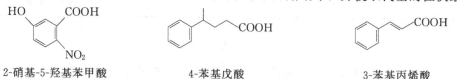
环己基甲酸　　1,2-环戊基二甲酸　　3-环己基丙酸

（4）芳香族羧酸的命名
① 以芳甲酸为母体；
② 若芳环上连有取代基，则从羧基所连的碳原子开始编号，并使取代基的位次最小。

2-硝基-5-羟基苯甲酸　　4-苯基戊酸　　3-苯基丙烯酸

（5）二元羧酸的命名
选包括两个羧基碳原子在内的最长碳链作为主链，按主链的碳原子数目，称之为"某二酸"。

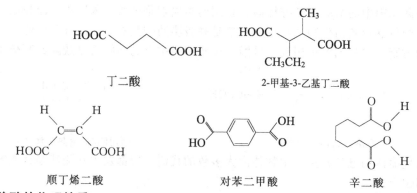
丁二酸　　2-甲基-3-乙基丁二酸

顺丁烯二酸　　对苯二甲酸　　辛二酸

18.1.2 羧酸的物理性质

在饱和一元羧酸中，甲酸、乙酸、丙酸具有强烈的刺激性酸味。含有 4～9 个碳原子的

羧酸具有腐败的恶臭，是油状的液体；动物的汗液和奶油发酸变坏的气味就是由于含有正丁酸的缘故。含有 10 个以上碳原子的羧酸为石蜡状的固体，挥发性很低，没有气味。

脂肪族二元羧酸和芳香族羧酸都是结晶固体；芳香族羧酸一般具有升华性，有些能随水蒸气挥发。饱和一元脂肪酸，除甲酸、乙酸的相对密度大于 1 外，其他羧酸的相对密度都小于 1。二元羧酸和芳酸的相对密度都大于 1。

碳原子数相同的直链饱和一元羧酸的沸点比支链的高；饱和一元羧酸的沸点比相对分子质量相似的醇还高，例如甲酸与乙醇的相对分子质量相同，但乙醇的沸点为 78.5℃，而甲酸为 100.7℃。根据电子衍射方法测得甲酸分子具有分子内氢键的二聚体结构：

$$\text{R—C}\begin{matrix}\text{O}\cdots\text{H—O}\\ \text{O—H}\cdots\text{O}\end{matrix}\text{C—R}$$

由于氢键的存在，低级的羧酸甚至在蒸气中也以二聚体的形式存在。饱和一元羧酸的熔点随分子中碳原子数目的增加呈现锯齿状变化，含有偶数碳原子酸的熔点比邻近 2 个奇数碳原子酸的熔点高，这是由于在含偶数碳原子链中，链端甲基和羧基分别在链的两端，而在奇数碳原子链中，则在碳链的同一边，前者具有较高的对称性，可使羧酸晶体内的分子更加紧密地排列，它们之间具有较大的吸引力，熔点也比较高。一些一元羧酸的物理常数见表 18-2。

表 18-2 一些一元羧酸的物理常数

名称	熔点/℃	沸点/℃	$K_a/25℃$
甲酸	8.4	100.7	1.77×10^{-4}
乙酸	16.6	117.9	1.75×10^{-5}
丙酸	-20.8	140.9	1.30×10^{-5}
正丁酸	-4.26	163.5	1.50×10^{-5}
异丁酸	-46.1	153.2	1.40×10^{-5}
正戊酸	-59.0	186.0	1.60×10^{-5}
异戊酸	-51	174.0	

羧酸中的羧基是亲水的基团，与水可以形成氢键。低级的羧酸（甲酸、乙酸、丙酸和丁酸）能够与水以任意比例混溶；从戊酸开始随着相对分子质量的增加，其憎水性越来越大，在水中的溶解度也越来越小。癸酸以上的高级脂肪酸都不溶解于水，而溶解于有机溶剂中。

$$\text{R—C}\begin{matrix}\text{O}\\ \text{O—H}\end{matrix}\quad\text{可与水分子形成氢键增强水溶性}\qquad (\text{R})\text{—C}\begin{matrix}\text{O}\cdots\text{HOH}\\ \text{O—H}\cdots\text{OH}_2\end{matrix}$$
油溶性基团　　　　HOH

低级的饱和二元羧酸也可溶于水，并随碳链的增长而溶解度降低。芳酸的水溶性极微，常常在水中重结晶。脂肪族一元羧酸一般都能溶于乙醇、乙醚、卤仿等有机溶剂中。

18.1.3 羧酸的化学性质

羧基的结构特征：用物理方法测定甲酸中 C=O 和 C—OH 的键长表明，羧酸中 C=O 键的键长为 1.245Å，比普通羰基的键长 (1.22Å) 略长一点，C—OH 键中的 C—O 键长为 1.31Å，比醇中的 C—O 键长 (1.43Å) 短得多，这表明羧酸中的羰基与羟基之间发生了相互影响。表现出羰基不是碳氧双键，而是介于单双键之间；同样羰基碳与羟基氧的 C—O 键也不是单键，而是介于单双键之间。

羧基碳原子为 sp² 杂化，羧基中含有处在同一平面的三个 σ 键，碳原子的 p 轨道与羰基氧原子的 p 轨道平行并相互重叠形成一个 π 键，羟基氧原子的未共用电子对与羰基上的 π 键形成 p-π 共轭。p-π 共轭效应的结果，使得 C═O 基团失去了羰基典型的特性；也使得—OH 上的电子云向羰基方向移动，使氧原子上的电子云密度降低；而 O—H 之间的电子云更加靠近氧原子，增强了 O—H 键的极性，有利于羟基中的氢原子离解，因此羧酸的酸性要比醇强得多。

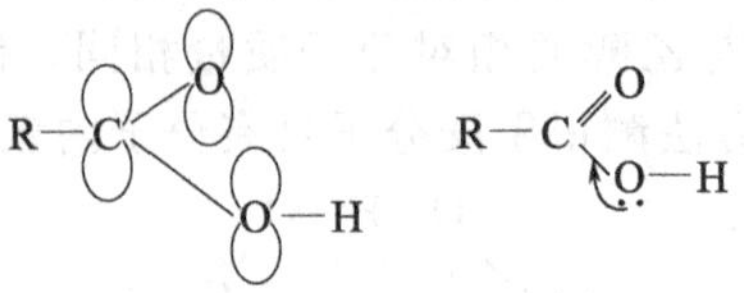

羧酸离解后生成羧酸根负离子，在羧酸根负离子中每个氧原子都提供一个 p 轨道，它们和羰基碳原子的 p 轨道发生重叠，从而组成包括三个原子（O—C—O）共有四个 π 电子的三中心的 π 分子轨道，过剩的一个负电荷则平均分配在两个氧原子上。因此，这两个氧原子是处于同等的地位，由于 π 电子的离域，羧基负离子是比较稳定的。这种结构式可用共振式表示：

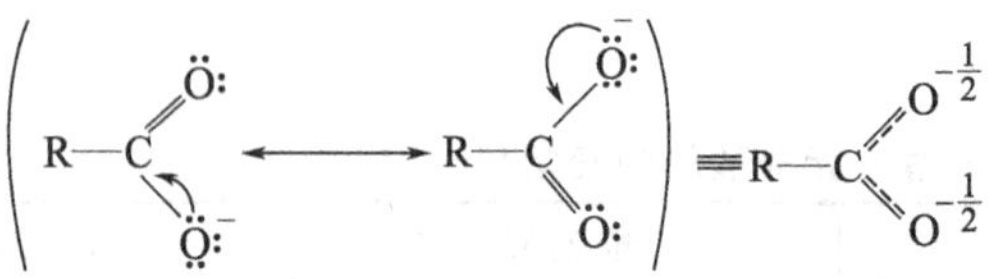

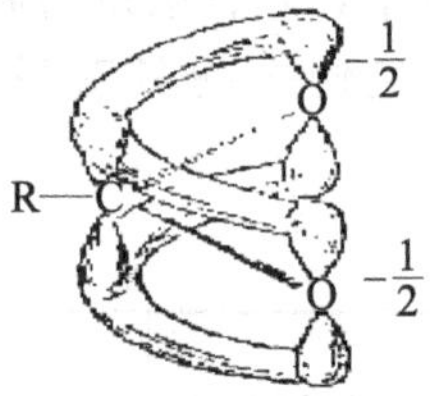

羧酸根负离子的负电荷不是集中在一个氧原子上，实验已证明和原来羧酸中羧基的结构有所不同，在羧酸根负离子的结构中，两个碳氧键是等同的。用 X 射线衍射测定甲酸钠表明，在甲酸根负离子中，两个 C—O 键的键长相等，都是 127pm。这说明在羧酸根负离子中由于 π 电子的离域而发生了键长平均化，所以没有一般碳氧双键和单键的差别，从而使羧酸根负离子更为稳定。

18.1.3.1 羧酸的酸性

羧酸之所以显示酸性，其主要原因就是羧酸能离解而生成更为稳定的羧酸根负离子的缘故。另外，由于羟基氧原子上的电子对与羰基形成 p-π 共轭，从而降低了羰基碳的正电性，故不利于羰基发生亲核加成反应，不能再与 HCN 及含氮的亲核试剂进行加成反应，这与醛（酮）的性质不同。

羧酸呈现明显的酸性。在水溶液中，羧基中的氢氧键断裂，离解出的氢离子能与水结合成为水合质子：

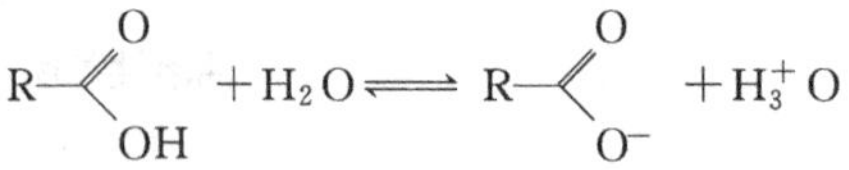

羧酸可以与碱反应：

$$RCOOH + NaOH \longrightarrow RCOONa + H_2O$$

羧酸属于弱酸，但比碳酸的酸性要强些。所以，羧酸可与 Na_2CO_3 或 $NaHCO_3$ 溶液发生反应，此反应可以用于鉴别羧酸与苯酚：

$$2RCOOH + Na_2CO_3 \longrightarrow 2RCOONa + CO_2\uparrow + H_2O$$

加入无机强酸又可以使盐重新变为羧酸游离出来：

$$RCOONa + HCl \longrightarrow RCOOH + NaCl$$

另外，羧酸的酸性还表现在：可以使石蕊试液变红；可以与活泼金属（Na）反应，置换出氢气；可以与碱性氧化物反应等。

羧酸、碳酸、苯酚、醇的酸性比较见表18-3。

表 18-3 几类有机化合物的酸性比较

有机化合物	羧酸	碳酸	苯酚	醇
pK_a	3.5～5	6.38	10.0	15.9

影响羧酸酸性的因素：削弱 O—H 键或使羧基负离子稳定的因素都会增强羧酸的酸性。

(1) 电子效应对羧酸酸性的影响

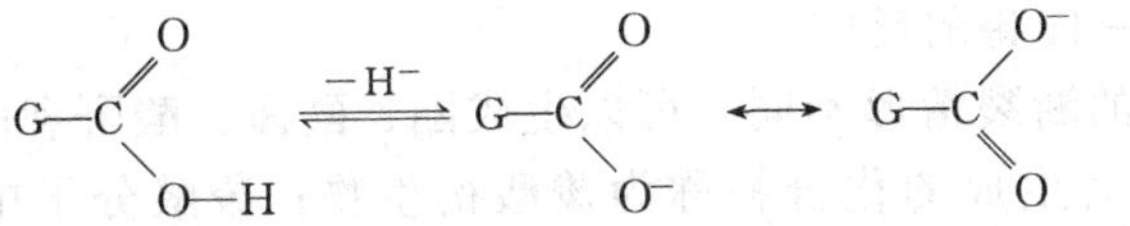

吸电子取代基 G 有利于羧基负离子上的负电荷的进一步分散，增加其稳定性，使酸性增大；给电子取代基 G 使其负电荷相应集中，增强了吸引质子的能力，导致稳定性下降，酸性减弱。例如羧酸分子烃基上的 H 被 Cl 取代后的酸性变化：

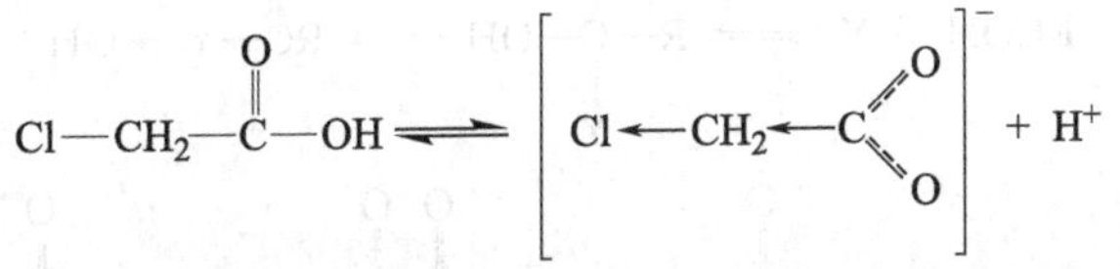

氯原子的电负性较大，是个吸电子基，由于氯原子的吸电子诱导效应，使羟基氧原子上的电子云向氯原子方向偏移，有利于质子的解离，使酸性增强。由于同样的原因，使羧酸根负离子稳定，也有利于质子的解离，酸性增强。

氯原子距羧基的位置愈近，对羧基的影响愈大，酸性愈强。如丁酸、2-氯丁酸、3-氯丁酸、4-氯丁酸的 pK_a 值分别为 4.82、2.84、4.06、4.52。

羧酸分子中引入氯原子的数目愈多，吸电子诱导效应愈强，酸性也愈强。如：乙酸（CH_3COOH）的 pK_a 值为 4.74，氯乙酸（$ClCH_2COOH$）的 pK_a 值为 2.86，二氯乙酸（$Cl_2CHCOOH$）的 pK_a 值为 1.26，三氯乙酸（Cl_3CCOOH）的 pK_a 值为 0.64。

羧酸分子中引入的取代原子电负性愈强，吸电子诱导效应愈强，酸性愈强。酸性：氟乙酸＞氯乙酸＞溴乙酸＞碘乙酸。

羧酸分子烃基上的 H 被供电基团取代后，其酸性随供电子诱导效应增强而变得更弱（见表18-4）。

表 18-4 供电子诱导效应对几种羧酸的酸性影响

羧酸	化学式	pK_a
甲酸	$HCOOH$	3.77
乙酸	CH_3COOH	4.74
丙酸	CH_3CH_2COOH	4.87
苯甲酸	C_6H_5COOH	4.17
苯乙酸	$C_6H_5CH_2COOH$	4.34

苯基具有吸电子诱导效应和供电子共轭效应，且供电子共轭效应大于吸电子诱导效应，因此苯基对羧基有供电子能力；苯甲酸的酸性比甲酸弱。但是由于苯环对生成的苯甲酸根负

离子的稳定化作用，却使苯甲酸的酸性比乙酸、丙酸和苯乙酸强。

(2) 二元羧酸的酸性

二元羧酸分子中含有两个羧基，可以分两步离解：

$$\begin{matrix} COOH \\ (CH)_n \\ COOH \end{matrix} \xrightleftharpoons{K_1} \begin{matrix} COO^- \\ (CH)_n \\ COOH \end{matrix} + H^+ \xrightleftharpoons{K_2} \begin{matrix} COO^- \\ (CH)_n \\ COO^- \end{matrix} + 2H^+$$

酸性大小规律为：二元酸 $pK_{a2} > pK_{a1}$；二元酸 $pK_{a1} <$ 一元酸 pK。

例如：丙二酸 $HOOCCH_2COOH$ 的 $pK_{a1} = 2.85$，$pK_{a2} = 5.70$；这是由于第一级电离产生的 $—COO^-$，其电场对另外一个羧基上的质子产生影响，使之不易离去。

18.1.3.2 羧基中 O—H 键的反应

羧基中 O—H 键的断裂情形不同，可以生成酯、酰卤、酸酐和酰胺。羧酸中的羟基被其他原子或基团取代后生成的化合物称为羧酸衍生物；羧酸分子中的羟基可以被酰氧基（RCOO—）、卤原子（—X）、烷氧基（RO—）和氨基（—NH$_2$）取代生成酯、酰卤、酸酐和酰胺。

$$RCOH + Y^- \rightleftharpoons R-\underset{Y}{\underset{|}{\overset{O^-}{\overset{|}{C}}}}-OH \rightleftharpoons RC-Y + OH^-$$

$$\underset{酯}{RCOR'} \quad \underset{酰卤}{RCX} \quad \underset{酸酐}{RCOCR'} \quad \underset{酰胺}{RCNH_2}$$

(其中各基团均含 C=O)

(1) 酯化反应

① 羧酸与醇反应生成酯，反应进行得比较慢，需要用浓硫酸催化。反应中也可以采取增加反应物的浓度，加入过量的羧酸或者过量的醇来提高反应速率；或者除去反应中产生的水，即及时把水蒸馏出去。

$$CH_3COH + CH_3CH_2OH \xrightleftharpoons{H^+} CH_3COCH_2CH_3 + H_2O$$

反应历程是：

$$RCOH + H^+ \rightleftharpoons RC\overset{+OH}{O}H$$

$$RC\overset{+OH}{O}H + R'OH \rightleftharpoons R-\underset{R'OH^+}{\underset{|}{\overset{OH}{\overset{|}{C}}}}-OH \rightleftharpoons RCO^+-R' + H_2O \quad (含 H)$$

$$RCO^+-R' \rightleftharpoons RCOR' + H^+$$

从反应历程来看：在酸的催化作用下，氢离子先和羧酸中的羰基结合，这样就使得羰基的碳原子带有更多的正电性，有利于亲核试剂 R'OH 的进攻。然后失去一分子水，再失去氢离子，就生成了酯。

在酯化反应中，醇作为亲核试剂对羧基中的羰基进行亲核进攻，在酸催化下，羰基碳才变为缺电子而有利于醇对它发生亲核加成。如果没有酸的存在，酸与醇的酯化反应很难进行。例如，乙酸与乙醇的酯化反应，在没有酸催化时，混合加热几十小时，基本不反应，如在极少量的 H_2SO_4 存在时，在加热下 3～4h 即可达到反应平衡。

羧酸中烃基 R 的结构越大，酯化反应速率越慢。若烃基的支链增多后，其空间占有的位置也增大，以至于阻碍了亲核试剂对羧基上羰基碳原子的进攻，影响了酯化反应的速率。

羧酸和酚类化合物的酯化反应要比脂肪醇困难得多，通常在酚和活性比羧酸强的酸酐或酰卤之间进行。

$$RCOCl + \text{C}_6\text{H}_5\text{OH} \xrightarrow{-HCl} R-CO-O-\text{C}_6\text{H}_5 \xleftarrow{-RCO_2H} \text{C}_6\text{H}_5\text{OH} + (RCO)_2O$$

芳香族羧酸的酯化反应要比脂肪族的困难一些。对苯二甲酸与乙二醇或环氧乙烷作用可生成对苯二甲酸二羟基乙酯，它是合成涤纶的中间体。

$$HO_2C-\text{C}_6\text{H}_4-CO_2H + 2CH_2-CH_2 \longrightarrow HOCH_2CH_2OC-\text{C}_6\text{H}_4-COCH_2CH_2OH$$
$$\qquad\qquad\qquad\qquad\quad \underset{O}{\diagdown\diagup}$$

② 羧酸负离子的亲核反应。羧酸钠盐是一种弱的亲核试剂，可与活泼的卤代烃如苯甲基氯发生反应生成酯，也可在催化剂如四丁基铵盐作用下进行亲核取代反应。

$$H_5C_2-\text{C}_6\text{H}_4-CH_2Cl + CH_3COO^-Na^+ \xrightarrow[120℃]{CH_3COOH} H_5C_2-\text{C}_6\text{H}_4-CH_2OC-CH_3 + NaCl$$
(93%)

③ 活泼 H 与金属有机化合物的反应。
a. 与格氏试剂反应，生成相应的烃：
$$RCOOH + R'MgX \xrightarrow{乙醚} RMgX + R'H$$

b. 与烃基锂反应，制备酮：

$$\text{C}_6\text{H}_5-COOH \xrightarrow{CH_3Li} \text{C}_6\text{H}_5-COO^- + CH_4$$

$$\text{C}_6\text{H}_5-COOLi \xrightarrow{CH_3Li} \text{C}_6\text{H}_5-\underset{\underset{OLi}{|}}{\overset{\overset{OLi}{|}}{C}}-CH_3 \xrightarrow{H_2O} \text{C}_6\text{H}_5-COCH_3$$

(2) 酰卤化反应

已接触过的卤化剂有：卤素、HX、SOX_2 和卤化磷等；除甲酸外，羧酸与 PX_3、PX_5 和 SOX_2 作用，羧酸中的羟基被卤原子取代，生成酰卤。

$$R-\overset{O}{\underset{}{C}}-OH \xrightarrow{\left\{\begin{array}{c}SOCl_2\\PCl_3\\PCl_5\end{array}\right\}} R-\overset{O}{\underset{}{C}}-Cl$$

$$R-\overset{O}{\underset{}{C}}-OH \xrightarrow{PBr_3} R-\overset{O}{\underset{}{C}}-Br$$

$$R-OH \left\{\begin{array}{c}\xrightarrow{SOCl_2} RCl\\ \xrightarrow{PBr_3} RBr\end{array}\right.$$

比较羧酸与醇类的卤代：羧酸羟基的卤代与醇类的卤代有相似性；酰氯非常活泼，极易水解，通常生成的产物与所含无机杂质不能水洗分离，只能用蒸馏方法分离。在选择氯化剂时，要注意产物与副产物的沸点差距，差距较大有利于产物的分离提纯。通常是用 PCl_3 来制备沸点较低的酰氯，而用 PCl_5 制备具有较高沸点的酰氯。

亚硫酰氯在实验室中常用来制备酰氯（也用于制备氯代烷），由于生成的 HCl 和 SO_2 可从反应体系中移出，所以反应的转化率很高，用该方法制备的酰氯的产率也高达 90% 以上。产物纯、易分离，因而产率高，是一种合成酰卤的好方法。

$$CH_3(CH_2)_4COOH + SOCl_2 \longrightarrow CH_3(CH_2)_4COCl + SO_2\uparrow + HCl\uparrow$$

沸点：　　　　205℃　　　　76℃　　　　　153℃

但由于使用的 $SOCl_2$ 过量，应当在制备与它有较大沸点差别的酰氯中使用，以便于蒸馏分离。生成的酸性气体 HCl 和 SO_2 要用碱水吸收，以免造成环境污染。

芳香族酰氯一般是由五氯化磷或亚硫酰氯与芳酸作用制取的。芳香族酰氯的稳定性较好，在水中发生的水解反应缓慢。苯甲酰氯就是常用的苯甲酰化试剂。

$$\text{C}_6\text{H}_5\text{-COOH} + PCl_5 \xrightarrow{\triangle} \text{C}_6\text{H}_5\text{-COCl} + POCl_3 + HCl$$

沸点：　　　249℃　　　　　　　　197℃　　　　　125℃

（3）成酸酐的反应

羧酸在脱水剂（五氧化二磷）作用下或者加热失水而生成酸酐。

$$2RCH_2\text{-C(=O)-OH} \xrightarrow{P_2O_5} RCH_2\text{-C(=O)-O-C(=O)-}CH_2R$$

甲酸一般不发生分子间的加热脱水生成酐，但在脱水剂 P_2O_5 的存在下或在浓硫酸中受热时，分子内脱水生成 CO 和 H_2O，该反应可用来制取高纯度的 CO 气体。

$$HCOOH \xrightarrow[60\sim80℃]{\text{浓}H_2SO_4} CO\uparrow + H_2O$$

有些二元酸，如丁二酸、戊二酸等，只需加热，分子内就可脱水形成五元环或六元环的酸酐（两个羧基间隔 2~3 个碳原子），而不必使用脱水剂

邻苯二甲酸 $\xrightarrow{230℃}$ 邻苯二甲酸酐　　（产率：约 100%）

但己二酸和庚二酸加热也不能生成酸酐，而是生成了更加稳定的五元环酮或六元环酮。

己二酸 $\xrightarrow[\triangle]{-H_2O,\ -CO_2}$ 环戊酮

庚二酸 $\xrightarrow[\triangle]{-H_2O,\ -CO_2}$ 环己酮

（4）成酰胺的反应

① 羧酸与氨或碳酸铵反应生成铵盐，铵盐加热后分解得到酰胺。高温时铵盐分解成氨和羧酸，然后是氨的亲核加成与消除水的反应。

$$R-\underset{\underset{O}{\|}}{C}-OH + NH_3 \atop R-\underset{\underset{O}{\|}}{C}-OH + (NH_4)_2CO_3 \Bigg\} \longrightarrow R-\underset{\underset{O}{\|}}{C}-ONH_4 \xrightarrow{\triangle} R-\underset{\underset{O}{\|}}{C}-NH_2 + H_2O$$

$$R-\underset{\underset{O}{\|}}{C}-OH + NH_2R \longrightarrow R-\underset{\underset{O}{\|}}{C}-ONH_3R \xrightarrow{\triangle} R-\underset{\underset{O}{\|}}{C}-NHR + H_2O$$

例如，扑热息痛（对羟基乙酰苯胺）的制备反应为：

$$HO-\!\!\bigcirc\!\!-NH_2 + CH_3COOH \xrightarrow{-H_2O} HO-\!\!\bigcirc\!\!-NHCCH_3$$

② 酰氯、酸酐法得到酰胺：

$$R-\underset{\underset{O}{\|}}{C}-Cl + NH_2R \longrightarrow R-\underset{\underset{O}{\|}}{C}-NHR + HCl$$

$$R-\underset{\underset{O}{\|}}{C}-O-\underset{\underset{O}{\|}}{C}-R + NH_2R \longrightarrow R-\underset{\underset{O}{\|}}{C}-NHR + R-\underset{\underset{O}{\|}}{C}-OH$$

羧基中 O—H 键反应的归纳：

$$R-\underset{\underset{O}{\|}}{C}-OH \begin{cases} \xrightarrow{SOCl_2} R-\underset{\underset{O}{\|}}{C}-Cl & \text{酰卤} \\ \xrightarrow[\triangle]{P_2O_5} (R-\underset{\underset{O}{\|}}{C})_2O & \text{酸酐} \\ \xrightarrow{R'OH} R-\underset{\underset{O}{\|}}{C}-OR' & \text{酯} \\ \xrightarrow{NH_3} R-\underset{\underset{O}{\|}}{C}-NH_2 & \text{酰胺} \end{cases}$$

以上反应都是亲核加成-消除反应，其历程如下：

$$R-\underset{\underset{O}{\|}}{C}-O-H + :Nu-H \rightleftharpoons R-\underset{\underset{OH}{|}}{\overset{\overset{+}{Nu}-H}{C}}-\ddot{O}^- \rightleftharpoons R-\underset{\underset{+OH_2}{|}}{\overset{Nu}{C}}-\ddot{O}^- \longrightarrow \underset{R}{\overset{Nu}{C}}=O + H_2O$$

18.1.3.3 脱羧反应

羧酸失去羧基而放出二氧化碳的反应，叫做脱羧反应。除了甲酸外，乙酸的同系物直接加热都不容易脱去羧基，但是在特殊条件下也可以发生脱羧反应。

$$CH_3COONa + NaOH \xrightarrow{\text{热熔}} CH_4\uparrow + Na_2CO_3$$

当一元酸的 α-碳原子上连接有强吸电子基团时，使得羧酸变得不稳定，当加热到 100~200℃时，很容易发生脱羧反应：

$$HOOCCH_2COOH \xrightarrow{\triangle} CH_3COOH + CO_2\uparrow$$

$$CH_3\overset{\overset{O}{\|}}{C}CH_2COOH \xrightarrow{\triangle} CH_3\overset{\overset{O}{\|}}{C}CH_3 + CO_2\uparrow$$

18.1.3.4 α-卤代羧酸的反应

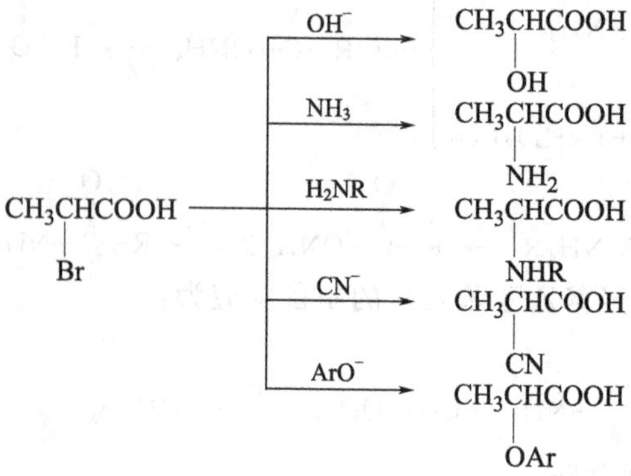

$$CH_3CHBrCOOH \xrightarrow{\begin{array}{c}OH^-\\NH_3\\H_2NR\\CN^-\\ArO^-\end{array}} \begin{array}{l}CH_3CH(OH)COOH\\CH_3CH(NH_2)COOH\\CH_3CH(NHR)COOH\\CH_3CH(CN)COOH\\CH_3CH(OAr)COOH\end{array}$$

18.1.4 羧酸的制备

18.1.4.1 利用氧化反应制备

(1) 高级脂肪烃氧化

$$RCH_2CH_2R' \xrightarrow{O_2, MnO_2} RCOOH + R'COOH$$

(2) 烯烃、炔烃的氧化断裂

$$\left.\begin{array}{l}RCH=CHR'\\RC\equiv CR'\end{array}\right\} \xrightarrow[\text{①}O_3\;\text{②}H_2O]{KMnO_4/H^+} RCOOH + R'COOH$$

(3) 芳香烃的侧链氧化

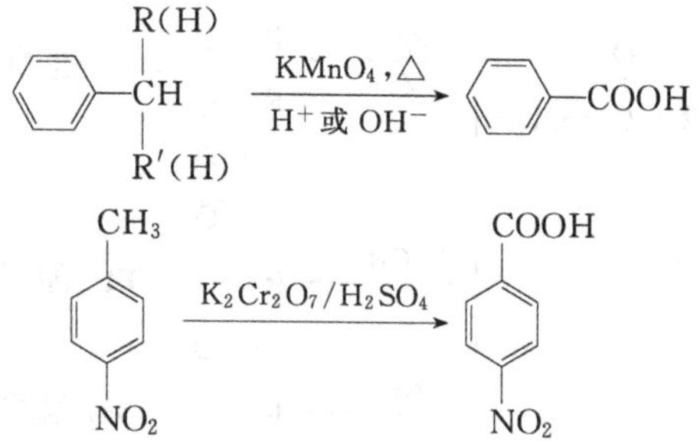

$$C_6H_5CH(R(H))(R'(H)) \xrightarrow[H^+\text{或}OH^-]{KMnO_4, \triangle} C_6H_5COOH$$

$$p\text{-}O_2N\text{-}C_6H_4\text{-}CH_3 \xrightarrow{K_2Cr_2O_7/H_2SO_4} p\text{-}O_2N\text{-}C_6H_4\text{-}COOH \quad (86\%)$$

(4) 伯醇或伯醛的氧化

$$RCH_2OH \xrightarrow[\triangle]{KMnO_4/H^+} RCOOH$$

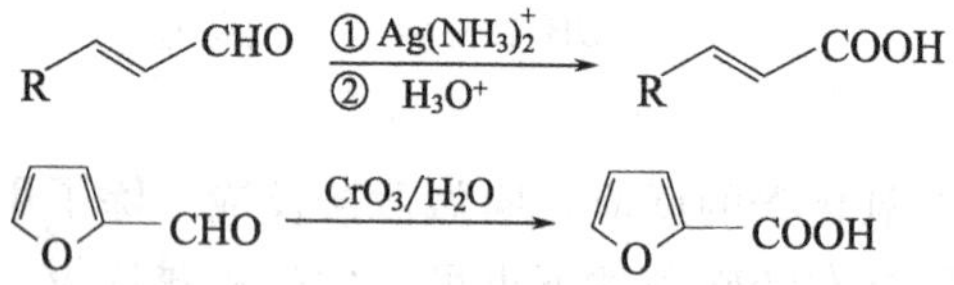

$$RCH=CHCHO \xrightarrow[\text{②}H_3O^+]{\text{①}Ag(NH_3)_2^+} RCH=CHCOOH$$

$$\text{furan-2-CHO} \xrightarrow{CrO_3/H_2O} \text{furan-2-COOH}$$

(5) 甲基酮的卤仿反应

$$R\text{-}CO\text{-}CH_3 \xrightarrow[\text{②}H_3O^+]{\text{①}I_2/NaOH} RCOOH + CHI_3$$

18.1.4.2 利用水解反应制备

(1) 腈的水解

$$RCN \xrightarrow[H_2O]{HCl} RCOOH$$

第18章 羧酸及其衍生物

$$RCN \xrightarrow[H_2O]{NaOH} RCOONa \xrightarrow{H^+} RCOOH$$

例如：

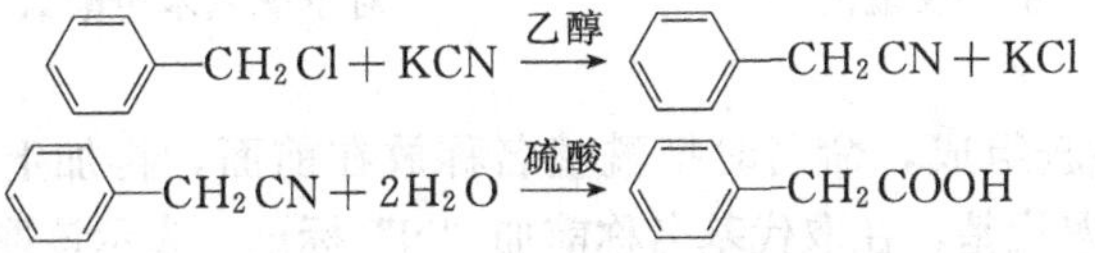

$$C_6H_5-CH_2Cl + KCN \xrightarrow{乙醇} C_6H_5-CH_2CN + KCl$$

$$C_6H_5-CH_2CN + 2H_2O \xrightarrow{硫酸} C_6H_5-CH_2COOH$$

(2) 油脂的水解

$$\begin{matrix} CH_2COOR \\ CHCOOR' \\ CH_2COOR'' \end{matrix} + 3H_2O \xrightarrow{H^+(OH^-)} \begin{matrix} CH_2OH \\ CHOH \\ CH_2OH \end{matrix} + RCOOH + R'COOH + R''COOH$$

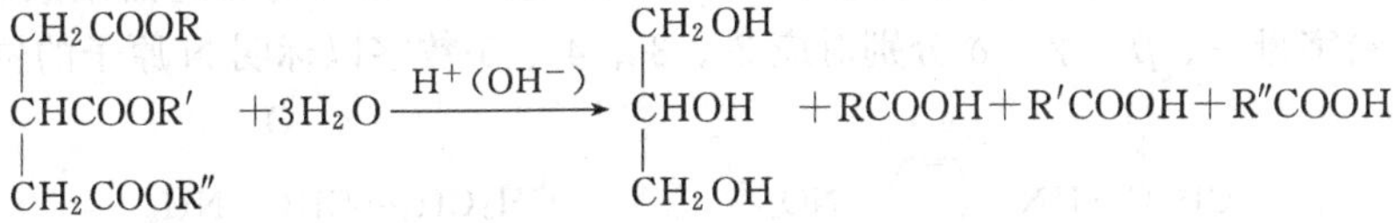

18.1.4.3 羧化反应（插入 CO_2）

(1) 苯酚钠盐与 CO_2 的反应（酚酸反应）

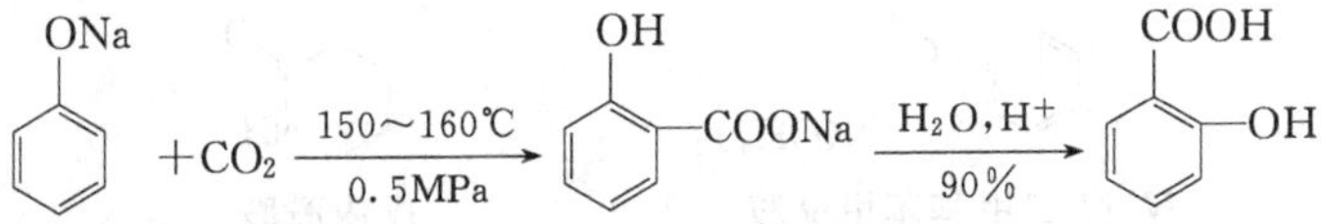

$$C_6H_5ONa + CO_2 \xrightarrow[0.5MPa]{150\sim160℃} \text{(邻-OH-}C_6H_4\text{-COONa)} \xrightarrow[90\%]{H_2O, H^+} \text{水杨酸}$$

(2) 格氏试剂与 CO_2 的反应

$$RMgX + O=C=O \xrightarrow[②水解]{①无水乙醚} RCOOH$$

18.2 羧酸的衍生物

羧酸中—OH 被不同基团取代后的产物被称为羧酸衍生物，详见18.1.3.2节。

18.2.1 羧酸衍生物的分类与命名

18.2.1.1 羧酸衍生物的分类

羧酸衍生物按照羟基被不同取代基取代后生成的产物不同，分类为酯、酰卤、酸酐和酰胺。

18.2.1.2 羧酸衍生物的命名

(1) 酰基的命名

① 羧酸去掉羧基中的羟基后剩余的部分称为酰基；

② 酰基的命名：将相应羧酸名称中的"酸"变成"酰"再加上"基"字。如：

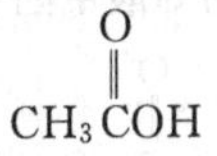

CH_3COOH 乙酸 CH_3CO- 乙酰基 $CH_2=CH-COOH$ 丙烯酸 $CH_2=CH-CO-$ 丙烯酰基

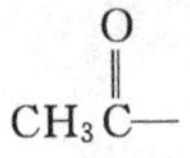

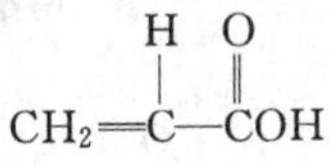

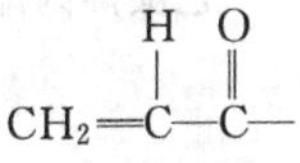

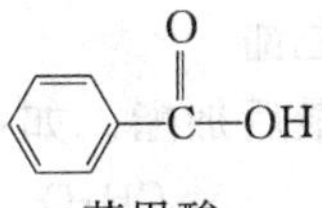

C_6H_5-COOH 苯甲酸 C_6H_5-CO- 苯甲酰基

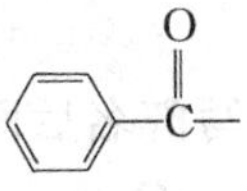

(2) 酰卤的命名

可作为酰基的卤化物，在酰基后加卤素的名称即可。如：

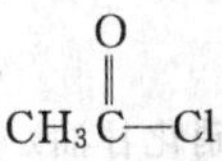

CH_3COCl 乙酰氯 $CH_2=CH-COBr$ 丙烯酰溴 $C_6H_5-CH_2-COCl$ 苯乙酰氯

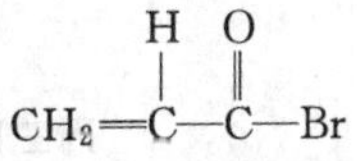

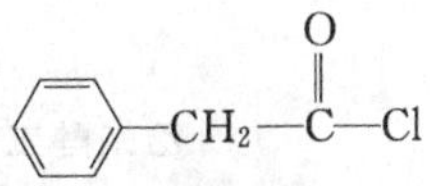

3-甲基戊酰溴　　　　　　对甲氧基苯甲酰氯

(3) 酰胺的命名

① 由酰基和氨或某胺组成，命名时把酰基名称放在前面，再加上"胺"或"某胺"；

② 若氮原子上连有取代基，在取代基名称前加"N"标记，表示该取代基连在氮原子上；

③ 含有—CO—NH—结构的环状化合物称为内酰胺。命名时将相应的某酸名写为"某内酰胺"，用希腊字母 α、β、γ、δ 分别对应 2-、3-、4-、5-数字以标明 N 原子的位置。如：

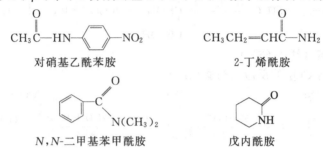

对硝基乙酰苯胺　　　　　　2-丁烯酰胺

N,N-二甲基苯甲酰胺　　　　戊内酰胺

(4) 酸酐的命名

① 由两个相同羧酸组成的酸酐，在羧酸名称后加上"酐"字来命名；

② 相同羧酸形成的酸酐称为单酐；不同羧酸形成的酸酐称为混酐；

③ 混酐命名时，通常简单的羧酸写在前面，复杂的羧酸写在后面。如：

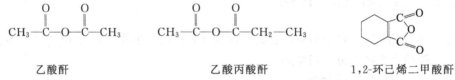

乙酸酐　　　　　　乙酸丙酸酐　　　　　　1,2-环己烯二甲酸酐

(5) 酯的命名

① 一元醇酯的命名：由相应的羧酸名称和醇中的烃基名称组合后加"酯"字来命名。如：

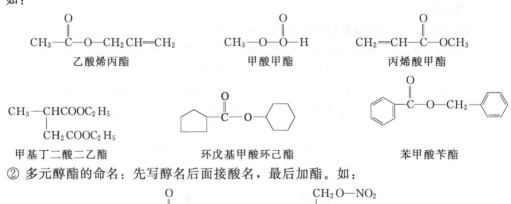

乙酸烯丙酯　　　　　　甲酸甲酯　　　　　　丙烯酸甲酯

甲基丁二酸二乙酯　　　　环戊基甲酸环己酯　　　　苯甲酸苄酯

② 多元醇酯的命名：先写醇名后面接酸名，最后加酯。如：

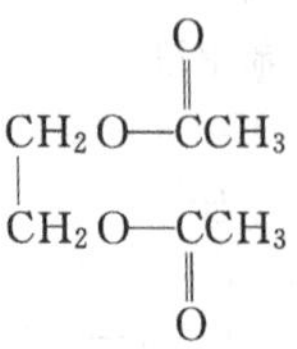

乙二醇二乙酸酯 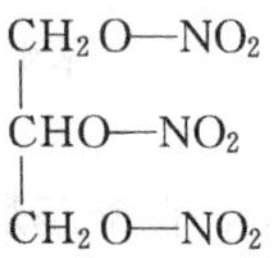　　　　　　丙三醇三硝酸酯(硝化甘油)

③ 分子中含有—CO—O—结构的环状化合物称为内酯，命名时将相应的某酸名写为"某内

酯"，用希腊字母 α、β、γ、δ 分别对应 2-、3-、4-、5-数字以标明羟基氧原子的位置。

β-丙内酯　　　γ-丁内酯　　　ε-己内酯　　　葡萄糖酸内酯

18.2.2　羧酸衍生物的物理性质

$$\underset{\text{酰卤}}{R-\overset{O}{\underset{\|}{C}}-X} \quad \underset{\text{酸酐}}{R-\overset{O}{\underset{\|}{C}}-O-\overset{O}{\underset{\|}{C}}-R} \quad \underset{\text{酰胺}}{R-\overset{O}{\underset{\|}{C}}-NH_2(R)} \quad \underset{\text{酯}}{R-\overset{O}{\underset{\|}{C}}-O-R}$$

低级的酰卤和酸酐是具有刺激性气味的无色液体，低级的酯则是具有芳香气味的易挥发性无色液体，酰胺除甲酰胺和某些 N-取代酰胺外，由于分子间形成氢键，均是固体。

分子内氢键　　　　　　　　　分子间氢键

酰卤、酸酐和酯沸点较相近相对分子质量的羧酸低，与醛（酮）大体相近；酰卤和酯的熔点比较低，不同的酸酐的熔点变化较大；酰胺的熔点和沸点均比相应的羧酸高。当烃基取代形成酰胺时，熔点和沸点都降低。沸点顺序：伯酰胺＞羧酸＞酸酐＞酯＞酰氯。

酰氯和酸酐一般不溶于水，但低级的酰氯和酸酐遇水就分解；酯在水中的溶解度比较小；低级的酰胺（如 N,N-二甲基甲酰胺）能与水混溶，是优良的非质子极性溶剂，随着相对分子质量增大，在水中溶解度逐渐降低；所有羧酸衍生物均能溶于乙醚、氯仿、丙酮、苯等有机溶剂。

18.2.3　羧酸衍生物的结构特性

酰基中羰基碳原子为 sp^2 杂化，未参与杂化的 p 轨道与酰基直接相连的杂原子（X、O、N）上未共用电子对 p 轨道重叠形成 π 键，它们所占据的 p 轨道与羰基的 π 轨道形成 p-π 共轭体系，未共用电子对向羰基离域，使 C—L 键具有部分双键的性质（见表 18-5）。

表 18-5　羧酸衍生物 C—L 键长与典型单键 C—L 键长的比较

化合物类型	$CH_3\overset{O}{\underset{\|}{C}}-Cl\ (CH_3-Cl)$	$CH_3\overset{O}{\underset{\|}{C}}-OCH_3\ (CH_3-OH)$	$CH_3\overset{O}{\underset{\|}{C}}-NH_2\ (CH_3-NH_2)$
键长/nm	0.1784　(0.1789)	0.1334　(0.1430)	0.1376　(0.1474)

羧酸衍生物的反应活性次序为：酰卤＞酸酐＞酯＞酰胺。

18.2.4　羧酸衍生物的化学反应

18.2.4.1　羧酸衍生物的亲核取代反应机理

$$R-\overset{O}{\underset{\|}{C}}-L + :Nu^- \rightleftharpoons R-\overset{O^-}{\underset{L}{\overset{|}{C}}}-Nu \rightleftharpoons R-\overset{O}{\underset{\|}{C}}-Nu + :L^-$$

该反应是一个亲核加成-消去（nucleophilic addition-elimination）机理，羧酸衍生物的亲核取代反应速率的影响因素主要是电子效应和空间效应。反应生成四面体中间体的步骤是关键，酰基碳的正电性越大，立体障碍越小，越有利于加成；离去基团（:L$^-$）的碱性越弱，离去能力越强，越有利于消除。

L—的碱性强弱顺序：—Cl＜—OOC-R＜—OH＜—OR＜—NH$_2$

L—的稳定性：—Cl＞—OOC-R＞—OR＞—NH$_2$

反应活性顺序：RCOCl＞(RCO)$_2$O＞RCOOR′＞RCONH$_2$＞RCONR$_2'$

羧酸衍生物的亲核取代反应包括：水解、醇解和氨解。

18.2.4.2 羧酸衍生物的水解反应

$$\left.\begin{array}{l}RCOCl \\ (RCO)_2O \\ RCOOR' \\ RCONH_2\end{array}\right\} + H_2O \longrightarrow \left\{\begin{array}{ll}RCOOH + HCl & \\ 2RCOOH & (加热) \\ RCOOH + R'OH & (催化) \\ RCOOH + NH_3 & (催化、回流)\end{array}\right.$$

18.2.4.3 羧酸衍生物的醇解反应

$$\left.\begin{array}{l}RCOCl \\ (RCO)_2O \\ RCOOR'' \\ RCONH_2\end{array}\right\} + R'OH \longrightarrow \left\{\begin{array}{ll}RCOOR' + HCl & \\ RCOOR' + RCOOH & \\ RCOOR' + R''OH & (酯交换反应) \\ RCOOR' + NH_3 & \end{array}\right.$$

酰卤的醇解反应比较剧烈，酸酐的醇解反应略需加热，酯的醇解反应是可逆的，酰胺的醇解反应需要在酸性溶液中即热回流才行。

羧酸衍生物的醇解反应可以用于制备由羧酸与醇反应难以制备的酯（酚酯和叔醇酯都不能用羧酸与酚或叔醇直接合成），可用活性较大的酰氯或酸酐进行醇解反应来制备：

C$_6$H$_5$COCl + HOC$_6$H$_5$ $\xrightarrow{NaOH}$ C$_6$H$_5$COOC$_6$H$_5$ + HCl

(CH$_3$CO)$_2$O + (CH$_3$)$_3$COH $\xrightarrow{ZnCl_2}$ CH$_3$COOC(CH$_3$)$_3$ + CH$_3$COOH

由于酸酐比酰卤易于制备和保存，因此酸酐的应用更广泛：

(CH$_3$CO)$_2$O + 邻-HOC$_6$H$_4$COOH ⟶ 邻-CH$_3$COO-C$_6$H$_4$-COOH + CH$_3$COOH

酯的醇解反应——酯交换反应（transesterification）在有机合成上用途很广，常用于由价廉的酯、醇生产其他昂贵的酯、醇。

对苯二甲酸二甲酯 + 2 HOCH$_2$CH$_2$OH $\xrightarrow[180\sim190℃]{(CH_3COO)_2Zn}$ 对苯二甲酸二(2-羟乙基)酯 + 2CH$_3$OH（蒸出）

18.2.4.4 羧酸衍生物的氨解反应

$$\left.\begin{array}{l}RCOCl \\ (RCO)_2O \\ RCOOR''\end{array}\right\} + NH_3 \longrightarrow \left\{\begin{array}{l}RCONH_2 + NH_4Cl \\ RCONH_2 + RCOONH_4 \\ RCONH_2 + R''OH\end{array}\right.$$

RCONH$_2$ + R′NH$_2$ ⟶ RCONHR′ + NH$_3$

该反应不需要加催化剂，酰氯和酸酐的氨解是制备酰胺的主要方法，但叔胺不能与酰胺发生氨解反应。

羧酸衍生物的氨解反应的一个重要的应用就是制备 N-溴代丁二酰亚胺（NBS），NBS 是重要的溴代试剂，常用于烯烃的 α-位的溴代，它是有机合成的重要手段。

琥珀酸酐 $\xrightarrow{NH_3}$ 酰胺-COOH $\xrightarrow{300℃}$ 丁二酰亚胺 $\xrightarrow{Br_2}$ NBS

18.2.4.5 羧酸衍生物与金属有机化合物的反应

与格氏（Grignard）试剂反应——制醇：

$$R-\underset{O}{\overset{\|}{C}}-Cl \xrightarrow{1mol R'MgX} R-\underset{O}{\overset{\|}{C}}-R' \xrightarrow{1mol R'MgX} R-\underset{R'}{\overset{OH}{\underset{|}{C}}}-R'$$

生成酮　　　　　生成叔醇

酯与格氏试剂反应是制备两个相同烷基的叔醇和仲醇的方法：

$$R-\underset{O}{\overset{\|}{C}}-OR'' \xrightarrow[\text{无水醚}]{2R'MgX \quad H_3O^+} R-\underset{R'}{\overset{OH}{\underset{|}{C}}}-R' + R''OH$$

具有空间位阻的酯只可以停留在酮阶段：

$$(CH_3)_3CCOOCH_3 + C_3H_7MgCl \xrightarrow{\text{无水乙醚}} (CH_3)_3CCC_3H_7$$

内酯与格氏试剂反应后，则可以得到二元醇。酸酐与格氏试剂的反应在低温下也可得到酮。

18.2.4.6 羧酸衍生物的还原反应

催化氢化或用 $LiAlH_4$、$NaBH_4$ 或 Na/C_2H_5OH 等作还原剂，酰卤、酸酐、酯可被还原成醇，酰胺则被还原生成伯胺。在此还原反应中，分子中原有的碳碳双键或碳碳三键不受影响。

$$R-\underset{O}{\overset{\|}{C}}-L \xrightarrow{LiAlH_4} R-\underset{O}{\overset{\|}{C}}-H \xrightarrow{LiAlH_4} R-CH_2OH \quad R-\underset{O}{\overset{\|}{C}}-NH_2 \xrightarrow{LiAlH_4 \quad H_2O} R-CH_2NH_2$$

$(L=-Cl,-OR',-OOCR')$

霍夫曼（Hofmann）降解——酰胺的还原，用于制备少一个碳原子的胺，若与酰胺基相连的碳原子是手性碳，则反应过程中其手性保持不变。

$$R-\underset{O}{\overset{\|}{C}}-NH_2 \xrightarrow{Br_2+NaOH} R-NH_2+Na_2CO_3+NaOBr+H_2O$$

18.2.4.7 酯缩合反应——Claisen 缩合反应

Claisen 缩合反应的条件：①两个具有 α-H 的酯，只有一个 α-H 的酯只能在三苯甲基钠存在下才能发生该反应；②在醇钠体系中反应；③被另一分子酯的酰基取代生成酮酸酯。

$$2CH_3COOC_2H_5 \xrightarrow{C_2H_5ONa} CH_3COCH_2COOC_2H_5 \quad \text{乙酰乙酸乙酯}$$

该反应机理为：

$$C_2H_5O^- + H-CH_2COC_2H_5 \rightleftharpoons C_2H_5OH + {}^-CH_2COC_2H_5$$
pK_a 约为24   pK_a 约为15.9

$$CH_3-\overset{O}{\underset{}{C}}-OC_2H_5 + {}^-CH_2COC_2H_5 \rightleftharpoons CH_3-\overset{O^-}{\underset{CH_2COOC_2H_5}{C}}-OC_2H_5$$

$$CH_3-\overset{O^-}{\underset{CH_2COOC_2H_5}{C}}-OC_2H_5 \rightleftharpoons CH_3-\overset{O}{\underset{}{C}}-CH_2\overset{O}{\underset{}{C}}-OC_2H_5 + C_2H_5O^-$$
pK_a 约为 11

$$CH_3CCH_2COC_2H_5 + C_2H_5O^- \underset{反应动力}{\rightleftharpoons} CH_3C=CH-COC_2H_5 + C_2H_5OH$$

$$\downarrow HAc$$

$$CH_3CCH_2COC_2H_5$$

芳香酸酯的羰基不活泼，需要在强碱的作用下，反应才能顺利进行。

$$Ph-\overset{O}{C}-OC_2H_5 + H-\overset{}{\underset{CH_3}{CH}}-\overset{O}{C}-OC_2H_5 \xrightarrow[②H_3O^+]{①C_2H_5ONa} Ph-\overset{O}{C}-\overset{}{\underset{CH_3}{CH}}-\overset{O}{C}-OC_2H_5 + C_2H_5OH$$

醛、酮与酯的 Claisen 缩合时，酯羰基受到进攻，生成 β-羰基酮。

$$Ph-\overset{O}{C}-OC_2H_5 + CH_3-\overset{O}{C}-Ph \xrightarrow[②H_3O^+]{①C_2H_5ONa} Ph-\overset{O}{C}-CH_2-\overset{O}{C}-Ph$$

$$Ph-\overset{O}{C}-H + H-CH_2-\overset{O}{C}-OC_2H_5 \xrightarrow[②H_3O^+]{①C_2H_5ONa} Ph-CH=CH-\overset{O}{C}-OC_2H_5 + H_2O$$

二元羧酸酯分子内的酯缩合——狄克曼（Dieckmann）缩合反应：

$$\begin{array}{c}COOC_2H_5\\ OC_2H_5\\ O\end{array} \xrightarrow{C_2H_5ONa} \xrightarrow{H_3^+O} \begin{array}{c}COOC_2H_5\\ \bigcirc\!=\!O\end{array} + C_2H_5OH$$

狄克曼缩合反应的条件：①只是有 α-H 的己二酸酯和庚二酸酯才能起 Dieckmann 缩合反应；②一般只局限于生成稳定的五元、六元碳环，该反应是用于合成五元碳环、六元碳环的一个有效的方法。

18.3 油脂

油脂是高级脂肪酸甘油酯的通称，室温下呈液态——油；低温时呈固态——脂。

$$\begin{array}{c}CH_2O-COR^1\\ CHO-COR^2\\ CH_2O-COR^3\end{array} \xrightarrow{+NaOH} \begin{array}{c}CH_2-OH\\ CH-OH\\ CH_2-OH\end{array} + R^1COONa + R^2COONa + R^3COONa$$

水解后的脂肪酸一般是含 10 个碳原子以上的偶数碳原子的羧酸。饱和酸最多的是$C_{12}\sim C_{18}$的酸。动物脂肪中含有大量软脂酸和硬脂酸,硬脂酸在动物脂肪中含量较多(10%～30%),软脂酸分布最广,几乎在所有的油脂中均有。

将植物中的不饱和脂肪酸甘油酯在镍催化下,于 110～190℃、0～21kg/cm² 压力下,加氢后可以转化成饱和程度比较高的固态或半固态氢化植物油,即人造奶油。现代科学研究证明:长期食用人造奶油对人体健康存在潜在的危害。

思考与练习

1. 化合物乙酸(Ⅰ)、乙醚(Ⅱ)、苯酚(Ⅲ)、碳酸(Ⅳ)的酸性大小顺序是(　　)。
   A. Ⅰ＞Ⅲ＞Ⅱ＞Ⅳ　　B. Ⅰ＞Ⅱ＞Ⅳ＞Ⅲ　　C. Ⅰ＞Ⅳ＞Ⅲ＞Ⅱ　　D. Ⅰ＞Ⅲ＞Ⅳ＞Ⅱ

2. 取代羧酸 FCH_2COOH(Ⅰ)、$ClCH_2COOH$(Ⅱ)、$BrCH_2COOH$(Ⅲ)、ICH_2COOH(Ⅳ) 的酸性大小顺序是(　　)。
   A. Ⅰ＞Ⅱ＞Ⅲ＞Ⅳ　　B. Ⅳ＞Ⅲ＞Ⅱ＞Ⅰ　　C. Ⅱ＞Ⅲ＞Ⅳ＞Ⅰ　　D. Ⅳ＞Ⅰ＞Ⅱ＞Ⅲ

3. 羧酸 $HCOOH$(Ⅰ)、CH_3COOH(Ⅱ)、$(CH_3)_2CHCOOH$(Ⅲ)、$(CH_3)_3CCOOH$(Ⅳ) 的酸性大小顺序是(　　)。
   A. Ⅳ＞Ⅲ＞Ⅱ＞Ⅰ　　B. Ⅰ＞Ⅱ＞Ⅲ＞Ⅳ　　C. Ⅰ＞Ⅲ＞Ⅳ＞Ⅰ　　D. Ⅰ＞Ⅳ＞Ⅲ＞Ⅱ

4. 羧酸的沸点比相对分子质量相近的烃和醇都高,主要原因是由于(　　)。
   A. 分子极性　　B. 酸性　　C. 分子内氢键　　D. 形成二缔合体

5. 戊二酸受热(300℃)后发生什么变化?(　　)
   A. 失水成酐　　B. 失羧成一元酸　　C. 失水失羧成环酮　　D. 失水失羧成烃

6. 从分液漏斗中加入醋酸水溶液,有如图所示的现象发生。

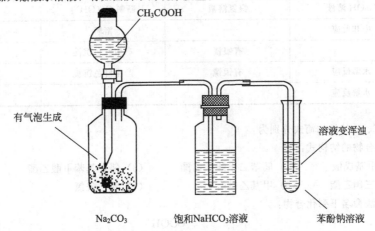

请完成下列化学反应的化学方程式,并排列出乙酸、碳酸和苯酚的酸性强弱顺序。

$2CH_3COOH + Na_2CO_3 \longrightarrow$

$CH_3COOH + NaHCO_3 \longrightarrow$

$CO_2 + H_2O + C_6H_5ONa \longrightarrow$

7. 请用一种试剂鉴别出乙醇、乙醛、乙酸、甲酸四种有机物。

8. 今有下列化合物:

　　甲: (邻羟基苯乙酮)　　乙: (邻甲基苯甲酸)　　丙: (邻甲醛苯甲醇)

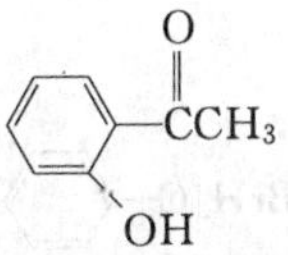

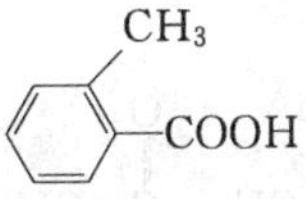

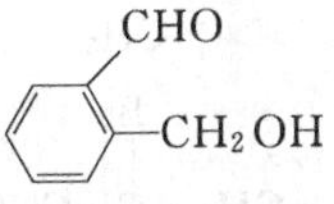

(1) 请写出各化合物中含氧官能团的名称:_____;

(2) 请判别上述互为同分异构体的化合物为＿＿＿＿＿＿＿＿＿＿＿＿＿＿＿；
(3) 请分别写出鉴别甲、乙、丙化合物的方法（指明所选试剂与主要现象即可）。
  鉴别甲的方法：＿＿＿＿＿＿＿＿＿＿＿＿＿＿＿＿＿＿＿＿＿＿＿；
  鉴别乙的方法：＿＿＿＿＿＿＿＿＿＿＿＿＿＿＿＿＿＿＿＿＿＿＿；
  鉴别丙的方法：＿＿＿＿＿＿＿＿＿＿＿＿＿＿＿＿＿＿＿＿＿＿＿；
(4) 请将甲、乙、丙按酸性由强至弱的顺序排列：＿＿＿＿＿＿＿＿＿＿。

9. 某一环酯化合物，结构简式如下：

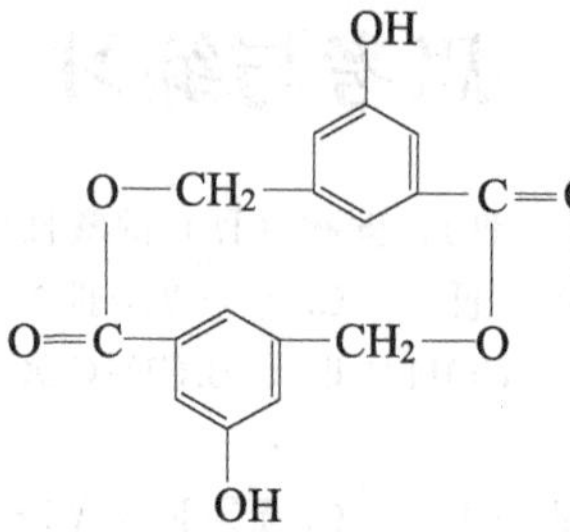

试推断：(1) 该环酯化合物在酸性条件下水解的产物是什么？写出其结构简式。
(2) 写出此水解产物与金属钠反应的化学方程式。
(3) 此水解产物是否可能与 $FeCl_3$ 溶液发生变色反应？

10. (1) 写出 $C_4H_8O_2$ 的属于羧酸和醇的同分异构体的结构简式；
  (2) 写出分子式为 $C_8H_8O_2$ 属于芳香羧酸和芳香类酯的所有同分异构体。

11. 现有分子式为 $C_3H_6O_2$ 的四种有机物 A、B、C、D，且分子内均含有甲基，把它们分别进行下列实验以鉴别之，其实验记录如下：

序号	NaOH 溶液	银氨溶液	新制 $Cu(OH)_2$	金属钠
A	中和反应	—	溶解	产生氢气
B	—	有银镜	产生红色沉淀	产生氢气
C	水解反应	有银镜	产生红色沉淀	—
D	水解反应	—	—	—

则 A、B、C、D 的结构简式分别为：

12. 写出下列化合物的结构式：
  (1) 2,4-二甲基戊酸   (2) 间苯二甲酸二乙酯   (3) 邻羟基苯甲酸乙酯   (4) 丙烯酸
  (5) 丙三醇三硝乙酯   (6) 甲基乙基酐   (7) 苯乙酰氯   (8) 丙酸异丙酯

13. 用系统命名法命名下列化合物：

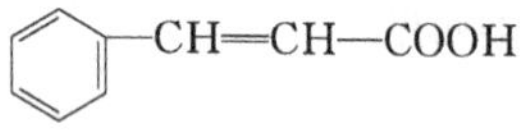

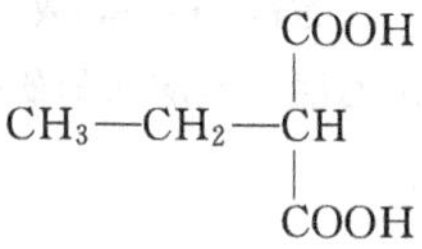

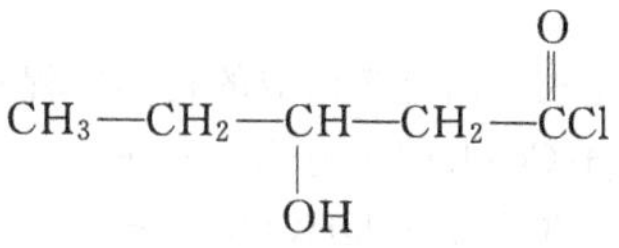

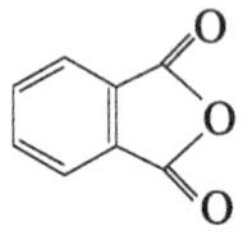

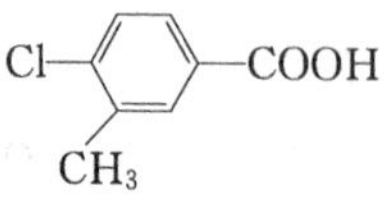

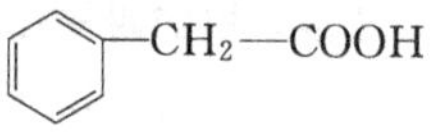

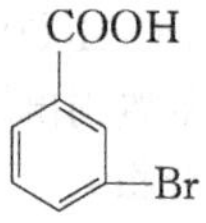

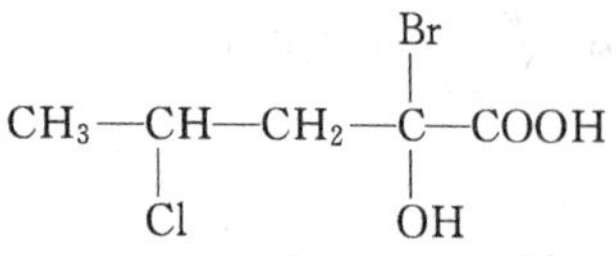

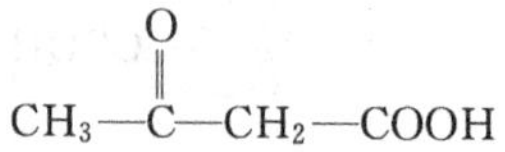

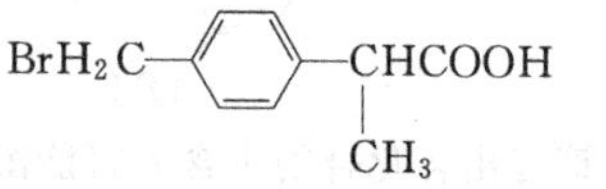

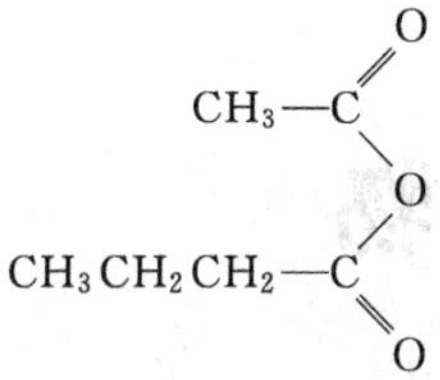

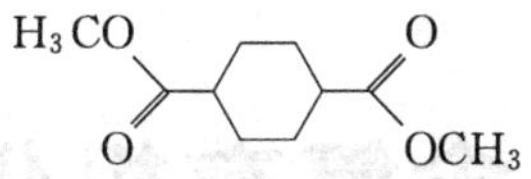

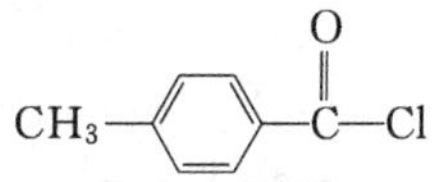

第18章 羧酸及其衍生物

（结构式：乙酸丙酸酐；1,4-环己烷二甲酸二甲酯；对甲基苯甲酰氯）

14. 写出下列酯类化合物在稀硫酸和 NaOH 水溶液中的水解方程式。

$HCOOC_2H_5$ ； 苯甲酸乙酯 $C_6H_5COOC_2H_5$ ； 丙酸苯酯 $C_2H_5COOC_6H_5$

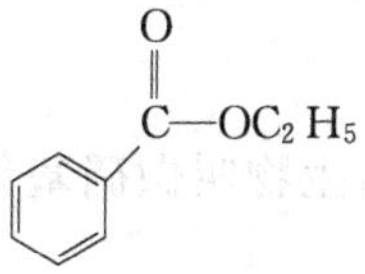

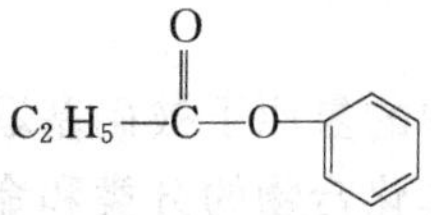

15. 完成下列反应，写出主要产物：

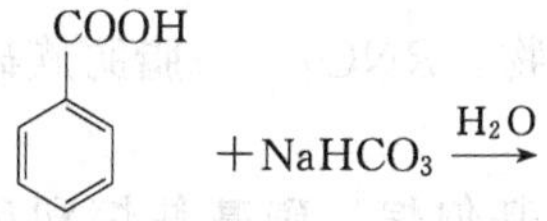

$C_6H_5COOH + NaHCO_3 \xrightarrow{H_2O}$

$CH_3CH_2CH_2COOH + SOCl_2 \longrightarrow$

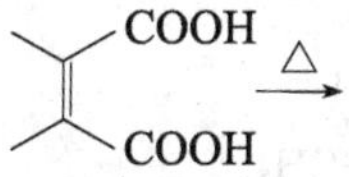

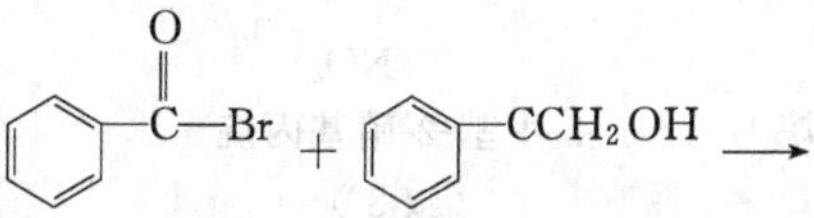

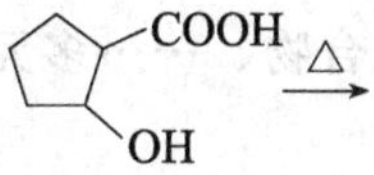

$$\begin{array}{c} \text{COOH} \\ \text{C=C} \\ \text{COOH} \end{array} \xrightarrow{\Delta}$$

$C_6H_5\text{-CO-Br} + C_6H_5\text{-CH}_2\text{OH} \longrightarrow$

2-羟基环戊烷甲酸 $\xrightarrow{\Delta}$

第 19 章　含氮有机化合物

19.1　硝基化合物

烃分子中的氢原子被硝基取代后的衍生物叫做硝基化合物。

19.1.1　硝基化合物的分类和命名

(1) 硝基化合物的分类

① 根据烃基的不同分为脂肪族硝基化合物和芳香族硝基化合物：RNO_2——脂肪族硝基物；$ArNO_2$——芳香族硝基物。

② 根据与—NO_2 相连的碳原子的不同，将硝基烷划分为硝基伯烷、硝基仲烷和硝基叔烷。

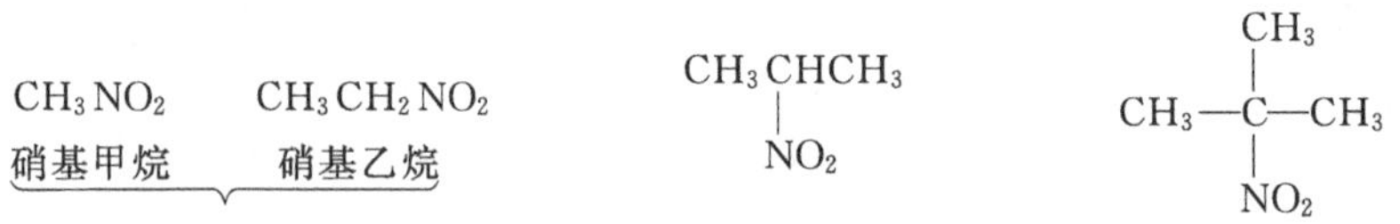

CH_3NO_2　　$CH_3CH_2NO_2$
硝基甲烷　　硝基乙烷
（伯 1°）

CH_3CHCH_3
　　　|
　　　NO_2
2-硝基丙烷
（仲 2°）

$CH_3-\underset{\underset{NO_2}{|}}{\overset{\overset{CH_3}{|}}{C}}-CH_3$
2-甲基-2-硝基丙烷
（叔 3°）

③ 根据分子中—NO_2 的个数：划分为一元硝基化合物、二元硝基化合物、……多元硝基化合物。

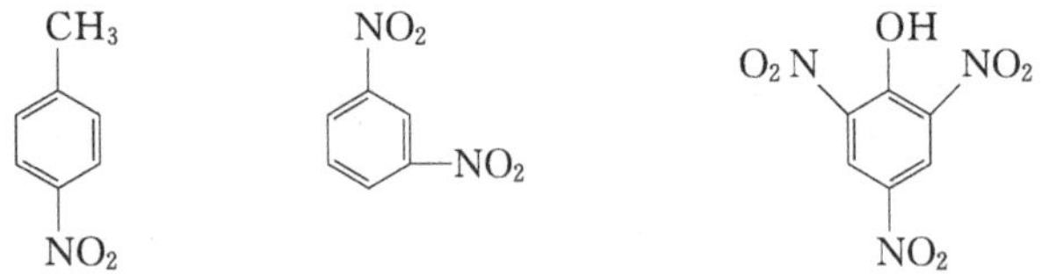

对硝基甲苯　　间二硝基苯　　三硝基苯酚

(2) 硝基化合物的命名

硝基总是取代基，以相应烃为母体进行命名。

19.1.2　硝基的结构

硝基的结构：$-N\begin{smallmatrix}\nearrow O\\ \searrow O\end{smallmatrix}$，表面上看由一个 N=O 和一个 N—O 配位键组成。实际物理测试表明，两个 N—O 键的键长相等，这说明硝基是一个 p-π 共轭体系，N 原子是以 sp^2 杂化成键的，其结构表示如图 19-1 所示。

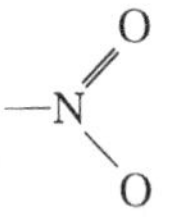

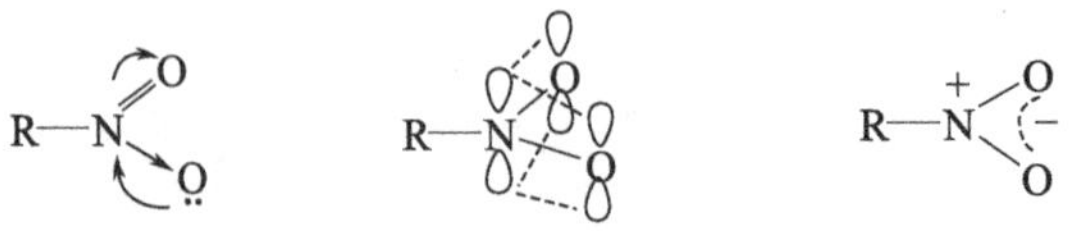

图 19-1　硝基化合物的分子结构与杂化轨道

19.1.3　硝基化合物的物理性质

脂肪族硝基化合物是无色有香味的液体。芳香族硝基化合物多为淡黄色固体，有杏仁气味并有毒。硝基化合物相对密度大于1，硝基越多密度越大；不溶于水，易溶于有机溶剂；分子的极性较大，沸点较高，多硝基化合物受热时可以分解爆炸。

19.1.4 硝基化合物的化学性质

19.1.4.1 脂肪族硝基物的酸性

硝基为强吸电子基团，能活泼 α-H，所以有 α-H 的硝基化合物能产生假酸式-酸式互变异构，从而具有一定的酸性。例如硝基甲烷、硝基乙烷、硝基丙烷的 pK_a 值分别为：10.2、8.5、7.8。

$$R-CH_2-\overset{+}{N}\overset{O}{\underset{O^-}{}} \rightleftharpoons R-CH=\overset{+}{N}\overset{OH}{\underset{O^-}{}} \xrightarrow{NaOH} \left[R-CH=\overset{+}{N}\overset{O}{\underset{O^-}{}}\right]^- Na^+$$

假酸式（主）　　酸式（较少）

含有 α-H 的脂肪族硝基化合物可溶于 NaOH 溶液。

有 α-H 的硝基化合物在碱性条件下能与某些羰基化合物起缩合反应：

$$R-CH_2-NO_2 + R'-\overset{O}{\underset{H}{C}} \xrightarrow{OH^-} R'-\overset{OH}{\underset{R'(R'')}{\overset{|}{C}}}-\overset{H}{\underset{|}{C}}-NO_2 \xrightarrow[\Delta]{-H_2O} R'-\overset{H}{\underset{R'(R'')}{\overset{|}{C}}}=\overset{H}{\underset{|}{C}}-NO_2$$

19.1.4.2 芳香族硝基化合物的化学性质

（1）还原反应

硝基化合物被还原的最终产物是胺。当使用的还原剂以及反应的介质不同时，还原产物也不同。

$$C_6H_5-NO_2 \xrightarrow{[H]} C_6H_5-NH_2$$

[H] 包括：$LiAlH_4$、H_2/Ni、H_2/Pt、Fe/HCl、$SnCl_2/HCl$、……

① 还原剂不同　H_2/Ni：产率高，质量纯度高，无"铁泥"污染，中性条件下进行，不破坏对酸或碱敏感的基团。Fe/HCl：操作简单，实验室较为常用。酸性条件下进行，不适于还原带有对酸或碱敏感的基团的化合物。$SnCl_2/HCl$：特别适用于还原苯环上带有羰基的化合物。

② 反应介质　酸性介质：彻底还原，生成苯胺；中性介质：单分子还原，得到 N-羟基苯胺；碱性介质：双分子还原，得到一系列产物。

$$\underset{NO_2}{\underset{|}{C_6H_4}}-NHCOCH_3 \xrightarrow[C_2H_5OH]{H_2/Pt} \underset{NH_2}{\underset{|}{C_6H_4}}-NHCOCH_3$$

$$OHC-C_6H_4-NO_2 \xrightarrow[\Delta]{SnCl_2+浓HCl} OHC-C_6H_4-NH_2$$

选择性还原：

或 NH_4HS、$(NH_4)_2S_2$、Na_2S、……

$$\underset{NH_2}{\underset{|}{C_6H_4}}-NH_2 \xleftarrow{Fe+HCl} \underset{NO_2}{\underset{|}{C_6H_4}}-NO_2 \xrightarrow{(NH_4)_2S} \underset{NO_2}{\underset{|}{C_6H_4}}-NH_2$$

三硝基苯酚在醇溶液中，可在加热时被硫化钠还原产生 2,4-二硝基-6-氨基苯酚。硝基苯的还原反应可以归纳如下：

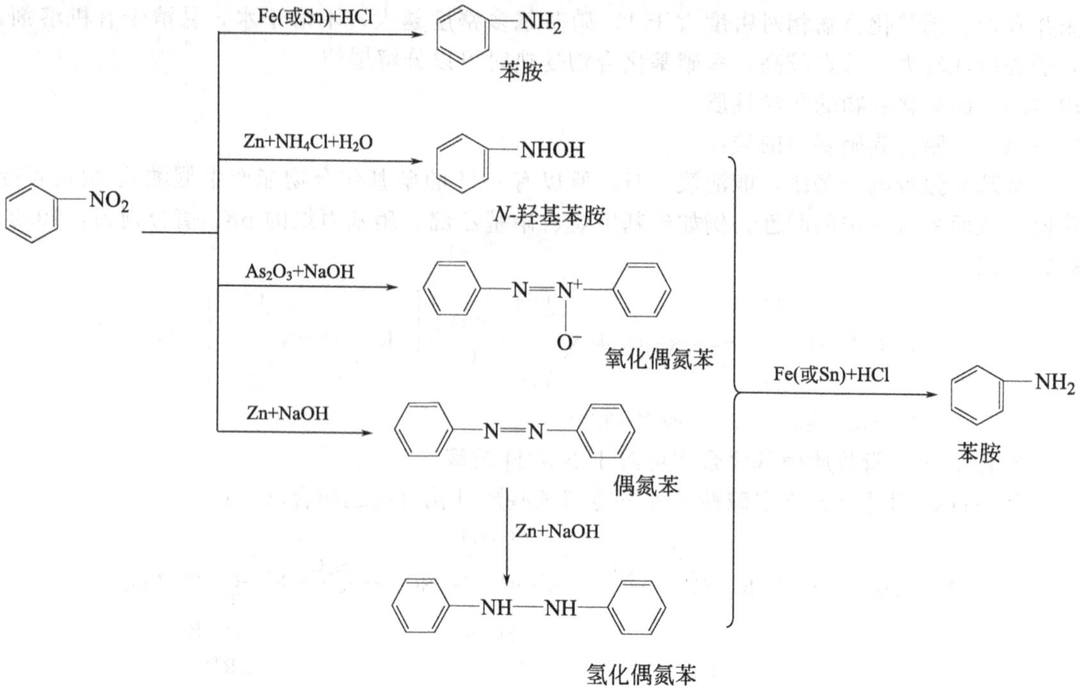

（2）芳环上的亲电取代反应

硝基是第二类定位基，可使苯环钝化。所以，硝基苯不能发生傅氏反应！硝基苯再次进行硝化反应时，其难度也比较大。

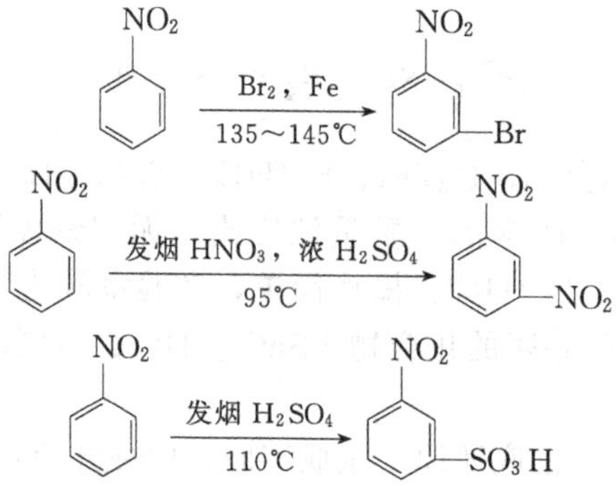

该反应的特点：①反应温度均高于苯；②新引入基团上硝基的间位。

19.2 胺

NH_3（氨）分子中的一个或几个氢原子被烃基 R— 或芳基 Ar— 取代后的化合物称为胺。胺的衍生物广泛存在于生物界，如许多生物碱具有生理或药理活性。

NH_3（氨）、有机胺分子中的氮原子都是采取不等性的 sp^3 杂化，如图 19-2 所示。

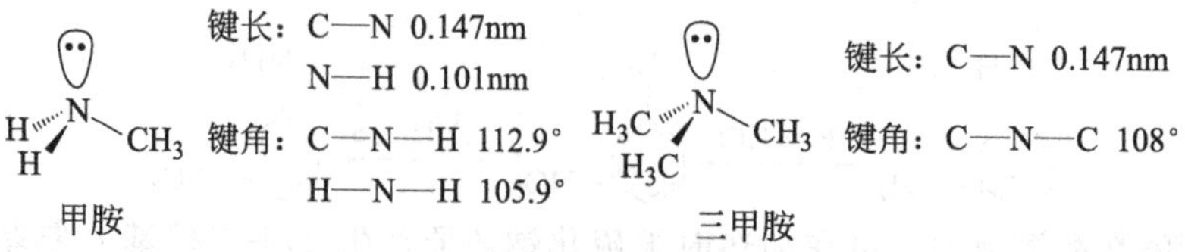

图 19-2　胺的分子轨道与化学键

19.2.1 胺的分类和命名

(1) 胺的分类

① 根据氮原子所连接的烃基的种类不同,胺可分为脂肪胺和芳香胺,取代烃基中至少有一个是芳基的胺称为芳香胺,其余的胺称为脂肪胺。如:

$$CH_3CH_2NH_2 \qquad\qquad C_6H_5-NH_2$$

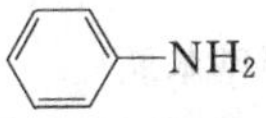

脂肪胺（乙胺）　　　　　芳香胺（苯胺）

② 根据被取代氢原子的个数,可把胺分成伯胺、仲胺和叔胺。

伯胺:一个氢原子被取代,称为一级胺（1°胺）,RNH_2。

仲胺:两个氢原子被取代,称为二级胺（2°胺）,R_2NH。

叔胺:三个氢原子被取代,称为三级胺（3°胺）,R_3N。

注意的是伯胺、仲胺、叔胺的含义和以前醇、卤代烃等的伯、仲、叔的含义是不同的,它是由氨中所取代的氢原子的个数决定的,而不是由氨基（—NH_2）所连接的碳原子的类型决定的,与氨基所连碳原子的伯、仲、叔无关。

$$(CH_3)_2NH \qquad\qquad (CH_3)_2CH-OH$$

异丙胺（伯胺）　　　　　异丙醇（仲醇）
氨中一个 H 被取代　　　　OH 与仲碳原子相连

③ 根据分子中氨基的个数,又可把胺分为一元胺和多元胺。如:

$$C_2H_5NH_2 \qquad\qquad H_2NCH_2CH_2NH_2$$

乙胺　　　　　　　乙二胺

铵盐 $[(NH_4)^+X^-]$ 分子中的四个氢原子被四个烃基取代后的化合物,称为季铵盐,例如:$[N(CH_3)_4]^+I^-$。

(2) 胺的命名

① 简单的胺习惯按它所含的烃基命名。例如:

$$CH_3NH_2 \qquad CH_3CH_2CH_2NH_2 \qquad C_6H_5NH_2 \qquad \text{邻甲氧基苯胺}$$

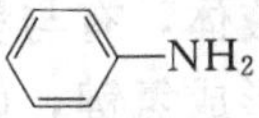

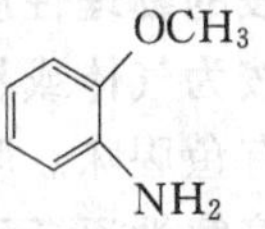

甲胺　　　　正丙胺　　　　苯胺　　　　邻甲氧基苯胺

当氮原子上连有两个或三个相同的烃基时,需表示出烃基的数目:

$$C_2H_5NHC_2H_5 \qquad (CH_3)_3N \qquad (C_6H_5)_2NH$$

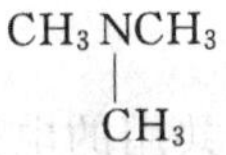

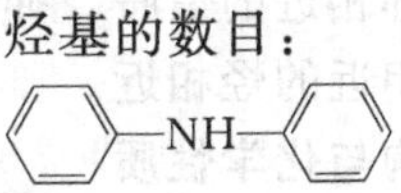

二乙胺　　　　三甲胺　　　　二苯胺

当氮原子上连接的烃基不同时,则把简单的写在前面,例如:

$$CH_3NHC_2H_5 \qquad CH_3CH_2-N(CH_3)-CH_2CH_3$$

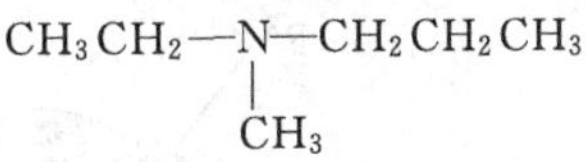

甲乙胺　　　　　　　甲乙丙胺

② 对于芳香胺,如果苯环上有别的取代基,则应表示出取代基的相对位置。按照多官能团化合物的命名原则,若氨基的优先次序低于其他基团时,氨基则作为取代基来命名。

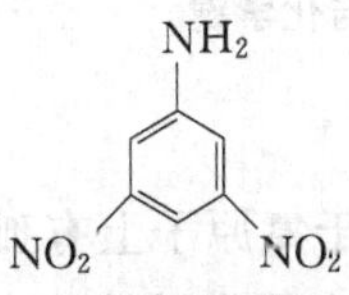

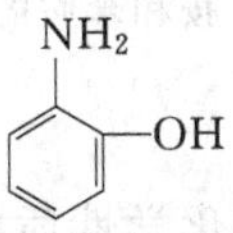

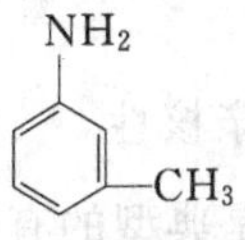

3,5-二硝基苯胺　　　邻羟基苯胺　　　间甲基苯胺

在命名芳胺时,当氮上同时连有芳基和脂肪烃基时,常以苯胺为母体,将脂肪烃基表示为"N",以表示脂肪烃基是连在氨基氮原子上的。

N-甲基苯胺　　　　　N-乙基-N-丙基苯胺

③ 对于比较复杂的胺,常以烃为母体,把氨基作为取代基来命名。

4-氨基-2-甲基己烷　　　　　2-甲氨基己烷

④ 系统命名法:适用于复杂胺。

2-甲基-4-氨基己烷　　　　　2-甲基-4-(二乙氨基)戊烷

(—NH₂ 氨基,—NHR、—NR₂ 取代氨基,=NH 亚氨基)

⑤ 铵盐和四级铵化合物的命名:

CH₃NH₂·HCl　　　　　CH₃CH₂NH₂·HAc
盐酸甲铵　　　　　　　　醋酸乙铵

溴化四乙铵　　　　　氢氧化四乙铵

19.2.2　胺的物理性质

低级胺为气体或易挥发的液体,有与氨相似的气味;高级胺为固体,近乎无味;二甲胺和三甲胺有鱼腥味。胺与水能形成氢键,因此低级胺较易溶于水;随着碳原子数的增加,胺在水中的溶解性逐渐下降。伯胺和仲胺分子间可形成氢键,但比醇分子间的氢键要弱,所以相对分子质量与醇相近的伯胺、仲胺的沸点要低于醇。叔胺分子间不能形成氢键,它的沸点与相对分子质量相近的烃相近。

19.2.3　胺的结构与化学性质

氨和胺中的 N 是不等性的 sp^3 杂化,未共用的电子对占据着一个 sp^3 杂化轨道。随着 N 原子上连接基团的不同,键角大小会有所改变(见图 19-3)。

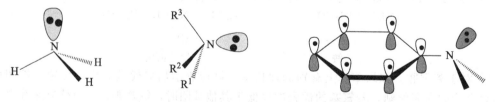

图 19-3　氨、胺和苯胺的分子轨道与化学键

19.2.3.1　碱性与亲核性

胺($R\ddot{N}H_2$)是典型的有机碱,其化学性质的关键在于氮原子上有孤对电子,未共用电子对能与质子结合,形成带正电的铵离子的缘故,可使胺表现出碱性。由于氮原子上有孤对

电子，胺表现出亲核性，并可使芳香胺更容易进行亲电取代反应。

(1) 碱性

与氨相似，胺都具有碱性，可与大多数酸作用生成盐：

$$RNH_2 + HCl \longrightarrow RN^+H_3Cl^-$$

$$RRNH + HOSO_2OH \longrightarrow R_2N^+H_2O^-SO_2OH$$

胺的碱性强度较弱，它的盐与氢氧化钠或氢氧化钾溶液作用时，释放出游离的胺：

$$RN^+H_3Cl^- + NaOH \longrightarrow R_2NH + NaCl + H_2O$$

季铵盐中无氢原子，不能发生上述反应。

胺的碱性与碱性电离常数 K_b 或负对数 pK_b 表示，K_b 愈大或 pK_b 愈小则碱性愈强。

脂肪族胺的碱性比氨强，在气体状态时，碱性：

$$(CH_3)_3N: > (CH_3)_2NH > CH_3NH_2 > NH_3$$

这与甲基是供电子基是一致的。

在溶液中，碱性：

$$(CH_3)_2NH > CH_3NH_2 > (CH_3)_2NH > NH_3$$

这是电子效应、溶剂化效应和立体效应共同影响的结果。

芳胺的碱性比脂肪胺弱得多，主要因为氮原子上的未共用电子对离域到了苯环上，形成了部分共轭，使之碱性强弱顺序为：

$$C_6H_5NH_2 > (C_6H_5)_2NH > (C_6H_5)_3N$$

(2) 烃基化反应

伯胺、仲胺与卤代烃作用，氮上的氢被烷基取代，分别得到仲胺或叔胺的氢卤酸盐。叔胺与卤代烷作用得到季铵盐。例如：

$$CH_3CH_2NH_2 + CH_3CH_2I \longrightarrow (CH_3CH_2)_2NH \cdot HI \quad \text{仲胺的盐}$$

$$(CH_3CH_2)_2NH + CH_3CH_2I \longrightarrow (CH_3CH_2)_3NH \cdot HI \quad \text{叔胺的盐}$$

$$(CH_3CH_2)_3N + CH_3CH_2I \longrightarrow (CH_3CH_2)_4N^+I^- \quad \text{季铵盐}$$

$$\text{C}_6\text{H}_5\text{—NH}_2(\text{过量}) + \text{C}_6\text{H}_5\text{—CH}_2\text{Cl} \xrightarrow{NaHCO_3/90℃} \text{C}_6\text{H}_5\text{—NH}_2\text{CH}_2\text{—C}_6\text{H}_5$$

有时可用醇或酚代替卤代烷作为烃基化试剂：

$$\text{C}_6\text{H}_5\text{—NH}_2 + CH_3OH \xrightarrow[\triangle, p]{H_2SO_4 \text{ 或 } Al_2O_3} \text{C}_6\text{H}_5\text{—NHCH}_3$$

N-甲基苯胺

当甲醇过量时，可生成 N,N-二甲基苯胺。

(3) 酰基化反应

伯胺、仲胺与酰氯、酸酐、羧酸等反应，氨基上的氢会被酰基取代，生成 N-取代酰胺。这类反应称为胺的酰基化反应，简称酰化。

$$RNH_2 + CH_3COCl \longrightarrow RNHCOCH_3 + HCl$$

$$R_2NH + CH_3COCl \longrightarrow R_2NCOCH_3 + HCl$$

叔胺的氮原子上没有可取代的氢，不能发生酰基化反应。胺中氮原子上的氢被酰基取代后，胺的碱性消失，酰胺是中性物质。

除了甲酰胺，所有酰胺都是具有一定熔点的固体，所以通过酰化反应可以由伯胺、仲胺、叔胺的混合物中分离出叔胺，也可以区别叔胺与伯胺、仲胺。酰胺在酸或碱的催化下，可以水解而放出原来的胺，所以酰化反应是有机合成中常被用来保护氨基的方法，因为氨基比较活泼，又容易被氧化。例如，需要在苯胺的苯环上引入硝基时，为防止硝酸将苯胺氧化为苯醌，则先将氨基进行乙酰化，制成乙酰苯胺，然后硝化，在苯环上导入硝基以后，水解除去硝基则得对硝基苯胺。

$$\text{C}_6\text{H}_5\text{NH}_2 + (\text{CH}_3\text{CO})_2\text{O} \xrightarrow{\Delta} \text{C}_6\text{H}_5\text{NHCOCH}_3 \xrightarrow{\text{H}_2\text{SO}_4,\ \text{HNO}_3}{\Delta} \text{p-O}_2\text{N-C}_6\text{H}_4\text{-NHCOCH}_3 \xrightarrow{\text{NaOH},\ \text{H}_2\text{O}} \text{p-O}_2\text{N-C}_6\text{H}_4\text{-NH}_2$$

乙酰苯胺　　　　　　　　　对硝基乙酰苯胺　　　　　对硝基苯胺

19.2.3.2　与亚硝酸的作用

亚硝酸是不稳定的,只能在反应过程中由亚硝酸钠与盐酸或硫酸作用产生。不同的胺与亚硝酸反应的产物不同。

(1) 脂肪胺

① 脂肪族伯胺:脂肪族伯胺与亚硝酸反应,生成不稳定的重氮盐。即使在低温下,重氮盐也易分解放出氮气,生成组成复杂的混合物,在合成上没有意义。但重氮盐的放氮反应是定量的,可用于某些脂肪族伯胺的定量分析。

$$\text{CH}_3\text{CH}_2\text{CH}_2\text{NH}_2 + \text{NaNO}_2 + \text{HX} \longrightarrow \text{CH}_3\text{CH}_2\text{CH}_2\overset{+}{\text{N}} \equiv \text{N X}^-$$

$$\downarrow$$

$$\text{N}_2 + \text{X}^- + \text{CH}_3\text{CH}_2\text{CH}_2^+$$

生成的重氮盐可以发生如下反应:

$$\text{CH}_3\text{CH}_2\text{CH}_2^+ + \begin{cases} \xrightarrow{\text{H}_2\text{O}} \text{CH}_3\text{CH}_2\text{CH}_2\text{OH} \\ \xrightarrow{\text{X}^-} \text{CH}_3\text{CH}_2\text{CH}_2\text{X} \\ \xrightarrow{-\text{H}^+} \text{CH}_3\text{CH}=\text{CH}_2 \\ \xrightarrow{\text{重排}} \text{CH}_3\text{CHCH}_3 \\ \qquad\qquad\ \ \ \ |\\ \qquad\qquad\ \ \ \text{OH} \end{cases}$$

② 脂肪族仲胺:脂肪族仲胺与亚硝酸作用生成黄色油状或固体状的 N-亚硝基化合物。它是一种很强的致癌物。

$$\text{R}_2\text{NH} + \text{HNO}_2 \longrightarrow \text{R}_2\text{N-N=O} + \text{H}_2\text{O}$$

$$\Delta \downarrow 稀\ \text{H}^+$$

$$\text{R}_2\text{NH}$$

③ 脂肪族叔胺:在同样条件下与亚硝酸不发生类似的反应。

伯胺放出气体,仲胺出现黄色油状物,叔胺发生成盐反应,无特殊现象。可以通过这些现象来鉴别三种不同的脂肪族胺。

(2) 芳香胺

① 芳香族伯胺:在低温和强酸水溶液中,芳伯胺与亚硝酸作用生成重氮盐的反应称为重氮化反应。芳香族一级胺与亚硝酸在低温下(0~5℃)反应,生成重氮盐。它较脂肪族重氮盐稳定。通过它可以合成多种有机化合物。生成的重氮盐如加热,也会放出氮气,磺胺类药物的含量测定就是使用的该反应。

$$\text{C}_6\text{H}_5\text{NH}_2 + \text{NaNO}_2 \xrightarrow[\text{HCl}]{0\sim5℃} \text{C}_6\text{H}_5\overset{+}{\text{N}} \equiv \text{N Cl}^- + \text{NaCl} + \text{H}_2\text{O}$$

② 芳香族仲胺:芳香族仲胺与亚硝酸作用,生成亚硝基胺。在酸性条件下容易重排,生成对亚硝基化合物。

$$C_6H_5\text{-NHCH}_3 \xrightarrow{HNO_2} C_6H_5\text{-N(CH}_3)\text{-NO} \xrightarrow{H^+} \text{对-ON-C}_6H_4\text{-NHCH}_3$$

蓝绿色

③ 芳香族叔胺：若对位没有取代基，在同样条件下，与亚硝酸作用，则生成对亚硝基胺（一般为绿色）。根据上述的不同反应，可以用来区别脂肪族及芳香族的伯胺、仲胺、叔胺。

（3）进行重氮化反应的注意事项

① 反应温度要控制在 0~5℃之间，过高会分解。

② 加酸要过量。酸有三个作用：一是与 $NaNO_2$ 作用生成 HNO_2；二是与产物作用成盐；三使反应体系保持强酸性。因为重氮盐在强酸中才能稳定存在。酸度偏小时，会与未反应的苯胺发生偶合反应。

③ 加 $NaNO_2$ 要适量。少了，影响产率；多了，会促进重氮盐的分解；另外影响反应终点的检测；甚至会影响到下一步的反应。所以一般 $NaNO_2$ 是等物质的量加入。

④ 反应终点是用 KI-淀粉试纸检验，如果未到终点，HNO_2 会将 I^- 氧化成 I_2 而使淀粉显蓝色；反应到终点，微量的 HNO_2 会使 KI-淀粉试纸显蓝紫色。反应结束后，残余的或过量的 HNO_2 可通过加入尿素来除去。

$$HNO_2 + NH_2\text{-CO-}NH_2 \longrightarrow CO_2\uparrow + N_2\uparrow + H_2O$$

⑤ 反应时需要不断的搅拌。

19.2.3.3 胺的氧化反应

脂肪胺用 H_2O_2 或 RCO_3H 氧化：

$$C_6H_{11}\text{-}CH_2N(CH_3)_2 + H_2O_2 \longrightarrow C_6H_{11}\text{-}CH_2\overset{+}{N}(CH_3)_2\text{-}O^-$$

90%

具有一个长链烷基的氧化胺是性能优异的表面活性剂。

19.2.3.4 胺的磺酰化反应

胺的磺酰化反应被称为兴斯堡（Hinsberg）反应，可用来分离、鉴别伯胺、仲胺、叔胺（磺酰化试剂：对甲苯磺酰氯）。

$$RNH_2 \xrightarrow{H_3C\text{-}C_6H_4\text{-}SO_2Cl, NaOH} [RNH\text{-}SO_2\text{-}C_6H_4\text{-}CH_3\downarrow]\text{（有酸性）} \xrightarrow{NaOH} Na^+RN^-SO_2\text{-}C_6H_4\text{-}CH_3 \text{（可溶于NaOH）} \xrightarrow{H_2O/H^+} RNH_2$$

$$R_2NH \xrightarrow{H_3C\text{-}C_6H_4\text{-}SO_2Cl, NaOH} R_2NSO_2\text{-}C_6H_4\text{-}CH_3\downarrow \xrightarrow{NaOH} R_2NSO_2\text{-}C_6H_4\text{-}CH_3\downarrow \text{（不溶于NaOH，可滤出）} \xrightarrow{H_2O/H^+} R_2NH$$

$$R_3N \xrightarrow{H_3C\text{-}C_6H_4\text{-}SO_2Cl, NaOH} R_3N \text{（油状液体，可溶于酸）} \quad R_3N \text{油状液体，可蒸出}$$

19.2.3.5 芳香胺的特殊反应

（1）卤化反应

苯胺与氯和溴可发生卤化反应，活性很高，不需要催化剂，在常温下就能进行，并直接生成三卤苯胺。溴化生成的三溴苯胺是白色沉淀,反应很灵敏,并可定量地完成,常用与苯胺的定性鉴别和定量分析。

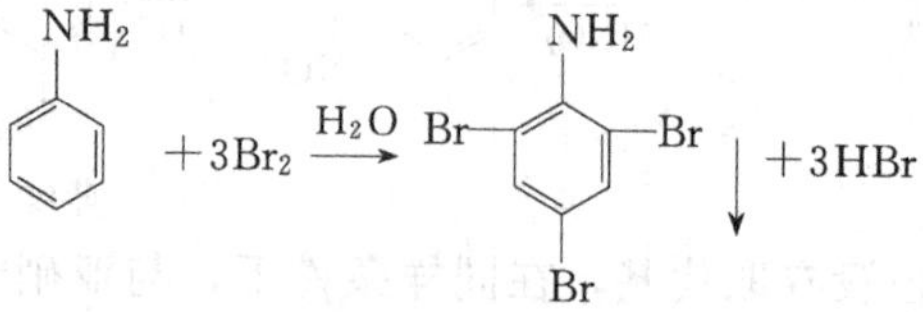

$$C_6H_5NH_2 + 3Br_2 \xrightarrow{H_2O} \text{2,4,6-三溴苯胺} + 3HBr$$

若要制备一取代的苯胺,可先将氨基酰化,降低它的反应活性,然后再卤化,最终水解即可。

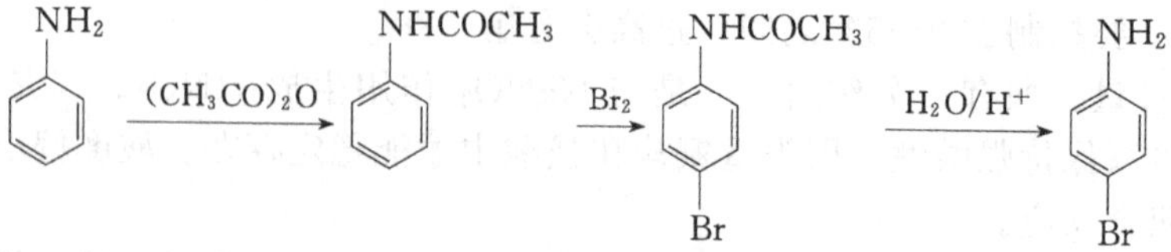

$$C_6H_5NH_2 \xrightarrow{(CH_3CO)_2O} C_6H_5NHCOCH_3 \xrightarrow{Br_2} p\text{-}Br\text{-}C_6H_4NHCOCH_3 \xrightarrow{H_2O/H^+} p\text{-}Br\text{-}C_6H_4NH_2$$

(2) 氧化反应

胺易被氧化,芳胺则更易被氧化。例如,苯胺在放置时就会被空气氧化而颜色变深。苯胺被漂白粉氧化,会产生明显的紫色,这可用于检验苯胺。用适当的氧化剂,如 $K_2Cr_2O_7 + H^+$ 氧化苯胺,能得到苯胺黑染料。在酸性条件下,苯胺用二氧化锰低温氧化,则生成对苯醌。反应过程中苯胺由无色透明→黄色→浅棕色→红棕色。

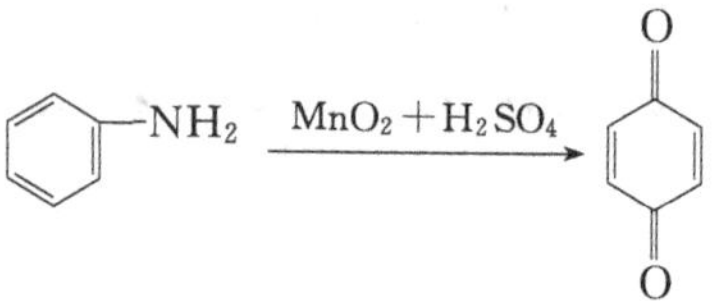

$$C_6H_5NH_2 \xrightarrow{MnO_2 + H_2SO_4} \text{对苯醌}$$

(3) 胺的硝化反应

用混酸硝化苯胺时,可将苯胺氧化成焦油状物质。所以,必须先将苯胺溶于浓硫酸中,然后再进行硝化反应:

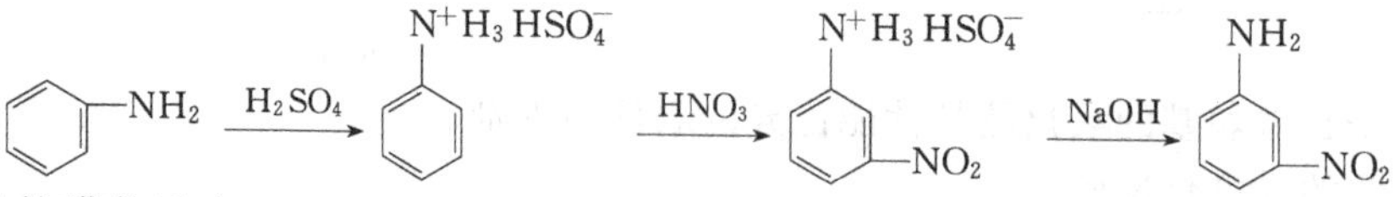

$$C_6H_5NH_2 \xrightarrow{H_2SO_4} C_6H_5N^+H_3 HSO_4^- \xrightarrow{HNO_3} m\text{-}O_2N\text{-}C_6H_4N^+H_3 HSO_4^- \xrightarrow{NaOH} m\text{-}O_2N\text{-}C_6H_4NH_2$$

(4) 胺的磺化反应

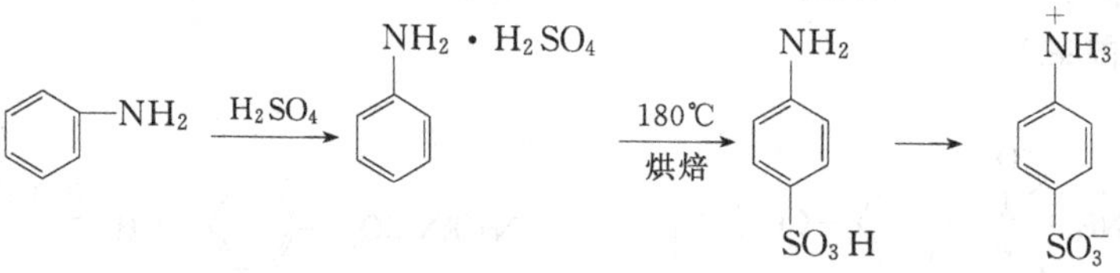

$$C_6H_5NH_2 \xrightarrow{H_2SO_4} C_6H_5NH_2 \cdot H_2SO_4 \text{(苯胺硫酸盐)} \xrightarrow[\text{烘焙}]{180℃} \text{对氨基苯磺酸} \longrightarrow \text{对氨基苯磺酸内盐(内盐,不溶于水)}$$

19.2.4 胺类化合物的制备方法

(1) 氨的烃基化反应(卤代烷的取代)

$$RX \xrightarrow{NH_3\text{(过量)}} RNH_2 + NH_4X$$

生成的 RNH_2 将会继续与 RX 反应,伴有多取代产物,分离可能有困难;产生的仲卤代物和叔卤代物会伴有消除产物。

(2) 硝基化合物的还原(主要用于制备芳香胺)

硝基苯在酸性条件下用金属还原剂(铁、锡、锌等)还原,最后产物为苯胺。二硝基化合物可用选择性还原剂(硫化铵、硫氢化铵或硫化钠等)只还原一个硝基而得到硝基胺,参见 19.1.4.2 节。

(3) 腈和酰胺的还原

$$R-CN \xrightarrow{\text{四氢铝锂或雷尼镍}} RCH_2NH_2$$

$$R-\underset{\underset{O}{\|}}{C}-NH_2 \xrightarrow{\text{四氢铝锂}} \xrightarrow{H_2O} RCH_2NH_2$$

(4) 醛（酮）的还原氨化

$$R-\underset{\underset{O}{\|}}{C}-R' \xrightarrow[NH_3]{H_2/Ni} \xrightarrow{H_2/Ni} R-\underset{\underset{NH_2}{|}}{C}-R'$$

19.2.5 重要的胺

(1) 甲胺、二甲胺和三甲胺

甲胺是最简单的脂肪胺。它是无色气体，有氨味，有毒，空气中允许的浓度为 $10\mu g/g$。熔点 $-92℃$，沸点 $-7.5℃$，溶于水、乙醇、乙醚。可燃，其蒸气能与空气形成爆炸性混合物，爆炸极限 $4.95\%\sim20.75\%$（体积分数）。

二甲胺是无色可燃气体，有毒，空气中允许浓度为 $10mg/m^3$。爆炸极限 $2.80\%\sim14.40\%$（体积分数）。熔点 $-96℃$，沸点 $7.5℃$，具有令人不愉快的氨味。溶于水、乙醇、乙醚。

三甲胺是无色气体，高浓度时有氨味，低浓度时有鱼腥味。熔点 $-117℃$，沸点 $3℃$，溶于水、乙醇、乙醚。空气中允许的浓度为 $10\mu g/g$。爆炸极限 $2.00\%\sim11.60\%$（体积分数）。

甲胺主要用于制造农药、医药等；二甲胺主要用于制造染料中间体、农药、橡胶硫化促进剂等；三甲胺是强碱性阴离子交换树脂的胺化剂，也用于表面活性剂。

(2) 乙二胺

乙二胺是最简单的二元胺。它是无色或微黄色黏稠液体，有类似氨的气味。熔点 $8℃$，沸点 $117℃$。溶于水、乙醇，微溶于乙醚，不溶于苯。空气中允许的浓度为 $10\mu g/g$。爆炸极限 $5.8\%\sim11.1\%$（体积分数）。

乙二胺可用作环氧树脂的固化剂，也用作有机合成和制造农药、活性染料、水质稳定剂和橡胶硫化促进剂。

(3) 己二胺

己二胺（1,6-己二胺）是重要的二元胺，它是无色片状晶体，有吡啶气味。熔点 $42℃$，沸点 $204℃$。微溶于水，易溶于乙醇、乙醚、苯。它会吸收空气中的二氧化碳和水分。爆炸极限 $0.7\%\sim6.3\%$（体积分数）。己二胺是聚酰胺尼龙-66、尼龙-610、尼龙-612 的重要单体。

(4) 胆碱

分子式为 $[(CH_3)_3N^+CH_2CH_2OH]OH^-$ 的胆碱是广泛分布于生物体内的季铵碱，在动物的卵和脑髓中含量较多，因为最初是由胆汁中发现的，所以叫胆碱。它是无色吸湿性很强的结晶，易溶于水和乙醇，而不溶于乙醚、氯仿等。胆碱能调节肝中脂肪代谢，有抗脂肪肝的作用。

(5) 苯胺

苯胺是无色油状液体，露置于空气中会逐渐变为深棕色，久之变为棕黑色。有特殊气味。熔点 $-6℃$，沸点 $184℃$；微溶于水，能溶于醇和醚。苯胺有毒，能被皮肤吸收引起中毒。空气中允许的浓度为 $5mg/g$。爆炸极限 $1.3\%\sim11\%$（体积分数）。

苯胺是有机化工原料。由苯胺可制染料和染料中间体，苯胺也用于制造橡胶促进剂、磺胺类药物、农药等。

（6）季铵盐

$$R_3\ddot{N} + RX \xrightarrow{\Delta} R_4\overset{+}{N} \cdot X^-$$
季铵盐

季铵盐是氨彻底烃基化的产物：季铵盐具有无机盐的性质，在水中完全电离，不溶于有机溶剂。当其中的1个烃基是长链状态时，该季铵盐就成为了既可以溶解于水又可以溶解于有机溶剂的表面活性剂。例如：溴化十六烷基三甲铵：

$$(CH_3)_3N + n\text{-}C_{16}H_{31}Br \xrightarrow{\Delta} C_{16}H_{31}\overset{+}{N}(CH_3)_3 \cdot Br^-$$

19.3　重氮和偶氮化合物概述

重氮化合物和偶氮化合物都含有—N=N—官能团，—N=N—官能团两端都和基团碳原子相连接的化合物称为偶氮化合物；如果一端与非碳原子直接相连的化合物（氰基例外）则称为重氮化合物。其命名方法如下：

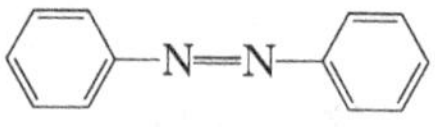

偶氮苯　　　　偶氮甲烷　　　　对羟基偶氮苯（4-羟基偶氮苯）

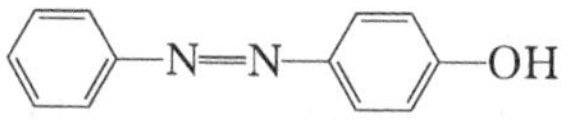

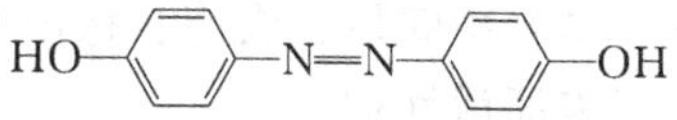

4,4'-二羟基偶氮苯 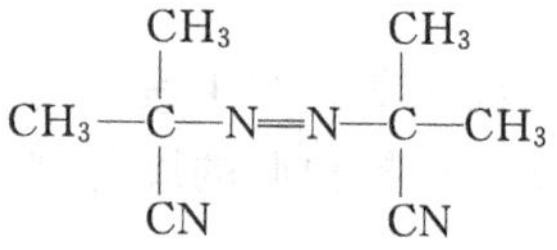　　偶氮二异丁腈（自由基引发剂）　　氯化重氮苯（重氮苯盐酸盐）

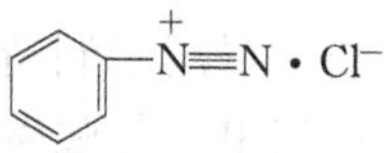

19.3.1　重氮盐的制备——重氮化反应

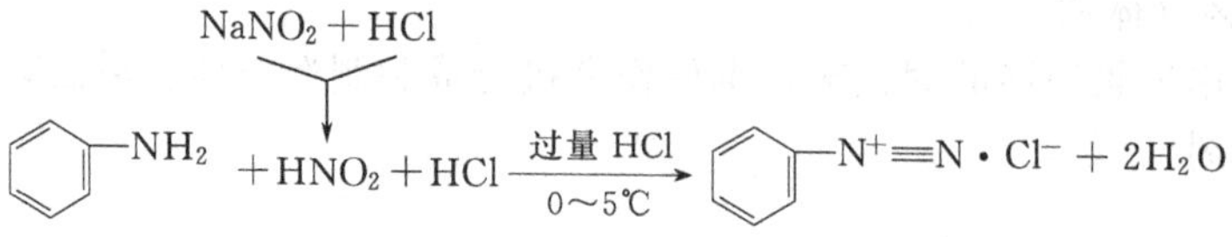

$$\text{C}_6\text{H}_5\text{NH}_2 + \text{HNO}_2 + \text{HCl} \xrightarrow[0\sim5℃]{\text{过量 HCl}} \text{C}_6\text{H}_5\text{N}^+\equiv\text{N}\cdot\text{Cl}^- + 2\text{H}_2\text{O}$$
（$NaNO_2 + HCl$）
重氮苯盐酸盐

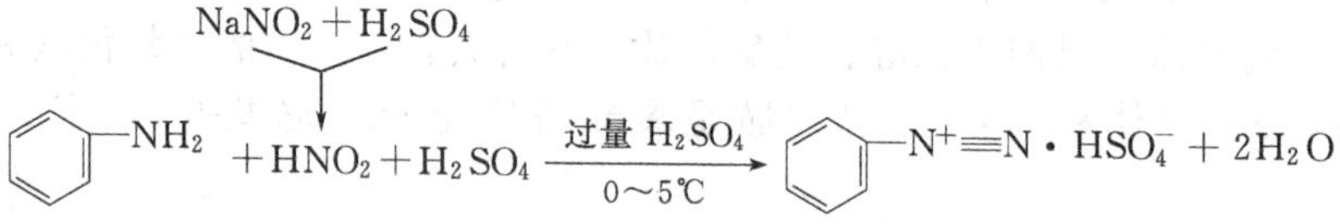

$$\text{C}_6\text{H}_5\text{NH}_2 + \text{HNO}_2 + \text{H}_2\text{SO}_4 \xrightarrow[0\sim5℃]{\text{过量 H}_2\text{SO}_4} \text{C}_6\text{H}_5\text{N}^+\equiv\text{N}\cdot\text{HSO}_4^- + 2\text{H}_2\text{O}$$
（$NaNO_2 + H_2SO_4$）
重氮苯硫酸盐

重氮化反应条件请参见19.2.3.2部分。

伯胺在冷的强酸存在下与亚硝酸作用生成重氮化合物。重氮盐是离子化合物，溶于水，水溶液导电。重氮盐在干燥时极不稳定，易爆炸。当重氮盐的芳香环上邻、对位有吸电子基时（硝基或磺酸基等），其稳定性提高。当芳环上有供电子基时，稳定性降低。重氮盐的稳定性还与酸根有关，一般重氮硫酸盐比盐酸盐稳定。重氮盐一般都在溶液中使用，可在40～60℃下稳定存在。

重氮盐的反应活性较高，是一个重要的有机合成中间体，能用于很多有机化合物的合成。但是，重氮盐的稳定性不好，不能长期放置，一般现用现制，生成的重氮盐不需分离，可直接用于下一步的有机合成。

19.3.2 重氮盐的反应及其在合成中的应用

芳香族重氮盐的化学性质很活泼，其主要发生两大类反应：①放出氮的反应（亲核取代反应），重氮基被取代的反应；②保留氮的反应（还原或偶联），还原反应和偶合反应。重氮盐具有无机盐的性质，如易溶于水、其水溶液可导电等。其反应通式如下：

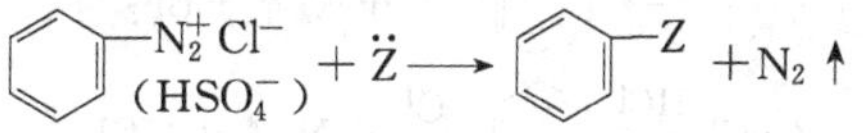

$$C_6H_5N_2^+Cl^- (HSO_4^-) + \ddot{Z} \longrightarrow C_6H_5Z + N_2\uparrow$$

(Z=—OH，—H，—X，—CN……)

通过放出 N_2 的反应可制得许多芳香化合物。

(1) 重氮基被氢原子取代

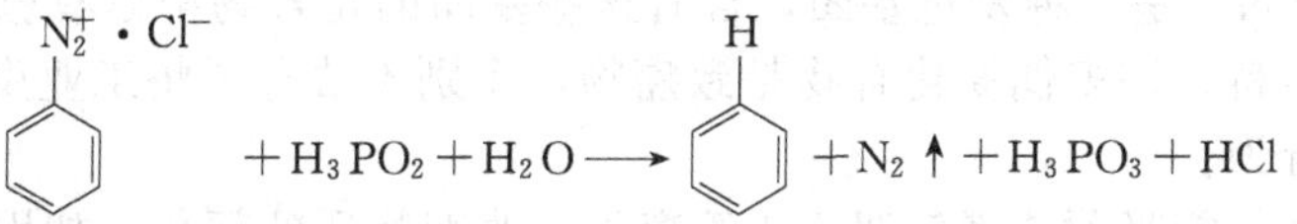

$$C_6H_5N_2^+\cdot Cl^- + H_3PO_2 + H_2O \longrightarrow C_6H_6 + N_2\uparrow + H_3PO_3 + HCl$$

或：

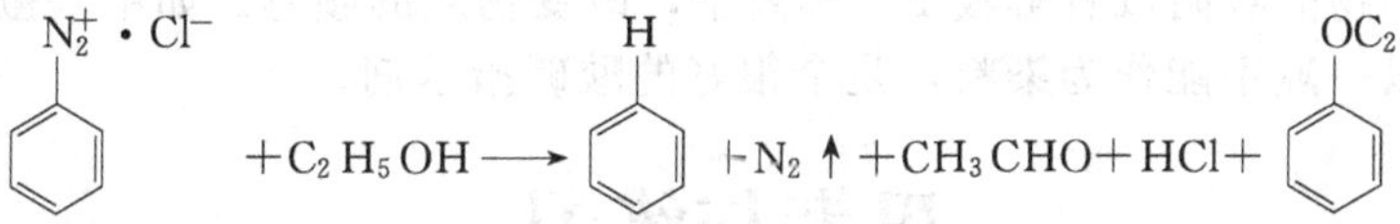

$$C_6H_5N_2^+\cdot Cl^- + C_2H_5OH \longrightarrow C_6H_6 + N_2\uparrow + CH_3CHO + HCl + C_6H_5OC_2H_5（少量）$$

该反应用重氮盐的盐酸盐或硫酸盐均可，若用 $H_3PO_2 + H_2O$ 作还原剂较好，无副产物；若用乙醇作还原剂时，有副产物 $C_6H_5OC_2H_5$ 生成。

(2) 重氮基被羟基取代

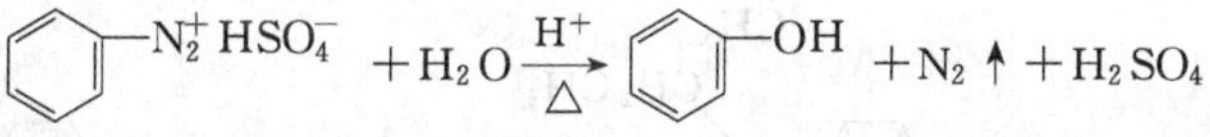

$$C_6H_5N_2^+HSO_4^- + H_2O \xrightarrow[\triangle]{H^+} C_6H_5OH + N_2\uparrow + H_2SO_4$$

该反应在强酸性介质中进行，用该方法制酚一般是用重氮盐的硫酸盐，并且要在较浓的硫酸溶液（40%～50%）中进行。因为这样才能避免生成的酚与未反应的重氮盐发生偶合反应。利用该反应可制备用其他方法难以得到的酚。

【例题 19-1】 由苯制备间溴苯酚：

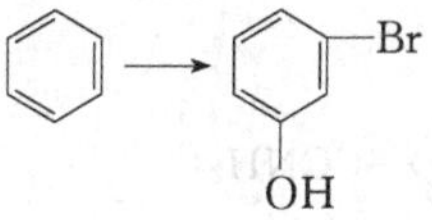

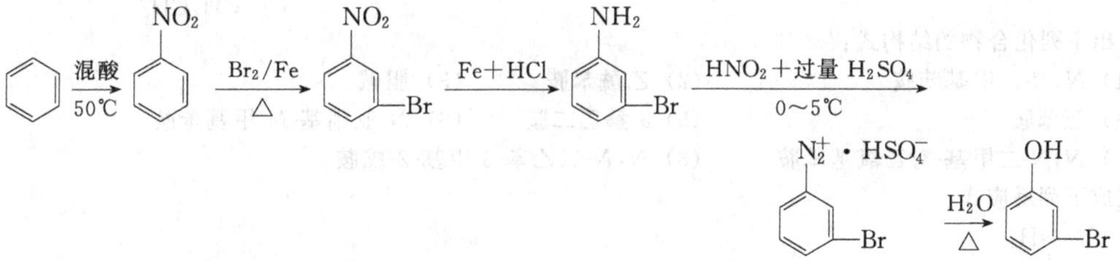

$$C_6H_6 \xrightarrow[50℃]{混酸} C_6H_5NO_2 \xrightarrow[\triangle]{Br_2/Fe} m\text{-}BrC_6H_4NO_2 \xrightarrow{Fe+HCl} m\text{-}BrC_6H_4NH_2 \xrightarrow[0\sim5℃]{HNO_2+过量\ H_2SO_4} m\text{-}BrC_6H_4N_2^+\cdot HSO_4^- \xrightarrow[\triangle]{H_2O} m\text{-}BrC_6H_4OH$$

【例题 19-2】 由苯制备间硝基苯酚：

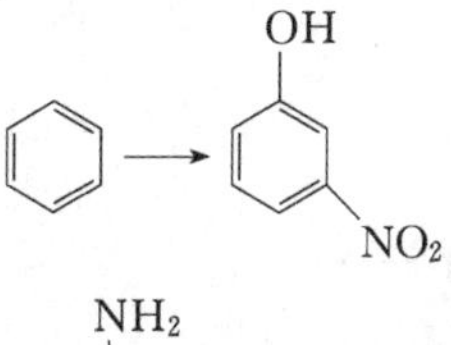

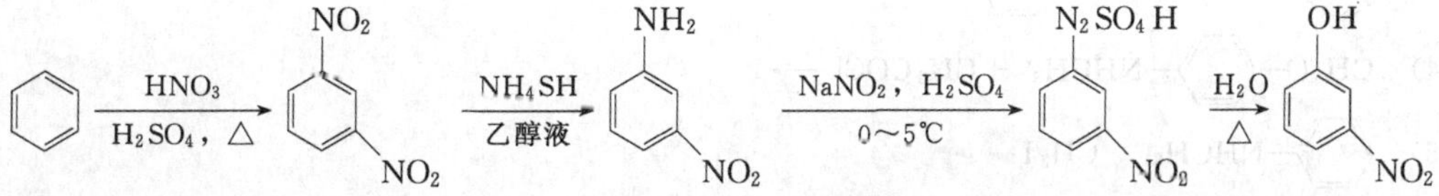

$$C_6H_6 \xrightarrow[H_2SO_4,\triangle]{HNO_3} m\text{-}(NO_2)_2C_6H_4 \xrightarrow{NH_4SH,\ 乙醇液} m\text{-}O_2NC_6H_4NH_2 \xrightarrow[0\sim5℃]{NaNO_2,H_2SO_4} m\text{-}O_2NC_6H_4N_2SO_4H \xrightarrow[\triangle]{H_2O} m\text{-}O_2NC_6H_4OH$$

(3) 重氮基被卤素取代

-I 取代   C₆H₅-N₂HSO₄ + KI ⟶ C₆H₅-I + N₂↑ + KHSO₄

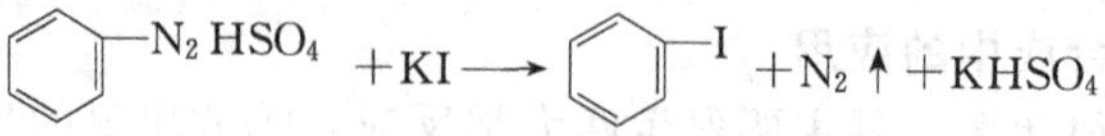

-F 取代   C₆H₅-N₂Cl + HBF₄ ⟶ C₆H₅-N₂·BF₄↓
          ⟶ C₆H₅-F + N₂↑ + BF₃

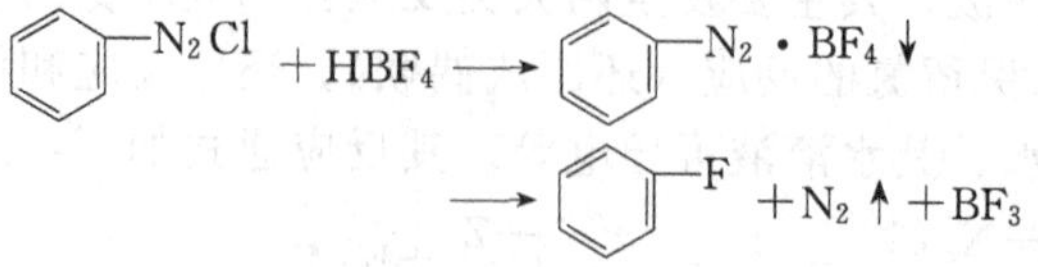

-Cl 取代   C₆H₅-N₂Cl + CuCl $\xrightarrow{HCl, \Delta}$ C₆H₅-Cl + N₂↑ + HCl

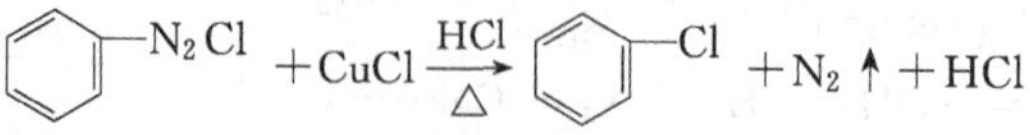

-Br 取代   C₆H₅-N₂Br + CuBr $\xrightarrow{HBr, \Delta}$ C₆H₅-Br + N₂↑ + HBr

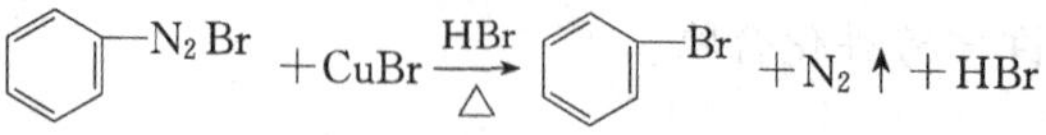

偶氮基—N=N—是一种发色基团，含有这些基团的化合物都是有颜色的物质，常用作染料，称为偶氮染料。许多偶氮化合物是致癌物，个别不法分子将工业染料用于食品加工是极其恶劣的违法行为。

有些偶氮化合物能吸附或者解吸 H^+ 等离子，改变物质的颜色。如甲基橙，由于甲基橙的颜色易变，所以一般不能作为染料，是个很好的酸碱指示剂。

思考与练习

1. 命名下列化合物：

(1) CH₃CHCH₃ | NH₂ (2) CH₃—N—CH₂CH₃ | CH₃ (3) C₆H₅—NH—C₆H₅

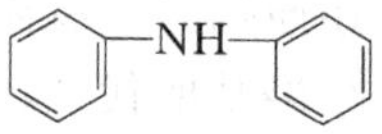

(4) 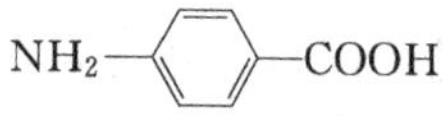 NH₂—C₆H₄—COOH (5) 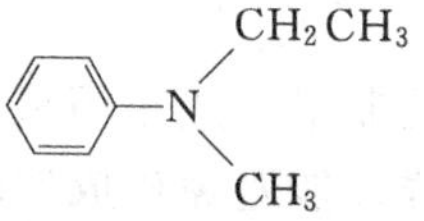 C₆H₅—N(CH₂CH₃)(CH₃) (6) 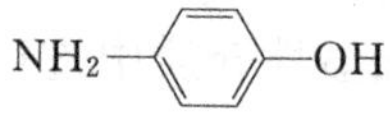 NH₂—C₆H₄—OH

(7) 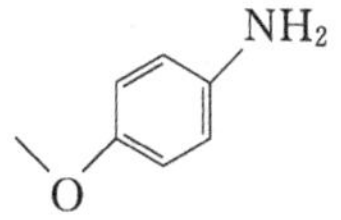 对甲氧基苯胺（NH₂，OCH₃） (8) 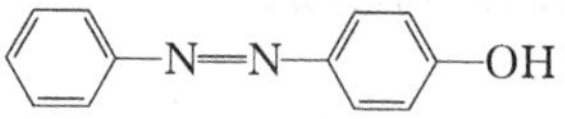 C₆H₅—N=N—C₆H₄—OH (9) 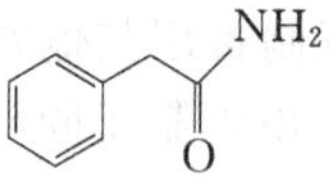 C₆H₅—CH₂—CONH₂

(10) 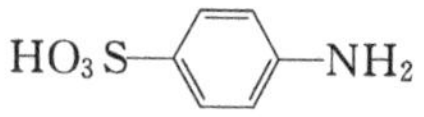 HO₃S—C₆H₄—NH₂ (11) 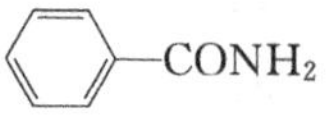 C₆H₅—CONH₂ (12) 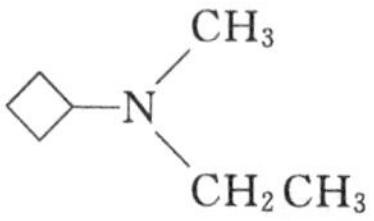 环丁基—N(CH₃)(CH₂CH₃)

2. 写出下列化合物的结构式：

(1) N,N-二甲苯胺   (2) 乙酰苯胺   (3) 胆碱
(4) 三苯胺   (5) α-萘乙二胺   (6) N-亚硝基-N-甲基苯胺
(7) N,N-二甲基-对乙氧基苯胺   (8) N,N-二乙基-3-甲基-2-戊胺

3. 完成下列反应式：

(1) 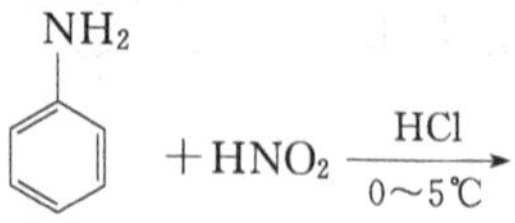 C₆H₅—NH₂ + HNO₂ $\xrightarrow[0\sim5℃]{HCl}$

(2) C₆H₅—NH—CH₃ + HNO₂ ⟶

(3) C₆H₅—N₂Cl + HO—C₆H₄—CH₃ ⟶

(4) CH₃O—C₆H₄—NHCH₃ + CH₃COCl ⟶

(5) C₆H₅—NHCH₃ + CH₃I ⟶

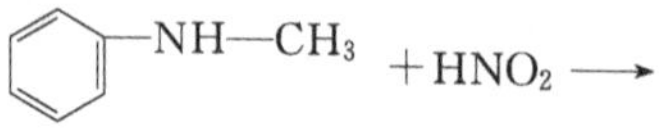

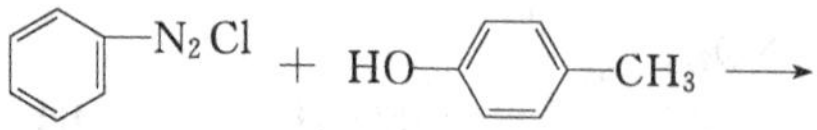

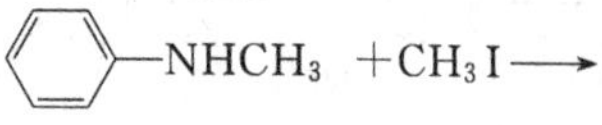

 小知识

请您远离毒品

具有致幻作用的苯丙胺类物质是近年来滥用较多的兴奋剂，其代表物有"冰毒"、"摇头丸"等。

(1) 冰毒

冰毒即甲基苯丙胺，外观为纯白结晶体，故被称为"冰"(Ice)。对人体中枢神经系统具有极强的刺激作用，且毒性强烈。冰毒的精神依赖性很强，吸食后会产生强烈的生理兴奋，大量消耗人的体力和降低免疫功能，严重损害心脏、大脑组织甚至导致死亡，还会造成精神障碍，表现出妄想、好斗、错觉，从而引发暴力行为。

(2) 摇头丸

摇头丸即亚甲基双氧甲基苯丙胺（MDMA），化学名为 N,α-二甲-3,4-甲烯二氧苯乙胺，是继鸦片、杜冷丁、吗啡、海洛因、大麻等毒品在我国贩卖后，1996年传入我国的一种新型毒品。摇头丸是一种致幻性苯丙胺类毒品、是一类人工合成的兴奋剂，对中枢神经系统有很强的兴奋作用，服用后表现为活动过度、情感冲动、性欲亢进、嗜舞、偏执、妄想、自我约束力下降以及有幻觉和暴力倾向，具有很大的社会危害性，摇头丸的滥用严重危害着我国的社会治安，其传播速度之快始料不及。服用者大多是涉足舞厅的青少年，引发的社会问题极为严重。

(3) K粉

K粉即氯胺酮，静脉全麻药，有时也可用作兽用麻醉药。白色结晶粉末，无臭，易溶于水，通常在娱乐场所滥用。服用后便会随快节奏音乐强烈扭动，会导致神经中毒反应、精神分裂症状，出现幻听、幻觉、幻视等，对记忆和思维能力造成严重的损害。此外，易让人产生性冲动，所以又称为"迷奸粉"。

第 20 章 杂环化合物

在环状化合物中,组成环的原子除碳原子外,还含有一个或几个其他元素原子的环状化合物就叫做杂环化合物。除碳原子外的其他原子称为杂原子。最常见的杂原子是氧、硫、氮等。如:

杂环化合物包括天然的杂环化合物与合成的杂环化合物,这是有机物中最庞大的一类。但通常人们讨论的杂环化合物不包括:内酯、内酰胺、酸酐和环氧化合物。杂环化合物是有机化合物中的一大类,约占全部已知有机化合物的 1/3,其普遍存在于生物界里,与生物的生长、发育、繁殖以及遗传、变异等有密切关系。杂环化合物对于生命科学有着极为重要的意义。

20.1 分类和命名

20.1.1 杂环化合物的分类

(1) 按杂环的大小分类

通常分为五元杂环、六元杂环两大类,其他环较为少见。

(2) 按分子内所含杂原子的数目分类

可分为单杂环和稠杂环。

(3) 按环中杂原子的种类和数目分类

可分为含有一个杂原子的杂环化合物和两个或两个以上杂原子的杂环化合物。

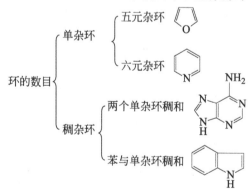

20.1.2 杂环化合物的命名

① 命名时以杂环为母体,按外文名词译音,并以口作偏旁,表示环状化合物。例如:呋喃,读作"夫南",然后把杂环上的原子依次编号而确定取代基的位次。

② 杂环编号:单杂环编号时,总是以杂原子开始为"1"位,依次用 1,2,3…将环上的原子编号,也可以用希腊字母 α、β、γ 编号,靠近杂原子的碳原子为 α-位,依次为 β-位、γ-位。

③ 对于多杂原子的杂环化合物,环中有相同的杂原子则由带取代基的一个杂原子开始

(或从离取代基最近的一个杂原子开始); 如果环中有两个或几个不同的杂原子, 则按照 O—S—N 的顺序编号。

④ 环上有烷基、卤素、羟基、氨基、硝基等取代基的杂环化合物, 命名时以杂环为母体。但若环上有醛基、羧基、磺酸基等基团时, 一般把杂环当作取代基来命名。

五元杂环化合物:

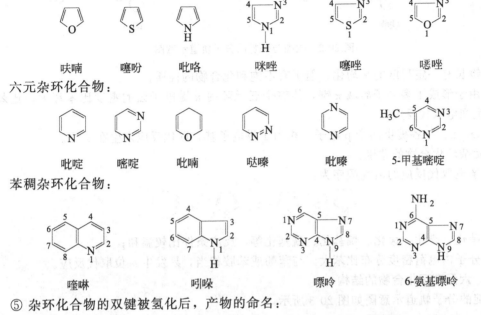

六元杂环化合物:

苯稠杂环化合物:

⑤ 杂环化合物的双键被氢化后, 产物的命名:

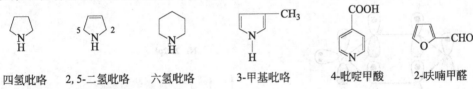

20.2 杂环化合物的结构

20.2.1 五元杂环化合物的结构

部分五元杂环化合物的结构如图 20-1 和图 20-2 所示。

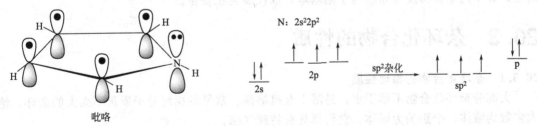

图 20-1 吡咯的分子轨道示意图 (符合休克尔规则, 具有芳香性)

五元杂环化合物结构的共性:

① 环内各原子均为 sp^2 杂化, 每个 C 原子有 1 个 p 电子, 杂原子有 2 个 p 电子, 符合休克尔规则, 具有芳香性; p 轨道垂直于五元环的平面, 互相重叠, 构成闭合的共轭体系, 形成了"五中心六电子"的离域 π 键;

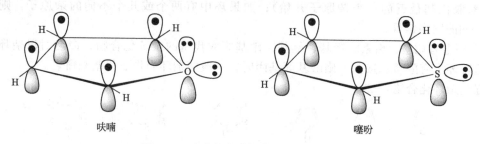

图 20-2 呋喃与噻吩的分子轨道示意图

② 键长有一定程度的平均化，但仍有不饱和化合物的性质；
③ 由于形成了多电子离域 π 键，使整个五元环的 π 键电子云的密度比苯环大，比苯更容易发生亲电取代反应；
④ O、S、N 各提供两个 p 电子，相当于供电子基，取代反应发生在 α-位。

五元杂环化合物的差别：
① 亲电取代反应的活性顺序为：

$$\underset{H}{\underset{|}{N}}\!\!\diagdown > \text{（呋喃）} > \text{（噻吩）} > \text{（苯）}$$

② 硝化、磺化、卤化、烷基化、酰基化等，反应条件比较温和；
③ 分子内电荷密度分布比苯大，与苯酚或苯胺相当，易发生 α-位取代反应。

20.2.2 六元杂环化合物的结构

吡啶的分子轨道示意图如图 20-3 所示。

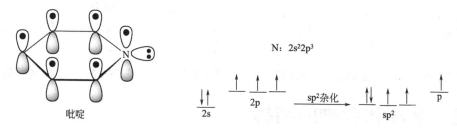

图 20-3 吡啶的分子轨道示意图

吡啶的分子轨道符合休克尔规则，具有芳香性；其属于缺电子的芳杂环，亲电取代较难发生，分子内电荷密度分布相当于硝基苯，取代发生在 β-位。

20.3 杂环化合物的性质

20.3.1 杂环化合物的物理性质

大部分杂环化合物不溶于水，易溶于有机溶剂。常见的相对分子质量不太大的杂环，绝大多数为液体，个别的为固体。它们都具有特殊气味。

20.3.2 杂环化合物的化学性质

（1）亲电取代反应

由于结构特点，呋喃、噻吩、吡咯与一般芳香族化合物一样能进行卤化、硝化、磺化等亲电取代反应。而且在这些环系中，碳原子以一个电子而杂原子以两个电子参与环系的共轭，简单来说，杂原子相当于一个给电子基团，使环上电子云密度增高。由于杂原子的电负性较大，使得杂环化合物分子内的π键电子云的分布不像苯那样均匀，杂环的稳定性就不如苯，它们的芳香性不如苯显著，相对于苯来说，更易于进行亲电取代反应。吡咯、呋喃、噻吩α-位取代，吡啶β-位取代。吡啶环中氮原子的未共用电子对没有参与环系的共轭，对环系不呈现电子效应，而由于氮原子的电负性大于碳原子，所以环上的电子云密度因向氮原子转移而降低。因此吡啶比苯更难发生亲电取代反应。

$$\text{吡咯} \xrightarrow[\text{NaOH}]{I_2} \text{四碘吡咯}$$

$$\text{呋喃} \xrightarrow[-5\sim30℃]{CH_3COONO_2} \text{2-硝基呋喃}$$

$$\text{噻吩} \xrightarrow{H_2SO_4} \text{噻吩-2-磺酸}$$

$$\text{吡啶} + H_2SO_4 \xrightarrow[220℃]{H_2SO_4 \text{发烟}} \text{3-吡啶磺酸}$$

$$\text{吡咯} + CH_3COONO_2 \text{(乙酰硝酸酯)} \xrightarrow[-10℃]{\text{乙酐}} \text{2-硝基吡咯}$$

$$\text{吡啶} \xrightarrow[H_2SO_4, 370℃]{HNO_3} \text{3-硝基吡啶}$$

$$\text{吡咯} + (CH_3CO)_2O \xrightarrow{150\sim200℃} \text{2-乙酰基吡咯}$$

亲电取代反应活性：吡咯＞呋喃＞噻吩＞苯＞吡啶。

(2) 加成反应

① 呋喃、噻吩、吡咯很容易被催化氢化为饱和的环系，产物不再具备芳香性。

$$\text{呋喃} \xrightarrow{H_2/Pd} \text{四氢呋喃}$$

$$\text{吡咯} \xrightarrow{H_2/Pd} \text{吡咯烷}$$

$$\text{噻吩} \xrightarrow{Na/C_2H_5OH} \text{2,5-二氢噻吩} + \text{2,3-二氢噻吩}$$

$$\text{吡咯} \xrightarrow{Zn/HAc} \text{2,5-二氢吡咯}$$

吡啶比五元杂环化合物更难被还原，催化氢化后可得六氢吡啶。

$$\text{吡啶} \xrightarrow{H_2/Pt} \text{哌啶}$$

② 双烯合成反应：

$$\text{呋喃} + \text{顺丁烯二酸酐} \xrightarrow{1,4\text{-加成}} \text{加成产物}$$

(3) 氧化反应

五元杂环是富电子的芳杂环，它和氧化剂作用，常导致环的破裂或发生聚合作用得到焦油状聚合物。呋喃、吡咯对氧化剂都很敏感，在空气中就能被氧化。吡啶对氧化剂相当稳定。

$$\text{3-甲基吡啶} \xrightarrow[\text{OH}^-, \triangle]{\text{KMnO}_4} \text{3-吡啶甲酸}$$

$$\text{喹啉} \xrightarrow[\text{回流}, \triangle]{\text{HNO}_3} \text{2,3-吡啶二甲酸}$$

(4) 吡咯及吡啶的碱性

含氮化合物碱性的强弱取决于氮原子上未共用电子对与 H^+ 的结合能力。在吡咯分子中，氮原子上的未共用电子对由于参与了环系的共轭，因而与 H^+ 结合的能力减弱，同时由于这种共轭作用，使氮原子上电子云密度相对降低，从而氮原子上的氢能以 H^+ 的形式解离，所以吡咯不但不显碱性反而显弱酸性，它能与氢氧化钠或氢氧化钾成盐，而不与稀酸或弱酸反应。

吡啶中氮原子上的未共用电子对未与碳原子的 p 电子共轭，因此吡啶显碱性。

$$\text{吡咯} + \text{KOH(s)} \rightleftharpoons \text{吡咯钾} + H_2O$$

$$\text{吡啶} + \text{HCl} \longrightarrow \text{吡啶盐酸盐}$$

$$\text{吡啶} + CH_3I \longrightarrow \text{N-甲基吡啶碘盐}$$

(5) 显色反应

呋喃遇盐酸浸过的松木片显绿色，此现象可用于检验呋喃及其低级衍生物。吡咯蒸气遇浓盐酸浸过的松木片显红色，可用于鉴别吡咯及其低级衍生物。

20.4 重要的杂环化合物

(1) 呋喃及 α-呋喃甲醛（糠醛）

呋喃存在于松木焦油中，是一种无色易挥发的液体，沸点为 32℃，不溶于水，易溶于乙醇、乙醚等有机溶剂；工业上利用糠醛的氧化脱羧而制备。

$$\text{糠醛} \xrightarrow[400\sim415℃]{H_2O/\text{ZnO-Cr}_2O_3\text{-MnO}_2} \text{呋喃} + H_2O + CO_2$$

实验室利用糠酸脱羧而制备：

$$\text{糠酸} \xrightarrow[\triangle]{\text{Cu/喹啉}} \text{呋喃} + CO_2$$

α-呋喃甲醛俗名叫做糠醛，是由米糠、玉米芯、花生壳等农产品废料经过酸性水解而得到。糠醛是呋喃最重要的衍生物，是有机合成的重要原料，以它为原料可转变为其他的有用的化工产品。因为最初是从米糠中制得的，故俗名为糠醛。制备糠醛的原料：米糠、麦秆、玉米芯、甘蔗渣、高粱壳、玉米壳等农产品，它们都含有缩戊糖

$$(C_5H_8O_4)_n + nH_2O \longrightarrow n(C_5H_{10}O_5)$$

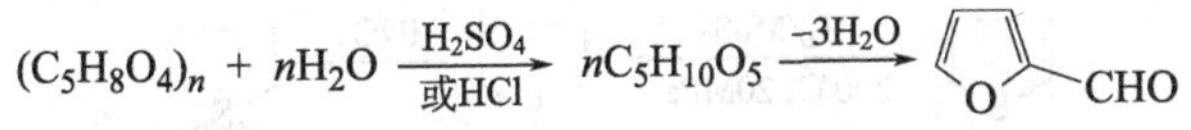

$$(C_5H_8O_4)_n + nH_2O \xrightarrow[\text{或HCl}]{H_2SO_4} nC_5H_{10}O_5 \xrightarrow{-3H_2O} \text{[呋喃]}-CHO$$

多缩戊糖　　　　　　戊糖　　　糠醛

糠醛是无色液体，沸点 162℃，在发光、热及空气中，很快变为黄色、褐色以至黑色，并产生树枝状聚合物。

与苯胺在醋酸存在下呈深红色，可用来鉴定糠醛。糠醛具有呋喃和无 α-H 的醛的（如甲醛）的双重化学性质：

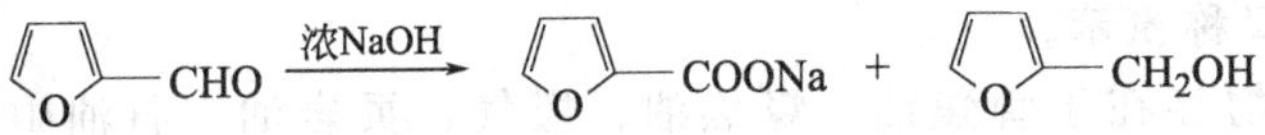

$$\text{[呋喃]}-CHO \xrightarrow{\text{浓NaOH}} \text{[呋喃]}-COONa + \text{[呋喃]}-CH_2OH$$

糠醛的用途比呋喃广泛，可应用于制备呋喃、糠醇，消毒防腐药呋喃西林、呋喃树脂、糠醛树脂以及用于有机溶剂等。

(2) 吡咯与卟啉

吡咯是含有一个氮杂原子的五元杂环化合物。吡咯及其甲基取代的同系物存在于骨焦油内，通常为无色液体，沸点 130～131℃，相对密度 0.9691（20℃/4℃）。微溶于水，易溶于乙醇、乙醚等有机溶剂。吡咯在微量氧的作用下就可变黑；松片反应显示红色；在盐酸作用下聚合成为吡咯红；对氧化剂一般不稳定。它可以发生取代反应，主要在 C2 位或 C5 位上取代。在 15℃时，吡咯在乙酸酐中用硝酸硝化，得到 2-硝基吡咯，产量不高，一部分变为树脂状物质。吡咯形式上是一个二级胺，但在稀酸中溶解得很慢；环上的氢被烷基取代后碱性增强，可形成不溶解的盐，吡咯可与苦味酸形成盐，还可还原成二氢吡咯和四氢吡咯。

卟啉的基本结构：由四个吡咯环或氢化吡咯环的 α-碳原子通过四个次甲基（—CH＝）交替连接组成的大环，这个大环叫做卟吩环，含卟吩环的化合物叫做卟啉化合物。当卟啉化合物的中心离子是 Fe^{2+}，就构成血红素；当卟啉化合物的中心离子是 Mg^{2+}，就构成叶绿素。

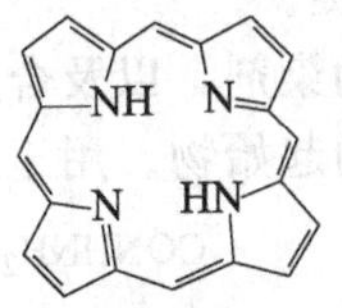

卟吩环

(3) 噻吩

噻吩存在于煤焦油和页岩油中，石油中也含有少量（与粗苯共存），影响石油质量，有损催化剂的活性。

① 噻吩的化学性质。

a. 靛盼咛反应（鉴别噻吩）：

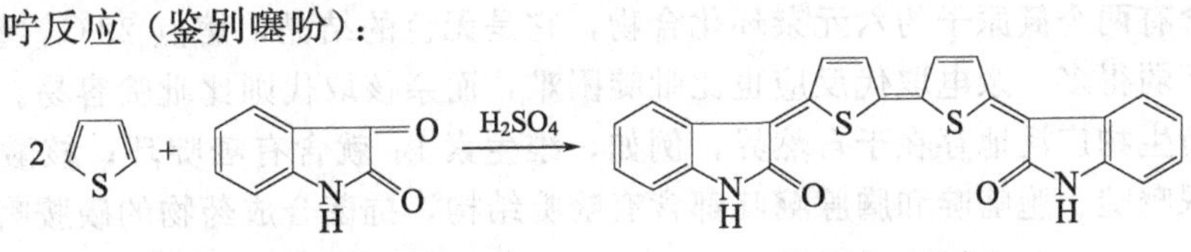

$$2\,\text{[噻吩]} + \text{[靛红]} \xrightarrow{H_2SO_4} \text{[靛盼咛结构]}$$

靛红（吲哚醌）　　　　　　　靛盼咛（蓝色）

b. 亲电取代反应：活性在五元环中最差；但比苯容易反应；在 α-位取代。

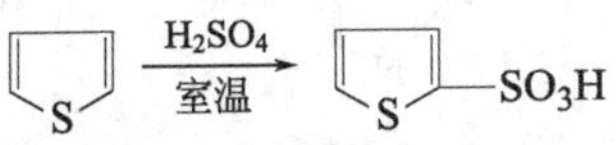

$$\text{[噻吩]} \xrightarrow[\text{室温}]{H_2SO_4} \text{[噻吩]}-SO_3H$$

产物溶于浓硫酸中，此法可用于除去石油和粗苯中的少量噻吩。噻吩环的稳定性在五元杂环里最强，不具备二烯的性质；不能氧化成亚砜和砜。

c. 催化氢化

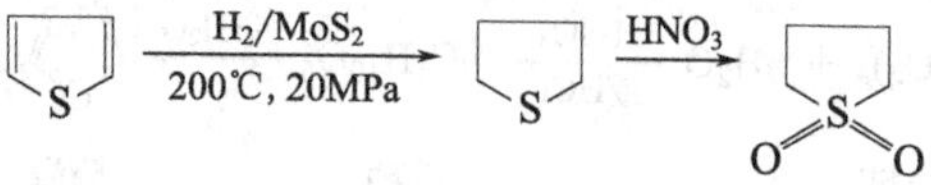

$$\text{噻吩} \xrightarrow[200\,°C,\,20MPa]{H_2/MoS_2} \text{四氢噻吩} \xrightarrow{HNO_3} \text{砜}$$

② 噻吩的用途。噻吩的衍生物多是药物，如广谱性驱虫药噻嘧啶，抗菌系类药物先锋霉素等。

(4) 吡啶

吡啶是含有一个氮杂原子的六元杂环化合物，它可以看做苯分子中的一个（CH）被N取代的化合物，故又称氮苯。

吡啶及其同系物存在于骨焦油、煤焦油、煤气、页岩油、石油中。吡啶及其衍生物比苯稳定，其反应性与硝基苯类似。典型的芳香族亲电取代反应发生在C3、C5位上，但反应活性比苯低，一般不易发生硝化、卤化、磺化等反应。发生亲核取代反应较容易，发生在 α-位（邻位）。

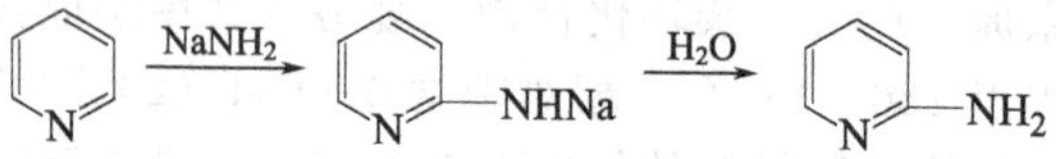

$$\text{吡啶} \xrightarrow{NaNH_2} \text{2-NHNa吡啶} \xrightarrow{H_2O} \text{2-NH}_2\text{吡啶}$$

吡啶是一个弱的三级胺，在乙醇溶液内能与多种酸（如苦味酸或高氯酸等）形成不溶于水的盐。可与卤代烷生成季铵盐：

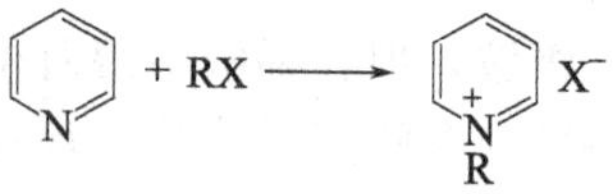

$$\text{吡啶} + RX \longrightarrow \text{N-烷基吡啶}^+ X^-$$

工业上使用的吡啶，约含1%的2-甲基吡啶，因此可以利用成盐性质的差别，把它和它的同系物分离。吡啶还能与多种金属离子形成结晶型的络合物。

吡啶比苯容易还原，如在金属钠和乙醇的作用下还原成六氢吡啶（或称哌啶）。吡啶与过氧化氢反应，易被氧化成 N-氧化吡啶。

吡啶在工业上还可用作变性剂、助染剂，以及合成一系列产品（包括药品、消毒剂、染料、食品调味料、黏合剂、炸药等）的起始物。用于药物的吡啶衍生物有：

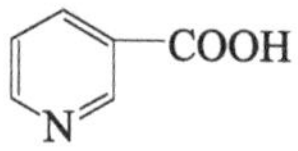

吡啶甲酸（维生素类：烟酸） 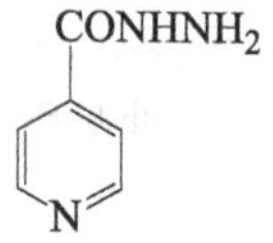　　异烟酰肼（抗结核药：雷米封） 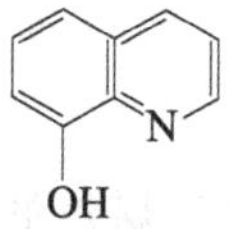　　8-羟基喹啉

(5) 嘧啶

嘧啶是含有两个氮原子的六元杂环化合物，它是无色的结晶，熔点22℃，易溶解于水。其碱性比吡啶弱得多；亲电取代反应也比吡啶困难，而亲核取代则比吡啶容易。

嘧啶的衍生物广泛地存在于自然界，例如，维生素 B_1 就含有嘧啶环；核酸中的含氮碱性部分中的尿嘧啶、胞嘧啶和胸腺嘧啶都含有嘧啶结构，抗菌合成药物的磺胺嘧啶中也含有这种结构。

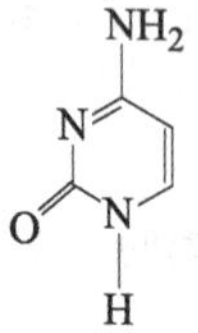

胞嘧啶 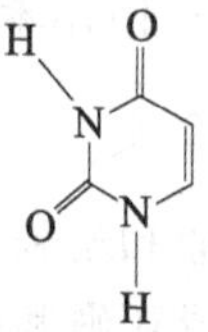　　　　尿嘧啶 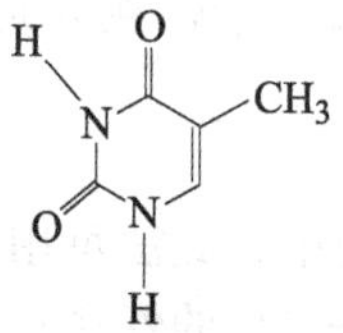　　　　胸腺嘧啶

(6) 吲哚

吲哚是吡咯与苯并联的化合物，又称苯并吡咯。有两种并合方式，分别称为吲哚和异吲哚。吲哚及其同系物和衍生物广泛存在于自然界，主要存在于天然花油，如茉莉花、苦橙花、水仙花、香罗兰等中。例如，吲哚最早是由靛蓝降解而得；吲哚及其同系物也存在于煤焦油内；精油（如茉莉精油等）中也含有吲哚；粪便中含有3-甲基吲哚；许多染料是吲哚的衍生物；动物的一个必需氨基酸色氨酸是吲哚的衍生物；某些生理活性很强的天然物质，如生物碱、植物生长素等，都是吲哚的衍生物。吲哚是一种亚胺，具有弱碱性；杂环的双键一般不发生加成反应；在强酸的作用下可发生二聚合和三聚合作用；在特殊的条件下，能进行芳香亲电取代反应。

(7) 叶绿素

叶绿素存在于植物的叶和绿色的茎中，在光合作用中，叶绿素将太阳能转化为化学能。叶绿素有 a、b 两种分子结构，a 分子结构为蓝黑色晶体，熔点 117～120℃；b 分子结构为深绿色晶体。叶绿素的结构由四个吡咯环通过四个次甲基（=CH—）连接形成环状结构，称为卟啉（环上有侧链）。叶绿素是叶绿酸的酯，能发生皂化反应。叶绿酸是双羧酸，其中一个羧基被甲醇所酯化，另一个被叶醇所酯化。在酸性环境中，卟啉环中的镁可被 H 取代，称为去镁叶绿素，呈褐色，当用铜或锌取代 H，其颜色又变为绿色，此种色素稳定，在光下不褪色，也不被酸所破坏，浸制植物标本的保存，就是利用此特性。

20.5 生物碱

生物碱（alkaloid）是一类存在于生物体内含氮的碱性有机化合物。生物碱一般具有特殊和显著的生理活性。例如，罂粟中的镇痛成分吗啡；麻黄中的平喘成分麻黄碱；颠茄中的解痉成分莨菪碱；黄连中的抗菌消炎成分小檗碱；茶叶中的利尿成分茶碱。

20.5.1 生物碱的分类、命名和基本结构

常见的生物碱是根据它所含的杂环来分类的。生物碱多根据它所来源的植物而命名。例如，麻黄碱存在于麻黄中，烟碱存在于烟草中。

按照生物碱的基本结构，可分为 60 类左右。下面介绍一些主要类型：有机胺类（麻黄碱、益母草碱、秋水仙碱），吡咯烷类（苦豆碱、千里光碱、野百合碱），吡啶类（菸碱、槟榔碱、半边莲碱），异喹啉类（小檗碱、吗啡等），吲哚类（利血平、长春新碱、麦角新碱等），莨菪烷类（阿托品、东莨菪碱），咪唑类（毛果芸香碱），喹唑酮类（常山碱），嘌呤类（咖啡碱、茶碱）。

20.5.2 生物碱的分布规律和一般性质

20.5.2.1 分布规律

绝大多数生物碱分布在高等植物，尤其是双子叶植物中，如毛茛科、罂粟科、防己科、茄科、夹竹桃科、芸香科、豆科、小檗科等，极少数生物碱分布在低等植物中。同科同属植物可能含相同结构类型的生物碱。有时一种植物体内多有数种或数十种生物碱共存，且它们的化学结构有相似之处。

20.5.2.2 一般性质

(1) 颜色

一般为无色。只有少数生物碱带有颜色，例如小檗碱、木兰花碱、蛇根碱等均为黄色。

(2) 味感

不论生物碱本身或其盐类，多具苦味，有些味极苦而辛辣，还有些刺激唇舌的焦灼感。

(3) 酸碱反应

大多生物碱呈碱性反应。但也有呈中性反应的，如秋水仙碱；也有呈酸性反应的，如茶碱和可可碱；也有呈两性反应的，如吗啡和槟榔碱。

(4) 溶解度

大多数生物碱均几乎不溶或难溶于水，能溶于氯仿、乙醚、酒精、丙酮、苯等有机溶剂，也能溶于稀酸的水溶液而成盐类。生物碱的盐类大多可溶于水。但也有不少例外，如麻黄碱可溶于水，也能溶于有机溶剂。又如烟碱、麦角新碱等在水中也有较大的溶解度。

(5) 挥发性

在常压时绝大多数生物碱均无挥发性。直接加热先熔融，继被分解；也可能熔融而同时分解。只有在高度真空下才能因加热而有升华现象。但也有些例外，如麻黄碱，在常压下也有挥发性；咖啡因在常压时加热至180℃以上，即升华而不分解。

(6) 沉淀反应和显色反应

沉淀反应：生物碱或生物碱盐的水溶液能与一些试剂作用，生成难溶性沉淀。例如生物碱遇鞣酸溶液生成棕黄色沉淀，遇氯化汞溶液生成白色沉淀，遇苦味酸溶液生成黄色沉淀。

显色反应：生物碱或生物碱盐能与某些试剂产生颜色反应。例如生物碱中的吗啡与甲醛-硫酸溶液作用呈现紫色，可待因与甲醛-浓硫酸溶液作用呈现蓝色。

生物碱大多具有生物活性，往往用于医药治疗及研究，包括很多药用植物，例如，阿片中的镇痛成分吗啡、止咳成分可待因，麻黄的抗哮喘成分麻黄碱、颠茄的解痉成分阿托品、长春花的抗癌成分长春新碱等。生物碱大多具有复杂的化学结构，能与酸结合成盐而溶于水，容易被体内吸收。目前已报道并搞清楚化学结构的生物碱已达4000多种，并以每年约上百个的速度递增。虽然大多数情况下，药用植物中含量最高的生物碱往往是主要的有效成分，但也有例外，如乌头碱是乌头的主要成分，但它的强心止痛成分却是含量极微的去甲乌头碱。

思考与练习

1. 命名下列化合物：

   (1) 3-甲基呋喃 (2) 2-溴吡咯 (3) 2-甲基噻唑

   (4) 8-羟基喹啉 (5) 3-甲基吡啶 (6) 4-甲基吲哚

2. 写出下列化合物的结构式：

   (1) 糠醛 (2) β-氯吡啶 (3) α-呋喃甲酸
   (4) 四氢吡咯 (5) 2-甲基吡啶 (6) 2-溴-N-甲基吡咯
   (7) 3-甲氧基噻吩 (8) β-吡啶磺酸 (9) 吲哚-3-甲醛

3. 完成下列反应：

   (1) 呋喃 + Br_2 $\xrightarrow{\text{室温}}$

   (2) 吡咯 + KOH $\longrightarrow$

(3) 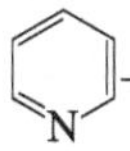 [吡啶] + HCl ⟶

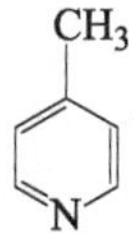

 + KMnO₄ ⟶

4. 为什么呋喃能够与顺丁烯二酸酐进行双烯合成反应，而噻吩和吡咯不能？

小知识

关于三聚氰胺

三聚氰胺是一种有机含氮杂环化合物，其主要用途是生成三聚氰胺-甲醛树脂，可用于塑料工业。这种塑料不易着火，耐水、耐热、耐老化、耐电弧、耐化学腐蚀，有良好的绝缘性能和机械强度，是木材、涂料、造纸、纺织、皮革、电器等不可缺少的原料。

由于中国采用检测食品和饲料蛋白质含量的方法是"凯氏定氮法"，其原理是通过测定样品中氮元素的含量乘以1个系数（一般为6.25）来间接推算蛋白质的含量。该方法无法区别氮元素是来自于蛋白质的氮，还是非蛋白质的氮。也就是说，食品中氮元素含量越高，该"蛋白质"含量就越高。三聚氰胺也常被不法商人掺杂进食品或饲料中，以提升食品或饲料检测中"蛋白质"的含量，因此三聚氰胺也被造假的人称为"蛋白精"。由于三聚氰胺分子中含氮元素的比例很高，于是被不法分子派上大用场。

三聚氰胺，一般认为具有微毒。通过实际动物试验观察到的不良影响主要是：采食减少、体重下降、膀胱结石、结晶尿和膀胱上皮组织增生等。动物食用含有大量三聚氰胺的饲料后可以使动物发生肾衰竭并导致死亡。动物长期摄入较低含量的三聚氰胺会造成生殖、泌尿系统的损害，膀胱、肾部结石，并可进一步诱发膀胱癌。2008年9月，中国爆发三鹿婴幼儿奶粉受人为污染事件，导致食用了受污染奶粉的婴幼儿产生肾结石病症，其原因也是奶粉中含有三聚氰胺。

面对层出不穷的造假，说明强化农畜产品、食品的市场准入体系已经刻不容缓，需严格执行ISO 9000、ISO 14000、HACCP等认证工作。另外，我国检测标准体系迫切需要与国际接轨，我国目前的农畜产品检测标准共有1100多项，而日本在20世纪末就已经达到7000多项，标准体系与国际接轨任重而道远。及时借鉴和采用国际先进的检测方法，既可以阻止国外有害产品进入国内，又能够保护国民的健康与安全。

参 考 文 献

[1] 刘迎贵. 兽药分析检验技术. 北京：化学工业出版社，2007.
[2] 尹敬执，申泮文. 基础无机化学. 北京：人民教育出版社，1980.
[3] 胡常伟. 基础化学. 第2版. 成都：四川大学出版社，2006.
[4] 吴英棉. 基础化学. 北京：高等教育出版社，2006.
[5] 姚素梅. 基础化学. 北京：海洋出版社，2006.
[6] 汪小兰，田荷珍，狄承延. 基础化学. 北京：高等教育出版社，2006.
[7] 赵玉娥. 基础化学. 北京：化学工业出版社，2009.
[8] 阮湘元. 分析化学. 广州：广东高等教育出版社，1998.
[9] 王玉枝. 化学分析. 北京：中国纺织出版社，2006.
[10] 华东理工大学分析化学教研组，成都科学技术大学分析化学教研组编. 分析化学. 第4版. 北京：高等教育出版社，2001.
[11] 北京师范大学，华中师范大学，南京师范大学无机化学教研室编. 无机化学. 第3版. 北京：高等教育出版社，1996.
[12] 武汉大学，吉林大学等编. 无机化学. 第3版. 北京：高等教育出版社，2001.
[13] 张正兢. 基础化学. 北京：化学工业出版社，2007.
[14] 侯炜. 物理化学. 北京：科学出版社，2011.
[15] 谢吉民. 基础化学. 北京：科学出版社，2004.
[16] 胡宏纹. 有机化学（上、下册）. 第2版. 北京：高等教育出版社，1990.
[17] 高鸿宾. 有机化学. 第2版. 北京：化学工业出版社，2005.